"十二五"职业教育国家规划教材
经全国职业教育教材审定委员会审定

铁合金生产工艺与设备

（第 2 版）

主编 刘 卫

U0342543

北 京
冶金工业出版社
2022

内 容 提 要

本书以硅、锰、铬系铁合金生产工艺为主，系统介绍了铁合金冶炼的基本原理及生产设备、矿热炉的电热原理与基本参数、车间布置、电极和炉衬，并阐述了钼铁、钛铁、钒铁、钨铁、稀土铁合金的冶炼工艺及铁合金生产的环境保护与综合利用。

本书为高职高专院校冶金技术专业的教学用书，也可作为相关企业技术人员职业资格和岗位技能培训教材。

图书在版编目（CIP）数据

铁合金生产工艺与设备/刘卫主编．—2 版．—北京：冶金工业出版社，2017.7（2022.6 重印）

"十二五"职业教育国家规划教材

经全国职业教育教材委员会审定

ISBN 978-7-5024-6613-8

Ⅰ．①铁… Ⅱ．①刘… Ⅲ．①铁合金—生产工艺—高等职业教育—教材 ②铁合金—熔炼设备—高等职业教育—教材 Ⅳ．①TF6

中国版本图书馆 CIP 数据核字（2014）第 153264 号

铁合金生产工艺与设备（第 2 版）

出版发行	冶金工业出版社	电　话	(010)64027926
地　址	北京市东城区嵩祝院北巷 39 号	邮　编	100009
网　址	www.mip1953.com	电子信箱	service@mip1953.com

责任编辑　宋　良　高　娜　美术编辑　吕欣童　版式设计　葛新霞
责任校对　卿文春　责任印制　禹　蕊
北京印刷集团有限责任公司印刷
2009 年 4 月第 1 版，2017 年 7 月第 2 版，2022 年 6 月第 3 次印刷
787mm×1092mm　1/16；22.75 印张；549 千字；349 页
定价 45.00 元

投稿电话　(010)64027932　投稿信箱　tougao@cnmip.com.cn
营销中心电话　(010)64044283
冶金工业出版社天猫旗舰店　yjgycbs.tmall.com
（本书如有印装质量问题，本社营销中心负责退换）

第 2 版前言

本书第 1 版自 2009 年出版以来，作为高等职业技术院校教材及企业培训用书，深受读者厚爱。特别是相关企业技术人员对本书给予了肯定，并提出了许多好的建议，在此表示感谢。

本次修订基本保持了第 1 版的基本框架和主要内容，以职业（岗位）需求为依据，理论教学内容以"必需、够用"为原则，加强了实践性教学内容。与第 1 版相比，本次修订着重介绍了生产实际操作，如增加了电极糊行业标准、电极事故的预防措施、镁砂整体打结炉衬、简易配料计算等内容；根据铁合金生产工艺的发展情况，吸收了国内外先进的技术成果和生产经验，如还原剂蓝炭的使用、电炉操作电阻、矿热炉功率低压补偿技术等，并充实了必要的基础知识和基本操作技能方面的内容。在编写过程中，选用了国内相关文献的部分内容以及企业提供的生产数据、操作规程等，在此向文献作者、企业技术人员表示感谢。

参加本书修订工作的有：贵州师范大学刘卫（绪论、第 2、5、6、10 章）、丁彤（第 1、7、9 章），内蒙古机电职业技术学院石富（第 3、4、12 章），吉林电子信息职业技术学院王宏启（第 8、11、13 章）。本书由刘卫担任主编。

限于编者水平，书中不足之处，诚请读者指正。

编　者

2017 年 3 月

第1版前言

本书是按照教育部高职高专人才培养目标和教学规格应具有的知识与能力结构和素质要求，依据冶金行业"十一五"高职教材出版规划，在总结近几年高职铁合金课程的教学经验，并征求相关企业技术人员意见的基础上编写而成的。

在编写过程中，根据高职高专办学理念及人才培养目标，力求体现职业技术教育特色，注重教材的针对性，以职业（岗位）需求为依据，理论教学内容以"必需、够用"为标准；为突出高职教育特点，加强了实践性教学内容，注重学生职业技能和动手能力的培养，着重生产实际、生产实例的介绍，力求理论联系实践，并注意吸收国内外有关先进的技术成果和生产经验，充实了必要的基础知识和基本操作技能方面的内容。本书可作为高等职业技术教育冶金技术专业教学用书，也可用于钢铁冶金企业职工培训或供相关领域的工程技术人员参考。

铁合金品种繁多，本书以硅、锰、铬系合金生产为主，系统阐述了矿热炉、电极、炉衬及各主要品种的生产工艺和常见事故的处理，还叙述了钼铁、钛铁、钒铁、钨铁及稀土铁合金的冶炼、车间概况、主要技术指标、环境保护与综合利用等。在编写过程中，选用了国内同行编写的有关文献中的部分内容，在此向文献作者表示感谢。

本书由贵州师范大学材料与建筑工程学院刘卫、吉林电子信息职业技术学院王宏启任主编。参加本书编写工作的有：贵州师范大学材料与建筑工程学院丁彤（第1、7、9章）、刘卫（绪论、第2、5、6、10章），内蒙古机电职业技术学院石富（第3、4、12章），吉林电子信息职业技术学院王宏启（第8、11、13章）。

限于编者水平，书中不足之处，诚请读者指正。

编　者

2008 年 12 月

目　　录

绪　论

铁合金是由一种或一种以上的金属或非金属元素与铁组成的合金，如硅铁是硅与铁组成的合金，锰铁是锰与铁组成的合金。铁合金还包括由其他非铁质元素组成的合金，如硅钙合金是硅与钙组成的合金。另外，铁合金也包括铁含量极低的锰、铬、钒及工业硅等合金金属。

铁合金冶金学(Ferroalloy Metallurgy)是提取冶金学科的一个重要分支。其基本研究任务是采用经济、有效的技术手段，把有价合金元素从传统矿产资源或二次冶金资源中提取出来，或者对铁合金初级产品进行精炼，获得较纯或高纯的最终产品，满足钢铁生产或其他工业产品制造的需要。

A　铁合金的分类及用途

a　铁合金的分类

随着现代科学技术的发展，太空、原子能、机械、电子、石油、化工等工业对冶金工业不断提出新的要求，使铁合金工业在品种、质量、生产工艺和装备水平方面都有较大发展，各个行业对钢材品种、性能的要求越来越高，从而对铁合金也提出了更高的要求，铁合金的品种在不断扩大。铁合金品种繁多，生产原料和制造方法差异很大，涉及的反应器及操作有其特殊性，分类方法也多。铁合金一般按下列方法分类：

(1) 按铁合金中主要元素分类，有硅、锰、铬、钼、钨、钛、钒等系列铁合金，其中有的品种又按主要元素的含量分为几种，如硅铁有硅45、硅65、硅75、硅90等。

(2) 按铁合金中碳含量分类，有高碳、中碳、低碳、微碳、超微碳等铁合金品种。

(3) 按生产方法分类，有高炉铁合金、电炉铁合金、炉外法(金属热法)铁合金、真空固态还原法铁合金、转炉铁合金、电解法铁合金等。

(4) 含有两种或两种以上合金元素的多元铁合金，主要品种有硅钙合金、锰硅合金、硅铬合金、硅钙铝合金、锰硅铝合金、硅钙钡合金、硅铝钡合金等。

以上分类包括了绝大多数的一般铁合金品种，此外还有一些特殊铁合金，如氧化物团块(易被铁还原的氧化物团块)、发热铁合金、氮化制品(锰铁或铬铁粉末在高温条件下经渗氮等方法生产的氮化产品)等。

b　铁合金的用途

铁合金是钢铁工业和机械铸造行业必不可少的重要原料之一，主要用作炼钢的脱氧剂和合金剂、铸造晶核孕育剂等。

(1) 用作脱氧剂。炼钢过程中，钢液中的各种杂质主要是通过氧化的方式(加入氧化剂或吹氧)去除，所以钢液中溶有大量的氧。氧在钢液中一般以 FeO 的形式存在，如果不将残留在钢中多余的氧去除，就不能浇注成合格的钢坯和得到力学性能良好的钢材。为此，需添加一些与氧亲和力比铁强、其氧化物易从钢液中排除进入炉渣的元素，使钢液中的氧含量降低，这个过程称为脱氧。用于脱氧的元素或合金称为脱氧剂。

钢水中各元素与氧的结合强度称为脱氧能力。元素与氧的亲和力越强，在钢中含量越高，其脱氧效果也就越好。元素脱氧能力从弱到强的顺序为：铬，锰，碳，硅，钒，钛，铝，钙。炼钢生产常用的脱氧剂有硅铁、锰铁、硅锰合金、硅钙合金、铝等。

（2）用作合金剂。合金元素不但能降低钢中杂质含量，还能调整钢的化学成分，合金元素及其含量不同的钢种具有不同的性能。钢中合金元素的含量是通过加入铁合金的方法来调整的，用于调整钢中合金元素含量的铁合金称为合金剂。常用的合金剂有硅铁、锰铁、铬铁、钨铁、钼铁、钛铁、铌铁、硼铁、镍等。

（3）用于铸造工业，改善铸造工艺和铸件性能。改变铸铁和铸钢性能的措施之一是改变铸件的凝固条件，在浇注前加入某些铁合金作为晶核孕育剂，形成晶粒中心，使形成的石墨变得细小分散，晶粒细化，从而提高铸件的性能。

（4）用作还原剂。硅铁可作为生产钼铁、钒铁等其他铁合金的还原剂，硅铬合金、锰硅合金可分别作为生产中低碳铬铁、中低碳锰铁的还原剂。

（5）用于其他工业。在有色金属和化学工业中，铁合金的使用越来越广泛，如作为有色金属的添加剂、中低碳锰铁用于电焊条的生产、硅铁粉作为焊条涂料的添加剂、铬铁用于生产铬化物和镀铬阳极材料等。

B　铁合金的生产方法

铁合金的生产方法很多，主要有以下几种。

a　按生产设备分类

（1）高炉法。高炉法生产铁合金与高炉炼铁相同，目前主要是生产碳素锰铁。高炉碳素锰铁生产的主要原料有锰矿、焦炭、熔剂以及助燃的空气或富氧。焦炭不但是还原剂，也是燃料，用焦炭燃烧产生的热量进行冶炼。原料从炉顶装入炉内，高温空气或富氧经风口鼓入炉内，焦炭在风口处燃烧，获得高温及还原性气体，与矿石进行还原反应，生成的炉渣、金属积聚在炉底，通过渣口、出铁口定时排出，随着炉料的熔化下降不断加入新料，生产是连续进行的。

高炉法生产铁合金产量高，成本低。但由于高炉炉内温度低，高炉冶炼条件下金属被碳充分饱和，合金渗碳较多，因此高炉法一般只用于生产易还原元素铁合金和低品位铁合金，如碳素锰铁、低硅铁、低锰铁、富锰渣等。

（2）电炉法。电炉法是生产铁合金的主要方法。电炉主要分为还原电炉（矿热炉）和精炼炉（电弧炉）两种，还原电炉法是铁合金生产的主要方法。

1）还原电炉法。还原电炉法是用炭作为还原剂，还原矿石中的氧化物生产铁合金。将混合好的炉料加入炉内，并将电极埋在炉料中，依靠电弧和电流通过炉料而产生的电阻热加热，熔化的金属和炉渣聚集在炉底，通过出铁口定时出铁、出渣，生产过程是连续进行的。

2）精炼炉法。精炼炉法是用硅（主要是硅质合金）作为还原剂，生产碳含量低的铁合金。依靠电弧热和硅氧化反应热进行冶炼，炉料从炉顶或炉门加入炉内，整个冶炼过程分为引弧、加热、熔化、精炼、出铁等，生产过程是间歇进行的。

（3）炉外法（金属热法）。炉外法一般生产高熔点、难还原、碳含量极低的合金或纯金属，用硅、铝或铝镁合金作还原剂，依靠还原反应产生的化学热来进行冶炼，在筒式炉中进行，生产是间歇式的。使用的原料有精矿、还原剂、熔剂、发热剂以及钢屑、铁矿石等，冶炼前将炉料破碎、干燥，按一定比例和顺序配料混匀后装入筒式炉内，用引火剂（由硝石、镁屑、铝粒组成）引火，依靠反应热完成冶炼。

（4）氧气转炉法。氧气转炉法使用的主体设备是转炉，其供氧方式有顶吹、底吹、顶底复合吹炼等。目前主要采用该法生产中低碳铬铁和中碳锰铁，使用的原料为液态高碳铬铁或液态高碳锰铁、冷却剂及造渣剂等。氧气转炉法是将液态高碳铁合金兑入转炉，高压氧气经氧枪通入转炉内进行吹炼，依靠氧化反应放出的热量脱碳，生产是间歇进行的。

（5）真空电阻炉法。生产含氮合金、碳含量极低的微碳铬铁等产品时采用真空电阻炉法，其主体设备为真空电阻炉。冶炼时将压制成型的块料装入炉内，依靠电流通过电极时的电阻热加热，同时抽气，脱碳反应在真空固态条件下进行，生产是间歇进行的。

b 按热量来源分类

根据热量来源不同，铁合金生产方法分为碳热法、电热法、电硅热法和金属热法。

（1）碳热法。碳热法冶炼过程的热量来源主要是焦炭的燃烧热，用焦炭作还原剂还原矿石中的氧化物，生产在高炉中进行。

（2）电热法。电热法冶炼过程的热量来源主要是电能，使用碳质还原剂还原矿石中的氧化物，采用连续式的操作工艺，在还原电炉中进行。

（3）电硅热法。电硅热法冶炼过程的热量来源主要是电能，其余为硅氧化放出的热量，使用硅（如硅铁或中间产品硅锰合金、硅铬合金）作还原剂还原矿石中的氧化物，生产时在精炼电炉中进行间歇式作业。

（4）金属热法。金属热法的热量来源主要是由硅、铝等金属还原剂还原精矿中氧化物时放出的热量，生产采用间歇式，在筒式熔炼炉中进行。

c 按操作方法和工艺分类

根据生产工艺特点不同，铁合金生产方法分为熔剂法和无熔剂法、连续式冶炼法和间歇式冶炼法、无渣法和有渣法等。

（1）熔剂法。熔剂法生产铁合金采用碳质材料、硅或其他金属作还原剂，生产时加熔剂造渣以调节炉渣成分和性质（炉渣的酸碱性）。由于生产品种的不同，常用的熔剂有石灰、白云石、萤石等。

（2）无熔剂法。无熔剂法生产铁合金一般多用碳质材料作还原剂，生产时不加造渣材料调节炉渣成分和性质。

（3）连续式冶炼法。连续式冶炼法一方面根据炉口料面下降情况，不断地向炉内加料；另一方面将炉内熔池积聚的合金和炉渣定期排出。该法采用埋弧还原冶炼，操作功率几乎是均衡稳定的。

（4）间歇式冶炼法。间歇式冶炼法是将炉料集中或分批加入炉内，冶炼过程一般分为熔化和精炼两个时期，熔化期电极埋在炉料中，精炼完毕后排出合金和炉渣，再装入新料，进行下一炉冶炼。由于冶炼各个时期的工艺特点不同，操作功率也不同。

（5）无渣法。无渣法冶炼铁合金采用碳质还原剂、硅石或再制合金为原料，在还原电炉中连续冶炼。在无渣法冶炼过程中没有或只有很少的炉渣产生，所以操作工艺的重点只考虑产品的特性而不去关注炉渣。

（6）有渣法。有渣法是在还原电炉或精炼电炉中，选用合理的造渣制度生产铁合金，其渣铁比受冶炼品种和采用的原料条件等因素影响。有渣法在冶炼出产品的同时还有炉渣产生，所以冶炼操作一方面要关注产品的特性，另一方面还要考虑炉渣的特性；而且通常炉渣的密度比产品小，炉渣处于电极与产品之间，靠炉渣层来传递电能。因此在有渣法冶炼过程中，对炉渣的关注度要大于对产品特性的关注度。

C 铁合金生产技术的发展趋势

随着钢铁工业的发展和科学技术的进步，铁合金生产在品种、冶炼工艺、技术装备、节能降耗、环境保护、资源综合利用等技术方面都有一定的发展和突破。

（1）矿热炉大型化和冶炼过程控制自动化。据报道，目前世界上最大的硅铁和高碳铬铁电炉为 $105000kV \cdot A$，最大的高碳锰铁电炉为 $102000kV \cdot A$，最大的锰硅合金电炉为 $88000kV \cdot A$，最大的硅钙合金电炉为 $48000kV \cdot A$，最大的工业硅电炉为 $55000kV \cdot A$，最大的镍铁电炉为 $84000kV \cdot A$。在炉型上，新建的锰铁和铬铁电炉多采用全封闭式及湿法煤气除尘，并向干法除尘技术迈进；硅铁电炉多采用矮烟罩半封闭式及干法袋式烟气除尘，挪威研制成功了全封闭干法除尘的硅铁电炉。此外，近年设计建造的大型铁合金电炉一般都采用计算机控制技术，配料、上料与加料、电极压放、功率调节、水冷却系统和烟气（煤气）净化系统等控制功能的自动化水平相当高。

（2）精料技术在铁合金冶炼中的普遍应用。近十年来，铁合金电炉生产采用精料的水平有明显提高，各国铁合金工业界都充分认识到精料是电炉铁合金增产节能的重要环节，并相应采取了许多行之有效的技术措施，主要有：

1）采用优质组合碳质还原剂。以冶金焦为主，搭配气煤焦、蓝炭或烟煤作还原剂，或专门生产硅焦、铁焦等专利铁合金还原剂，可使硅铁生产节能 $700 \sim 1000kW \cdot h$。另外，即使是同一种类的还原剂，由于产地和生产方法不同，对铁合金生产指标的影响也较大，所以现在更加关注还原剂的反应性和电阻率。

2）改善入炉矿石的制备技术。铁合金电炉正常操作，尤其是大中型还原电炉，要求炉料具有合适的粒度以确保良好的透气性。当前优质块状锰矿和铬矿的供应日趋减少，为适应这一情况，国内外已应用了多种造块技术，以有效地利用粉矿和精矿，并获得较好的冶炼指标。这些造块技术包括锰矿的烧结成块和烧结球团技术、铬矿冷压块料和金属化热球团技术以及硅铁生产中使用铁精矿球团、铁鳞球团替代碳素钢屑等。

（3）预热锰矿入炉冶炼中低碳锰铁。对锰矿进行预热再入炉冶炼中低碳锰铁，一方面可以将入炉锰矿的高价氧化物大部分变成低价氧化物，提高锰硅合金中硅的利用率，减少锰硅合金的消耗；另一方面，可以利用热矿的显热来减少电量消耗，降低中低碳锰铁的生产成本。

（4）摇包加入硅铁和锰硅合金冶炼高硅锰硅合金。在矿热炉内直接生产高硅锰硅合金对原料、操作工艺和设备的要求较高，且生产成本高。利用矿热炉生产普通硅锰合金，然后利用摇包的搅拌和液态锰硅合金的显热熔化硅铁来生产高硅锰硅合金，生产成本低，操作容易；但在生产过程中要控制好热平衡，对摇包进行预热时防止渣子的黏包是关键。

（5）采用连续法冶炼硅钙合金的新技术。目前，世界上生产硅钙合金的先进工艺是连续冶炼技术，法国波兹尔（BOZEL）电冶金公司和意大利 OET 公司的硅钙合金生产均属于此法。这种工艺是选用石灰石、焦炭及烟煤为炉料，在较大型还原电炉内进行连续冶炼，其冶炼周期(炉役寿命)达 5 年以上,产品中 $w(Ca) \geqslant 30\%$,产品电耗为 $11000kW \cdot h/t$,比我国现行的硅钙合金生产工艺节能 $2000 \sim 3000kW \cdot h/t$。

(6) 采用热兑法(波伦法)生产中低碳锰铁、微碳铬铁和一步法冶炼硅铬合金。国外已普遍采用以优质锰矿和液态锰硅合金在摇炉中热兑生产中低碳锰铁,以铬矿 – 石灰熔体与液态或固态硅铬合金进行热装热兑生产微碳铬铁。该工艺技术的主要优点是产品质量好,合金元素回收率高,电耗低。

一步法生产硅铬合金,即采用铬矿、硅石及还原剂为炉料,在还原电炉内直接生产硅铬合金。此工艺技术的突出优点在于简化了工艺流程(原电硅热工艺为二步法),不需炉外降碳处理,提高了铬的回收率。

(7) 铁合金直流还原电炉技术(含中空电极技术)和低频供电设备的应用。直流还原电炉冶炼铁合金是近几年发展起来的一项新技术。它采用单电极、双电极、三电极及以上顶电极和无底电极的直流电炉技术。它与交流还原炉相比,具有可直接利用粉矿 $15\% \sim 20\%$、生产每吨产品节电 $5\% \sim 8\%$、电炉系统功率因数($\cos\varphi$)高、线路上的电损耗较低、运行噪声较小等优点。

低频供电技术是在传统的铁合金电炉变压器二次侧与短网之间加装低频供电装置,将工频(50Hz)变为低频($0.05 \sim 12.5Hz$)输电。该设备技术可有效提高电炉系统功率因数($\cos\varphi > 0.9$),并降低有功损耗,起到节电增产的显著效果。

(8) 铁合金熔融还原新技术和等离子炉冶炼新技术。熔融还原是用碳或以碳为主的还原剂还原金属氧化物熔体的工艺,它可以使铁合金生产从消耗巨额电能的传统工艺转变成以煤为主要能源的一项新技术。目前,国外应用此项技术冶炼高碳锰铁及高碳铬铁,其主要特点是:工艺流程短,可直接使用粉矿和粉煤作炉料,并可提高产品主元素的回收率。等离子炉冶炼是一项铁合金生产的新技术,其主要技术特点是采用粉矿、粉焦、粉煤以及熔剂为炉料进行还原冶炼。国外已应用此技术生产铬铁、硅铁及工业硅等产品。

(9) 铁合金产品发生结构性变化,品种面向多元化。炼钢中连铸比例越来越大,导致锰硅合金的消耗量不断增多;氩氧炼钢设备增多,使得低碳铬铁在铬铁消耗中的比例逐年下降,高碳铬铁的比例上升;由于钙具有优异的脱氧和脱硫作用,而且它能改变钢中夹杂物的形态,故硅钙合金的用量不断增加,含钙和含钡的多元硅系合金的应用也日益广泛;不锈钢与低合金高强度钢的需求量不断增长,使得对铬、镍、钒、铌、钼、钛和稀土等类合金需求量的增长速度逐步超过普通钢所用铁合金量的增长速度;除传统产品外,人们又研制出不少新的铁合金品种,如含有钡、镁、锶、稀土的硅系复合脱氧剂、孕育剂与铸铁球化剂,以及作为合金元素添加使用的氧化物、碳化物、氮化物等;为满足钢包合金化和喷射冶金的需要,近年来已生产出各种粒状和粉状铁合金、包芯线产品以及含多种成分的压块铁合金与发热铁合金等。

(10) 矿热炉功率低压补偿技术。矿热炉二次侧功率补偿能改善矿热炉的熔炼特性。合理的补偿可使矿热炉的特性参数发生改变,起到增加产能、降低消耗的作用;反之,就会导致补偿不成功。为了达到电网所要求的功率因数,传统的做法是采用高压补偿,但是高压补偿只对电网进行了补偿,对铁合金生产指标的改善并没有帮助。随着科学技术的进步,矿热炉的二次侧补偿以改善矿热炉的熔炼特性为目标,而不仅仅是为了提高功率因数。采用低压补偿技术对变压器的二次侧无功功率进行补偿,可以提高变压器的输入功率、电炉的产量以及电炉效率，取得节电、节能效果。但对设备的要求是低压补偿点以后的短网要有足够的过负荷能力，否则会造成设备的损坏。

（11）余热发电技术。铁合金行业作为钢铁工业的重要组成部分，每年消耗大量的能源，其中以硅铁生产的能耗最为突出，目前，在硅铁生产工艺和技术相对稳定的基础上，越来越多的企业开始关注节能降耗和余热利用。硅铁电炉余热回收主要分为烟气余热回收和冷却水余热回收两类。烟气余热回收有两种方式：一是用工业锅炉回收余热生产饱和蒸汽或热水，用于日常生产和生活，由于对蒸汽的品质要求低，烟气的余热不能被充分利用，余热利用率只有约30%；二是用发电锅炉回收余热，产生过热蒸汽推动透平机发电，从而将废气热能转化为清洁环保、使用方便、输送灵活的电能，扩大余热利用途径，理论上余热利用率可达60%以上。

（12）环境保护和"三废"综合利用。铁合金企业的环境保护主要是对"三废"及噪声进行治理，消除对环境的污染。近年来工业发达国家中铁合金生产对环境的污染问题已基本解决，其主要措施有：

1）半封闭式电炉的废气利用和除尘工艺的实现，尤其是硅铁和工业硅生产进行了消烟除尘，回收的硅粉在建材、化工等行业应用；

2）锰铁和铬铁电炉分别有90%和60%为全封闭式电炉，煤气净化后用于化工生产以及干燥、烧结和造球；

3）铬铁和钒铁的化学处理污水、废渣、烟尘的处理；

4）废水的净化与软水闭路循环系统的采用；

5）铁合金工业废物（主要是废尘与废渣）的有效利用等。

1 铁合金冶炼的基本原理

铁合金的品种十分繁杂，冶炼设备和冶炼方法也比较多样，欲从中找出其基本规律，以便更深入地认识它，就要从铁合金冶炼的基本原理、氧化还原过程的本质去加深认识和理解，了解其基本特点和规律，这对于铁合金生产和进一步讨论节能工作是非常必要的。

1.1 铁合金冶炼的本质

铁合金生产的基本任务是把合金元素从矿石或氧化物中提取出来。理论上可以通过热分解、还原剂还原和电解方法生产，在这三种方法中，后一种方法属于湿法冶金范畴，本书不予讨论。

第一种方法在实际生产中会带来很多困难，因为组成铁合金的各类元素与氧的亲和力很大，除少数元素的高价氧化物外，其余的氧化物都很稳定，通常要在2000℃以上才能分解，这样高的温度在实际生产中很难实现。因此，目前没有一种铁合金是用热分解方法制取的，绝大多数铁合金都是通过还原剂还原的方法来制取。

铁合金冶炼尽管品种多样、设备各异、方法繁多，但从其根本上来讲都是利用适当的还原剂，从含有氧化物的矿石中还原出所需元素的氧化还原过程。

例如冶炼硅铁、中低碳锰铁和金属铬时，其基本反应式是有共同点的。先看以下三个反应式：

$$SiO_2 + 2C \Longrightarrow Si + 2CO$$
$$2MnO + Si \Longrightarrow 2Mn + SiO_2$$
$$Cr_2O_3 + 2Al \Longrightarrow 2Cr + Al_2O_3$$

反应式中 C、Si、Al 作为不同的还原剂，分别夺取了氧化物 SiO_2、MnO、Cr_2O_3 中的氧，元素 Si、Mn、Cr 从各自的氧化物中被还原出来，组成适当成分的合金。但生产这三种产品的设备、冶炼方法和原料大不相同。生产硅铁用碳质还原剂，在矿热炉中冶炼，采用电热法；生产中低碳锰铁用硅质还原剂，在精炼电炉中冶炼，采用金属热法；生产金属铬用铝质还原剂，在筒式炉中冶炼。

以上三种合金虽然生产方法不同，选用的还原剂性质不同，但其冶炼实质相同，可用一通式表达：

$$yA_mO_x + nxB \Longrightarrow myA + xB_nO_y$$

即　　所需合金元素氧化物 + 还原剂 = 所需合金元素 + 还原剂中主元素的氧化物

由于各种元素在矿石中的富集程度以及存在的状态不一样，冶炼过程就产生了区别，导致铁合金生产具有复杂性。如果硅、锰、铬矿中的有价元素含量较高、杂质含量少，则可不进行元素的富集工艺，而将矿石直接入炉冶炼；如果所用金属氧化物矿较贫且杂质多，则需富集冶炼。例如锰铁比低而磷含量高的贫锰矿，必须先在高炉或电炉中冶炼，将矿石中的磷、铁还原生成高磷生铁，使锰在炉渣中富集，然后用其生成的富锰渣代替部分或全部锰矿来进行锰合金的冶炼。还有一些矿石，其中有价元素含量很低，如钼矿中

$w(\text{Mo}) < 0.1\%$，则必须先经过选矿富集成钼含量较高的钼精矿，才能用来进行钼铁生产；稀有元素在矿石中的分布较分散，并且常与其他元素组成化合物，则必须采用化学方法将元素富集后，才能用来进行合金的生产。冶炼钒铁时，就是将含钒的矿石经过多次火法、水法处理富集之后才能进行钒铁的生产，其主要工艺流程是：

含钒铁矿$(w(\text{V}) \approx 0.1\%)$ $\xrightarrow{\text{高炉冶炼}}$ 含钒生铁$(w(\text{V}) = 0.1\% \sim 1\%)$ $\xrightarrow{\text{雾化提钒}}$

含钒炉渣$(w(\text{V}_2\text{O}_5) = 7\% \sim 18\%)$ $\xrightarrow[\text{化学处理}]{\text{溶解、浸出、熔烧}}$ V_2O_5 $(w(\text{V}_2\text{O}_5) = 90\%)$ $\xrightarrow{\text{电炉冶炼}}$

钒铁$(w(\text{V}) \geqslant 35\%)$

钒铁原料的富集处理流程很长，使得铁合金的生产工艺犹如制取化工产品一样，但其冶炼的本质仍然是：

$$\frac{2}{5}\text{V}_2\text{O}_5 + \text{Si} = \frac{4}{5}\text{V} + \text{SiO}_2$$

或

$$\frac{1}{5}\text{V}_2\text{O}_5 + \frac{2}{3}\text{Al} = \frac{2}{5}\text{V} + \frac{1}{3}\text{Al}_2\text{O}_3$$

在电炉铁合金的生产中，由于矿石带入杂质，大多数品种的冶炼需要采用有渣法进行，并在炉料中配入适量的熔剂，使矿石中带入的杂质在合金冶炼过程中生成熔点、碱度适宜且流动性能良好的炉渣，出炉后便于进行炉渣与合金的分离操作。对于这种需要采用有渣法进行生产的铁合金，冶炼者的主要任务是掌握好炉渣的成分、熔点和流动性等，通过对炉渣的控制来控制好合金的成分及质量，但其冶炼本质仍然是氧化物矿石被还原的过程。

1.2　选择性还原理论在铁合金生产中的广泛应用

为了得到用户所要求的合金成分及炉渣组成，正确控制还原剂用量及适宜的冶炼温度十分重要。这就要应用选择还原的原理，利用一定数量的还原剂，在恰当的温度下将有用的氧化物和无用的氧化物分开，即控制还原剂有选择地去还原。选择性还原的客观规律存在于整个铁合金生产过程之中。

1.2.1　选择性还原与铁合金生产的关系

在铁合金冶炼中经常会遇到这种情况：原料中有几种互相溶解的氧化物同时加入炉内熔化，并同时加入一定量的还原剂进行熔炼，例如把含磷、含铁较高的贫锰矿、熔剂石灰石及少量碳质还原剂一起加入炉内，这时熔体中存在的氧化物是先后被还原还是几种氧化物同时被还原，若同时还原又是按什么比例被还原，还原剂如何分配？回答这些问题必须了解还原度，并利用选择性还原的理论进行分析。

1.2.1.1　氧化物的稳定性

氧化物的稳定性可用氧化物分解压表示。在一定温度下，分解压越小，则该氧化物越稳定，越不易分解和被还原；分解压越大，则该氧化物越不稳定，越易分解和被还原。

氧化物的稳定性也可用氧化物标准生成吉布斯自由能表示。在标准状态下，1mol 氧与某单质化合生成相应氧化物的标准吉布斯自由能负值越大，则该氧化物越稳定。为了使用方便，把冶金过程中常见的以消耗 1mol 氧为基准的氧化物标准生成吉布斯自由能 $\Delta G^{\ominus}$

与温度的关系作成 $\Delta G^{\ominus} - T$ 图，此图在铁合金冶炼中得到广泛应用。从图中可以看出：

（1）判断氧化物的稳定性。根据图中各曲线的位置，可以清楚地判断各氧化物的稳定性。曲线的位置表明，在同一温度下，处在图下部的氧化物的 $\Delta G^{\ominus}$ 负值比处在图上部的氧化物的 $\Delta G^{\ominus}$ 负值大，故处在图下部的氧化物比处在图上部的氧化物稳定。因此从理论上来讲，处在图下部的元素可充当还原剂，将图上部元素的氧化物还原。但为了在实际生产中能够实现还原反应，被还原元素的氧化物和还原剂对应氧化物的 $\Delta G^{\ominus}$ 值之差必须很大，如果此差值不是很大，则还原反应进行得不完全。一般选择金属还原剂就是遵循这条原则。从图中还可以看出，用 Si 还原 Cr_2O_3、MnO、FeO 等是完全可以的，用 Al、Mg、Ca 作还原剂还原 FeO、Cr_2O_3、MnO、V_2O_3、SiO_2 等更具可行性。以上是金属还原剂的选择依据。

（2）除碳生成 CO 反应之外，所有氧化物的 $\Delta G^{\ominus}$ 负值都是随温度的升高而减小，即氧化物的稳定性随温度的升高而降低。而只有 CO 的 $\Delta G^{\ominus}$ 负值随温度的升高而增大，即其稳定性增大。所以，碳可以作为所有金属氧化物的还原剂，只是不同氧化物的开始反应温度不同而已，稳定性低的氧化物开始反应温度低，稳定性高的氧化物开始反应温度高。在图的左半部，CO 线与 NiO、CoO、FeO、P_2O_5 线的交点处在低于 800℃ 的范围内，说明用碳还原它们的开始反应温度低于 800℃；在图的右半部，CO 线与 Cr_2O_3、MnO、V_2O_3、TiO_2、ZrO_2、Al_2O_3、MgO、CaO 线的交点所处温度较高，如 Cr_2O_3 被碳还原的开始反应温度为 1247℃，CaO 被碳还原的开始反应温度为 2145℃，所以选择碳作为铁合金冶炼的主要还原剂。

（3）选择还原剂。在实际生产中选用还原剂除了考虑还原能力强外，还要考虑价格低廉、货源充足、生成物易从冶炼反应区排出、还原剂不污染合金等。根据以上多方面因素常选用两大类还原剂，即碳质还原剂和金属还原剂。

1.2.1.2　还原度及选择性还原

氧化物的还原度即指其被还原的难易程度。可以用氧化物平衡时的氧气分解压力 $p^{\circ}_{O_2}$ 来表示，也可以用氧化物标准生成吉布斯自由能来表示。一种氧化物的平衡分解压力越大，它就越不稳定，越易被还原，其还原度越大；反之亦然。

在冶金反应过程中，金属氧化物的分解都属于如下形式：

$$2MeO_{(1)} \Longrightarrow 2Me_{(1)} + O_{2(g)}$$

其平衡常数为：

$$K_1 = p^{\circ}_{O_2}(a^{\circ}_{Me})^2/(a^{\circ}_{MeO})^2$$

式中　$p^{\circ}_{O_2}$——纯氧化物的平衡分解压力，Pa；

　　　a°_{Me}——纯金属 Me 的活度，其值等于 1；

　　　a°_{MeO}——纯氧化物 MeO 的活度，其值等于 1。

上式可简化为：

$$K_1 = p^{\circ}_{O_2}$$

所有的氧化物分解时都要吸热，根据平衡移动原理，温度升高，$p^{\circ}_{O_2}$ 增大，所以温度升高会促使氧化物分解，氧化物越来越不稳定。氧化物分解压力的大小是金属氧化物稳定程度的标志。氧化物分解压力越小，金属与氧的亲和力越大，其还原度越小；反之亦然。

分解压力与反应标准摩尔吉布斯自由能的关系是：

$$\Delta G^{\ominus} = -RT \ln p^{\circ}_{O_2}$$

在冶金过程中，氧化物或金属均处于熔体或合金溶液中，即反应为：

$$2(MeO) \Longrightarrow 2[Me] + O_{2(g)}$$

则

$$K_2 = p_{O_2} a_{Me}^2 / a_{MeO}^2$$

式中　p_{O_2}——由一种以上氧化物组成的熔渣中，氧化物 MeO 的平衡分解压力，Pa；

　　　a_{MeO}——渣中氧化物 MeO 的活度；

　　　a_{Me}——合金中金属 Me 的活度。

这时其分解压力 p_{O_2} 也就是 MeO 的还原度。它不仅取决于温度，还取决于 $p_{O_2}^\circ$ 及 MeO、Me 的活度。

当反应温度相同时，上述反应的两个平衡常数应相等，即 $K_1 = K_2$，则：

$$p_{O_2} = p_{O_2}^\circ a_{MeO}^2 / a_{Me}^2$$

由上式可以看出：

（1）一种氧化物的还原度（分解压力）p_{O_2} 与这种氧化物纯态时的平衡分解压力 $p_{O_2}^\circ$ 有关，而 $p_{O_2}^\circ$ 取决于氧化物的性质及温度。其他条件相同时，$p_{O_2}^\circ$ 越大，还原度越大。

不同氧化物的分解压力不同。铁合金冶炼中常见元素氧化物的分解压力从小到大的排列顺序为：CaO，MgO，Al_2O_3，ZrO_3，B_2O_3，TiO_2，SiO_2，MnO，Cr_2O_3，Nb_2O_5，V_2O_5，FeO，WO_3，MoO_3，P_2O_5。

（2）由上式分子可以看出，还原度与氧化物在熔体中的活度成正比。氧化物的活度越大，在其他条件相同时，氧化物的还原度就越大。

（3）由上式分母可以看出，熔渣中氧化物的还原度与其金属在合金中的活度成反比。合金中该金属的活度越小，则氧化物的还原度越大；当合金中该金属的活度趋近于零时，其对应的氧化物还原度趋于无穷大，即不管这种氧化物多么稳定，合金中必然有其相应的金属存在。由此可见，熔渣中有什么样的氧化物，合金中就会有其相应的金属，即熔渣中多种氧化物的还原是同时发生的。利用这点可解释：硅铁生产中尽管 Al_2O_3 比 SiO_2 难还原，但合金中总有一定量的 Al 存在。

1.2.1.3　选择性还原规则的推导

由还原度的讨论可知，从总的方面来看，几种氧化物同时存在时，不管它们的纯态分解压力是大还是小，基本上是同时被还原；但是由于各种氧化物的性质和分解压力不同，其被还原的数量是大不相同的，碳同时还原几种氧化物是有选择性的。利用这点可以把有用氧化物和无用氧化物分开，这种选择性还原存在于整个铁合金生产过程之中（不管采用的是什么还原剂），也存在于其他氧化物还原反应之中。

这种选择性还原的规则可以从下面的计算中得出。假设反应式：

$$2MeO \Longrightarrow 2Me + O_2$$

（1）p_{O_2}、p_{O_2}'、p_{O_2}'' 分别代表氧化物 MeO、MeO′、MeO″在一个熔体中的相应还原度；

　　　$p_{O_2}^\circ$、$p_{O_2}^{\circ\prime}$、$p_{O_2}^{\circ\prime\prime}$ 分别代表氧化物 MeO、MeO′、MeO″纯态时的还原度；

　　　a_{Me}、a_{Me}'、a_{Me}'' 分别代表合金中 Me、Me′、Me″的相应活度；

　　　a_{MeO}、a_{MeO}'、a_{MeO}'' 分别代表熔体中氧化物 MeO、MeO′、MeO″的相应活度。

（2）如果组成的熔体及由 Me、Me′、Me″组成的金属溶液均为理想溶液，则其活度等于摩尔分数，即：

$$a_{Me} = x(Me)$$

$$a_{MeO} = x(MeO)$$

那么 MeO 的还原度　　　　　$$p_{O_2} = \frac{a_{MeO}^2 p_{O_2}^{\circ}}{a_{Me}^2} = \frac{x(MeO)^2 p_{O_2}^{\circ}}{x(Me)^2}$$

MeO′的还原度　　　　　$$p_{O_2}' = \frac{(a_{MeO}')^2 p_{O_2}^{\circ\prime}}{(a_{Me}')^2} = \frac{x'(MeO)^2 p_{O_2}^{\circ\prime}}{x'(Me)^2}$$

MeO″的还原度　　　　　$$p_{O_2}'' = \frac{(a_{MeO}'')^2 p_{O_2}^{\circ\prime\prime}}{(a_{Me}'')^2} = \frac{x''(MeO)^2 p_{O_2}^{\circ\prime\prime}}{x''(Me)^2}$$

当熔体、金属相达平衡时，$p_{O_2} = p_{O_2}' = p_{O_2}''$，即系统达到平衡时其分解压力相等,则:

$$\frac{x(MeO)^2 p_{O_2}^{\circ}}{x(Me)^2} = \frac{x'(MeO)^2 p_{O_2}^{\circ\prime}}{x'(Me)^2} = \frac{x''(MeO)^2 p_{O_2}^{\circ\prime\prime}}{x''(Me)^2}$$

实际上加入的氧化物,$p_{O_2}^{\circ} > p_{O_2}^{\circ\prime} > p_{O_2}^{\circ\prime\prime}$。

若三种氧化物在熔体中浓度相同，即 $x(MeO) = x'(MeO) = x''(MeO)$，则要保持系统平衡，就会有 $x(Me) > x'(Me) > x''(Me)$。也就是说，加入熔体的还原剂分配于还原 MeO 的多于还原 MeO′的，分配于还原 MeO′的多于还原 MeO″的。

设 C_{MeO} 为还原 MeO 所消耗的碳量，则还原剂的分配比为:

$$C_{MeO} : C_{MeO}' : C_{MeO}'' = p_{O_2}^{\circ} : p_{O_2}^{\circ\prime} : p_{O_2}^{\circ\prime\prime}$$

由此看出:

（1）分解压力越低、还原度越小的氧化物，被还原出来的数量越少。

（2）还原剂也不是平均分配的，是有选择性的分配。还原度大的氧化物分配的还原剂多，被还原出来的数量多，合金中的浓度高；还原度小的氧化物分配的还原剂少，被还原出来的数量少，合金中的浓度低。

通过讨论可以看出，在讨论还原度前提出的几种氧化物（FeO、P_2O_5、MnO、SiO_2、Al_2O_3、MgO、CaO）组成的熔体中，FeO、P_2O_5 的还原度大，基本上被还原进入合金。而MnO、SiO_2、Al_2O_3、MgO、CaO 等在还原剂加入量不足时，大部分未被还原而留在渣中，得到的产品是低磷、低铁的富锰渣；若增加一些还原剂，且再提高温度至 MnO 被还原的温度以上，渣中还原度较大的 MnO 也可被还原，这时用上述相同原料生产出来的是锰铁合金；若继续提高温度并增加还原剂的数量，使温度高达 SiO_2 被还原的温度之上，渣内剩余氧化物中分解压力比较高的 SiO_2 则可被还原，而将 Al_2O_3、CaO 留在渣内，这样就可以生产出锰硅合金。由此看出，利用选择性还原的规则，采用基本相同的原料，控制不同的还原温度及还原剂用量，可生产出不同成分的铁合金产品。

例如在碳素铬铁生产中，要想控制合金中 $w(Si)$，就可利用选择性还原的原理，采用控制渣中 SiO_2 含量不过高、还原剂用量不过多、还原温度不过高等措施来限制 SiO_2 的还原，使合金中 $w(Si)$ 不致过高。

1.2.2　选择性还原计算举例

为进一步定量地了解选择性还原的规律，现举例计算如下。

设一 100kg 熔体中含 FeO 10%、MnO 90%，分 4 次向熔体中加入 4kg 纯碳，求各阶段加入的碳还原 MnO 和 FeO 的分配情况、各阶段生成合金的成分以及平衡时渣中氧化物的平衡分解压力（还原度）。设此熔体为理想溶液，温度为2058K。

1.2.2.1 求纯 FeO 和 MnO 的分解压力及熔体内反应的平衡常数 K

$$2MnO_{(1)} === 2Mn_{(1)} + O_2 \quad \Delta G^{\ominus} = 164800 - 26.61T \quad (J/mol)$$

$$K_1 = p_{O_2(MnO)} a_{Mn}^2 / a_{MnO}^2$$

设纯态时 $a_{Mn} = 1, a_{MnO} = 1$，则：

$$K_1 = p_{O_2(MnO)}^{\circ}$$

$$\Delta G^{\ominus} = -RT\ln K_1 = -RT\ln p_{O_2(MnO)}^{\circ}$$

$$\lg p_{O_2(MnO)}^{\circ} = -\Delta G^{\ominus}/(19.147T) = -11.6869$$

纯 MnO 分解压力：

$$K_1 = p_{O_2(MnO)}^{\circ} = 2.056 \times 10^{-7} Pa$$

$$2FeO_{(1)} === 2Fe_{(1)} + O_2 \quad \Delta G^{\ominus} = 111250 - 21.67T \quad (J/mol)$$

$$\lg p_{O_2(FeO)}^{\circ} = -\Delta G^{\ominus}/(19.147T) = -7.0792$$

纯 FeO 分解压力：

$$K_2 = p_{O_2(FeO)}^{\circ} = 8.333 \times 10^{-3} Pa$$

当 FeO、MnO 熔体处在一个熔体中且系统达到平衡时，各反应的平衡氧气分压应相等，即 $p_{O_2(MnO)} = p_{O_2(FeO)}$，由此得知：

$$x(FeO)^2 p_{O_2(FeO)}^{\circ}/x(Fe)^2 = x(MnO)^2 p_{O_2(MnO)}^{\circ}/x(Mn)^2$$

$$K = \frac{x(MnO)^2 x(Fe)^2}{x(Mn)^2 x(FeO)^2} = p_{O_2(FeO)}^{\circ}/p_{O_2(MnO)}^{\circ}$$

$$K' = K^{1/2} = 201.32$$

式中 $x(MnO), x(FeO)$——分别为熔渣中 MnO、FeO 的摩尔分数；

$x(Mn), x(Fe)$——分别为合金中 Mn、Fe 的摩尔分数。

1.2.2.2 求各阶段生成合金的成分

设加入的碳为 $a$kg，用于还原 FeO 的为 $x$kg，则用于还原 MnO 的为 $(a-x)$kg，反应式为：

$$FeO + C === Fe + CO_{(g)}$$

$$MnO + C === Mn + CO_{(g)}$$

由反应式可以看出，1mol 碳可还原出 1mol 铁或锰，故 $x/12$mol 碳可还原出铁的物质的量 $n_{Fe} = x/12$mol，$(a-x)/12$mol 碳可还原出锰的物质的量 $n_{Mn} = (a-x)/12$mol。

$$n_{FeO} = FeO 总物质的量 - 已还原的物质的量 = 10/72 - x/12 mol$$

$$n_{MnO} = MnO 总物质的量 - 已还原的物质的量 = 90/71 - (a-x)/12 mol$$

$$K' = \frac{x(MnO)x(Fe)}{x(Mn)x(FeO)} = n_{MnO}n_{Fe}/(n_{FeO}n_{Mn}) = 201.32$$

经整理后得方程：

$$x^2 - (1.751 + a)x + 1.657a = 0$$

（1）求加入的碳的分配比。

令 C_{FeO} 为用于还原 FeO 的碳量，C_{MnO} 为用于还原 MnO 的碳量。加入 1kg 碳时，将 $a = 1$ 代入上式得：

$$x^2 - 2.751x + 1.675 = 0$$

则 $x_1 = 0.9095$kg，$1 - x_1 = 0.0905$kg，$C_{FeO}/C_{MnO} = 10.05$。

当 $a = 2$ 时，可解出：$x_2 = 1.46625$kg，$2 - x_2 = 0.53375$kg，$C_{FeO}/C_{MnO} = 2.747$。

当 $a = 3$ 时，可解出：$x_3 = 1.589$kg，$3 - x_3 = 1.4106$kg，$C_{FeO}/C_{MnO} = 1.126$。

当 $a = 4$ 时，可解出：$x_4 = 1.623$kg，$4 - x_4 = 2.377$kg，$C_{FeO}/C_{MnO} = 0.638$。

由此看出，加入还原剂的量不同，其分配也不同。

（2）求合金和渣的成分。

$a = 1$ 时：

$$n_{Fe} = x_1/12 = 0.07579\text{mol}$$
$$n_{Mn} = (a - x_1)/12 = 0.007542\text{mol}$$
$$x(Fe) = 0.9095$$
$$x(Mn) = 0.0905$$

所以合金中 Fe 为 90.95%，Mn 为 9.05%，则：

$$n_{FeO} = 10/72 - x_1/12 = 0.063099\text{mol}$$
$$n_{MnO} = 90/71 - (a - x_1)/12 = 1.26006\text{mol}$$
$$x(FeO) = 0.04769$$
$$x(MnO) = 0.9523$$

用同样的方法还可算得 $a = 2$、3、4 时合金和熔渣的成分，分别列于表 1-1 中。

表 1-1 $T = 2058$K 时的计算结果

用碳量 /kg	$\dfrac{C_{FeO}}{C_{MnO}}$	合金成分(摩尔分数)		熔渣成分(摩尔分数)		$p_{O_2(FeO)}$ /Pa	$p_{O_2(MnO)}$ /Pa
		$x(Fe)$	$x(Mn)$	$x(FeO)$	$x(MnO)$		
1	10.05	0.9095	0.0905	0.04769	0.9523	2.29×10^{-5}	2.28×10^{-5}
2	2.747	0.7335	0.2665	0.01519	0.9848	2.92×10^{-6}	2.82×10^{-6}
3	1.128	0.5302	0.4698	0.00549	0.9945	8.71×10^{-7}	9.19×10^{-7}
4	0.683	0.4060	0.5939	0.003319	0.9967	5.59×10^{-7}	5.26×10^{-7}

（3）求平衡时渣中氧化物的平衡分解压力，即平衡时系统中各氧化物的还原度。

$$p_{O_2(MeO)} = x(MeO)^2 p^{\circ}_{O_2(MeO)}/x(Me)^2 \qquad （理想溶液）$$

$T = 2058$K 时，$p^{\circ}_{O_2(FeO)} = 8.333 \times 10^{-3}$Pa，$p^{\circ}_{O_2(MnO)} = 2.056 \times 10^{-7}$Pa。当 $a = 1$ 时，将计算的 $x(MeO)$、$x(Me)$ 代入求出：

$$p_{O_2(FeO)} = 8.333 \times 10^{-3} \times (0.04769/0.9095)^2 = 2.29 \times 10^{-5}\text{Pa}$$
$$p_{O_2(MnO)} = 2.056 \times 10^{-7} \times (0.9523/0.0905)^2 = 2.28 \times 10^{-5}\text{Pa}$$

当 $a = 2$、3、4 时可求出其相应的 $p_{O_2(MeO)}$，列于表 1-1 中。

用上述同样的方法可计算出 $T = 1873$K 时的结果，见表 1-2。

表 1-2 $T = 1873$K 时的计算结果

用碳量 /kg	$\dfrac{C_{FeO}}{C_{MnO}}$	合金成分(摩尔分数)		熔渣成分(摩尔分数)		$p_{O_2(FeO)}$ /Pa	$p_{O_2(MnO)}$ /Pa
		$x(Fe)$	$x(Mn)$	$x(FeO)$	$x(MnO)$		
1	26	0.9633	0.03663	0.0437	0.9563	1.15×10^{-6}	2.28×10^{-6}
2	2.62	0.7841	0.2159	0.0067	0.9933	2.92×10^{-8}	2.82×10^{-8}

用碳量 /kg	$\dfrac{C_{FeO}}{C_{MnO}}$	合金成分（摩尔分数）		熔渣成分（摩尔分数）		$p_{O_2(FeO)}$ /Pa	$p_{O_2(MnO)}$ /Pa
		$x(Fe)$	$x(Mn)$	$x(FeO)$	$x(MnO)$		
3	1.2	0.5471	0.4529	0.0021	0.9979	8.71×10^{-9}	9.19×10^{-9}
4	0.71	0.4139	0.5861	0.0013	0.9987	5.59×10^{-9}	5.26×10^{-9}

用相同的方法计算出两个温度下相应的数据及极限值，绘制图 1-1~图 1-3。

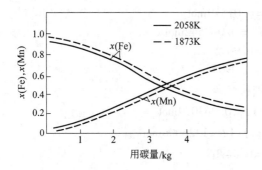

图 1-1　还原剂用量与合金成分的关系

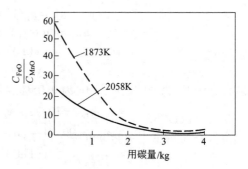

图 1-2　还原剂用量与其分配比例的关系

1.2.2.3　选择性还原规律

通过上面计算实例和曲线图可以得出以下规律：

（1）加入熔体的还原剂对熔体中所有氧化物的还原是同时进行的。渣中的氧化物不管多么稳定也要被还原，且合金中必然有其金属存在，只是易还原的氧化物还原速度快，还原的数量多而已。例如，冶炼硅铁时原料中带入

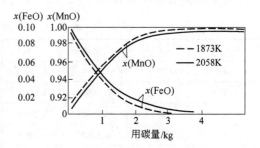

图 1-3　还原剂用量与熔渣成分的关系

FeO、P_2O_5、Al_2O_3、CaO、MgO 等杂质，尽管有的氧化物含量很少且很稳定，但仍有部分还原，合金中必定含有 Al、Ca、Mg。

（2）还原剂对多种氧化物的还原是有选择性的。分配于还原度大的氧化物上的还原剂，比分配于还原度小的氧化物上的还原剂多。氧化物还原度之差越大，这种分配上的差别也越大。由图 1-2 可以看出，这种分配比例随着还原剂用量的增加而降低。因此，为充分发挥选择性还原的作用，还原剂使用量不能过多。由图 1-2 还可以看出，还原剂量增大后，分配于还原度大的氧化物和还原度小的氧化物的还原剂量差别不大，两种氧化物则不易分开。因此，可以通过控制还原剂的加入量来控制各种氧化物的还原程度，得到所需要的合金和熔渣成分。例如炼高锰渣，当其他条件不变时，若还原剂用量过多，则可使 MnO 还原比例增大，高磷铁中锰含量增加，使锰损失增大。

（3）温度低时各种氧化物的分解压力低，且各氧化物之间的分解压差大；随着温度的升高，纯氧化物的分解压力增大，且各氧化物之间的分解压差减小。所以，还原剂在各种氧化物的分配上的差别也随温度升高而变小。温度越低，选择性还原的效果越明显；温度越高，选择性还原的效果越差。例如冶炼硅 45、硅 65、硅 75、硅 90，炉温不同而每千

克硅所消耗的硅石、焦炭相同，带入的 P_2O_5、Al_2O_3、CaO、MgO 杂质相同，由于 P_2O_5 还原度大，各产品中每千克硅的磷含量基本一样；但难还原的 Al_2O_3、CaO、MgO 却由于生产某种产品的温度不同，还原程度不相同。冶炼硅 45 炉温低，Al_2O_3、CaO、MgO 被还原的量相对减少，产品中的 Al、Ca、Mg 含量就会比硅 75、硅 90 中的 Al、Ca、Mg 含量低些。所以，高硅产品中杂质 Al、Ca、Mg 的含量比低硅产品要高。

（4）活度的影响：由公式 $p_{O_2} = a_{MeO}^2 p_{O_2}^{\circ} / a_{Me}^2$ 看出，还原度与氧化物在熔体中的活度成正比。这一点在铁合金冶炼中常用来控制某些氧化物的还原。例如，在富锰渣冶炼中采用酸性渣操作，目的是减少 MnO 的还原。这就是利用酸性渣中的 SiO_2 与 MnO 结合形成较多的硅酸锰，降低了 MnO 的活度，使 MnO 的分解压力下降，MnO 被还原的量减少，降低了锰进入高磷合金中的损失量。

1.3 用氧化物标准生成吉布斯自由能与温度关系图作指导选择还原剂

铁合金冶炼过程是炉料在高温下进行复杂的物理化学变化的过程，不同的氧化物其自身的化学性质和化学行为也不同。前文讨论了根据氧化物的还原度（分解压力）推导出选择性还原的规律。但还原什么氧化物应采用什么样的还原剂，要在什么温度下进行，采用什么冶炼方法和冶炼设备？这些要从元素生成氧化物的标准吉布斯自由能与温度的关系来判断和选择，决定充当还原剂的元素或被还原的可能性。

1.3.1 碳质还原剂及其特点

碳质还原剂种类很多，如冶金焦、木炭、煤等。碳在高温下能还原任何一种金属氧化物，所以碳质还原剂广泛应用于铁合金生产。用碳作还原剂具有以下特点：

（1）还原过程全部是吸热反应，因此温度越高，碳的还原能力越强。用碳还原各种氧化物所需的温度，根据各种元素氧化物的稳定性不同而不同，见图 1-4。稳定性高的氧化物难以被还原，其还原需要的温度高。由于反应过程是吸热的，需要在电炉中不断供应大量热能，形成较高的炉温，这样才能进行合金的熔炼，故用碳作还原剂时多采用电热法。

（2）用碳作还原剂时，生成碳化物的还原反应比生成金属元素的反应容易进行。所以，凡是易与碳组成碳化物的元素所形成的合金，只能是碳素铁合金。例如，用碳作还原剂生产锰铁、铬铁、钒铁时，得到的是相应的高碳铁合金。如果冶炼中生成的碳化物不溶于合金，则得到的合金碳含量很低，如硅质合金。

（3）金属硅化物往往比金属碳化物稳定，所以可用增加合金硅含量的方法来降低合金碳含量。

（4）还原生成的合金元素与铁互溶，因而降低了反应温度，还原反应易于进行。因此，生产硅 45 比生产硅 75 耗电少。

（5）用碳作还原剂时，反应产物除金属元素外还有 CO 气体，CO 气体易于从反应区排出，所以反应进行得比较完全。当原料纯净时可不用熔剂造渣，可以减少电能消耗。

1.3.2 金属还原剂

当要求合金中碳含量低，用碳质还原剂达不到低碳含量的要求时，则采用金属还原

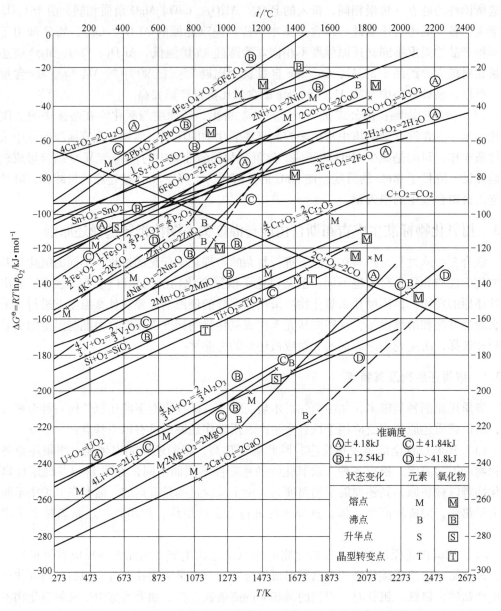

图 1 - 4　由元素生成某些氧化物的标准吉布斯自由能与温度的关系

剂。用作还原剂的金属，其氧化物的稳定性一定要远远高于被还原金属氧化物的稳定性。很多金属都可以用作还原剂，但根据资源、经济性和可行性，大多采用 Si、Al 作还原剂。当还原稳定性非常高的氧化物时，用 Al、Mg 作还原剂。Mn、Cr、Mo、V 的氧化物稳定性较低，可用还原能力较弱的 Si 及其合金作还原剂来生产相应的低碳合金。Ti 的氧化物稳定性高，生产钛铁时则用还原能力强的 Al 及其合金作还原剂。

采用金属热还原法还原时，矿石中的有用氧化物按下式被金属还原：

$$3(MeO) + 2[Me'] = 3[Me] + (Me_2'O_3)$$

采用金属还原剂冶炼铁合金时，其还原过程是放热反应。只要每千克炉料在还原过程中的放热值大于 2310kJ，反应就能自动进行。这种冶炼方法称为金属热法，也称为炉外法。Si 元素的还原能力较弱，反应放出的热量较少，达不到大于 2310kJ/kg 的要求（钼铁例外），需外加热量，故在电炉中冶炼，这种冶炼工艺又称为电硅热法。铝的还原能力强，反应放出的热量大，一般能满足炉外法要求，不需要从外界供应热量就能使全部金属和炉料熔化，并将其加热到冶炼所需的高温，冶炼是在无外加热源的炉子中进行的，此法又称为铝热法。如钛铁、钼铁、铌铁、金属铬就是用铝热法生产的，这种生产方法可以获得碳含量很低的合金，但合金中含有一定数量的所用还原剂的金属成分，如钛铁中含有一定数量的 Al 元素等。采用金属热法冶炼时，反应迅速且设备简单。

1.3.3　氧化精炼是铁合金冶炼中的新概念

随着现代科学技术的发展，新的冶炼方法在铁合金生产中应用，使铁合金生产面貌发生了变化，改变了铁合金冶炼过程就是氧化物被还原过程的观念。过去电炉冶炼的一些粗炼产品，都是有用的金属氧化物被还原。可是在精炼某些低碳铁合金的产品中，占冶炼过程主导地位的已不再是用还原剂还原氧化物的过程，而是用氧化剂氧化某些合金原料（高碳合金或高硅合金）中碳等需去除元素的过程。这一冶炼中低碳合金时的去碳过程称为脱碳反应。脱碳反应式为：

$$[C] + O \Longrightarrow CO$$

则平衡常数为：

$$K = p_{CO}/(w[C]w(O))$$

式中　$w[C]$——碳素合金中的碳；

　　　$w(O)$——氧化剂中的氧。

通常采用的氧化剂有金属元素的氧化物和纯氧。在采用真空固态脱碳法生产极低碳含量的合金产品时，就是采用金属元素的氧化物去氧化合金原料中的碳，使合金料中的碳含量降低。例如真空铬铁的生产，就是采用氧化焙烧后产生的 Cr_2O_3 去氧化碳素铬铁中的碳化铬，以达到降碳的目的。由于冶炼是在真空条件下进行的，脱碳反应开始的温度较低，可以在固态下进行，故称为真空固态脱碳法。在铁合金的吹氧冶炼中，则是采用纯氧作氧化剂去氧化去除合金原料中的碳、硅等元素。例如，将碳含量高的碳素铬铁和碳素锰铁直接吹炼成碳含量低的中低碳铬铁和中低碳锰铁。

复 习 思 考 题

1-1　铁合金冶炼的本质是什么？

1-2　铁合金冶炼如何选择还原剂？试举例说明。

1-3　举例说明用碳还原金属氧化物的物化反应及其影响因素。

1-4　什么是还原度？推导出熔渣中任一氧化物的还原度计算式。

1-5　叙述选择性还原的规律。

2 电极和炉衬

2.1 电极

电极是铁合金电炉的关键部件,是短网的一部分。铁合金电炉冶炼就是通过电极,将来自电网并经过炉用变压器变为低电压、大电流的电能输送到炉内,并通过电极端部的电弧以及炉料电阻、熔融炉渣和金属的电阻,把电能转变成热能,以满足冶炼所需的高温条件和补充化学反应所需的热量。

2.1.1 电极的要求、分类及性能

2.1.1.1 对电极材料的要求

对电极材料的要求如下:

(1) 导电性要好,比电阻(长 1m、横截面积为 $1mm^2$ 的导体的电阻值,单位为 $\Omega \cdot mm^2/m$)要小,以减少电能损失,减少短网压降,提高有效电压,提高熔池功率;

(2) 熔点要高;

(3) 线膨胀系数要小,当温度急变时不易变形,不能因温度变化带来的内应力产生细小的裂缝而增加电阻,并且要有良好的导热性;

(4) 高温下要有足够的机械强度;

(5) 杂质含量要低,而且杂质不污染所熔炼的产品;

(6) 价格便宜,制造方便。

来源广、价格低廉的碳质材料同时具备上述各要求,是良好的电极材料。

2.1.1.2 电极的分类

碳质电极按其加工制作工艺不同分为三种,即炭素电极、石墨电极和自焙电极。

(1) 炭素电极。炭素电极是以低灰分的无烟煤、冶金焦、沥青焦和石油焦为原料,按一定的比例和粒度组成,混合时加入黏结剂沥青和焦油,在适当的温度下搅拌均匀后压制成型,最后在焙烧炉中缓慢焙烧制得。

(2) 石墨电极。石墨电极以石油焦和沥青焦为原料制成炭素电极,再放到温度为2000~2500℃的石墨化电阻炉中,经石墨化而制成。石墨电极因灰分含量低且没有铁壳,所以广泛用于生产铁含量很低的工业硅和碳含量很低的精炼产品。

(3) 自焙电极。自焙电极是用无烟煤、焦炭以及沥青和焦油作为原料,在一定温度下制成电极糊,然后把电极糊装入已安装在电炉上的、用钢板做成的电极壳中,经过烧结成型。这种电极可连续使用,边使用、边接长、边烧结成型。自焙电极因工艺简单、成本低,被广泛用于铁合金电炉、电石炉等。自焙电极在焙烧完好后,其性能与炭素电极相差不大(见表2-1),但其制造成本却比石墨电极、炭素电极低。

2.1.1.3 电极的性能

三种电极的主要性能见表2-1。

表 2-1 电极的主要性能

性 能	石墨电极	炭素电极	焙烧好的自焙电极
假密度/kg·m⁻³	1550~1700	1500~1600	1450~1550
真密度/kg·m⁻³	2210~2250	1950~2150	1850~1950
孔隙率/%	24~30	20~28	<20
比电阻/Ω·mm²·mm⁻¹	$(6~12)×10^{-4}$	$(21~50)×10^{-4}$	$(55~80)×10^{-4}$
线膨胀系数(20~1000℃)/℃⁻¹	$(1.5~2.8)×10^{-6}$	$(3.0~3.8)×10^{-6}$	$5×10^{-6}$
热导率(20℃)/W·(m·℃)⁻¹	116~186	7~29	7~12
抗压强度/MPa	20~45	20~22	25~35
抗弯强度/MPa	6.5~25	约6	5~10
抗拉强度/MPa	3.5~17.5	约2.5	3~5
灰分含量/%	<0.5	0.8~5	4~6

生产中希望电极的比电阻、线膨胀系数小一些,热导率、电导率、抗压强度、抗拉强度大一些。从表 2-1 中可以看出,石墨电极性能最好,但随着温度的升高,各种性能会发生变化。石墨电极和炭素电极的比电阻随温度的变化情况见图 2-1,由图可见,石墨电极的比电阻比炭素电极小,炭素电极的比电阻随温度的升高而逐渐减小。石墨电极和炭素电极的热导率随温度的变化情况见图 2-2,由图可见,石墨电极的热导率比炭素电极大,随着温度的升高,石墨电极的热导率逐渐减小,而炭素电极的热导率则逐渐增加。焙烧好的自焙电极是均匀的非晶体炭素电极,因此在性能上与炭素电极差不多。

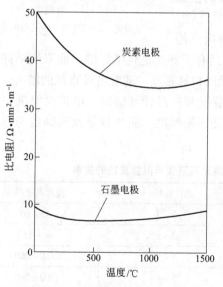

图 2-1 石墨电极和炭素电极的
比电阻随温度的变化情况

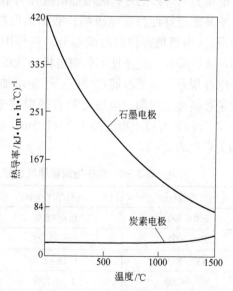

图 2-2 石墨电极和炭素电极的
热导率随温度的变化情况

尽管自焙电极的某些性能比不上其他两种电极,但可采取加大电极直径的方法予以弥补,这也符合矿热炉需要低电流密度和大电极直径的要求,再加上自焙电极制造成本低,其被广泛应用于铁合金生产中。但自焙电极易使合金增碳,且电极壳带入铁,所以生产碳含量很低的合金和纯金属时采用炭素电极或石墨电极；使用自焙电极会增加电炉管理和操作的复杂性，电极事故往往会造成停炉或使生产率下降，另外，使用自焙电极还要求有较高的车间厂房高度。

2.1.2 自焙电极的制作

自焙电极由电极壳和电极糊构成。自焙电极的外壳由薄钢板焊接而成，安装在使用电极的电炉炉膛顶上，然后加入电极糊经高温焙烧制成自焙电极。

2.1.2.1 电极壳

电极壳是由薄钢板制成的圆筒，作为电极糊焙烧的模子，其作用是：赋型和保护电极不受氧化；作为导电元件，当电极未烧好时能承受大部分电流，起导电作用；下放电极时，承受整个电极的自重，并能提高电极的机械强度。为提高电极的机械强度和分担电极壳上可能承受的更大电流，在电极壳内等距离并连续焊接若干个筋片，每个筋片上还有若干个切口，将各切口的小三角形舌片分别交错地向两侧折弯成30°~50°，形成小三角形孔，也有把切口制作成圆形孔的。制好的电极壳如图2-3所示。

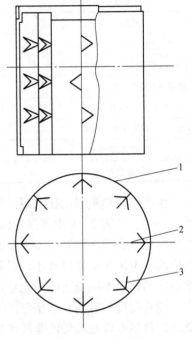

图2-3　电极壳
1—电极壳；2—筋片；3—三角形舌片

电极壳内焊接筋片，能增加电极壳与电极糊的接触面，使其能更好地黏结电极糊；能增大电极的导电性，因为铜瓦（电极把持器的组成部分，其作用是将电流传递给电极，并在一定条件下影响电极的烧结）内只有下部才是烧结好的，而未烧结好的部分导电性很差，要通过筋片导电；还能增加电极的机械强度。随着电极直径的增大，筋片的数量和高度也增加。电极壳的直径根据电炉容量和产品计算确定，电极壳厚度一般为0.5~2.5mm，每段电极壳高1.2~1.5m。电极壳钢板厚度、筋片数量及其高度与电极直径的关系见表2-2。

表2-2　电极壳钢板厚度、筋片数量及其高度与电极直径的关系

电极直径/mm	钢板厚度/mm	筋片数量/个	筋片高度/mm
200~300	0.6~1.0	2~3	45~60
300~600	1.0~1.25	3~5	60~150
600~900	1.25~1.5	5~7	150~200
900~1200	1.5~2.0	7~9	200~260
1200~1500	2.0~2.5	9~16	260~350

随着电极的消耗，需将电极壳焊接加长，使电极总高度保持在6~8m。为了便于焊接，可将电极壳做成下口比上口直径略小（0.6%~0.7%）的形状，保证上一节恰好能插入下一节电极壳内并焊接上。但对大直径的电极，必须做成上下等径，筒内端焊接一宽度为20~30mm的钢板环。大直径电极壳的立缝要连续焊接，以免糊柱压力过大时产生爆裂

事故。筋片要等距离焊接，并比电极壳上端头（焊缝处）高出 50 ~ 70mm，在连接时应上下对齐，以便于更好地导电。电极壳一定要按要求制作，保证椭圆度和各部尺寸。电极壳的钢板采用碳素钢板，不能用生锈变质的钢板。

2.1.2.2 电极糊

A 制造电极糊的原料

制造电极糊的原料由固体炭素材料和黏结剂组成，电极糊质量的好坏与材料配方及工艺有关。固体炭素材料有无烟煤、焦炭（冶金焦、石油焦、沥青焦）及碎石墨电极，无烟煤是组成电极糊的主要原料，能改善电极糊质量，使用焦炭和碎石墨电极的目的是为了提高电极的导电性和导热性；黏结剂有沥青和煤焦油，加入煤焦油是为了调整软化点。电极糊中的黏结剂在烧结过程中分解成挥发物排除，残碳转变为坚固的焦炭网，起焦结作用，使电极成为坚硬的整体。

无烟煤的优点是价格低、碳含量高、挥发分少、机械强度高、致密。要求无烟煤灰分含量小于 8%，挥发分含量小于 5%，硫含量低。无烟煤需用竖炉或回转窑在隔绝空气的条件下，经 1200℃ 煅烧 18 ~ 24h，以除掉挥发分，增加热稳定性和导电性，提高强度。

冶金焦的灰分含量要小于 14%，使用时需经低温煅烧和烘干。

石油焦是由石油残渣经焦化制得的。沥青焦是以炼焦油为原料，经高温干馏或延迟焦化而制得。要求两种焦的灰分含量均小于 1%。沥青焦的挥发分含量通常小于 1%，而石油焦的挥发分含量要小于 7%，两种焦均需煅烧后才能使用。

沥青是由炼焦油初步分馏所得到的沸点高于 360℃ 的残留物，俗称柏油，根据其软化点又分为硬沥青、中沥青和软沥青。生产电极糊通常采用的是软化点为 65 ~ 75℃ 的中沥青，其游离碳含量为 18% ~ 25%，挥发分含量为 55% ~ 70%，灰分含量小于 0.5%，水分含量小于 5%。

煤焦油是由煤干馏而得到的褐色至墨色的油状产物。要求其水分含量小于 4%，灰分含量不大于 0.15%，游离碳含量不大于 10%。沥青和煤焦油都需要脱水后使用。

电极糊的配方要考虑各种固体材料的配比、粒度组成、黏结剂的软化点和加入量。电极糊根据用途不同，分为标准糊和封闭糊（密闭糊）。与标准糊相比，虽然封闭糊的价格高，但它易烧结，比电阻低，可节约用电，弥补价格的差额。因此，很多企业选用封闭糊进行生产。标准糊用冶金焦，而封闭糊用石油焦和沥青焦。两种电极糊中无烟煤的配入量大于 50%。无烟煤的粒度要小于 20mm，焦炭粒度小于 0.75mm 的粒级要占 45% ~ 85%。碎石墨电极要求灰分含量小于 1%，粒度为 0 ~ 8mm。

固体料中大颗粒的粒度应为 15mm 以下，混合料中的小颗粒数量应占 50% ~ 60%。控制粒度组成是为了使颗粒间互相填充，得到致密、强度高和导电性好的自焙电极。

黏结剂的软化点影响自焙电极的焙烧过程。软化点高，则不易烧结；软化点低，则过早烧结。标准糊软化点控制在 65℃ 左右，而封闭糊在 57℃ 左右。黏结剂的配入量要适当，过少时电极糊黏结性不够，会出现电极过早烧结现象；过多时电极不易烧结，会出现固体颗粒和黏结剂分层现象，从而导致发生电极事故。通常黏结剂的加入量为固体料的 20% ~ 24%。

各厂生产电极糊的条件不同，配方也有差异。电极糊的配方见表 2 - 3，电极糊行业标准见表 2 - 4，电极糊主要指标的典型值见表 2 - 5，电极糊烧结后的主要性能见表 2 - 6。

表 2 - 3　电极糊的配方

原　　料		标准糊/%	封闭糊/%	粒度/mm
固体炭素材料	无烟煤	59 ± 3	50 ± 2	6 ~ 20
	冶金焦	41 ± 3		0 ~ 8
	石油焦或沥青焦		33 ± 2	0 ~ 8
	碎石墨电极		17 ± 2	0 ~ 8
黏结剂	沥青（软化点（65 ± 2）℃）	22 ± 2		
	沥青或煤焦油（软化点（55 ± 2）℃）		22 ± 2	

表 2 - 4　电极糊行业标准（YB/T 5215—1996）

项　　目	封闭糊		标准糊			化工电极糊
	1 号	2 号	1 号	2 号	3 号	
灰分（≤）/%	4.0	6.0	7.0	9.0	11.0	11.0
挥发分（≤）/%	12.0 ~ 15.5	12.0 ~ 15.5	9.5 ~ 13.5	11.5 ~ 15.5	11.5 ~ 15.5	11.0 ~ 15.5
抗压强度（≥）/MPa	18.0	17.0	22.0	21.0	20.0	18.0
电阻率（≤）/μΩ·m	65	75	80	85	90	90
体积密度（≥）/g·cm^{-3}	1.38	1.38	1.38	1.38	1.38	1.38
延伸率/%	5 ~ 20	5 ~ 20	5 ~ 30	15 ~ 40	15 ~ 40	5 ~ 25

注：1. 本标准适用于封闭式、敞口式和半封闭式矿热炉自焙电极使用的封闭糊、标准糊和化工电极糊；

　　2. 延伸率为参考指标；

　　3. 1 号封闭糊建议使用电糊无烟煤；

　　4. 化工电极糊主要用于半封闭式电石矿热炉。

表 2 - 5　电极糊主要指标的典型值

类　别	电阻率/μΩ·m	体积密度/g·cm^{-3}	真密度/g·cm^{-3}	灰分/%	挥发分/%	抗压强度/MPa	弹性模量/GPa
封闭糊	65	1.4	1.82	5	14.4	18	1660

表 2 - 6　电极糊烧结后的主要性能

类　别	真密度/kg·m^{-3}	假密度/kg·m^{-3}	孔隙率/%	抗拉强度/MPa	比电阻/Ω·mm^2·m^{-1}
标准糊	1800 ~ 1900	1400 ~ 1550	16 ~ 22	30 ~ 45	70 ~ 85
封闭糊	1900 ~ 1930	1450	23.7 ~ 24.4	22.9 ~ 24.9	57.4 ~ 58.8

　　B　电极糊的生产过程

　　电极糊的生产流程见图 2 - 4。

　　将按一定比例配成的固体炭素材料加入混捏锅内，干混 15 ~ 25min，然后加入 22% 左右的黏结剂沥青和煤焦油等，再混捏 40min。混捏的目的是填充固体颗粒间隙，并使分散的固体颗粒表面涂上一层黏结剂，把颗粒黏结在一起，混捏成均匀的糊料。混捏锅是利用蒸汽或其他热源进行加热的，混捏温度保持在 120 ~ 130℃ 之间。将混捏好的糊料经成型机成型，冷却后即成为块状电极糊。生产出来的电极糊在堆放、储存、运输和使用过程中，严禁被雨淋或混入灰尘等杂质，以免降低电极糊的质量。

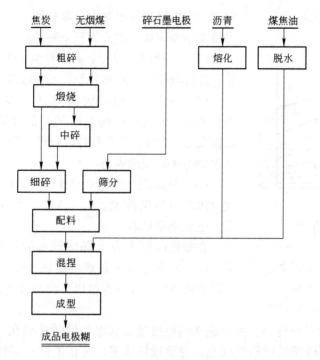

图 2 - 4 电极糊生产流程

2.1.3 自焙电极的烧结

2.1.3.1 焙烧电极的热源

电极糊加入电极壳内，利用电炉送电进行焙烧。在冶炼过程中，电极因不断消耗而逐渐下放，添加的电极糊逐渐下降，温度不断升高，排出挥发分，最后完成电极烧结过程，电极糊在烧结过程中需要热量，电极烧结所需要的热量来自如下三方面：

（1）电流通过电极本身所产生的电阻热，其值按下式计算：

$$Q = 4.184 \times 0.24 I^2 Rt \tag{2-1}$$

式中　Q——电阻热，J；

　　　I——通过电极发热的电流，A，用来产生电阻热的电流占输入电流的 3% ~5%；

　　　R——电极电阻，Ω；

　　　t——时间，s。

（2）电极热端向上的传导热。电极热端顺着电极向上传导热，使下移的电极糊被加热。

（3）炉口的辐射热和气流的对流热。

三种热源中，电流通过电极产生的电阻热是主要的，电极焙烧主要依靠电阻热来完成。而对于全封闭炉，几乎没有第三种热源，所以炭素材料要采用导电性和导热性好的石油焦、沥青焦及碎石墨电极块，并控制较低的软化点，借以提高烧结速度。

2.1.3.2 自焙电极的烧结过程

自焙电极的烧结过程是随着温度的升高，黏结剂逐渐分解排出挥发分的过程。电极焙

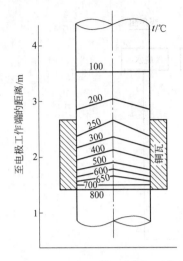

图 2-5 电极焙烧过程中电极断面的温度分布

烧过程中电极断面的温度分布如图 2-5 所示。按图 2-5 大致将电极焙烧过程分为三个阶段：

（1）软化段。温度从室温升至 200℃，块状电极糊熔化，此阶段仅其中的水分和低沸点成分开始挥发。

（2）挥发段。温度从 200℃ 升至 600℃，此间已全部熔化的液态电极糊中的黏结剂全部开始分解、气化，排出挥发分，在 400℃ 左右时进行得尤为激烈，电极糊由可塑性状态逐渐变成固态。

（3）烧结段。温度从 600℃ 升至 800℃，此时少量的残余挥发分继续挥发，经 4~8h，当电极从铜瓦中出来后，电极烧结基本结束。

在每相电极平台上都应设有通冷风和热风的装置，通过通冷风或热风来调整电极糊在不同季节和不同工况下的正常焙烧，即确保电极不出现过烧或欠烧的状态。

通冷风的作用如下：

（1）防止电极过早烧结。为使铜瓦与电极紧密接触，以防止铜瓦产生打弧现象，要求铜瓦上半部的电极糊呈可塑性状态，并要通风降温，防止电极过早地烧结成坚硬的固体。当电极糊温度高于 700℃ 时基本烧结完毕，如不通风必然导致过早烧结，使电极与铜瓦接触不良、留有空隙而引起打弧，易烧坏铜瓦或发生电极事故。这是通冷风的主要目的。

风量的大小取决于电极糊中挥发分的多少和气候条件。当挥发分较多或气温较高时，风量应较大些；反之，当电极糊中挥发分较少或气温较低时，风量应适当减小。风量的大小对电极烧结质量有很大影响。风量过大时，电极烧结强度不够，易引起电极软断或造成电极悬料；如风量过小，则电极过早烧结，使铜瓦电极间产生打弧现象，将造成烧结铜瓦等事故。

（2）降低电极把持器温度，延长其使用寿命。

相反，当电极处于欠烧的情况下，要通热风来确保电极的正常烧结。

正常焙烧的电极应是下放出来的电极壳完好，用铁棒去捅略有一点弹性，表面颜色略显暗红色，不能出现发白或发黑的现象，发白表示过早烧结，发黑或冒黑烟则是欠烧的表现。

2.1.3.3 自焙电极在烧结过程中的物理化学变化

（1）电极糊在烧结过程中，挥发分含量、失重率与温度的关系见图 2-6。随着温度升高，挥发分含量逐渐降低。

（2）电极糊在低温时比电阻很大，在焙烧过程中比电阻逐渐降低，见图 2-7。当温度低于 100℃ 时，由于沥青熔化，电极糊的比电阻上升；当温度为 100~700℃ 时，比电阻大幅度降低；当温度继续升高时，比电阻平稳降低。可见，大部分电流是通过铜瓦下部已烧结好的电极输入到炉内，而铜瓦在电极糊未烧结好的部位时，电流大部分通过电极壳输入到炉内，这就有可能烧穿电极壳而产生漏糊事故。

（3）电极在焙烧过程中抗压强度逐渐增加，如图 2-8 所示。当温度低于 400℃ 时，

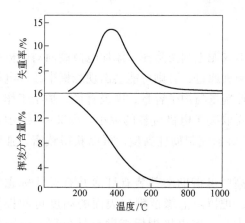

图 2-6 焙烧时电极糊挥发分含量、
失重率与温度的关系

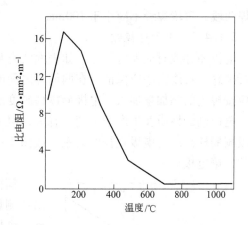

图 2-7 自焙电极比电阻与温度的关系

电极变软，机械强度下降；但当温度为 400 ~ 700℃时，电极抗压强度急剧上升到最大值；再加热至 1200℃时则保持不变。

电极焙烧速度的大小影响电极质量，表 2-7 所示为电极糊在不同的焙烧速度条件下其主要物理性能的变化情况。若电极焙烧速度过快，则孔隙率增加，导电性和抗压强度都有所降低。

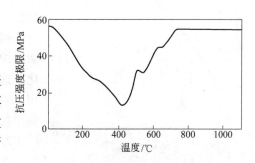

图 2-8 焙烧时电极抗压强度的变化

表 2-7 电极焙烧速度对其物理性能的影响

焙烧速度/℃·h^{-1}	假密度/kg·m^{-3}	比电阻/Ω·mm^2·m^{-1}	孔隙率/%	抗压强度/MPa
15	1516	22.57	60.91	55.7
25	1495	23.47	64.70	51.5
50	1479	24.46	65.80	51.0
100	1436	26.66	77.28	41.6
200	1419	27.53	78.24	40.0

2.1.4 自焙电极的接长和下放

2.1.4.1 电极壳的接长

在冶炼过程中电极不断地消耗和下放，需及时接长电极壳和添加电极糊。电极壳在装接之前必须进行检查，如发现变形不圆时，要用矫正圈矫圆；凡变形严重、焊缝脱落和生锈严重的电极壳，不得使用。新装上的电极壳要插入原有的电极壳上，并保持上下两节垂直，而且筋片需完全吻合对齐。接长电极壳应采用气焊焊接，焊接时先在圆周的四等分处焊上四点，然后连续地焊好整个圆周，焊缝要密实、平整和均匀。带有钢带的电极，两根钢带应分别垂直地焊在电极壳的二等分处，并且随电极的下放，每隔 300 ~ 400mm 均衡地对焊两段，每段焊缝不应小于100mm。

2.1.4.2　添加电极糊

电极糊存放时应保持洁净，如表面沾有灰尘或泥土则要除掉。添加电极糊前对电极糊进行破碎，粒度大小应保证其在两筋片之间能顺利通过，否则可能会出现悬糊事故。电极糊应按规定的添加量加入。电极糊糊柱高度的控制量与炉子容量、电极直径、炉子工作条件、电极糊的性质及生产季节变化有关，但主要取决于电极直径的大小。图2-9所示为电极糊糊柱高度与电极直径的关系。按图2-9所示控制糊柱高度，可以获得致密、强度高的自焙电极。

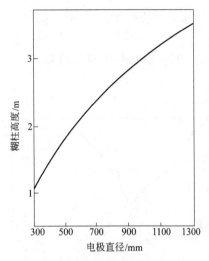

图2-9　电极糊糊柱高度与
电极直径的关系

糊柱高度可借助端部装有灯泡并有尺寸标志的吊线测量，把持筒上缘至糊柱表面的高度可间接算出。糊柱太高，则电极糊粗细颗粒易分层，或因压力大而胀坏电极壳；糊柱太低，则压力小，填充性差，难以得到致密的电极，严重时使电极糊上下烧结接不上。

糊柱高度的控制，冬季比夏季低些，封闭炉比敞口炉低些。糊柱表面的电极糊应保持边缘少许熔化，这可通过调节风量加以控制。添加好电极糊后，用木盖将电极口盖上，以防落入灰尘。加入的电极糊必须保证质量，不许带入杂质和杂物。

2.1.4.3　电极的下放

在熔炼过程中电极的工作端应保持一定长度，并且其消耗速度应与焙烧速度相适应，这样就需按一定的时间间隔和一定的长度下放电极，使电极处于正常工作状态。然而实际并非如此，由于冶炼操作上的某些原因，电极埋入料中过浅，不能按规定时间下放电极时，易引起电极过烧；相反，电极埋入料中过深，电极焙烧跟不上时，易发生漏糊和软断事故。所以，不能忽视冶炼操作对电极正常烧结的影响，必须保证正常的冶炼操作，这样有助于电极处于正常的工作状态。应保证按规定下放电极，一般无压放装置的小型电炉每8~12h下放200mm；有压放装置的大中型电炉应本着勤放、少放的原则，每小时放一次，每次压放10~30mm。

电极消耗长度基本上等于下放长度。三相电极每昼夜下放量等于每昼夜消耗量，采用下式计算：

$$三相电极每昼夜下放量 = 3Sh\rho$$

式中　S——电极截面积，mm^2；

　　　h——每相电极每昼夜下放长度，mm；

　　　ρ——电极糊密度，按1.5g/cm^3计算。

$$S = \frac{\pi D^2}{4}$$

式中　D——电极直径，mm。

$$三相电极每昼夜消耗量 = PQ$$

式中　P——生产 1t 硅铁时电极糊的消耗量，冶炼硅 75 时约为 58kg，冶炼硅 45 时约为 27kg；

　　　Q——硅铁昼夜产量，t。

因为三相电极每昼夜下放量等于每昼夜消耗量，则有：

$$3 \times \frac{\pi}{4} D^2 h \rho = PQ \qquad (2-2)$$

$$h = \frac{4PQ}{3 \pi D^2 \rho} \qquad (2-3)$$

如果一台电炉的电极直径为 $\phi 1000mm$，冶炼硅 75 时昼夜产量为 27t，则每相电极每昼夜应下放长度为：

$$h = \frac{4PQ}{3 \pi D^2 \rho} = \frac{4 \times 27 \times 58 \times 1000 \times 1000}{3 \times 3.14 \times 1000^2 \times 1.5} = 443mm$$

根据上式计算结果，每相电极每昼夜应下放 450mm，如采用顶紧式把持器，每昼夜下放 3 次，每次下放长度约为 150mm。实践证明，电极每次下放量不应超过铜瓦长度的 1/4，每次下放长度不大于 200mm。

由于冶炼操作的原因，使电极工作端的长度发生变化，不能按正常时间下放电极，这时一定要及时调整炉况，以便尽快恢复正常的电极工作端；另外，可以通过调整冷却风量来控制电极的烧结速度，或改变下放电极的时间和长度。在正常的情况下，如果出现电极过烧和欠烧，则要考虑改变电极糊的配方。

下放电极应注意以下事项：

（1）铜瓦下端距料面 200～300mm 时才可以下放电极，以防产生电极下陷现象。

（2）为了保持电极正常的烧结过程，一般情况下每相电极下放的时间间隔不小于 8h、不大于 24h。

（3）将铜瓦、水圈上挂有的灰尘清理干净。

（4）降低该相电极负荷。

（5）按规定的操作顺序和安全规程下放电极。

（6）下放电极时如发现流糊或有软断的可能，应立即停电，同时坐回电极（即将铜瓦退回原位置），并拧紧铜瓦。

（7）下放电极时如发现电极烧结不良，应坐回电极或缓慢提升负荷。

（8）电极下放之后要仔细观察，以防发生电极事故。

电极下放一般在出铁后进行，以免由于电极的上下移动而破坏炉内正常的熔炼过程和出铁、出渣。下放电极时，应降低该相电极负荷，其原因如下：

（1）已装入电极壳内的电极糊，在铜瓦的上半部分仍未烧结好，电导率不均匀。如果下放电极时不降低负荷，则下放时电极突然向下移动，电流剧增，这时电极壳的导电性仍比电极糊的导电性强，大量电流沿电极壳通过，容易击穿电极壳而使电极发生流糊或软断。

（2）下放电极时降低负荷可减少或防止在铜瓦部位发生打弧现象。

（3）下放电极时电流突然增大，如不降低负荷，容易引起"跳闸"。

经验表明，对于较大容量的矿热炉，下放电极时降低该相负荷 10%～15% 较为合适。

电极下放之后，根据电极运行情况，经过适当的时间后再恢复到原负荷。

下放电极的操作一般情况下能正常进行，但有时下放电极工作不顺利，影响冶炼的正常进行，电极放不下来，这往往有以下几种原因：

(1) 电极壳焊接质量较差。电极壳接长时没有对准中心线，角度相差较大；或从电极壳焊缝处流出较多的电极糊与铜瓦烧结；或电极壳几何形状不合乎要求，均易使电极被卡住。

(2) 压放式的操作顺序搞错，或油压缸压力不足。

(3) 电极过早烧结，电极在铜瓦的上端失去可塑性，将电极卡住。

(4) 电极壳内糊柱高度过低、自重过小，电极不易下来。

(5) 采用不合理的下放电极操作，多次顶电极，使电极壳变形。

发生电极放不下来的情况时，首先要查找和分析原因，然后根据情况采用下列方法处理：

(1) 当铜瓦被电极糊烧结时，可撞击铜瓦，清除铜瓦与电极黏结现象；或者相应地松开几个大螺丝，电极下来后再拧紧，要注意松开几环就应紧回几环。

(2) 如果是压放式的操作顺序搞错，应重新操作。如果是因为油压缸的压力不足而使电极放不下来，应检查油量是否过少或是否有漏油之处，要及时采取相应的措施进行处理。

(3) 若是由于电极过早烧结而造成电极放不下来，迫不得已时可将电极工作端打掉一段。

(4) 因电极壳内电极糊的数量少、糊柱高度不够而使电极不易放下来时，可松开几个大螺丝，待电极放下来后再重新拧紧。

(5) 提高电极壳制造和接长的质量，减少导致电极放不下来的因素。

(6) 有时下放电极，会发现烧结不好而冒烟，这可能是由于黏结剂过多或其他原因造成的，此时应减少下放长度或延长时间，也可适当减少风量。

2.1.5 自焙电极常见事故及其处理

电极事故会引起停电或降低负荷，造成炉况恶化；而炉况又反作用于电极，使电极焙烧不良，造成折断电极等恶性电极事故；而且三相电极之间也会互相影响，其结果往往形成恶性循环，使技术经济指标全面降低。

自焙电极很少断裂，但也会因操作不当或某种原因发生事故。常见的电极事故有过早烧结、电极糊悬糊、漏糊、软断和硬断。

2.1.5.1 过早烧结

过早烧结是指在电极下端 300mm 以上，甚至在铜瓦上沿以上就已烧结变硬。过早烧结的电极会使铜瓦夹不紧，造成打弧，烧坏铜瓦。产生过早烧结的原因有：

(1) 铜瓦冷却强度不够；

(2) 铜瓦的抱紧强度不够，铜瓦与电极接触不良，接触电阻增大，造成局部过热甚至打弧，使局部电极糊烧结加快；

(3) 因冶炼原因造成电极下插困难，长时间没有下放电极；

(4) 炉料透气性不好，刺火严重且频繁，使电极周围热量过分集中；

（5）电极把持筒伸到了保护套内，造成大量的热烟气进入把持筒内；

（6）电极糊质量波动。

在处理电极过早烧结时一定要找清楚原因对症下药，常规的办法有：降低该相电极负荷，加强电极冷却，调整电极糊质量或调整电极冷却风量。

预防措施是：每次下放电极后要检查电极烧结情况，如发现电极过红且铁皮已烧掉，应及早加大风量或铜瓦冷却水量，检查电极糊质量。

2.1.5.2 电极糊悬料

电极糊悬料是由于电极糊块大，电极糊悬在电极壳内，使糊柱内出现较大空间。

产生悬料的原因有：糊柱上部温度低，使电极糊不能熔化下沉；电极糊块大或夹在两筋片之间而绷住。电极糊悬料多发生在冬季和新开炉期间，并多见于封闭电炉或糊柱过高的情况。此时要及时处理，否则空电极壳进入铜瓦后会烧坏铜瓦和电极壳，出现电极脱落。

悬料可通过测量糊柱高度的变化来判断。当出现悬料时可用以下方法解决：

（1）用木棒敲击电极，促使悬料下落；

（2）在电极铜瓦上沿用火焰烘烤，并关小铜瓦冷却水量；

（3）对敞口炉，可停止送风，使悬料熔化下落；

（4）用重锤从电极壳内砸落悬料；

（5）对封闭炉，必要时可停电，割开悬料处的电极壳，捅落悬料或用油布燃烧使其熔化下落，再焊上切下部分的电极壳。

预防措施是：电极糊应破碎，粒度适宜，以便在两筋片间能顺利通过；糊柱上部温度不能太低，保证靠近电极壳的电极糊处于稍熔化状态。

2.1.5.3 漏糊

液态电极糊从电极壳损坏处流出称为漏糊。产生漏糊的原因有：

（1）电极烧结不好，电流过大，电极壳局部熔化；

（2）电极壳焊接质量不好，焊缝裂开；

（3）铜瓦与电极壳局部接触不好，产生电弧烧坏电极壳；

（4）下放电极时未降低负荷，或电极下放过多，或电极下滑超过允许下放长度，使电极壳承受过量负荷而被烧穿；

（5）铜瓦有缺陷，如边缘锐利或有毛刺，下放电极时划破电极壳。

漏糊多发生在下放电极不久，此时应立即停电并开大风量，找出漏糊部位，当漏糊孔洞不大和流糊不多时，可用石棉绳、水泥等物堵塞住孔洞，并将孔洞压在铜瓦内，然后送电并慢慢升温；当孔洞过大、无法堵塞时，待糊流尽后，将孔洞用铁皮补焊好，并尽量压在铜瓦内，随后补加电极糊，用木柴或通电重新焙烧电极。

预防措施是：电极壳的接长和焊接必须严格按要求进行；下放电极时必须按规定操作，坚持少放、勤放；下放后视烧结情况逐步给满负荷，通常下放电极后20min才能给满负荷；发现电极烧结慢时，要用调整糊柱高度、风量、冷却水量、下放电极时间间隔、电极糊配方等措施来调节烧结速度。

2.1.5.4 软断

电极在未烧好的部位发生断裂称为软断。产生软断的原因有：

（1）下放电极时电极烧结得不牢固，尤其是电极壳表面有油时，下放电极后不久电极下滑而产生软断；或下放电极时两侧钢带同时松开，电极下滑引起软断。

（2）下放电极时未降低该相电极负荷或降低得不够以及上升负荷过急，也易引起电极软断。

（3）电极下放超过规定的长度，或电极下放的次数较多、相隔时间短，把未烧好的部位放下，产生电极软断。

（4）新开炉时温度较低，电极烧结得较慢，下放电极后易使电极软断。所以，新开炉下放电极之前，要仔细检查电极烧结的情况，最好是达到正常负荷 8h 后再开始下放电极。

（5）电极糊挥发分含量高、软化点偏高，使电极不能正常烧结，以致下放电极后产生软断。

（6）电极壳焊接质量较差，焊口破裂，也会产生软断。

（7）电极产生硬断或流糊事故后，易产生电极软断。

发生软断后应立即停电，并开至全风量。如断头位置较正且无漏糊现象或电极糊流出不多，可采取下坐电极的办法使断口压在一起，然后焊好铁皮箍，并尽量使断头压在铜瓦内，改用低电压造成"死相焙烧"（将电极埋入炉料并插至炉底保持不动，此时该相电极的相电压基本为零，其电流大小靠调节另两相的负荷来控制，因此通过该相电极的电流全部转化为电阻热来焙烧电极，称为死相焙烧），数小时后当电极焙烧好时，抬起电极正常送电。如断头偏斜，先将其扶正，可在断头上加电极糊，再压下电极对准断头压紧，周围用炉料围住，用炉子余热烘烤 2h，然后送电。如断裂严重而无法压接，则取出电极断头，另焊一个新底，重新焙烧此相电极。

预防措施是：电极下放后负荷不能升得太快，发现焙烧不好时要降低负荷；经常检查电极糊质量；保证电极壳制作质量；注意电极下放长度和时间间隔；电极糊糊柱不要过高，不要一次加入过多电极糊等。

2.1.5.5 硬断

正常工作的电极在已烧结好的部位发生折断称为硬断。产生硬断的原因有：

（1）电极糊质量不好，如电极糊配方不当、灰分含量过高、挥发分过少、黏结力不够。

（2）储存保管不好或电极筒未加盖，杂质落入电极糊内，降低了电极强度。

（3）铜瓦冷却强度不够或电极冷却风量过小，造成电极糊熔化快，炭素颗粒分层，影响电极烧结后的强度。

（4）炉况波动，电流波动，使电极大升大降频繁，导致产生裂缝而折断。

（5）旋转电炉的旋转速度过快。

（6）停电频繁且每次停电时间过久，停电后负荷上升太快，电极在停电后又未采取保温措施，致使电极因急冷急热而产生内应力；或者电极的材质不好，抗热震性差，停炉后电极上下冷却速度不同而产生应力，使电极产生裂纹。硬断多是由这种原因引起的。

发生硬断后应立即停电，及时处理。如果断头较长，应取出断头，根据电极烧结情况和铜瓦下面电极长度适当下放电极，然后采用死相焙烧的方法处理。如果断头较短，难以取出，尤其是封闭电炉，可借助电极的重量将断头压下，让其自然消耗于炉内，再适当下放电极，然后送电并缓慢升高负荷；如为旋转式电炉，可将炉体旋转一定角度，使电极避开断头，任其逐步自然消耗。

由于停炉时电极焙烧过程中断，在停电后经常出现电极硬断，因此停炉后通电必须缓慢加热电极。根据经验，若停炉时间不足24h，开炉焙烧电极的时间可取为停炉时间的1/2～2/3，还可为每一种工艺及每座电炉制定一个电流负荷与开炉时间的关系曲线。另外，还可从电极糊配方角度考虑，增加电极糊中导电性、导热性碳质材料的配比，可提高电极的热稳定性。实践证明，适当增加碎石墨电极的标准糊使用效果较好。

预防措施是：保证电极糊质量，避免混入外来杂质；控制冷却手段，确保电极焙烧质量；停炉时间长时要抬起电极200～300mm，在电极周围加适量焦炭或活动电极，以减少温度急变对电极产生的内应力；长时间停电时，开始应2h左右活动一次电极，以防电极与半熔融炉料黏结而使电极受到外力破坏；停电后开始送电时要缓慢升负荷，避免电流过大冲击而产生热应力；一相电极折断后，应更加注意另两相电极。

2.1.6 电极的消耗

降低电极消耗是一项有意义的工作。生产中影响电极消耗的因素是多方面的，如电极种类和质量、电极电流密度、熔炼的品种、冶炼工艺和操作水平等。随着单位电耗的增加，电极消耗也在增加。表2-8列举了各种铁合金产品的电极消耗量。

表2-8 各种铁合金产品的电极消耗量

产　品	电极种类	电极消耗/kg·t^{-1}	备　注
硅75	自焙电极	50～60	
硅45	自焙电极	35～40	
结晶硅	石墨电极	80～90	
硅钙合金	自焙电极	200～250	
碳素锰铁	自焙电极	30～35	有熔剂法
碳素锰铁	自焙电极	15～20	无熔剂法
高硅硅锰合金	自焙电极	65～70	
硅锰合金	自焙电极	30～40	
中低碳锰铁	自焙电极	25～30	
中低碳锰铁	石墨电极	20～25	
金属锰	石墨电极	30～35	
碳素铬铁	自焙电极	20～25	
硅铬合金	自焙电极	40～45	
中低碳铬铁	自焙电极	35～40	
中低碳铬铁	石墨电极	15～25	
微碳铬铁	石墨电极	15～20	电硅热法
微碳铬铁	石墨电极	5	真空固体脱碳法
钨　铁	自焙电极	50～55	
钒　铁	石墨电极	25～35	

产　品	电极种类	电极消耗/kg·t^{-1}	备　注
磷　铁	石墨电极	5~10	
富锰渣	自熔电极	8~10	
富锰渣	石墨电极	6~8	

2.2 电炉炉衬

铁合金冶炼过程是一个高温物理化学过程，铁合金电炉的炉体构造必须充分满足冶炼的特殊需要。铁合金电炉的炉体是由一定厚度的锅炉钢板制造的炉壳和炉衬构成。其炉壳大部分采用圆柱形，少数采用圆锥形。圆柱形炉壳散热面积小，强度大，加工容易，利于节能。对炉壳要求有足够的强度，能承受炉衬受热后剧烈膨胀而产生的热应力。炉壳要有一定厚度，一般大炉子采用 16~25mm 的锅炉钢板，小炉子采用 10mm 左右的钢板。为提高炉壳强度，除沿钢板纵向做成立筋加固外，还要有 2~3 个水平加固圈，出铁口流槽也用钢板或铸钢制成。

炉衬是炉体更为重要的部分，其不仅要承受高温，而且还要承受炉料、高温炉气、熔融铁水的机械冲刷和炉渣的物理化学侵蚀，以保证铁合金冶炼能在高温条件下有效进行。虽然有些炉衬有炉料、渣壳等与高温电弧相隔，但炉衬仍要承受 1400~1800℃ 的高温，物理化学侵蚀和机械冲刷使炉衬易被熔化、软化、熔蚀甚至崩裂。炉衬的损坏会直接影响冶炼过程的正常进行，若损坏，不仅绝热性能不好，还会使炉壳散热增加，电能消耗增大。因此，必须合理设计电炉内型尺寸，选择优良的砌炉材料，精心砌筑和烘炉，冶炼中重视炉衬维修，这样才能获得长的炉衬寿命。

2.2.1 炉衬材料的种类、要求及选择

2.2.1.1 炉衬材料的种类

（1）耐火材料。耐火材料有硅砖、黏土砖、炭砖、碳化硅砖、高铝砖、铬镁砖、镁炭砖、石英制品、电极糊、生熟黏土粉、耐火土等，其主要性能见表 2 - 9。

（2）隔热材料。隔热材料有石棉板、石棉绳、硅藻土、石棉毡、黏土粒、矿渣棉、泡沫黏土砖等。

表 2 - 9　各种耐火材料的主要性能

性能 材料名称	耐火度 /℃	荷重软化开始 温度(2h, 0.1MPa) /℃	耐压强度 (298K, 2h) /MPa	密度 /t·m^{-3}	主要化学成分 /%	抗渣性		抗热 震性
						碱性	酸性	
硅　砖	1690~1710	1620~1640	175~200	1.8~2.0	SiO$_2$ >94.5	不好	好	合格
黏土砖	1610~1730	1250~1300	125~150	1.8~1.9	Al$_2$O$_3$ 20~45	不好	合格	合格
高铝砖	1750~1790	1420~1500	400	2.30~2.75	Al$_2$O$_3$ 48~75	好	合格	好
镁　砖	2000	1500	350~400	2.6	CaO 3.0 MgO 85.0	好	不好	不好

性能\\材料名称	耐火度 /℃	荷重软化开始温度(2h, 0.1MPa) /℃	耐压强度 (298K, 2h) /MPa	密度 /t·m⁻³	主要化学成分 /%	抗渣性 碱性	抗渣性 酸性	抗热震性
铬镁砖	1850	1470~1520	150~200	2.6	Cr_2O_3 8~12 MgO 48~55	好	合格	合格
炭砖	>2000	1800	250	1.55~1.65	C >92	合格	不好	好
碳化硅砖	>1800	1650~1800	500	2.4	SiC 83~96	不好	合格	好
焦粉	易氧化	3500 升华		0.6~0.8	C >9.5			好

2.2.1.2 对炉衬材料的要求

（1）应具有高的耐火度，高温时形状、体积不应有较大变化；

（2）具有一定的强度（特别是高温强度），耐火砖外形符合标准要求；

（3）具有很高的抗热震性，温度急变时不致损坏；

（4）抗渣性好，高温下化学稳定性好，有较好的高温抗氧化性；

（5）体积膨胀系数小；

（6）各种耐火材料应保持清洁，不得有灰尘、泥土等杂物。

2.2.1.3 耐火材料的选择

耐火材料在实际使用过程中，虽然长期和反复承受高温、温度变化、物理化学侵蚀和机械冲刷等综合作用，但就局部来看，不一定会同时承受上述作用，要根据耐火材料实际所处的工作部位正确地选择和使用耐火材料，以便既能保证炉衬的使用寿命，又能降低成本。

铁合金电炉常用的耐火材料有：

（1）黏土质耐火材料。黏土质耐火材料能抗酸性渣，抗热震性好，有良好的保温能力及一定的绝缘性；但耐火度较低（1600~1750℃），不宜在高温下使用。其多砌筑在矿热炉暴露部分炉衬、炉底及炭砖外层，可起保温、绝缘作用，还可用于砌筑铁水包内衬。

（2）高铝砖。高铝砖以 Al_2O_3 为主要成分，其耐火度高，荷重软化温度高，机械强度大，能抵抗酸性渣和碱性渣的侵蚀，抗热震性好。我国高铝矾土资源丰富，其制品性能远比黏土砖好，是极有前途的耐火材料。高铝砖在铁合金生产中用于砌筑出铁口的衬砖、铁水包内衬以及精炼炉炉顶、高炉炉身和炉缸。

（3）镁质耐火材料。镁质耐火材料一般含 MgO 80%~85%以上，常用的有镁砂、镁砖、镁铝砖、镁硅砖等。其耐火度高，对碱性渣有极好的抗侵蚀能力，导热系数和高温下的导电系数较大，荷重软化点较低，抗热震性差，高温下会因水或水蒸气的作用发生粉化。镁质耐火材料在铁合金生产中用于砌筑精炼炉炉墙、炉底以及铬铁和中低碳锰铁的铁水包内衬等。为克服其抗热震性差的缺点，采用耐崩裂的铬镁砖来砌筑炉顶。铬精矿粉作为镁砖砌缝填料使用，效果较好。烧结镁石制成的镁砂是打结炉底和堵出铁口的原料。

（4）碳质耐火材料。碳质耐火材料是以碳或碳化物为基本组成物所组成的中性耐火材料，包括炭砖和碳化硅制品。炭砖的优点很多，如耐火度高，只要不氧化就很难熔损；抗热震性好；抗压强度高，耐磨性好；热膨胀系数小，导电、导热系数大；抗渣性特别好。其缺点是：高温下与空气等氧化性气体或水汽接触时，极易氧化；500℃开始氧化，温度升高后氧化极快；碳衬容易被某些易与碳形成结合力强的碳化物的元素侵蚀；碳衬炉体的热惯性和绝缘性相对较差。

炭砖原料易得、制作方便，加上其性能上的优点，使炭砖的应用越来越广泛。绝大多数矿热炉和几乎所有的粗炼合金品种，除对碳含量有严格要求者外，都采用炭砖作为内衬，高炉风口以下的炉缸、出铁槽也主要采用炭砖砌筑。

压型后不经焙烧的炭块称为自焙炭块，其可代替炭砖用于砌筑炉衬，在电炉烘炉期间可随炉温的逐渐升高而烧成，现已被部分铁合金厂家使用，特别是在大型电炉上应用更为普及。

为了改善炉衬的综合性能，降低炉衬的造价，通常按照炉膛各部位的工作条件选用不同材质的耐火材料。铁合金炉外精炼用反应器（如摇包）、热兑铁水包、铁水包所采用的耐火材料有镁砖、镁炭砖、黏土砖、打结料等。铁合金冶炼电炉炉衬常用耐火材料、使用周期和消耗量见表2-10。

表 2-10　铁合金冶炼电炉炉衬常用耐火材料、使用周期和消耗量

冶炼品种	炉衬材料	使用周期	单位产品的消耗量/kg·t^{-1}
硅75 金属硅 锰硅合金 硅铬合金 碳素锰铁	炭　砖	1~10 年	2~3
碳素铬铁	镁砖或炭砖	1~5 年	约 10
钨　铁	高铝砖或炭砖	10 年	约 20
钼铁（焙烧炉）	黏土砖	10 年	约 20
钼铁（冶炼炉）	黏土砖	10 炉	约 20
中低碳锰铁	镁　砖	60~70 天	约 50
中低碳铬铁	镁　砖	40~60 天	约 45
微碳铬铁	镁　砖	20~30 天	约 100
真空微碳铬铁	高铝砖或炭砖	1~2 年	约 30
铌　铁	镁　砖	1 炉	约 200

铁合金电炉专用耐火材料的研究工作进展比较缓慢，多年来炉衬材料和砌筑方法改进不大。近年来人们逐渐认识到，单纯从材质方面着手永远无法解决耐火材料损毁严重的问题。理论研究和实践表明，将改进冶金炉的结构和检测手段、改善炉衬传热条件与改进材质结合起来，是降低耐火材料消耗的重要途径。应用凝固衬原理，综合考虑材料的导热性和外界冷却强度，使熔池与炉衬接触的部位形成一个低于熔体熔化温度的假炉衬，可以极大限度地减少耐火材料的损耗。目前，凝固衬原理已经被人们接受，并在钨铁、高碳铬铁、高碳锰铁电炉和中碳铬铁转炉生产中得到应用。

2.2.2　炉衬的砌筑

电炉炉衬的使用寿命除与冶炼操作、造渣制度和耐火材料质量有关外，筑炉的质量也

是一个十分重要的影响因素。筑炉就是用耐火材料砌筑炉体内衬的一种操作。炉衬砌筑的基本要求是减少炉衬缝隙，提高其整体性和结构强度。砌筑电炉时还应注意以下几项：

（1）筑炉用的耐火材料和隔热材料，特别是镁质材料，要防止受潮；

（2）筑炉耐火砖所用的耐火泥的耐火度和成分，应与所用砖的耐火度和成分相同或相近；

（3）耐火砌体应错缝砌筑，砖缝应以泥浆填满，干砌时应以干耐火粉填满砖缝；

（4）砌砖时宜用木槌找正、找平，要避免耐火砖在搬运和砌筑过程中局部损坏；

（5）砌筑现场保持清洁，严防杂物混入。

2.2.2.1　炉衬砌筑方法

铁合金电炉的炉衬很厚，尤其是炉底，目的是使炉体有较高的热稳定性，这样可使冶炼过程正常进行。由于炉底厚，不但耐侵蚀，而且当电炉检测热停后再送电时也利于恢复炉况，使之正常冶炼。

炉衬紧靠钢板处用绝热性能最好的材料（如石棉板、石棉灰或耐火绝热黏土等）做绝热层，厚度为 10~25mm。紧接着是厚为 40~100mm 的缓冲层（弹性层），用水渣、炉渣散料或耐火砖颗粒组成，此层要求有一定的可压缩性，以满足炉衬热膨胀的需要，避免热膨胀力直接传递给炉壳，产生炉壳炸裂等问题；同时它也是空气隔热层，可起到一定绝热作用，烘炉时便于气体的排出。然后是耐火黏土砖层，即低温耐火材料层，其也有一定的绝热性和抗氧化性，可以保护内层砖不被氧化。内层是耐火度较高的炭砖层，即工作层，有些品种的冶炼炉工作层采用镁砖、硅砖等。炉子出铁口部分的砌筑要特别注意，严防空气进入。出铁口附近一段不留缓冲层，且要用整体炭砖加工制成，出铁口流槽与炉内炭砖要衔接严密，以免漏铁水或造成炭砖氧化。

A　碳质炉衬砌筑

碳质炉衬的砌筑见图 2-10。

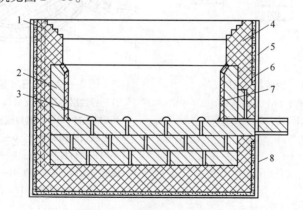

图 2-10　碳质炉衬砌体示意图
1—排气孔；2—炭砖；3—补偿帽；4—黏土砖；5—石棉板；
6—弹性层；7—黏土砖层；8—炉壳

a　砌筑前的准备工作

按要求备齐筑炉用的各种材料，严格检查耐火材料的质量。将炭砖断面加工成梯形，如图 2-11(a)所示。炭砖两侧各加工 2~3 条深 20~30mm、宽 40~50mm 的沟槽（也可在炭砖端面和侧面用钢钻打孔，孔径为 φ25~30mm，孔深 50~70mm，用打孔代替开槽可提高工效），如图 2-11(b) 所示，以便打结时使各块砖间的接触更加牢固。出铁口炉墙立砌 2 块炭砖（俗称骑马炭砖），加工成如图 2-11(c) 所示的形状，其孔径大小应根据电炉容量大小而定，一般为 60~120mm，应注意外大内小。出铁口流槽砌炭砖 2~4 块，表面加工成流铁沟槽，如图 2-11(d) 所示。对炉壳进行检查，炉壳的形状和尺寸应合乎要求，炉壳设置要水平，炉壳中心和极心圆中心要对正。炉壳可钻一定数量的放气小孔。

　　b　炭砖的预砌加工

　　炭砖在砌筑前需预砌加工，如图 2-12 所示，在矿热炉附近的空地上画一个与炉底炭砖砌体直径相同的圆，然后试摆炭砖。中间一排炭砖的中心线与圆的直径重合，砖缝均为 50~60mm，每排炭砖的横缝应互相错开，并尽量减少砖缝数。摆好后超出圆外的部分加工去掉，并按所摆位置将每块砖标明号码，以便砌炉时按编号放入炉内。第二、三层炭砖按同样办法预砌，并做好标记。

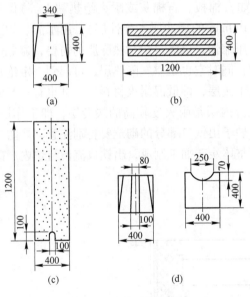

图 2-11　炭砖加工图

(a) 炉墙炭砖；(b) 炉底炭砖；
(c) 炉墙出铁口炭砖；(d) 流槽炭砖

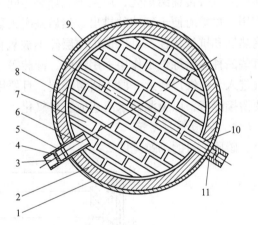

图 2-12　第三层炭砖砌筑图

1—弹性层；2—黏土砖围墙；3—出铁口
流槽炭砖；4—出铁口流槽炭砖底糊缝；
5—出铁口流槽黏土砖；6—出铁口炉底炭砖；
7—炉底成行排列炭砖；8—炉底炭砖底糊缝；
9—围墙与炭砖间底糊缝；10—出铁口炉底炭砖与
围墙间底糊缝；11—出铁口流槽

　　c　砌筑

　　砌筑时先清除炉内垃圾，找好中心，在炉底上先铺一层 10mm 厚的石棉板（或硅酸盐石棉毡，用硅酸盐石棉毡时先刷水玻璃，再放石棉毡），并用木槌打实，使之与炉壳紧密接触。石棉板的接缝处要叠放一定宽度。在石棉板上铺一层 80~100mm 厚的黏土砖粒，粒度为 3~8mm，可缓冲炉底受热时所产生的膨胀力并起保温作用。用工具压平黏土砖粒后平砌一层黏土砖，砖缝应小于 2mm，水平公差要小于 5mm，检查合格后再砌第二层。

第二、三层可干砌，也可湿砌，砖缝要尽量小，一般不超过 2mm。湿砌时泥浆要饱满，充填要紧实。炉底黏土砖的总厚度应根据炉子要求确定。

砌筑炭砖时，炭砖之间、炭砖与砖墙之间留 40 ~ 50mm 缝隙，准备灌电极糊或冷捣糊。砌第一层炭砖时，砌筑炭砖的方向与出铁口方向交错成 120°，此后每层炭砖都交错 60°，第三层炭砖正对出铁口。摆放炭砖之前铺水平糊（石墨粉与水玻璃之比为 2：1）10 ~ 15mm，炭砖按标记放正、放好，炭砖间立缝用预先做好的 40 ~ 50mm 见方的木楔紧固，以免产生移动。底糊加热良好后倒入炭砖立缝，每次放入厚度不超过 100mm，用专门工具捣固，直至每条缝隙填满为止。炉壁炭砖的立缝也应如此。第三层炭砖必须与一侧出铁口中心线平行，中间的一行炭砖从出铁口伸出 100mm，高度与方向皆合适。

电极糊质量对炉衬寿命有很大影响。首先，加热电极糊时要注意加热方法，即加热时间和温度，加热至冒白烟时基本结束，至不时冒浅黄色烟时停止，用手指（戴手套）捏时以不黏手为宜，加热时要勤翻动；其次是加强电极糊捣固操作，要从头依次捣固，炭砖接头处可稍高一些，放一些水平糊。

目前部分企业采用冷捣糊，冷捣糊在施工时基本上不用加热，施工温度要求在 20 ~ 40℃之间，夏天可以不用加热，冬天需适当的加热；在施工过程中不产生烟，施工环境好；另外，在后续的焙烧过程中冷捣糊会发生微膨胀，可避免产生缝隙。电极糊一般是在没有冷捣糊的情况下使用，主要是因为电极糊在施工时需要加热到熔化状态。电极糊内有大量沥青，在施工过程中有大量的气体产生，工人作业场所环境差，造成捣打不好，在后续的焙烧过程中也会产生缝隙而损坏炉衬的整体性。

砌炉底黏土砖的同时放炉墙的石棉板，中间留缓冲层 80 ~ 100mm，每砌三层填充一次黏土砖粒。砌完炉底黏土砖后再砌炉墙黏土砖，砌到一定高度后准备砌炭砖。在炉墙四周，从炉底开始直通炉口砌筑 8 ~ 12 个排气孔。待炉底炭砖砌完，检查合格（水平公差不超过 ±5mm）后砌炉墙炭砖，见图 2-13。开始砌炉墙炭砖时，炉墙炭砖距黏土砖墙50 ~ 60mm，并用电极糊充填捣实。炉墙炭砖底下仍用水平糊充填，其厚度小于 5mm。炉墙炭砖与炉底炭砖做成如图 2-14 所示的形状，并用电极糊将炉底捣成向出铁口侧倾斜。

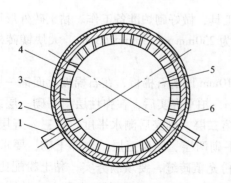

图 2-13　炉墙炭砖砌筑图

1—出铁口流槽；2—出铁口黏土砖围墙与炉墙炭砖之间的
底糊缝；3—炉墙炭砖；4—炉墙炭砖之间的立缝；
5—炉膛；6—弹性层

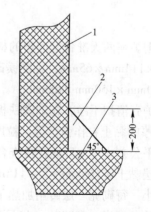

图 2-14　炭砖围角

1—炉墙炭砖；2—围角；3—炉底炭砖

为补偿炉底炭砖立缝底糊加热后的收缩，在底糊缝面上往往用立缝糊铺打宽约100mm、高约30mm的筋条（或称补偿帽），边缘直角处也用底糊填充打结。为延长炉衬寿命，炉墙炭砖缝捣固后，炉墙炭砖上部炉口部位再采用优质黏土砖，砌一定高度后向外砌成梯形，以便于操作。通气口至炉墙上缘，此口烘烤完毕后用砖覆盖。

出铁口流槽砌筑见图2-15。流槽铁板上先铺一层石棉板，然后平砌一层黏土砖，再砌炭砖，两侧用黏土砖砌筑，炭砖必须长于出铁口流槽100~150mm。炭砖缝与流槽表面填电极糊，使之烧结后牢固。目前在砌筑碳质炉衬时会使出铁口的高度高出炉底100~200mm，这样在出铁时就能避免将铁水全部出干净，以提高电炉的蓄热能力和热稳定性。

为了避免烘炉时炉墙炭砖氧化，还应在炉墙内壁平砌一层黏土砖或涂一层石灰。一般来说，炉底炭砖和出铁口附近的炉墙是矿热炉炉体侵蚀最严重的部位，因此要特别重视出铁口附近炉衬的砌筑和底糊的打结。

B　镁质炉衬砌筑

图2-16为镁质炉衬剖面图。

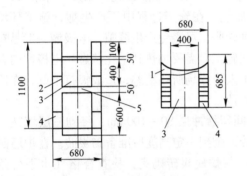

图2-15　出铁口流槽砌筑图
1—流槽电极糊；2—出铁口流槽；3—流槽炭砖；
4—流槽黏土砖；5—炭砖底糊缝

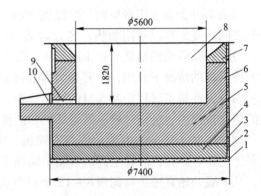

图2-16　镁质炉衬剖面图
1—炉壳；2—炉壳内石棉板；3—弹性层；
4—炉底黏土层；5—炉底镁砖层；6—炉墙
镁砖层；7—炉墙黏土砖层；8—炉膛；
9—出铁口通道；10—出铁口流槽

在砌炉前两天准备好砌炉的材料及筑炉工具，做好砌炉准备工作。黏土砖外形尺寸为230mm×114mm×65mm，标准镁砖外形尺寸为230mm×115mm×65mm，大块镁砖外形尺寸为460mm×150mm×65mm。

将炉壳清扫干净，在炉底铁板上铺一层10mm厚的石棉板，在石棉板上面铺一层80~100mm厚的黏土粒作弹性层，粒度为3~5mm，拍平夯实后，在弹性层上平砌一层黏土砖层，水平公差小于±5mm，检查合格后平砌第二层，砌完后测水平度。第三~五层侧砌，共砌五层黏土砖（65mm×2+115mm×3），平砌两层、侧砌三层，全部干砌，要求平整，砖缝要小，每砌完一层砖用加热干燥的黏土粉充填砖缝，要填满夯实，黏土粉配比为生、熟黏土粉各一半。砌砖时，上下两层砖缝应错开30°~45°。在砌炉底黏土砖的同时贴炉壳绝热层石棉板，并留出弹性层的空间位置150mm左右，每砌完两层砖用黏土粒将弹性层充填一次。黏土砖上面侧砌五层标准镁砖（115mm×5），砖层表面要求水平、整齐，砖缝小于2mm，并用经过加热干燥的镁砂、铬矿粉充填（比例为1:1）；立砌两层大块镁砖（460mm×2），砖缝走向与一侧流槽中心线平行，两层大块镁砖之间错开45°，每层大块镁砖砌筑完后应进行填缝打粉工作，打粉由电磁振动机进行，时间为1h，由专人负责。出铁口附近的炉壳与镁砖之间不留弹性层，充填卤水镁砂，打结牢固，卤水应事先配好，在镁砂中配20%镁砂粉。立砌两层大块镁砖后再平砌一层大块镁砖（65mm×1），至此炉底砌筑完毕。

炉墙头三层用大块镁砖侧砌（150mm×3），留出出铁口（截面115mm×100mm）。出铁口内侧用镁砖块堵牢，外侧用白黏泥封住，中间充填干镁砂。第二层砖开始向炉壳方向收缩成梯形，上部收缩较大。第四层炉墙开始用标准镁砖砌筑。炉墙共侧砌十层，最上面五层可用拆炉旧镁砖，应留有150mm左右的弹性层。砌最上面三层时，靠炉壳只铺石棉板，不留弹性层。

砌筑出铁口流槽时，在流槽铁板内平铺一层石棉板，上面侧砌五层大块镁砖（150mm×5），砖缝要严密且上下层之间砖缝应错开。流槽镁砖两侧缝隙及流槽表面用卤水拌镁砂填实捣固，流槽表面做成沟槽状。

C　镁砂整体打结炉衬

目前，中低碳锰铁精炼电炉炉衬普遍采用镁砂整体打结。下面介绍3500kV·A精炼电炉捣打炉料的砌筑，镁砂整体打结炉衬见图2-17。

炉衬砌筑材料有黏土砖、黏土粉、黏土骨料、镁砖、镁砂粉、炉底捣打料、炉墙捣打料、石棉板和液体硅酸钠。

对炉衬砌筑材料的要求是：

（1）具有较高的耐火度，在高温时形状、体积不发生较大变化；

（2）在高温下有足够的机械强度；

（3）抗渣性好，在高温下有较好的化学稳定性；

（4）具有低的导电性与导热性（隔热、保温）；

（5）在高温下有较好的抗氧化性能和耐侵蚀性能；

（6）耐火砖尺寸符合相应的标准要求，无孔洞裂缝，无缺边掉角；

（7）小心搬运，妥善保管与存放，各种材料要保持清洁整齐，不得受潮、雨淋，不得沾有灰尘、泥土及油污。

砌筑材料用量见表2-11，镁砖、捣打料的理化指标及性能见表2-12。

表2-11　砌筑材料用量

序　号	砌筑材料	规　格	数　量
1	石棉板	1000mm×1000mm×10mm	100m²
2	黏土砖	230mm×65mm×114mm	9618块
3	黏土砖	230mm×65/55mm×114mm	2664块
4	黏土骨料	5~12mm	24m³
5	黏土粉	200目（0.074mm）	2t
6	镁砖	230mm×65mm×115mm	8t
7	镁砖	230mm×65/55mm×115mm	12t
8	镁砂粉	200目（0.074mm）	2t

序 号	砌筑材料	规 格	数 量
9	炉墙捣打料	0 ~ 6mm	30t
10	炉底捣打料	0 ~ 6mm	105t
11	液体硅酸钠	模数 3.0	0.1t

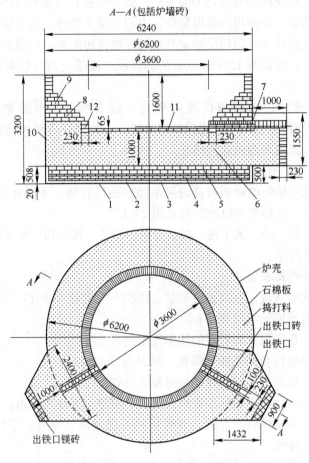

图 2 - 17   3500kV・A 精炼电炉镁砂整体打结炉衬

（第二层出铁口砖砌筑剖面图）

1—炉壳；2—弹性层（80mm）；3—石棉板（10mm）；4—黏土砖（65mm×3）；5—黏土砖（114mm×2）；
6—炉底捣打料；7—出铁口（100mm×115mm）；8—炉墙镁砖（115mm×3）；9—黏土砖（114mm×10）；
10—石棉板（10mm）；11—炉底镁砖；12—镁砖（115mm×3）

表 2 - 12   镁砖、捣打料的理化指标及性能

名 称	理 化 指 标 及 性 能						
	耐火度 /℃	荷重软化开始 温度（0.2MPa）/℃	常温耐压强度 /MPa	重烧线变化（2h)/%		抗渣性	抗热震性	MgO/%
				1600℃	1650℃			
镁砖	≥1800	≥1550	≥58.8		≤0.5	好	合格	≥90
捣打料	≥1800	≥1550	≥40 （1600℃，3h)	≤ -2.0 （1600℃，3h)		好	合格	>84

炉体砌筑方法如下：

（1）准备好砌炉材料及筑炉工具。筑炉工具有打夯机、铁锹、大铲、橡胶锤、卷尺、水平尺、线坠、灰桶、手推车、钳子、扳手、扫帚等。

（2）炉壳检查。炉壳的形状要规整，主要尺寸（高度、直径及出铁口位置）应符合要求，公差小于20mm；炉壳装配缝及焊接要平整严密，炉壳放置要水平，炉壳中心线与电极中心线要靠近；施工前检查循环水系统是否漏水，如有漏水必须及时处理，炉壳内要求干燥，不得潮湿。

（3）炉底砌筑。将炉壳内清扫干净，炉底平铺一层10mm厚的石棉板，用橡胶锤夯实，石棉板的接缝要对严，然后在炉壳周围粘贴一层10mm厚的石棉板至炉壳顶端。在炉底石棉板上铺80mm厚的弹性层，找平震实。炉底面积较大，为保证稳定性，在弹性层上平砌3层黏土砖（65mm×3），再侧砌2层黏土砖（114mm×2），全部干砌。砖与炉壳石棉板之间留有60mm的伸缩缝，缝间用骨料填充。砖与砖之间的缝隙均用同材质细粉填充，并用橡胶锤敲打填实。炉底每层砖交错30°～45°，每层间的水平公差小于3mm，砖缝不大于1mm。

（4）炉底捣打料捣打。采用干式捣打法，在侧砌黏土砖上铺炉底捣打料，每次平铺150～200mm厚的捣打料，用打夯机震动打料后将表面处理成麻面，然后继续平铺下一层打实。炉底捣打料的捣打厚度应符合图纸要求，每次打结后用铁棍检查捣打强度（人工下插深度小于10mm为合格），炉底捣打料捣打后的密度不低于2.85g/cm^3。

（5）炉墙砌筑。以炉心为圆心画直径为ϕ4520mm的圆，在炉底捣打料平面上沿此圆的圆周向炉心方向侧砌两列镁砖（镁砖尺寸为230mm×115mm×65mm），共砌六层，采用干砌，使其成为宽460mm（230mm×2）、高690mm（115mm×6）的圆环，圆环内径为ϕ3600mm（4520mm－460mm×2），外径为ϕ4520mm，砖与砖之间的缝隙用镁砂粉填充密实。除出铁口外，其余部位炉壳与镁砖之间填充炉墙捣打料并且夯打密实，炉墙捣打料的高度与侧砌镁砖的高度一致，炉墙捣打料捣打后的密度不低于2.8g/cm^3。炉墙砖第七层至炉壳顶部层按图纸要求退差侧砌黏土砖（黏土砖尺寸为65mm×114mm×230mm），每层退差178mm，砖缝间用同材质黏土粉填充。

（6）炉底镁砖砌筑。炉墙捣打砌筑完成后，在炉底捣打料的基础上再捣打厚度为165mm的炉底捣打料。捣打料施工结束后将表面刮平，在上面平砌一层镁砖（65mm×1），采用干砌，镁砖缝隙用镁砂粉填充，并用橡胶锤敲打填实。施工结束后将炉内剩余的材料打扫干净。

（7）出铁口砌筑。出铁口砌筑按图2－17所示进行。

2.2.2.2 金属炉衬的形成

在特定的工作条件下，一些铁合金电炉采用金属炉衬作为工作层。金属炉衬得以正常工作的前提有两点：一是金属有足够高的熔点；二是冷却强度足够大以维持金属处于凝固状态。钨铁电炉是典型的金属炉衬电炉，在钨铁金属熔池内，钨含量大于70%的合金其熔点高于2400℃，超过绝大多数耐火材料的耐火度，采用凝固的金属炉衬最可靠。高碳铬铁电炉炉底的工作层也是金属炉衬。

钨铁金属炉衬是在砌炉和开炉过程中形成的。在砌筑好的耐火材料上，用适当粒度的钨铁与焦油打结炉衬，在开炉升温过程中，金属炉衬烧结成整体，具备工作条件。

高碳铬铁电炉炉底存在凝固金属层，高碳铬铁电炉的金属炉衬是在生产过程中形成的。由于金属熔体与凝固金属层温差不大，金属炉衬处在动态平衡之中。为了维护电炉正常工作，炉底凝固金属层的厚度不能小于 0.5m。

2.2.3　铁合金电炉的烘炉、开炉、停炉和洗炉

电炉炉体砌成后，在投产前要烘炉并储蓄必备热量。所谓烘炉，就是采用加热的方法使炉衬水分和气体排除，将电极烧结成型，保证在加料前炉膛和电极满足冶炼要求。烘炉质量直接影响生产及炉衬寿命，因此应制定烘炉时间表，一般情况下应严格按照烘炉表烘炉。烘炉时间的长短主要取决于烘炉方法、炉衬种类、炉子大小及冶炼品种等。

2.2.3.1　烘炉

烘炉前首先检查各种设备及系统，包括导电系统、电极升降系统、电极悬挂系统、电极压放系统、配料系统、吊运系统、水冷系统，对于封闭电炉还包括封闭系统、炉气净化系统等，并按生产条件试车，合格后方可烘炉。

为防止电极与炉底相黏结，应先在电极下的炭砖上垫一层厚 65mm 的黏土砖，然后将有底电极平稳地坐在黏土砖上。在有底电极壳内装入粒度为 50~100mm 的电极糊，保证糊柱高度为 3.0m 左右（铜瓦上沿 300~500mm），以获得烧结良好的电极。将电极把持器放到上限位置，保证烘炉时有足够长度的电极被烧结。电极在烧结过程中有大量挥发物逸出，为加快电极烧结速度，防止电极烘裂，在电极工作端上部钻一些直径为 $\phi 3~5mm$ 的小孔。在出铁口内放置一直径为 $\phi 100~200mm$、内小外大的钢管，中间填充焦粉，两头塞入泥球，有的为了便于通风，两头暂不堵上。

烘炉时要砌花墙或焊花栏。焦烘时应在三相电极周围用黏土砖砌一花墙或用铁条焊一花栏，以便烘炉时放焦炭，花栏吊挂于电极把持器上。花墙或花栏高度决定焙烧电极的高度，一般应保证焙烧部分电极能始终被包在燃烧的焦炭中。为了防止炉底炭砖氧化，在一切准备工作完成后，可以在炉底铺一层厚约 100mm 的焦炭或焦粉（0~3mm），然后再烘炉。

整个烘炉过程分为两个阶段：第一阶段是柴烘、油烘或焦烘，目的是焙烧电极，使其具有一定承受电流的能力，并除掉炉衬内的气体和水分；第二阶段是电烘，目的是进一步焙烧电极，烘干炉衬，并使炉衬达到一定的温度，满足冶炼要求。

（1）柴烘。小炉子一般采用柴烘。先做好风道，可用砖从出铁口处开始砌风道，通向三相电极下面，风从出铁口吹入三相电极风道口。放木柴，用废油引燃，慢慢燃烧，先用小火烘烤，火焰高度不超过炉口，小火烘烤时间占木柴烘烤时间的 1/3~1/2；再用大火烘烤，火焰高度一般可达电极把持器，火焰要均匀。此法成本高，时间长，耗用大量木柴，一台 12500kV·A 电炉需要用 50~70t 木柴，柴烘时间为 72h。

（2）油烘。油烘采用低压喷嘴喷油，使用柴油或重油，油压为 0.2~0.6MPa，以 0.6MPa 压缩空气使油雾化并助燃。引火后，先用小火喷火烘烤，火焰应从下向上，不能对准电极，而且必须经常移动喷嘴位置，直至电极外层已形成一较硬的壳为止。在油烘电极过程中可用石棉板搭一简易炉盖，以减少油烘过程中的热量损失。油烘法烘烤时间较短，速度快，一台 12500kV·A 电炉仅用 32~48h，烘完不用除尘；但耗油较大，如一台 12500kV·A 电炉耗油 40t 左右，电极烘烤质量不均匀。目前有的封闭电炉还使用此法。

（3）焦烘。在砌好的花墙或花栏内放木柴，上面放灰分含量低的大块冶金焦（粒度大于 50mm）。用废油引火，先用小火烘电极，使焦炭缓慢燃烧；然后从小火到大火，不断添加焦炭助燃。烘烤时为加速助燃，可从炉子出铁口处吹风助燃，也可将压缩空气管插入花砖内吹风除尘和助燃。焦烘是焙烧新电极时常用的一种烘炉方法，焦炭烘烤时间长，焦烘电炉参数见表 2-13。焦烘电极升温均匀，效果较好。

表 2-13　焦烘电炉参数

电炉容量/kV·A	焦烘时间/h	耗焦量/t
12500	72~96	25~30
25000	72~120	30~35

在第一阶段的烘炉过程中，无论是柴烘、油烘还是焦烘，其主要任务都是烘烤电极，因而应经常观察电极糊糊柱高度、电极糊熔化情况、电极壳形状和挥发分逸出情况，电极应逐步向上烘烤，但在烘烤过程中不能移动电极。

第一阶段烘烤好的电极标志是：电极壳表面呈灰白色，暗而不红或微红；电极冒少量烟；用尖头钢钎刺探时稍有软的感觉且富有弹性，戳穿后无电极糊外流。如果电极壳表面发黑；电极冒浓烟；用钢钎刺探时软而无弹性，戳穿后有电极糊流出，说明电极还未烘烤好，应延长烘烤时间。

电极烘烤结束后应迅速挖出炉内残物，倒拔三相电极，使铜瓦能抱住已烧结的电极，保持电极有一合适的工作端长度。对于 12500~25000kV·A 的电炉，电极工作端长度为 2.2~2.4m；对于 1800kV·A 的电炉，电极工作端长度为 1.6~1.8m。

（4）电烘。电烘前同样要检查各种设备及系统，使之处于正常运行状态，并做好正常生产的各项准备工作，制定电烘时间表。在炉底铺一层厚度为 150~200mm、粒度为 20~30mm 的焦炭，防止炉底氧化并构成导电回路。为起弧方便，先用略低的电压通电，待电流稳定后提高电压烘炉。电烘时为稳定电弧，应保持一定的功率，根据具体情况往电极周围和炉内添加焦炭；同时尽量少动电极并保持三相电极负荷均匀，不要单独升高某一相电极负荷，以免出现漏糊事故。电极负荷送不足时，不能硬插电极，此时可扒除焦炭灰，添加新焦炭，以保持额定负荷。如发现某相电极冒烟严重，应降低该相电极负荷或停电，出现漏糊时应及时处理。电极工作端消耗较大，不得不下放电极时，必须停电下放，并注意观察电极烧结情况。电烘结束前的最大功率为额定功率的 1/3~1/2。

电烘结束的标志是：电极已烧结好，炉壳表面温度（指出铁口水平面附近的温度）为 80~100℃，并已达 4h 以上，炉衬排气孔冒出较长火焰（碳质炉衬），已达到预定耗电量。电烘结束后应清理出炉内焦炭、灰尘，并将少量焦炭推向炉内四周，堵好出铁口，准备加料开炉。

小电炉和大电炉的烘炉方法基本相同，但有的小电炉只用柴烘，不单独进行电烘，采用加料后边生产、边烘炉的办法；而有些大型电炉则采用直接电烘炉的开炉操作。

2.2.3.2　开炉

炉体在冶炼前虽经烘炉预热，但其温度与正常冶炼温度相比仍较低，因此开炉时通常都先冶炼硅 45。

在三相电极下面加些新焦炭，通电引弧，待弧光稳定后开始加料冶炼。为继续提高并保持炉底温度，开始加料时应将电弧埋住，而后小批缓慢加入，料面要缓慢上升，并于一周内保持在较低料面操作。由于炉温较低，在出铁前这段时间内所加入的料批中，钢屑配量应比正常料批低 20% ~30%，此期间可根据炉况适当调整焦炭加入量。出第一炉铁后，根据炉前铁样分析，可往包内加钢屑调整成分，并按第一炉实际成分和炉况调整料批中钢屑和焦炭的加入量。

此外，也有开炉就炼硅 75 的，其开炉操作与硅 45 相似，但料批中钢屑量比正常配量要低 50% ~60%，并且要冶炼更长一段时间才能出第一炉铁。

2.2.3.3 停炉和送电

停炉分为热停炉和长期停炉。在连续生产的电炉上，由于定期检修或临时故障等原因需要停炉，称为热停炉。热停炉时间应尽量短，以减少热损失，便于送电后尽快恢复正常冶炼。热停炉时要保证电极工作端长度，保护好电极（主要是电极保温），避免电极事故。由于热停时间长短不等，采取的方法也不同。

当热停时间小于 3h 时，将炉内热料推向炉子中心，保好温；当热停时间为 3~8h 时，往电极周围加入焦炭，每批 20kg 左右，下降电极，每 30min 活动一次电极，以防电极被黏住；当热停时间为 8~32h 时，下降料面，停电后在料面上加一层焦炭，电极周围加一些焦炭并活动电极，使电极下面有焦炭，一般加入 200~300kg，并出净渣铁。

停炉时间小于 3h 的，可直接送电；大于 3h 时，可先用小负荷给电，逐渐加大电流，当送到 1/2~2/3 负荷时可慢慢加料，前 3~4 批料中适当提高配铁量，经 2~4h 后达到额定功率。为提高炉温，可延长出铁时间，一般停炉 8h 以上时，可在送电 4~6h 后出第一炉铁。

长期停炉有两种情况：一种是计划长期停炉，这种情况下一般都先经洗炉后才停炉；另一种是因某些原因被迫长期停炉，这种情况下通常来不及洗炉就停炉了。因此，开炉前必须挖炉，尽量减少炉内积存料并使电极能上下活动。上述两种情况下，在开炉前都应将出铁口和电极间的炉料打通，在电极下和电极间的冷料面上加些焦炭和钢屑，以较低一级电压通电，电烘一段时间。为了维护好电极，使之不易折断，负荷应缓慢上升。也有在送电前将老电极打掉一段的，以避免开炉后电极折断和由此产生的一系列后果，在这种情况下需要用木柴焙烧电极之后才能送电。当炉温提高后便可加料冶炼（最好先炼硅 45，以便迅速恢复炉况），其操作与新开炉冶炼大致相同。

2.2.3.4 洗炉

洗炉的目的是要长期停炉，如大修时要洗炉，有时炉底上涨特别严重时也要洗炉。洗炉方法是：加入一定的造渣剂，形成低熔点、流动性好的炉渣，将炉内半熔融炉料、黏稠炉渣等排出炉外。洗炉时可加入石灰、石灰石、铁矿石、铁鳞、萤石等材料，一般在放渣前加入萤石，加入量为石灰量的 10%。洗炉前先降低料面，加强捣炉，将大块料推向炉中心，尽量减少生料。当料面降到一定高度时，加入洗炉料。为确保洗干净，可多洗几次，即加一次洗炉料、放一次渣，直至合格为止。

洗炉操作方法是：为减轻洗炉工作量和保证电极充分地加热炉底，在洗炉前 8h 开始降低料面，尽量多降些；由于洗炉是在露弧下操作，电极由于受到空气和炉渣的强烈氧化和冲刷，消耗很快，所以应保证电极有足够长的工作端；料面降好后，便可陆续加入石灰进行洗炉，一般洗 1~2 次即可；每炉加入石灰量应根据炉子容量大小、炉内积渣多少等条件而定，较大容量电炉每炉加入石灰量为 4t 左右。

　　洗炉时要保证电极有一定长度，因洗炉时电极消耗量大，炉口温度高，容易烧坏铜瓦和电极设备，应防止设备烧坏漏水和发生爆炸事故。洗炉时渣量较多，要特别加强炉前工作，保持炉前场地干燥无水，附近不堆放易燃物。由于炉墙受到大量流动性良好的炉渣的侵蚀与冲刷，容易产生跑眼和出铁口烧穿事故，应予以注意。要准备好盛渣罐，堵好出铁口，防止跑眼和烧穿炉衬等。

复 习 思 考 题

2-1　什么是电极，它有何作用？

2-2　自焙电极有何特点，如何制作，对电极糊有何要求？

2-3　试述自焙电极的烧结原理及烧结过程。

2-4　自焙电极如何接长，下放电极应注意哪些事项？

2-5　自焙电极常见事故有哪些，如何处理？

2-6　为什么要烘炉，怎样烘炉？

2-7　新炉如何开炉冶炼？

2-8　长期停炉后如何开炉？

2-9　如何进行热停炉和热停后再开炉？

2-10　为什么要洗炉，如何洗炉？

3 铁合金车间及主要设备

3.1 铁合金车间概述

电炉法是生产铁合金的主要方法，其产量占铁合金全部产量的 70% 以上。本节主要介绍电炉铁合金冶炼车间的布置及其主要技术经济指标。

3.1.1 铁合金厂的布置和运输

一个完整的铁合金厂除了铁合金冶炼车间外，根据车间的规模还设有变电站、水泵房、循环水池、原料场、原料准备车间、机修车间、成品库及运输设施等。铁合金车间冶炼生产的特点决定了厂内各车间之间有着紧密的联系和协作配合，因此在进行全厂总平面图和运输设计时，必须全面考虑。图 3-1 为一个大型铁合金厂总平面布置和运输简图的示例。

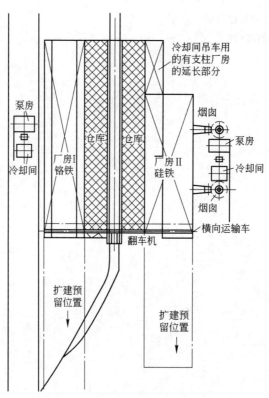

图 3-1 铁合金厂总平面布置和运输简图

铁合金生产过程是一种高能耗的和高运输量的过程。以具有两座 12500kV·A 电炉的车间为例，年产 22000t 硅 75，耗电约 2×10^8kW·h，需运入 39800t 硅石、19800t 焦炭、

5060t 钢屑,要运出 22000t 硅铁和其他废料,而且在厂内的车间之间物料的周转量也很大。因此,在考虑厂内车间的平面布置时,必须具备下列基本条件:

(1) 保证生产的供电、供水、交通运输方便。铁合金工厂所在地应有足够大的、长期的供电保障。

(2) 各车间布置要紧凑,尽量减少占地面积。各种管线、运输线、构筑物的长度和体积尽可能缩小,并尽可能减少土方工程。

(3) 运输能力应与车间的产量及其工艺特点相适应,尽量将进料、冶炼生产和产品外运顺行布置,不要过多交叉进行。

(4) 具有扩建可能性,而且能一边生产、一边基建,互不干扰。

(5) 应与厂区的地形、地质、土壤、水质和风向等条件相适应。

3.1.2 生产规模的确定

铁合金车间的生产规模往往以电炉的生产能力作为标志,配电、给排水、原料准备等其他车间必须按生产规模要求,保证铁合金电炉正常生产。因此,在设计时必须仔细选用和校核各车间的主要设备及其生产能力,同时还应考虑到生产发展和扩建的可能性。

铁合金车间的生产规模主要是根据国家或地方对铁合金品种和数量的要求、原料供应情况和经济条件而确定的。电炉年产量可按下式计算:

$$Q = \frac{8760 P_B a_1 a_2 a_3 a_4 a_5}{W \eta} \approx \frac{8760 P_B a_5}{W} \qquad (3-1)$$

式中　Q——电炉设计的年产量,t/a;

　　　P_B——电炉熔池的有效功率,kW;

　　　a_1——定期检修时间系数,约为 0.985;

　　　a_2——中修时间系数,约为 0.98;

　　　a_3——大修时间系数,约为 0.96;

　　　a_4——设备容量利用系数,约为 0.95;

　　　a_5——电网限电系数;

　　　W——产品单位电耗,kW·h/t;

　　　η——电炉的电效率,通常在 0.85 ~ 0.95 之间波动;

　　　8760——全年额定开工小时数,h/a。

电炉容量以选用大型电炉为宜,因为大电炉操作容易,劳动生产率高,技术经济指标好,便于实现自动化操作和进行污染治理。目前国家已明令淘汰容量在 5000kV·A 以下的电炉。电炉的数量根据生产规模确定,一般一个电炉车间设两台同样容量的电炉较合适,以利于生产的组织调度和辅助设备的互用及维护。

3.1.3 车间组成与布置

根据铁合金车间生产品种、数量和选用的生产工艺流程来确定车间组成,主要有原料间、炉子间和变压器间、浇注间、炉渣间、成品间等。考虑生产工艺特点,在平面布置时各车间相互平行排列,见图 3-2。图 3-3 所示为某硅铁车间正在建造的胶带运输机上料系统,图 3-4 所示为某硅铁车间斜桥上料系统布置。

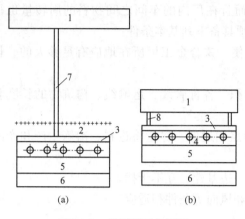

图 3 - 2　车间平面布置图

（a）胶带运输机上料；（b）斜桥卷扬机上料

1—原料间；2—炉渣间；3—变压器间；

4—炉子间；5—浇注间；6—成品间；

7—胶带运输机通廊；8—斜桥上料机

图 3 - 3　某硅铁车间正在建造的
胶带运输机上料系统

3.1.3.1　炉子间和变压器间

炉子间和变压器间是铁合金车间的核心，围绕着电炉生产，一般应布置电炉、电炉变压器室与控制室、炉口操作设备、电极系统设备、出炉设备、除尘设备等设备和作业场地。炉子间要进行电炉装料、冶炼操作、出铁出渣操作、接放电极、维修机械和电气设备等项作业，所以炉子间和变压器间要设几层平台。图 3 - 5 所示为生产硅铁的 21000kV·A 敞口旋转炉体矿热炉断面图，图 3 - 6 为某硅铁厂 12500kV·A 敞口固定式矿热炉及各种设备的平面布置示意图。

图 3 - 4　某硅铁车间斜桥上料系统布置

A　电炉容量和座数的确定

电炉容量和座数的确定是根据生产任务和炉用变压器的容量。在确定电炉容量和座数时应考虑以下因素：

（1）生产工艺的先进性与经济合理性。大型电炉熔炼的技术经济指标一般高于小型电炉，材料、电能消耗较低，劳动生产率高，机械化程度高，其生产费用低于小型电炉。

（2）设备制造供应的可能性。

（3）建筑施工的可能性和基本建设投资经济与否。

（4）供电、供水、交通运输情况。

车间电炉座数不宜过多，以利于管理生产调度和改善劳动条件，一般不多于 5 座。在还原电炉车间里以只设还原电炉为宜，但要采用热装热兑工艺时，为了方便生产，可以把还原电炉与精炼电炉建在一个车间内。

B　炉子间和变压器间的布置

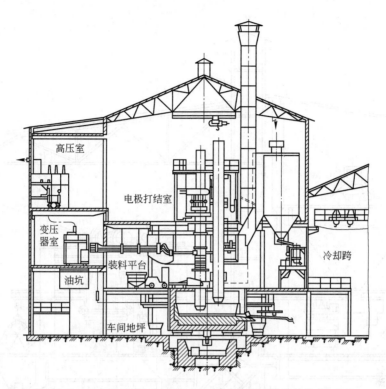

图 3-5 生产硅铁的 21000kV·A 敞口旋转炉体矿热炉断面图

炉子间的布置主要是根据设备布置和操作要求而定，同时还要考虑尽量减少电能损失和具有良好的劳动条件等因素。

电炉的基础建在地面上，为了管理电炉而设置工作平台。炉口工作平台标高主要取决于出铁口标高；上料工作平台标高要满足布置烟罩或下料管的要求，下料管的角度一般应大于 55°，在个别情况下也不应小于 50°；其他各层工作平台不宜低于 3m，以免妨碍操作。操作室（特别是敞口炉操作室）的地坪要比炉口平台略高，以便于观察炉口。为便于移动变压器和缩短短网的长度，减少电能损失，变压器间的标高通常为 1m 左右。

现以 9000~16500kV·A 电炉为例加以说明。在 4.5m 标高处设有炉口工作平台，电炉电气控制设备也设置在此层的小屋里。在 13m 标高处为装料工作平台，在 20m 标高处的原料分配站设有沿车间纵轴方向的水平运输带，依靠卸料车将炉料送到各个电炉的储料槽内，料槽的容积应能容纳一昼夜所需的炉料量。在 16m 标高处进行添加电极材料和加接电极壳的工作。在 19m 标高处装有使电极升降的绞车。

炉子间的长度取决于电炉的座数及电炉中心轴间的距离。炉轴距应考虑炉子大小和工段支柱的配合。冶炼硅铁、锰铁的容量为 9000~16500kV·A 的电炉，其炉轴距离通常为 24~30m。变压器间的距离一般为 6m。炉子间的跨度和炉子中心至变压器侧柱列线的距离取决于电炉容量，容量为 9000~16500kV·A 的电炉，炉子间跨度为 18~21m，炉子中心至变压器侧柱列线的距离为 7~8m。电炉工作平台在朝向浇注工段的一边设有露台，用浇注工段的吊车把本厂所产废物运到露台上，用于返回熔炼。

为了把电极材料从地面送到 16m 标高处，在工段的一侧设有单臂吊车，沿工段纵长

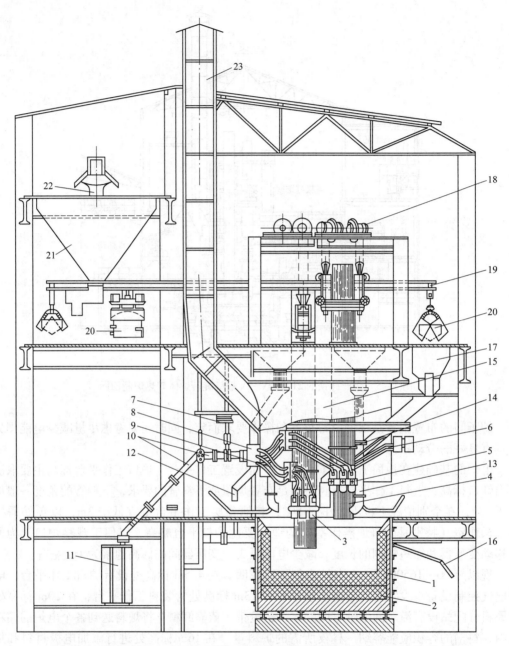

图 3-6 某硅铁厂 12500kV·A 敞口固定式矿热炉及各种设备的平面布置示意图

1—炉壳；2—炭砖；3—铜瓦；4—电极；5—电极夹紧环；6—导电铜管；7—活动接线板；8—固定接线板；
9—软电缆；10—铜排；11—变压器；12，13—下料管；14—把持筒；15—烟罩；16—烧穿器；17—炉顶料仓；
18—电极升降装置；19—单轨；20—配料小车；21—料仓；22—移动式卸料车；23—烟囱

方向运行。工段的通风很重要，为此，容量为 9000 ~ 16500kV·A 的电炉在变压器间 9m 标高处设有通风机，用管道将清洁的空气送至工作台。

3.1.3.2 原料间

原料间通常布置在单独一跨间中，并与炉子间平行。为了保证连续生产，一般大厂在厂内和车间分别设立原料场和原料间；中小厂在厂内设立原料场及必要的加工设施，车间的原料间供少量储存及配料使用，因此，原料间应能满足生产所需的各种原材料的储存、加工、配料及运输的作业场地。

为了保证车间连续生产，设计车间各原料场时要有一定的储存量，满足一定时期的需要，即所谓的原料储备期。原料储备期的长短与原料供给地方的远近、交通是否方便、运输方式等有关。各种原料都要根据具体条件，合理决定储备期的长短。铁合金还原电炉车间原料工段各种未加工原料储备期见表3-1，合格原料储备期见表3-2。

表3-1 未加工原料储备期

名 称	储备期/天	备 注
硅 石	7~10	直接进车间或从原料场运来
铬 矿	10~16	直接进车间或从原料场运来
锰 矿	10~15	直接进车间或从原料场运来
焦 炭	10~15	直接进车间或从原料场运来
钢 屑	15~30	直接进车间或从原料场运来
石 灰	≤2	从石灰窑运来，最好随烧随用
再制合金及炉渣	15~30	原料场不储存

表3-2 合格原料储备期

储料设备名称	储备期	备 注
料 坑	≥2 天	原料在车间内加工
料 仓	≥8h	原料在车间内加工
	2 天	原料不在车间内加工
地面或小车	2~8h	一般小厂原料不在车间内加工

3.1.3.3 浇注间

浇注间与炉子间平行，此间围绕着合金的浇注，一般应布置出铁装置、锭模或浇注机、铁水包、渣包、再制铬铁的粒化装置等设备，还应有设备存放、维修的场地和作业场地。

出铁系统包括炉子的出铁口流槽、烧穿装置、铁水包、小车、卷扬机或电动车等。出铁时，必须用电弧烧开炉眼。大电炉常用专用的烧穿变压器供电（见图3-7），在出铁口上方的固定钢梁上挂一个轻便小车，小车上装有电极夹板，用以夹紧电极棒。电极棒的直径为$\phi100~150mm$，将电流自烧穿变压器中引入。

合金浇注方式有砂窝浇注、锭模浇注、浇注机浇注及粒化，大型电炉趋向于用浇注机代替锭模浇注。图3-8所示为某硅铁车间锭模浇注间现场。

铁水包分为铸钢铁水包和带内衬的铁水包，铸钢铁水包使用前需挂渣。每座电炉一般有2~3个铁水包，其中一个使用、一个备用、一个大修或小修。如果同一车间内的电炉容量相同、产品一致，则可以几台电炉共用一个铁水包作为备用。

常用的渣包有圆口和方口两种。采用渣罐车运渣或冲水渣时，使用圆口渣包较好（即无内衬铸钢铁水包）。

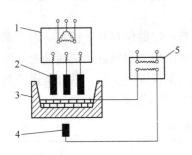

图 3 - 7   烧穿变压器的接线图

1—电炉变压器；2—电极；3—炉体；

4—电极棒；5—烧穿变压器

图 3 - 8   某硅铁车间锭模浇注间现场

常用的锭模有浅锭模和深锭模两种。浇注硅 75 及碳素铬铁用浅锭模，浇注其他还原电炉产品用深锭模。

浇注间设有桥式吊车，其起重能力根据铁水包装铁水的最大重量（即每炉一次最大出铁量）、铁水包重和吊具重确定。

浇注间合金锭模一般均与车间纵向垂直摆放（硅 75 除外），浇注机也与车间纵向垂直布置。浇注再制铬铁时通常设有合金粒化装置，粒化池最好放在屋外，但要注意防雨。

从浇注间到各固定式炉子的出铁口铺有铁路，在铁路上运行的小车用来运输铁水包和渣包。合金锭凝固后，沿着横向铁路把合金锭运往相邻的精整工段，有渣冶炼时炉渣运往炉渣场。

浇注间跨度、吊车轨面标高取决于电炉容量，浇注间跨度一般为 15 ~ 24m，轨面标高为 9 ~ 13m。对于容量为 9000 ~ 16500kV·A 的电炉，其跨度为 18 ~ 21m，吊车轨面标高为 10 ~ 11m。

3.1.3.4   炉渣间

炉渣分为水渣和干渣，其处理场地又分为水渣间和干渣间。

（1）水渣间。水渣间有单独设置的，也有和浇注间合在一起的。某些铁合金炉渣水淬是把出炉的液态渣用高压水喷成 1 ~ 10mm 的小颗粒，由于水淬时蒸汽产生量很大，水渣间设在露天。某工厂炉渣水淬工艺及设施参数见表 3 - 3。

表 3 - 3   某工厂炉渣水淬工艺及设施参数

项 目		参 数	项 目	参 数
工艺参数	水压/MPa	上水 0.25 ~ 0.30	捞渣设备名称	5t 抓斗电葫芦
	水淬速度/t·min^{-1}	约 0.6	水渣堆放场	2 个金属储仓
水渣沟	内衬材质	铸铁		
	宽×深/mm×mm	400×700	储存时间/天	1
水渣池	长×宽×深/m×m×m	8×4×2.5	运渣设备	汽车
	储存时间/班	2		

炉渣经水淬加工后作为生产水泥的掺和料。铁合金炉渣，特别是用石灰作熔剂、采用有渣法冶炼的炉渣中，有较高含量的 CaO 和 Al_2O_3，是生产水泥比较理想的原料。锰硅合金、碳素锰铁、精炼铬铁和磷铁炉渣水淬后已成功地应用于生产水泥。

水淬间的跨度为 $12 \sim 24m$，对于容量为 $9000 \sim 16500kV \cdot A$ 的电炉，其跨度为 $18 \sim 21m$。起重机轨道标高为 $7 \sim 11m$，对于容量为 $9000 \sim 16500kV \cdot A$ 的电炉为 $9 \sim 10m$。

（2）干渣间。若炉渣量小，或炉渣量大但用渣罐车运出，炉渣冷却和装车在浇注间进行，不需要设置单独的炉渣间。若炉渣量大并冷却后再运出，则需设置单独的炉渣间。炉渣间没有房顶，可设置在原料间与炉子、变压器工段的中间。炉渣从浇注间沿横向铁路经炉子间、变压器间送往渣场。

炉渣间的跨度为 $12 \sim 24m$，对于容量为 $9000 \sim 16500kV \cdot A$ 的电炉，其跨度为 $18 \sim 21m$。设有 $5 \sim 15t$ 起重吊车，起重吊车轨面标高为 $7 \sim 11m$，对于容量为 $9000 \sim 16500kV \cdot A$ 的电炉为 $9 \sim 10m$。

3.1.3.5 成品间

成品工段主要进行成品精整、储存和包装作业。成品间的设置主要由车间产铁量的多少而定。当车间产铁量多时，单设成品间，其由精整和临时储存作业组成；当车间产铁量少时，不单设成品间，而与浇注间合在一起，成品在车间内精整后运到厂成品总库储存。

成品间跨度为 $12 \sim 24m$，对于容量为 $9000 \sim 16500kV \cdot A$ 的电炉，其跨度为 $18 \sim 21m$。设有起重机，起重机轨面标高为 $7 \sim 11m$，对于容量 $9000 \sim 16500kV \cdot A$ 的电炉为 $9 \sim 10m$。

此间一般与浇注间相邻，储存多设在两端，精整设在中间。自用铁储存，用汽车运输；商品铁储存，用火车运输。

铁合金还原电炉车间的主要设计参数见表 3-4。

表 3-4 铁合金还原电炉车间的主要设计参数

项 目	电炉容量/kV·A	4500~8000	9000~16500	20000~45000
原料间	跨度/m	18~21	24~30	24~30
	轨面标高/m	9~10	9.5~11	10~12
	主要作业	加工、储存	加工、储存	加工、储存
变压器间	每间长度/m	9	12	12
	宽度/m	8	6	8
炉子间	炉子形式	敞口或封闭	敞口或封闭	敞口或封闭
	跨度/m	15~18	18~21	21~24
	炉子中心距/m	18~24	24~30	30~36
	炉子中心到变压器侧柱列线的距离/m	6~7	7~8	9~10
	炉口平台标高/m	4~4.5	4.5~5.5	5.5~6
	上料平台标高/m	9~12	13~15	15~21
	电极升降平台标高/m	15~18	19~21	19~21
	电极糊平台标高/m	12~16	16~18	18~26
	吊电极糊起重机轨面标高/m	18~20	22~24	24~29

项　目	电炉容量/kV·A	4500 ~ 8000	9000 ~ 16500	20000 ~ 45000	
	浇注方式	锭模或浇注机	锭模或浇注机	锭模	浇注机
浇注间	跨度/m	15 ~ 18	18 ~ 21	21 ~ 24	21 ~ 24
	轨面标高/m	9 ~ 10	10 ~ 11	11 ~ 13	11 ~ 13
炉渣间	炉渣处理方式	干渣或水淬渣	干渣或水淬渣	干渣或水淬渣	
	跨度/m	15 ~ 18	15 ~ 18	21 ~ 24	
	轨面标高/m	8 ~ 9	8 ~ 9	10 ~ 11	
成品间	跨度/m	15 ~ 18	18 ~ 21	21 ~ 24	
	轨面标高/m	8 ~ 9	9 ~ 10	10 ~ 11	
	主要作业	精整、储存	精整、储存	精整、储存	

3.1.4　精炼电炉车间的布置

精炼电炉用于生产中碳、低碳、微碳铬铁，中碳、低碳锰铁及金属锰等。精炼电炉可分为带盖可倾动式和敞口固定式两类。精炼电炉使用石墨电极或炭素电极（除敞口固定式电炉使用自焙电极外），一般为碱性炉衬，多使用镁砖砌筑。图 3 – 9 所示为带盖侧倾式精炼电炉。

（1）车间组成。精炼电炉车间主要由原料、炉子、浇注和精整工段组成，各工段不一定单独布置。目前国内精炼电炉车间分为单跨和多跨两种形式。

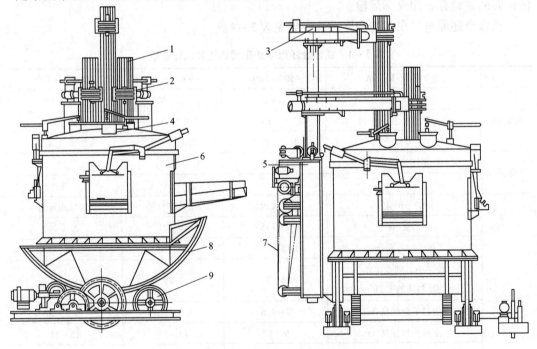

图 3 – 9　带盖侧倾式精炼电炉

1—电极；2—把持器；3—电极升降支臂；4—加料口；5—电极升降主架；
6—炉体；7—电极平衡锤；8—弧形架；9—倾动装置

1）单跨车间。装料、冶炼、浇注等在同一跨间，但必须保证设备布置合理，工作场地够用，工作方便，使各项工作顺利进行，附近设置原料间和成品间。

2）多跨车间。其由原料间、炉子间、浇注间、成品间组成，并且各跨间相互平衡。

（2）炉子间。炉子间围绕着电炉生产，一般应包括电炉、电炉变压器室与控制室、炉子上料系统、电极系统、冷却水系统及炉口操作工具等设备和作业场地。炉子间应能够进行炉子装料、冶炼操作、出铁、出渣、接放电极、维修机械设备和电气设备等项作业。

精炼炉子间内，炉子在垂直方向的布置方式有高架式和地坑式。高架式布置劳动条件好，设备维修方便，但建筑费用高。地坑式布置工作人员不必上下工作平台，与相邻跨间联系方便，厂房高度低，建筑投资少；但劳动条件差，设备检修困难。设计时要根据具体条件确定炉子布置方式，车间跨度一般为 12～15m。

（3）原料间。原料间通常布置为单独一跨间，一般与炉子间平行。原料间的大小应保证生产所需的各种原料的储存、加工、配料及运输所需的场地和空间，并根据原料存放的时间长短、原料产地的远近、运输条件等确定，一般跨度为 15～21m。原料的供应方式根据车间炉子容量、座数来确定。

（4）浇注间。炉子采用纵向布置时，浇注间与炉子间安排在同一跨间内；炉子采用横向布置时，浇注间单独设置为一跨间，浇注间与炉子间平行。浇注分为锭模浇注和浇注机浇注。采用浇注机浇注时，浇注机一般与浇注间垂直布置，浇注间浇注，成品间出锭。

浇注间的大小应保证浇注、拆砌铁水包、渣盆存放等所需的作业场地，一般浇注间跨度为 18～21m。浇注间吊车轨面标高应满足浇注、扒渣、翻渣、中间合金热装、返渣等操作要求。

采用的浇注设备有铸钢铁水包或砌砖铁水包、锭模、渣盆等。

（5）成品间。成品间一般与浇注间平行，跨间的大小应保证成品精整、破碎、储存、包装所需的作业场地。一般成品间跨度为 15～18m。成品的储存，如厂内不设总仓库，则车间内储存 10～15 天；如厂内设总仓库，则车间内储存 5～7 天。精炼铁合金大部分采用铁桶或木箱包装。精炼电炉车间的主要参数见表 3-5。

表 3-5　精炼电炉车间的主要参数

电炉容量及座数 /kV·A×座		840×2	1500×1	3000×2	3000×3
冶炼品种		微碳铬铁	中碳、低碳铬铁	中碳、低碳、微碳铬铁	中碳、低碳铬铁 中碳、低碳锰铁
原料间	长度/m	24	30	107	150（含还原电炉）
	跨度/m	18	15	21	21
	吊车轨面标高/m			10	11
	主要作业	储存铬铁、加工石灰	储存铬矿	储存铬铁、石灰、硅铬合金及硅铬合金加工	储料及加工
炉子间	长度/m	42	36	119	126（含还原电炉）
	跨度/m	12	15	15	12

电炉容量及座数/kV·A×座	840×2	1500×1	3000×2	3000×3
炉子间 吊车轨面标高/m	6.9	7	17	16
上料平台标高/m			9.8	9
操作平台标高/m			5.3	4
炉子布置方式	纵向地坑式	纵向地坑式	横向高架式	横向高架式
炉子中心距/m	10		24	18
炉子中心到变压器侧柱列线的距离/m	3.5	4.5	5.3	5.1
室外墙距离/m				6.0
主要作业	加料、冶炼、浇注	加料、冶炼、浇注	加料、冶炼	加料、冶炼
浇注间 长度/m			119	138① （含还原电炉）
跨度/m	与炉子间共用	与炉子间共用	18	21
吊车轨面标高/m			10	10.5
主要作业			浇注、精整、破碎、装桶、返渣、修砌铁水包	浇注、返渣、精整、破碎、拆砌包
成品间 长度/m	30	30	143	108（含还原电炉）
跨度/m	15	15	18	21
吊车轨面标高/m			8.5	9.5
水渣池容积/m³			126	
主要作业	堆存、装桶	堆放、装桶	水淬渣、精整、装桶、储存	精整、储存、装桶（箱）

①为 12m 露天。

3.1.5 铁合金生产的技术经济指标

3.1.5.1 产品产量

产品产量是指一定时间内生产的经检验合格的铁合金数量，单位为 t。产量有实物量和基准吨之分。

实物量是指产品的实际重量。

基准吨是把实物量按所含主要元素折合成规定基准成分的产品产量，其计算公式为：

$$基准吨 = \frac{产品主要元素的实际成分(\%) \times 实物量(t)}{产品主要元素的基准成分(\%)} \qquad (3-2)$$

例如，硅 75 的硅含量为 72%～80%，一律按硅含量 75% 折合成基准吨。硅 45 的硅含量为 40%～47%，一律按硅含量 45% 折合成基准吨。

如硅含量为 74% 的硅 75，实物量为 100t，折合成基准吨为：

$$\frac{74 \times 100}{75} = 98.667t$$

如硅含量为 46% 的硅 45，实物量为 100t，折合成基准吨为：

$$\frac{46 \times 100}{45} = 102.222t$$

为了便于统一计算和比较冶炼效果，规定铁合金产量均按基准吨计算，其他指标（如单位炉料消耗、单位电耗）也均以基准吨作为计算依据进行计算。

3.1.5.2　平均日产量

平均日产量是指电炉在实际作业天数内平均每天的生产能力，其计算公式为：

$$平均日产量 = \frac{合格产品产量（基准吨，t）}{实际作业天数（d）} \tag{3-3}$$

3.1.5.3　电炉日历作业率

电炉日历作业率是指电炉实际作业时间占日历作业时间的百分比，其计算公式为：

$$电炉日历作业率 = \frac{实际作业时间（h）}{日历作业时间（h）} \times 100\% \tag{3-4}$$

3.1.5.4　电炉日历利用系数

电炉日历利用系数是指在日历作业时间内，电炉每兆伏安变压器额定容量平均昼夜生产的合格铁合金产量，其计算公式为：

$$电炉日历利用系数 = \frac{产品合格量（基准吨，t）}{变压器额定容量（MV \cdot A）\times 日历作业时间（d）} \tag{3-5}$$

电炉日历利用系数是反映电炉能力利用程度的一项综合性指标。

3.1.5.5　产品合格率

电炉铁合金产品合格率是指在一定时间内，该产品检验合格量占检验总量的百分比，其计算公式为：

$$产品合格率 = \frac{检验合格量（基准吨，t）}{检验总量（基准吨，t）} \times 100\% \tag{3-6}$$

此外还有产品品级率，例如，一级品率是指一级品产量占合格产品总量的百分比，其计算公式为：

$$一级品率 = \frac{一级品产量（基准吨，t）}{合格产品总量（基准吨，t）} \times 100\% \tag{3-7}$$

铁合金产品合格率和产品品级率都是铁合金质量指标。

3.1.5.6　主要元素冶炼回收率

主要元素冶炼回收率是指在生产产品过程中某一个主要元素的回收利用程度，其计算公式为：

$$主要元素冶炼回收率 = \frac{产品含主要元素重量（t）}{入炉原料含该元素重量（t）} \times 100\% \tag{3-8}$$

对于工艺过程分几步生产的产品，要计算总回收率。

3.1.5.7　单位产品冶炼电耗

单位产品冶炼电耗是指在一定时间内生产 1t（基准吨）合格铁合金所消耗的电量，其计算公式为：

$$单位产品冶炼电耗 = \frac{冶炼总耗电量（kW \cdot h）}{合格产量（t）} \tag{3-9}$$

冶炼总耗电量是指冶炼生产中直接用电量，不含动力、照明等其他非直接消耗的电量。

3.1.5.8　单位产品原材料消耗

单位产品原材料消耗是指以实物量（干重）表示的单位产品平均耗用的某种原材料数量，其计算公式为：

$$单位产品原材料消耗 = \frac{原材料实际消耗量（干重，kg）}{合格产量（基准吨，t）} \tag{3-10}$$

原材料实际消耗量是指入炉数量，不包括途耗、库耗及加工损耗。

3.2　矿热炉机械设备

3.2.1　矿热炉概述

矿热炉是一种用途广泛、类型众多的电炉，由于主要用于金属氧化矿石的还原冶炼，其称为矿热炉或还原电炉。用于生产铁合金时，其常被称为铁合金电炉。此外，这类电炉由于电弧是深埋于炉料之中的，又称为潜弧炉或埋弧炉。

矿热炉的类型按炉子的容量，可分为小型炉（不大于2000kV·A）、中型炉（2000～9000kV·A）和大型炉（大于9000kV·A），现在世界上最大容量的矿热炉（瑞典）已达105000kV·A；按电源电流的相数，可分为单相炉和三相炉；按电极在炉内的分布和炉体形状，可分为圆形炉、矩形炉和椭圆形炉，现在使用的矿热炉大多数是三相炉，由于圆形炉壳强度高、相对冷却表面积小、短网易于合理布置，三相矿热炉的炉型一般都是圆形的；按冶炼品种，可分为硅铁炉、锰铁炉、铬铁炉、硅钙合金炉等；按炉体结构，可分为固定炉和旋转炉等。

图3-10　某12500kV·A半封闭矿热炉冶炼硅75车间的炉口操作平台

敞口式矿热炉的上口是敞开的，炉面上的火焰较大，不便于操作。在敞口炉上放置一个烟罩，使炉面上燃烧的烟气从烟罩上面的烟囱排出去，可以减少炉面上的辐射热，这样的炉子称为半封闭炉或低烟罩炉。这种炉子的进一步发展是更接近于封闭炉，仅在烟罩侧面开设操作门，机械加料系统和排烟除尘系统与封闭炉相同。图3-10所示为某12500kV·A半封闭矿热炉冶炼硅75车间的炉口操作平台。封闭炉比半封闭炉更趋于完善，由于炉盖与炉体完全封闭而隔绝了空气，所以料面上不发生燃烧，炉内产生的气体用抽气设备抽出。新建的碳素锰铁炉、碳素铬铁炉、锰硅合金炉基本上都是封闭的，并且配置除尘和煤气回收系统。

现代矿热炉向着大型、封闭、炉体旋转方向发展，从原料的称量、输送、装料到电炉的操作和烟气的处理等都实现了集中控制，有些炉子还配有计算机进行自动控制。

矿热炉主要由炉体、供电系统、电极系统、加料系统、冷却水系统、检测和控制系统、排烟除尘系统等组成。

3.2.2 炉体

在矿热炉内，电弧放出的高温使炉料熔化和进行还原反应，生成合金。炉体内由炉衬构成圆桶形炉膛，三相电极呈正三角形垂直布置在炉膛上部。电极下部是主要反应区，电能通过电弧和电阻转化为热能。炉膛直径、深度、电极与炉膛的相对位置等几何尺寸，对炉内电流分布和温度分布影响很大。由于反应温度高达2000℃以上，炉体的容积一般大于反应的空间，使反应区与炉衬之间留存一层炉料，用以保护炉衬。图3－11所示为工业硅炉炉内的温度分布和反应区，反应区通常也称为"坩埚"。离电极较远的区域容易形成死料区。为改善炉膛温度分布，许多大型电炉装设炉体旋转机构，在水平方向上单向转动或往复120°转动。

炉体由炉壳、炉衬和出铁口等组成。炉壳大部分呈圆桶形或倒锥形，用16～25mm厚的锅炉钢板焊接制成，并装设水平加固圈和横竖加强筋加固。出铁口流槽用钢板焊接或由铸钢制成。图3－12所示为炉体下部炉壳和出铁口的外形。

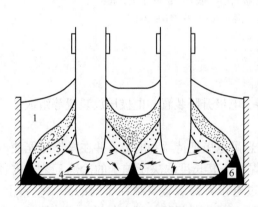

图3－11　工业硅炉炉内的温度分布和反应区　　　　图3－12　炉体下部炉壳和出铁口的外形
1—预热区(低于1300℃);2—烧结区,即坩埚壳
(1300～1750℃);3—还原区,即坩埚区(1750～2000℃);
4—熔池;5—电弧空腔区(2000～6000℃);6—死料区

炉体采用炭砖砌筑的炉衬，要求在炉壳的焊接接口处必须焊上薄钢板以密封接缝，防止炉壳受热后接缝松开，漏入空气而使炭砖氧化。炉壳的底面是水平的，固定式炉子的炉体浮放在间隔布置的工字钢梁上，这样在受热时炉壳和工字钢梁都能自由膨胀而不互相影响。工字钢梁之间形成炉底的空气通道，有利于炉底冷却。

封闭炉与敞口炉的炉体结构大体相同，其主要区别之一是封闭炉的炉体上面有炉盖，炉体与炉盖之间用砂封密封，以便全部回收冶炼过程中产生的炉气。炉盖以水冷钢梁作为骨架，砌以耐火砖及耐火材料。图3－13为一种封闭炉炉盖的结构示意图。水冷钢梁包括内外环梁、斜梁、直梁、电极环梁等，这几个梁分别通水冷却。钢梁骨架在现场组装，组装好后进行水压试验和气密性试验，然后采用湿法砌筑耐火砖。

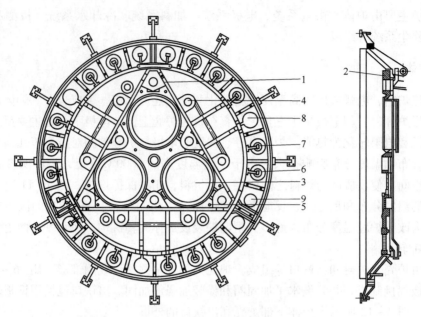

图 3 – 13　封闭炉炉盖的结构示意图

1—水冷钢梁骨架；2—耐火砖；3—电极孔；4—投料孔；5—温度计孔；
6—操作孔；7—防爆孔；8—炉气返回孔；9—炉气抽出孔

3.2.3　电极系统

矿热炉的电极系统由把持筒、电极把持器、电极升降装置、电极压放装置等组成。

3.2.3.1　把持筒

把持筒(见图 3 – 14)又称电极外筒，用来悬吊电极把持器和电极，并在操作时能使电极升降。把持筒用 8 ~ 15mm 厚的非磁性钢板焊制，其长度取决于炉子的冶炼工艺，内径应大于电极直径 100mm 左右。把持筒上端通过电极升降装置支撑在车间的高位平台上，下端通过吊架悬挂电极把持器和铜瓦。把持筒上口设有鼓风机，把空气送入把持筒与电极之间，其作用是冷却电极以控制电极筒内电极糊的熔化程度。在把持筒内适当位置处设有 12 块长 1000mm、宽 200mm 左右的云母绝缘物，与电极壳绝缘。在把持筒上端与电极壳之间、把持筒与导辊之间和把持筒与炉盖密封环之间，都用两圈直径约为 $\phi100mm$ 的石棉绳绝缘和密封，使炉内大量烟气受阻，不致传到焊接电极壳的工作场所。

3.2.3.2　电极把持器

电极把持器的作用是夹紧电极、将电流传给电极以及配合电极的压放和升降操作。电极把持器有多种形式，通常由铜瓦、电极夹紧环和压紧铜瓦的装置等几部分组成。

中小型炉子常用螺栓顶紧式电极把持器(见图 3 – 14)，电极夹紧环由两个通水冷却的半环组成。为了起到隔磁作用，可采用非磁性钢作为半环材料。半环上装有顶紧铜瓦的螺栓，螺栓数量与铜瓦数量相同。铜瓦背部有一个凹形槽，槽内有绝缘材料，当螺栓顶紧后，铜瓦和电极夹紧环是绝缘的。松开螺栓使用 3.5 ~ 4m 长的套筒扳子，套筒扳子搁在支架上，而支架是绝缘的。因为铜瓦排列是对称的，所以在松放电极时，只需松开所有螺栓中的一半就可以完成操作了。

大型炉和封闭炉采用液压驱动的锥形环式电极把持器(见图3-15),其铜瓦背部有斜形垫铁,它和铜瓦之间是绝缘的。压紧装置是一个内圆呈锥形的套,锥角和铜瓦上斜形垫铁的角度相同,都是18°。驱动锥形环的液压缸固定在把持筒上,当锥形环往上吊紧时,其锥形套和铜瓦上斜形垫铁的斜面紧密接合,从而把铜瓦顶紧;反之,液压缸驱动锥形环下移时,松开铜瓦。

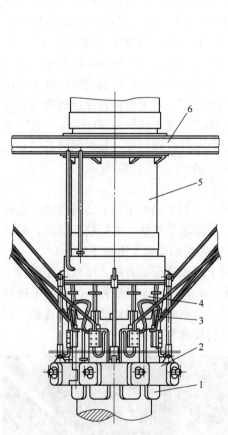

图3-14　把持筒及电极把持器
1—铜瓦;2—电极夹紧环;3—吊架;
4—护板;5—把持筒;6—横梁

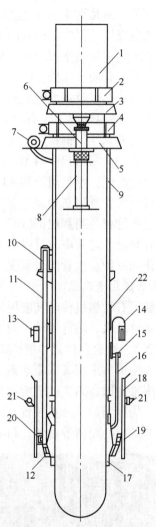

图3-15　液压驱动的锥形环式电极把持器示意图
1—电极;2—上抱闸;3—上平台;4—下抱闸;5—下平台;6—压放缸;
7—电机送风机;8—电极升降缸;9—把持筒;10—电极
把持器油缸;11—锥形环拉杆;12—锥形环;13—固定集电环;
14—软铜带;15—移动集电环;16—垂直铜管;17—铜瓦;18—保护环;
19—斜形垫铁;20—密封物;21—炉盖;22—绝缘板

近年来,一些大型炉和封闭炉采用液压抱闸式或组合式等电极把持器。图3-16所示为某25500kV·A矿热炉正在安装中的液压抱闸式电极把持器,每块铜瓦都用一个液压缸来顶紧或松开。

铜瓦是将电能送到电极的主要部件。铜瓦用紫铜铸造，其内部有冷却水管。铜瓦与电极接触面允许的电流密度在 $0.9 \sim 2.5A/cm^2$ 范围内，铜瓦的高度约等于电极直径，铜瓦数量可根据每相电极的电流来计算。实际设备中，小型炉的铜瓦为 4 块，中型炉为 $6 \sim 8$ 块，大型炉为 8 块。两铜瓦之间的距离为 $25 \sim 30mm$。应保证铜瓦与电极良好接触，使电流均匀分布在电极上，以减少接触电阻热损失并保证电极烧结良好。电极烧结带是整个电极强度的薄弱环节，铜瓦对电极的抱紧力为 $0.05 \sim 0.15MPa$，接触压力来源于电极把持器，采用组合式电极把持器的电极有助于改善电极烧结。

电极把持器的结构应该坚固耐用，保证在将电流导向电极时电能损失最小，并能保证压放电极方便、可靠和便于检修。由于电极把持器是处于高温工作条件下的部件，承受着炉口的辐射热、热炉气以及强大电流通过导体产生的热量。电极把持器附近的平均温度在 500℃ 左右，在强烈高温情况下，有时高达 $900 \sim 1500$℃ 以上，因此电极把持器部分必须采用水冷却。电极夹紧环、铜瓦、集电环、导电铜管、锥形环、保护环等都采用水冷却。铜瓦一般两块连成一个回路，中间用过桥铜管连接。水冷不但可以提高零件的寿命，还可以改善电路的导电性能。半封闭炉和封闭炉的炉盖、烟罩、操作门等的钢梁结构也都采用水冷却。所有进出水管排列在炉盖上方，沿把持筒从上而下，用无缝钢管穿过烟罩进入电极把持器。固定水管在适当部位都应有一段橡胶管连接，以便于维护和保证安全。水管要集中排列、整齐易记，遇到事故可以马上关闭。除了总水管有阀门外，每根水管都要有阀门，以便于操作和维护。水管出水温度一般控制在 45℃ 左右。

3.2.3.3 电极升降装置

电极升降装置有卷扬机传动和液压机构传动两种。小型矿热炉采用卷扬机升降电极的装置。卷扬机由电动机、蜗杆蜗轮、减速箱、齿轮、鼓形轮等组成。卷扬机开动时，通过钢丝绳（或链条）、滑轮、横梁、把持筒和电极把持器等带动电极上升或下降。

目前新式大型炉多采用液压驱动系统，电极靠两个同步液压缸升降，压放电极靠程序控制的液压抱闸来完成。图 3 - 17 所示为某 25500kV·A 矿热炉正在安装中的液压电极升降和压放装置，周围为炉顶加料装置。由料仓、料管、给料机等设备组成。料管直径、数目、分布及其与炉口的距离等参数，与冶炼品种和炉料特性有关。

图 3 - 16　某 25500kV·A 矿热炉正在安装中的液压抱闸式电极把持器

图 3 - 17　某 25500kV·A 矿热炉正在安装中的液压电极升降和压放装置（周围为炉顶加料装置）

由于炉料运动，电极电流可在瞬间发生急剧变化，工艺要求电极提升速度大于下降速度。自焙电极自重较大，电极移动过快会使电极内部产生应力。电极的升降速度视炉子功率不同而异，一般直径大于 $\phi1m$ 电极的升降速度为 $0.2\sim0.5m/min$，小于 $\phi1m$ 电极的升降速度为 $0.4\sim0.8m/min$。电极升降行程为 $1.2\sim1.6m$。

3.2.3.4　电极压放装置

在合金冶炼过程中自焙电极不断消耗，故要定时下放电极，以满足电极工作端的长度要求。小型炉多在把持筒上端的电极壳部分装设电极轧头或钢带，压放时操作电极把持器使铜瓦稍微松开，电极卷扬机提升把持筒即可完成电极压放操作。电极轧头或钢带可以防止操作时电极在自重作用下下滑。

大型矿热炉及封闭炉采用液压自动压放装置，其有摩擦带式、蝶形弹簧式和气囊式等几种抱闸式机构。图 3-18 所示为双抱闸蝶形弹簧式电极压放装置，抱闸机构由上抱闸、下抱闸和两个同步运动的升降油缸组成。每个抱闸在水平方向对称安装 4 个油缸，油缸的活塞被弹簧顶出，活塞杆顶紧摩擦片，从而夹紧电极。油缸的活塞杆端进油，可压缩弹簧而松开电极。下抱闸固定在把持筒上，升降油缸固定在下抱闸上，上抱闸支撑在升降油缸的活塞杆上，平时上、下抱闸均处于夹紧状态。下放电极时，稍松开铜瓦，上抱闸松开，下抱闸夹紧电极，升降油缸提升上抱闸至所需位置；然后上抱闸夹紧，下抱闸松开，升降油缸复位，下抱闸再夹紧。有时因操作需要必须倒放电极，即将电极缩回把持筒，此时自动压放装置的动作顺序与压放过程相反。

3.2.4　液压系统

国内最近建造和改建的大型矿热炉普遍采用液压传动。液压传动可以实现电极升降、电极压放和松紧导电铜瓦等远程操纵，也可以实现程序控制。

矿热炉液压系统一般由液压站、阀站和电极升降、压放、把持器各工作油缸等组成。图 3-19 为 25000kV·A 矿热炉液压系统原理图。图左侧为阀系统，集中安装在阀站；右侧为泵系统，集中安装在泵站。

液压站由 3 台 CB-100 型齿轮油泵、4 个储油罐、油箱、各种阀件和管路组成。3 台油泵中，2 台为工作泵，1 台为备用泵。3 台油泵并联使用，在集管处用油管和溢流阀相连。当系统需油量少时，油泵可做卸荷运转。泵的卸荷是由安置在溢流阀旁边的电磁换向阀接通其卸荷口而实现的，卸荷后系统降至低压。

液压站工作时，若系统内的油压超过工作压力，则高压油由于集管前的单向阀 4d 的作用，在其前后产生压力差，油泵打出的油经阻力较小的溢流阀返回油箱，使某一油泵卸荷，以稳定油压。当系统油量不足时，电磁换向阀 6 切断溢流阀 5 的卸荷口，停止卸荷，系统压力即可升至正常工作压力 10MPa，这时油泵打出的油通过单向阀 4d 向系统供油，一路经过单向阀 4e 进入储油罐，另一路则经精过滤器 9a、9b 分三条支路进入各相电极的工作油缸。

阀站由控制电极升降、压放和把持器铜瓦夹紧三部分的所有液压元件组成，这些元件全部布置在一块金属板面上，称为阀屏。

电极升降系统的每相电极有 2 个 34DYOB20H-T 型电液换向阀 18a、18b，1 个 LDF-B20C 型单向节流阀 17，2 个分流集流阀 22a、22b，2 个 DFY-B20H2 型液控单向

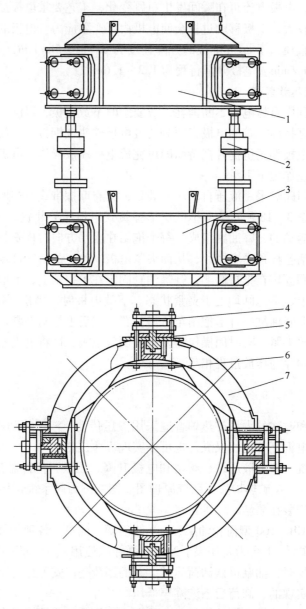

图 3-18 双抱闸蝶形弹簧式电极压放装置
1—上抱闸；2—升降油缸；3—下抱闸；4—蝶形弹簧；5—油缸组件；6—抱闸体；7—闸瓦

阀 21a、21b 和 2 个电接点压力表 24a、24b。电液换向阀一个工作、一个备用，作用是控制油流方向。此种阀有 3 个工作位置，当其两边线圈都不带电时，内部弹簧的作用使阀处于中间工作状态，电极升降油路不通，电极相对静止不动；当右边线圈带电时，升的油路接通，电极升起；当左边线圈带电时，回油及控制油路接通，液控单向阀的控制油口打开，电极靠自重下降。单向节流阀的作用是控制电极的升降速度，电极升起时要求速度快，不需节流；电极下降时要求速度慢，需要节流，节流口的大小可以调节。两个电极升降油缸的同步是靠两个分流集流阀的控制来实现的。分流集流阀和升降油缸之间的两个液

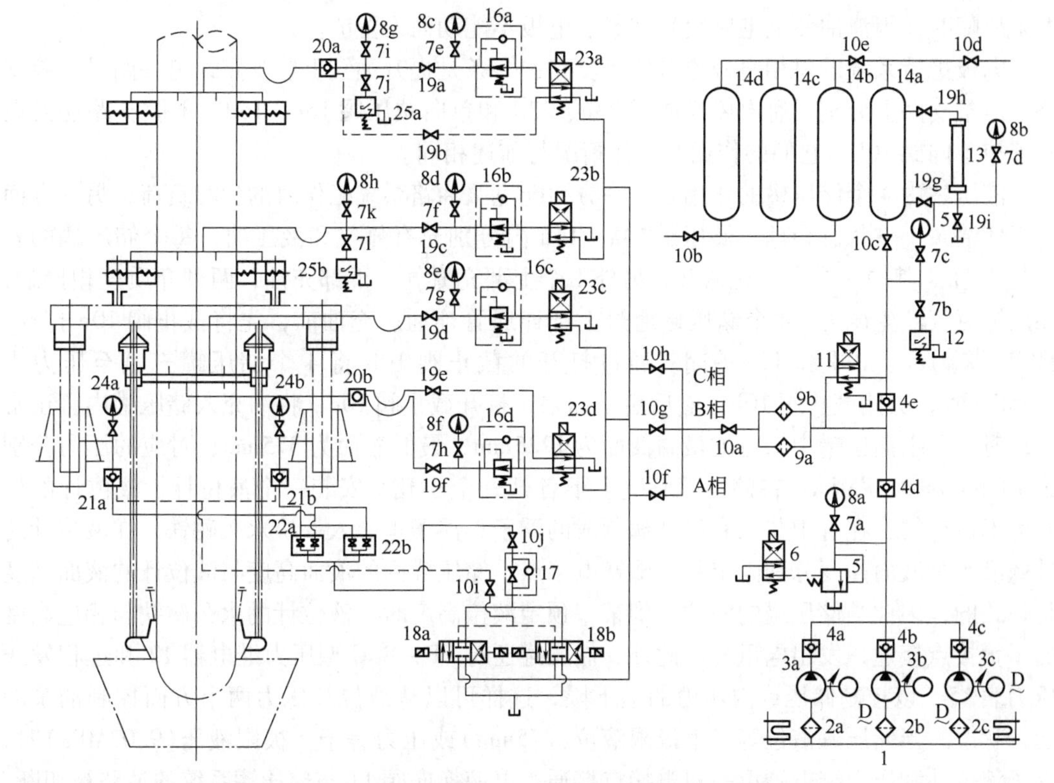

图 3-19　25000kV·A 矿热炉液压系统原理图

1—油箱；2a~2c—滤油器；3a~3c—油泵；4a~4e, 20a, 20b, 21a, 21b—单向阀；5—溢流阀；6, 23a~23d—
电磁换向阀；7a~7l—压力表开关；8a~8h—压力表；9a, 9b—精过滤器；10a~10j, 19a~19i—截止阀；
11, 18a, 18b—电液换向阀；12, 25a, 25b—压力继电器；13—液位计；14a~14d—储油罐；15—远程发送压力表；
16a~16d—单向减压阀；17—单向节流阀；22a, 22b—分流集流阀；24a, 24b—电接点压力表

控单向阀，是为防止管路出故障时因泄油可能造成电极突然下降而设置的。两个电接点压力表是为实现电极程序压放而配置的。

电极压放系统的每相电极分为两条支路：一条是通向上抱闸的，另一条是通向下抱闸的。上、下抱闸支路各有 1 个 24DO-B8H-T 型电磁换向阀 23a、23b，JDF-B10C 型单向减压阀 16a、16b 和 PF-B8C 型压力继电器 25a、25b。上抱闸支路上还另有 1 个 DFY-B10H2 型液控单向阀 20a。上、下抱闸的油流方向由电磁换向阀 23a、23b 控制，压力大小由单向减压阀 16a、16b 调节。

PF-B8C 型压力继电器是能将油压讯号转换成电讯号的发送装置，有高、低两个控制接点，能使上、下抱闸实现连锁。当上抱闸松开时，压力继电器 25a 上接点接通，发出讯号，控制下抱闸电磁换向阀 23b 关闭工作油路，下抱闸不能松开。当上抱闸夹紧电极时，压力继电器低压接点接通，发出讯号控制下抱闸电磁换向阀 23b，使其工作油路接通，这样下抱闸才有松开的可能性；如果此时下抱闸松开，压力继电器 25b 高压接点接通，将电讯号发给上抱闸的电磁换向阀 23a，则工作油路关闭，上抱闸不能松开。综上所述，压力继电器的作用是使上、下抱闸在工作过程中没有同时松开的可能性，从而避免由于误操作可能使电极突然下降的危险。上抱闸液控单向阀 20a 是防止其前面的管路及阀件

发生故障时，因泄油使上抱闸突然抱紧、电极不能动而设置的。

电极把持系统的每相电极也有两条支路：一条是提升油缸上腔支路，另一路是下腔支路。两条支路上分别设有电磁换向阀 23c、23d 和单向减压阀 16c、16d。下腔支路还另设有液控单向阀 20b。它们的作用和工作情况与前述相同。

液压站内 4 个储压罐的作用是：一方面能克服油路系统工作时的尖峰负荷；另一方面可以使油泵工作状态合理。储压罐 14a ~ 14d 内分别充有氮气和液压油，每个储压罐的容积是 321L。其中 3 个全部充氮气；另外 1 个上部充氮气、下部充油，两种介质互相接触，靠压缩氮气产生压力。4 个储压罐通过上部连通管连通。充油前，先将截止阀 10e 打开，将截止阀 10c、10d 和 19i 关闭。通过打开的截止阀 10b 将 4 个储压罐充氮至压力为 8.9MPa 时，关闭截止阀 10b，然后启动油泵，打开截止阀 10c，将油充入储压罐内。正常工作时，要求储压罐中保持的最高液面为 1225mm，最低液面为 375mm，对应的压力分别为 10MPa 和 9.17MPa。在储压罐侧壁上下各开一个小孔，安装一个液位计。液位计的外壳为不锈钢管，在管中装入有机玻璃制成的浮子，浮子里装入一块永久磁铁，在液位计的外壁沿 4 个液面高度分别固定几组干簧电接点。储压罐内的液面高度与液位计的液面高度是一致的，因此当储压罐的液位达到某一预定液位高度时，液位计的永久磁铁与相应高度的干簧接点接通，发出电讯号。此外，储压罐还有 PF – B8C 型压力继电器 12 和远程发送压力表 15，以控制储压罐内压力的上下限，这样可以从液位和压力两个方面控制油泵的运行状态。当储压罐液位等于下极限液位(275mm)或压力等于下极限液压(9.07MPa)时，浮子液位计和压力继电器第一对电接点接通，电液换向阀 11 与储压罐系统的油路被切断，以防氮气进入系统，同时启动两台油泵工作。当液位到达低工作液位(375mm)时，低液位干簧电接点接通，则电液换向阀与储压罐系统的油路接通，一台油泵停止运转，一台油泵继续工作。当液位到达高液位(1225mm)时，高液位电接点接通，油泵卸荷运转。当液位到达上极限位置(1325mm)时，最高液位电接点接通，油泵电机停电，油泵停止运转。

液压件的动作由电气程序控制进行，可通过如下几点实现压放电极的程序动作：

(1) 电磁换向阀 23a 切断油源与上抱闸油路，上抱闸夹紧电极。

(2) 电磁换向阀 23b 接通油源与下抱闸油路，下抱闸松开电极。

(3) 电磁换向阀 23d 切断油源与把持器油缸下腔的油路，把持器铜瓦对电极的压力由 0.2MPa 降至 0.1MPa。

(4) 电液换向阀 18a 接通油源与升降油缸的油路，升降油缸升起。如果升起压力超过 5MPa，则升降油缸附近的两个电接点压力表 24a、24b 触点接通，控制电磁换向阀 23c 换向，把持器油缸上腔通油，铜瓦对电极的单位压力降低。

(5) 升降油缸提升到位后，电磁换向阀 23c 切断油源与把持油缸上腔的通路，铜瓦抱紧电极。

(6) 电磁换向阀 23b 切断油源与下抱闸油路，下抱闸抱紧。

(7) 电磁换向阀 23a 接通油源与上抱闸油路，上抱闸松开。

上述动作可以通过控制设备自动实现，也可由操纵工人通过操纵各液压阀件的电动按钮手动实现。

国内大型封闭炉常用的电极液压系统原理如图 3 – 20 所示。图中左侧为阀系统；集中

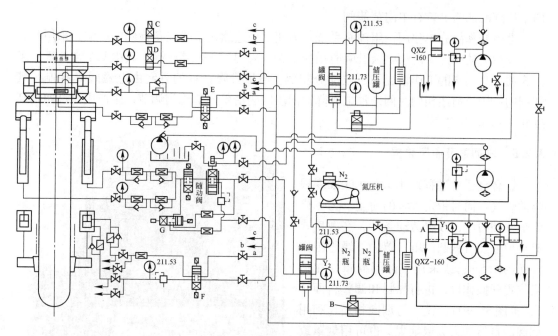

图 3-20 电极液压系统原理

安装在阀站;右侧为泵系统,集中安装在泵站。

压放系统的机械部分有上抱闸、升降缸和下抱闸。压放系统的电气部分有:在抱闸夹紧和完全松开位置设有行程控制开关;在上抱闸原始高度设有固定程序控制开关;上抱闸提升 200mm 以下的任意高度设有可移动的程序控制开关。压放系统的动作由电气程序按照顺序自动控制。

压放系统的液压回路为:油泵将油从油箱经过滤网、罐阀送到储压罐或阀站,或经安全溢流阀回油箱。正常生产时,若储压罐内油液达到最高油位,则压力相应上升,电接点压力计 Y_1 接通给电磁阀 A 送电,将安全溢流阀控制油路中的油放掉,安全溢流阀接通回油,泵卸荷。当油压到达低工作压力时,电接点压力计 Y_1 断开使电磁阀 A 断电,油液又从单向阀进入储压罐充压。远程传送压力计 Y_2 将储压罐内压力传送到操作盘上。储压罐内液面由气动压差变送器–色带指示仪表示出来。色带指示仪有电接点,当液位过高时,发出信号停止泵的运转;当液位太低、有跑气可能时,色带指示仪发出信号使电磁阀 B 动作,致使罐阀关闭,储压罐内油液便不能流出。

在压放电极过程中,抱闸的松紧由电磁三通阀 C 和 D 控制,送电时抱闸松开,断电时抱闸夹紧。进油路中节流阀用以调节抱闸松紧的速度,阀出口处压力表用以观察电磁阀接通情况。升降油缸由电磁阀 E 控制,在油缸上腔油路中设单向减压阀控制压下的力,下腔油路中设单向节流阀控制运动速度。

电极把持器部分和压放部分合用一组油泵系统。在把持油缸上腔油路中由单向节流阀和节流阀控制流量,在下腔油路中由单向节流阀、电接点压力计和减压阀来保持一定的油压。油压的大小由减压阀和电接点压力计共同来调整。当油缸下腔油压下降时,电接点压力计动作,使电磁阀 F 换向,油缸进油而恢复压力。为使 3 个把持油缸同步动作,在其中两个油缸的油路上装有单向节流阀。

电极升降部分单独用一组油泵系统。为使工作连续，不受设备检修的影响，采用两套油泵及相关的阀件。由于电极升降时用油量大，采用了3个储压罐，其中两个半充气、半个充油，泵系统的工作情况与压放部分相似。电极升降油缸的升起由电磁阀G控制，其他阀的作用与前述相同。两个油缸升降的同步问题由单向节流阀调节，生产中允许两缸高度相差6mm以内。

3.2.5　排烟罩及通风装置

铁合金还原过程产生大量CO浓度很高的炉气，同时带走大量的粉尘。为了排除炉气和粉尘，改善劳动条件，在敞口式矿热炉上设有铁圆筒罩，罩的下缘距工作台面约1.5m；或采用整体圆筒罩，在适当位置开操作口，进行加料和调整料面操作（见图3-10）。铁罩与烟囱相通，利用烟囱的自然抽力吸取烟尘。也可用烟罩或密闭的炉盖将烟气收集起来，经烟道送入净化系统。为保证矿热炉运行安全，封闭

图3-21　某硅铁车间除尘系统

炉炉盖内部的压力应维持微正压。炉前出铁口上方也设置烟罩，出铁前打开抽风机，将随铁水排出的烟气经烟罩排放到厂房外。图3-21所示为某硅铁车间除尘系统。

3.3　矿热炉供电系统

3.3.1　供电系统组成

矿热炉供电系统包括开关站、炉用变压器、母线等供电设备和测量仪表以及继电保护等配电设施。图3-22是三相矿热炉的变配电原理图，其由供电主线路、测量仪表回路、变压器继电保护回路三部分组成。

矿热炉在运行中是允许短时间停电的，所以采用一个独立电源供电即可满足要求。输电过程是：电能由高压电网经过高压母线、高压隔离开关和高压断路器送到炉用变压器，再经过短网（母线）到达电极。

3.3.1.1　高压配电设备

大容量炉子采用35~110kV电压等级，其高压配电设备一般是将高压电源引进厂，先经过户外柱上高压隔离开关及避雷器等保护，然后用地下电缆引进厂内总控制室的进线高压开关柜。总控制室一般设有三个开关柜：一号进线高压开关柜又称进线柜，设有开关、少油断路器、电流互感器等，其容量要足以带动全部电力负荷；二号高压开关柜又称PT柜，设有开关、电流互感器、电压互感器，用以引接各种测量仪表，同时将有功功率表、一次三相电流表和电压表以及引入的二次三相电压表由此柜引至炉前操纵台，以便操纵电极升降，掌握负荷用量；三号高压真空开关柜又称出线柜，设有开关、真空断路器或多油断路器以及与变压器容量相适应的电流互感器。每台炉子都有一个出线柜，其出线与

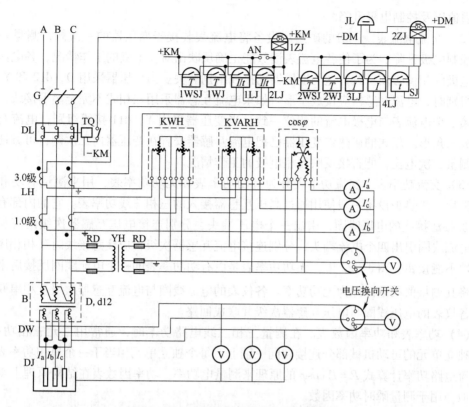

图 3 - 22　三相矿热炉的变配电原理图

±KM—跳闸回路操作电源母线；±DM—电铃回路操作电源母线；G—隔离开关；DL—断路器；B—变压器；

DW—短网；DJ—电极；LH—电流互感器；YH—电压互感器；RD—熔断器；KWH—有功功率表；

KVARH—无功功率表；cosφ—功率因数表；WSJ—瓦斯继电器；WJ—温度继电器；

LJ—过流继电器；SJ—时间继电器；ZJ—中间继电器；JL—警铃；TQ—跳闸手动按钮；

AN—启动按钮；$I_a \sim I_c$—低压侧三相电极电流；$I'_a \sim I'_c$—高压侧三相电极电流测定值；

T，I，t—各继电器驱动信号，分别为温度、电流和时间

炉子变压器的一次出线端头相接。此外，还有几台炉子共用的整流柜，为各种继电保护回路提供直流电源。

3.3.1.2　二次配电设备

变配电装置在运行过程中，由于受机械作用以及电磁力、热效应、绝缘老化、过电压、过负荷等作用，往往会产生各种各样的故障。为了便于监视和管理一次设备的安全经济运行，保证其正常工作，就要采用一系列的辅助电器设备（即二次配电设备），包括监视及测量仪表、继电器、保护电器、开关控制和信号设备、操作电源等装置。在矿热炉配电屏和操作台上装设的仪表通常有以下几种：

（1）交流电压表。测量变压器高压侧线路电压时，交流电压表经电压互感器按三角形接法接入电路，测量线电压。测量矿热炉二次工作电压时，交流电压表按三角形接法直接接入电路，测量线电压。为了节省仪表，也可以用一台电压表，由电压换向开关换接来测量各相线电压。有的矿热炉操作台还装设有效相电压表，用三台电压表接成星形连接，三个线头分别接在三个电极壳上，中性点接地（炉壳），用以观察和优选矿热炉运行的操

作电阻值以及控制电极升降。

（2）交流电流表。一般的矿热炉设备将电流表装接于变压器的一次侧，测量一次电流以控制电极升降。为了使各电流表读数能正确反映出对应电极的工作情况，各电流表和对应电极的相位必须一致，这与变压器的接线组别有关。当变压器采用 D，d12 和 Y，y12 接线组别时，电流互感器应接成星形。如果电流互感器采用二相式不完全星形接线，则应注意第三个电流表与电极电流的相位一致。当变压器采用 Y，d11 接线组别，电流互感器应接成三角形。新式的矿热炉变压器已把电流互感器安置在变压器内二次侧，可方便地接线和测量二次电流，能直接反映各相电极的工作情况。

（3）交流功率表。交流功率表分为有功功率表和无功功率表，用来测量有功和无功电能消耗。矿热炉设备一般使用通过高压互感器接入的三相三线功率表。它的内部有两个按 V 形接法接线的电压线圈，引出三个电压端头，分别连接电压互感器次级的三相；另两个电流线圈引出四个电流端头，分别连接电流互感器次级，应注意接线时三相相序及电流极性不能接错。图 3 – 22 中，无功功率表是由有功功率表的一个电流线圈反接后来度量的，将其测量值乘以 $\sqrt{3}$ 即为无功功率。各仪表的电流线圈与电流互感器次级互相串联成回路，各仪表的电压线圈与电压互感器次级并联成回路。

（4）功率表和功率因数表。在测量三相三线电路功率时，通常用二元三相功率表，两个独立单元的可动机械部分连接在同一轴上。每个独立单元相当于一个单相功率表，按照交流电路功率计算式 $P = IV\cos\varphi$ 的原理来测量电功率。功率因数表在结构原理上与功率表相似，用于测量瞬时功率因数。

3.3.1.3　继电保护回路

继电保护的作用是当设备出现故障时，或作用于断路器使其跳闸，或对出现的不正常状态发出警告信号。矿热炉设备的不正常状态可能是电极短路、变压器温升过高或变压器内部产生过量瓦斯，这时必须迅速切除负载，用电流继电器、温度继电器或瓦斯继电器等使供电主回路断路，并使信号回路发出报警信号。当设备恢复正常后，继电器自动使电路接通。而当电极出现过负荷或变压器内部温升和瓦斯刚达到极限允许值时，并不需要马上切除负载，但应发出不正常状态的预报信号。图 3 – 21 所示的继电保护回路中，左边是作用于断路器跳闸的继电保护回路，右边是作用于发出音响预报的信号回路，这两个回路中都应用了中间继电器来放大接点容量。在信号回路中，采用电流继电器和时间继电器的定时限接线。两个回路的功用实质都是用作另一个回路的开关，继电保护回路是跳闸回路操作电源母线 ±KM 的开关，信号回路是电铃回路操作电源母线 ±DM 的开关。

3.3.2　矿热炉变压器

3.3.2.1　变压器的类型和电气参数

变压器的类型有三相和单相两种。可以采用一台三相变压器来变换三相交流电源的电压，也可以用三台单相变压器连接成三相变压器组来进行变换，但三台单相变压器的规格必须完全一致。

如图 3 – 23 所示，在三相变压器组的各个铁芯上或三相变压器的各个铁芯柱上都装有原绕组和副绕组。根据电力网的线电压、变压器原绕组的额定电压以及供电要求和变压器副绕组的额定电压，确定原、副绕组的接线形式。矿热炉变压器的主要接线形式有三角 –

三角形、星 – 三角形、三角 – 星形、星 – 星形四种，实际生产中三角 – 三角形接线法应用比较广泛，小型炉采用星 – 三角形接线法，少数工厂采用三角 – 星形接线法。变压器铭牌上常有其绕组接线示意图，说明三相变压器原、副绕组的连接是三角形还是星形。

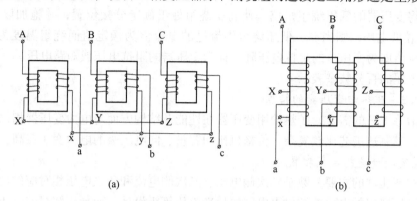

(a)　　　　　　　　　　　　　　　(b)

图 3 – 23　变压器绕组示意图
(a) 由三台单相变压器连接成的三相变压器组；(b) 单台三相变压器
A，B，C—高压绕组的首端；a，b，c—低压绕组的首端；X，Y，Z—高压绕组的尾端；x，y，z—低压绕组的尾端

　　接线组别则是用时钟的指针来表示原绕组和副绕组电压之间的相位关系。三相变压器有 12 个组别，例如三角 – 三角形或星 – 星形连接可得到 12 组，原、副绕组的电压同相位；如果误接线，也可能接成 6 组，原、副绕组反向，电压相位相差 180°。如果是星 – 三角形连接，因绕组的首尾端不同，可接成 11 组或 1 组，电压相位相差 30°。

　　变压器的额定容量也称为额定视在功率，以二次侧绕组额定电压和额定电流的乘积所决定的视在功率来表示：

$$S = \sqrt{3} V_2 I_2 \times 10^{-3} \qquad\qquad (3 – 11)$$

式中　S——变压器的额定容量，kV·A；

　　　V_2——二次侧绕组的额定电压，V；

　　　I_2——二次侧绕组的额定电流，A。

　　由于变压器效率很高，有时也用变压器一次侧的额定值计算其额定容量，可近似认为两侧绕组的额定容量是相等的。变压器负载运行时，由于其内部的阻抗引起了电压降，负载电流的大小不同，测得的二次电压也各不相同。因此，二次侧的额定电压必须以变压器空载下的数值为准，而且一般均指线电压。额定电流也是指线电流。

　　变压器铭牌型号的含义为：H 表示矿热炉用，KS 表示三相矿热炉，SP 表示强迫油循环水冷却，Z 表示有载调压。例如，HKSSPZ – 12500/110 表示容量为 12500kV·A、一次额定电压为 110kV 的有载调压强迫油循环冷却式三相矿热炉变压器。变压器铭牌标出的容量为额定容量，是所能达到的最大视在功率。受矿热炉设计和冶炼条件的限制，人们常用实际生产中矿热炉的有功功率说明其规模。

　　变压器内绕组或上层油面的温度与变压器周围空气的温度之差，称为变压器的温升。国家标准规定了变压器的额定温升，当其安装地点的海拔高度不超过 1000m 时，绕组温升的限值为 65℃，上层油面温升的限值为 55℃；同时，变压器周围空气的最低温度为 – 30℃，最高温度不超过 40℃。因此变压器在运行时，上层油面的最高温度不应超过

55℃ + 40℃ = 95℃。另又规定，为了不使变压器油迅速劣化，上层油面温度不应超过85℃。在规定的正常条件下，变压器绝缘的寿命可达25年，如果温升每提高8℃，寿命便要减少一半。

如果将变压器的低压绕组短路，使高压绕组处于额定分接位置，并施加以额定频率（50Hz）的较低电压，则当高、低压绕组中流过的电流恰为额定值而绕组温度为75℃时，所加的电压值即为变压器的阻抗电压降，称为变压器的阻抗电压或短路电压。一般短路电压用额定电压的百分数来表示。

3.3.2.2　矿热炉变压器的特点

由于冶炼工艺的需要，矿热炉用变压器在性能及结构方面与电力变压器相比有许多不同的特点，其制造工艺比较复杂，价格也比同容量、同电压级的电力变压器高。

A　具有较合适的电气参数

矿热炉变压器的主要参数是二次侧电压、二次侧电流和各级电压相对应的功率。矿热炉变压器高压绕组的电压按照供电电网的标准电压等级设计，而低压绕组的电压是根据冶炼实践经验选定的。由于矿热炉负载的大小、产品的品种规格、炉料比电阻的大小、矿热炉设备的结构布置、操作人员的熟练程度等都是决定电压值高低的因素，因此，选用合适的二次电压尤为重要。通常用如下经验公式计算变压器二次电压：

$$V_2 = K\sqrt[3]{S} \tag{3-12}$$

式中　V_2——变压器二次电压，V；

　　　S——变压器的额定容量，kV·A；

　　　K——变压器的电压系数，与变压器容量和产品品种有关，一般为4~10，特殊的精炼矿热炉可达12~22。

例如，对于12500kV·A的矿热炉，如果取$K = 6.15$，则变压器二次工作线电压为：

$$V_2 = 6.15 \times \sqrt[3]{12500} \approx 143V$$

相应地，根据式（3-11）可求得二次线电流为：

$$I_2 = \frac{S \times 10^3}{\sqrt{3} V_2} = \frac{12500 \times 10^3}{\sqrt{3} \times 143} \approx 50467A$$

由此例可知，炉用变压器的变压比很大，二次电压较低，二次电流很大。故低压绕组一般都只有几匝，匝间绝缘可用绝缘垫片来保证，并作为冷却油通道。因为电流大，则低压绕组截面积也必须大，要用多根导线并列绕制，而且每相均由多个线圈并联。

B　绕组端头的引出

矿热炉变压器低压绕组每相的首、尾端都要引出箱外。每相并联绕组的引线端头首、尾端相间，分别用低压引线铜排或铜管引出箱外，并用层压板胶垫密封在箱体上。例如，当每相为4路并联时，则每相有8块铜管引出，都是首端、尾端、又首端、又尾端相间排列，如图3-24所示为矿热炉用HKSSPZ-12500/110三相变压器的引线铜排排列外形。这样引出可以充分利用绕组的容量，降低二次母线上的电阻损耗和电压损失，也便于散热；可以方便地改变绕组的串、并联方式，从而使调压级数增加一倍，且不降低变压器容量；此外，相间引出还便于布置短网，可使二次母线交叉排列，以降低其电抗，提高功率因数。将二次绕组通过电极接成三角形时，还可以减少引出端附近和母线附近铁磁体中的电磁损耗。

高压绕组每相的首、尾端也应引出箱外接线，以充分利用绕组的容量，便于布置绕组和使电磁场均匀，也可避免在负荷不对称时产生单相磁通。为了方便绕组接线和均匀散热，矿热炉变压器一次侧一般都接成三角形，只有在开炉初期或炉子不正常时才改为星形连接，这样可降低电压和负荷运行，有利于更好地操作，使炉子恢复正常生产。尤其是封闭炉和大中型敞口炉的变压器，均应采用这种接线方法。

C　具有多级电压分接开关

矿热炉对二次工作电压值的大小非常敏感，即使电压升降的数值仅为几伏，矿热炉也会做出显著的反应。在铁合金冶炼过程中，往往由于各种条件发生变化，使工艺过程不稳定，例如生产品种变化、炉料电阻波动、电源电压大幅度波动、炉底积渣层发生变化和电极发生折断事故等，都需选用合适的电气参数以适应新

图 3 - 24　矿热炉用 HKSSPZ - 12500/110 三相变压器

的情况。因此，要求矿热炉变压器必须具有可调节的多级二次电压，这种调节工作通过电压分接开关来实现。

电压分接开关可分为有载调节和无载调节。从工艺角度考虑，分接电压越多越好，但级数越多，变压器的造价越高。所以，小型矿热炉变压器一般只具备 3~5 级电压的无载分接开关，少数达到 8 级。无载分接开关借助改变一次绕组的工作圈数来调节二次电压，必须在停电后才能进行换接。新型大容量炉用变压器采用在低压绕组串联变压器的有载分接开关，有 20 多级电压调整，级差为 2~3V，可在冶炼过程中对二次电压进行分相有载切换，根据炉况特点随时调整电气参数，调压非常方便。为了补偿功率因数，需要在变压器的一次侧或第三线圈接入电容器，进行并联或串联补偿。

D　具有较高的绝缘强度和机械强度

为了保证操作人员的安全，必须加强高压、低压间的绝缘和高压、低压对地的绝缘。另外，矿热炉变压器拉、合闸也比较频繁，为防止由于操作过电压等原因造成变压器损坏，矿热炉变压器应具有较高的电气绝缘强度。

在变压器运行时，特别是二次侧短路时，高压、低压绕组间受到很大的电磁力，以致会损伤绝缘或使绕组导体变形而损坏变压器。矿热炉在运行中由于下放电极或加料、塌料，会出现冲击性过负荷和短路应力，偶尔会造成电极短路等。为了能经受住这些冲击，要求矿热炉变压器在结构上具有较高的机械强度。

矿热炉是埋弧操作，负载较为稳定，短路冲击电流较小，一般与电力变压器的阻抗电压相似，为 5%~10%。为预防变压器低压出线处短路电流太大，可在该处加强保护措施，要求具有较高的绝缘强度和机械强度。

E　具有一定的过载能力和良好的冷却措施

矿热炉由于负载比较稳定，一经投入使用，基本上是长期满载运行。有时为了调整炉

况需进行适当的过载运行，故炉用变压器一般具有 10% ~ 20% 的短期过载能力。这样，在变压器正常满载运行时，绕组温度较低，既安全可靠，又降低了铜损，从而提高了电效率。为此，炉用变压器除了绕组导线具有足够大的截面积外，还需要有良好的冷却措施，如采用风冷或强迫油循环水冷却等。

3.3.2.3 矿热变压器的损耗与经济运行

当矿热变压器运行时，在其内部有一定的功率损耗，这种损耗由空载损耗和短路损耗组成。

空载损耗包括磁滞损失和涡流损失。铁芯中的磁畴在交变磁场作用下周期性旋转，使铁芯发热，从而引起磁滞损失。涡流损失是变压器中感应电流引起的热损失，与铁芯电阻有关。这两种损失与负载大小无关，称为铁损。

变压器的线圈有一定的电阻，电流在绕组内部产生的功率损失与电流大小和温度有关。额定电流下绕组产生的电功率损失称为短路损耗，又称铜损。

变压器的功率损耗为：

$$\Delta P = \Delta P_0 + \beta^2 \Delta P_K \tag{3-13}$$

式中　ΔP——变压器的功率损耗，kW；

　　　ΔP_0——变压器的铁损，即空载功率损耗，kW；

　　　ΔP_K——变压器的铜损，即短路功率损耗，kW；

　　　β——负载系数。

$$\beta = \frac{I}{I_2}$$

式中　I——二次负载电流，A；

　　　I_2——二次额定电流，A。

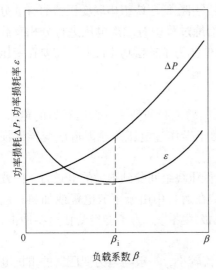

图 3 – 25　变压器功率损耗和功率损耗率与负载系数的关系

变压器的功率损耗率为：

$$\varepsilon = \frac{\Delta P}{P}$$

式中　P——变压器的输入功率。

显然，$\eta = 1 - \varepsilon$ 为变压器的效率。变压器功率损耗和功率损耗率与负载系数的关系如图 3 – 25 所示，该图的镜像可视为变压器的效率曲线。当变压器输出为零时，$\Delta P = \Delta P_0$，$\varepsilon = 1$，效率为零；当变压器输出增大时，ε 逐渐下降至一个最低点，然后又开始上升。这是因为变压器的铁损基本上不随负载变化，所以负载小时功率损耗率大；而铜损与负载电流的平方成正比，负载增大后，铜损增加很快，功率损耗率降到最低点后又增大。在该点（β_i 点），铜损等于铁损，变压器的效率最高，最大效率大致在负载系数 $\beta_i = 0.5 \sim 0.6$ 时。在铁合金实际生产中，矿热炉变压器的内部损耗是一个很小的数值，矿热炉变压器的造价又很高，因此采用过低的负载系数在经济上并不合理。比较合适的负载系数约为 0.8，这时变压器可以在连续过载20%的状态下运行。

3.3.3 短网

3.3.3.1 短网的组成

短网是指从矿热炉变压器的二次侧引出线至矿热炉电极的大电流全部传导装置。图3-26所示为矿热炉短网结构示意图，矿热炉短网可分为下列四部分：

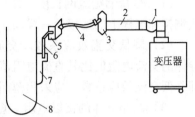

图3-26 矿热炉短网结构示意图
1—补偿器；2—母线排；3—上导电
连接板；4—软母线；5—下导电
连接板；6—导电铜管；
7—铜瓦；8—电极

（1）穿墙硬母线段。穿墙硬母线段包括由紫铜皮组成的温度补偿器、紫铜排或由铜管组成的硬母线。其作用是穿过墙壁，连接变压器与矿热炉。

（2）U形软母线段。U形软母线段由紫铜软线或铜皮组成，也称可挠母线。其使用是便于电极升降。U形软母线段的两端分别通过上、下导电连接板（或称集电环）与两端固定的硬母线连接。

（3）炉上硬母线段。炉上硬母线段由铜管组成，在炉面上方把电流送至铜瓦。由于炉面温度很高，这段铜管必须通水冷却。

（4）铜瓦和电极。铜瓦和电极是把电流输入炉内的特殊传导装置。

狭义的短网一般不包括铜瓦和电极。在研究矿热炉电气特性时，一般将矿热炉电路分成三段分析，即变压器、短网、矿热炉。有时进而简化为两段分析，即分为变压器、短网的炉外部分和炉内部分。电极插入炉料内的部分可使炉料预热，归入炉内短网考虑；而铜瓦下缘到料面一段电极的阻抗既产生阻抗压降，使入炉有效电压降低，又增大功率损耗，故称为电极有损工作段，并入炉外短网考虑。

3.3.3.2 对短网的基本要求

短网的主要作用是传输大电流，故短网中的电抗和电阻在整个线路中占有很大比重，足以决定整个设备的电气特性，因此其必须满足下面几个基本要求。

A 有足够大的载流能力

要求短网有足够大的载流能力，实质上就是要保证导体有足够大的有效截面积。首先要按照适当的截面平均电流密度确定导体的截面积，常用的电流密度值如表3-6所示。

表3-6 常用的电流密度值

导　体	电流密度/A·mm^{-2}
紫铜排、板	2.2~2.5
铝排、板	0.6~0.9
水冷铜管	3~5
软铜线及薄铜带	0.9~2.3
自熔电极	0.05~0.1
铜与铜的接触面	0.12~0.15
铜瓦与电极的接触面	0.02~0.025

导体的有效截面主要应考虑交变电流集肤效应的影响，根据理论研究及计算，要求实心矩形截面的紫铜排、板的厚度不超过 10mm，铝排、板的厚度不超过 14mm，宽度和厚度的比值尽可能大；对于空心铜管，壁厚不超过 10mm，管外径与壁厚的比值尽可能大。

B　尽可能降低短网电阻

降低短网电阻是为了降低功率损耗和提高矿热炉的电效率。应做到：

（1）尽量缩短短网长度。使变压器尽量靠近电炉，甚至将变压器适当抬高，使其出线铜排和电极上的连接处一样高。

（2）降低交流效应系数。交流电流通过导体时，由于集肤效应和邻近效应的影响，导体的交流电阻值比其直流电阻值增大的现象称为交流效应。为了降低电阻增大的倍数，即降低交流效应系数，应采用薄而宽的导体截面，并使宽面相对且平行。

（3）减小导体的接触电阻。短网的导电接触面积越大越好，一般取接触面积为导体截面积的 10 倍左右，用螺栓连接时增加到 15～18 倍以安置螺栓。接触表面要刨平、磨光并镀锡，其平整度和粗糙度应符合要求。导体的连接方法优先采用焊接，其次采用螺栓连接，最后才考虑采用压接。连接要有足够的压力，一般铜与铜之间的压力为 10MPa，铝与铝之间的压力为 5MPa。

（4）避免导体附近铁磁物质的涡流损失。导体附近的大块铁磁体被交变磁场磁化会产生感应涡流，引起额外的能量损失。因此，应减少垂直于磁力线方向的导磁面积、在闭合磁路中设置空气间隙或隔磁物质、在载流导体与磁结构间用厚铜板隔磁、采用短路的大铜圈屏蔽导磁体等。电极把持器半环或锥形环的涡流和磁滞损失较大，最好采用非磁性材料制造。

（5）降低导体运行温度。导体的电阻值随着温度的升高而增加，因此，应设法降低导体的运行温度，一般不应超过 70℃。如采用较小的电流密度，则伸入烟罩内的短网采用挡热板或用水冷却等。

C　感抗值应足够小

短网导体中电流引起的交变磁场与导体相匝连，使导体具有很大的电感。短网的电抗大于有效电阻，短网中发生的用以维持磁通不中断的无功功率比电损耗功率要大。原则上，导体的感抗是一种不利因素，应对其加以抑制。工程上一般采用近似公式计算电感与互感，计算结果表明，要降低感抗，短网导体的几何参数应满足以下条件：

（1）尽可能缩短短网长度，因为电感与导体长度成正比。

（2）导体间净间距应尽可能小，一般取 10～20mm。

（3）导体厚度应尽可能小，一般取 10mm；导体高度应尽可能大。

（4）母线应采用多个并联路数。并将电流相位相反的母线交错排列并相互靠近，将电流相位相同的母线间距拉大。

D　有良好的绝缘强度及较高的机械强度

短网母线由变压器室穿过隔墙至炉子间的部位，除了应加强正、负极之间的绝缘外，也要注意短网对地的绝缘，并做好夹持和固定。母线束的正、负极之间及其外侧均用石棉垫板绝缘。变压器二次引线端与母线连接处采用伸缩性较好的软铜皮作温度补偿器，以减轻热胀冷缩和机械振动对变压器引出端的影响，避免变形和漏油。

3.3.3.3　三相短网的配置方式

　　小型变压器的高压、低压绕组可采用星形接法，其短网在变压器出线端头接成星形，此时短网中流过线电流，一般可用电流互感器直接测量二次电流来控制电极的升降。

　　大中型变压器的高压、低压绕组一般采用三角形接法，组别12组，这样可使高压与低压间没有相位差，仅依靠高压电流表就可准确地调整电极的升降。短网的典型配置方式大致有图3-27所示的几种：图3-27(a)所示为硬母线段过墙后接成三角形，硬母线流过相电流，每相正、负互相补偿，软母线流过线电流；图3-27(b)所示为在三相电极上接成三角形，除电极流过线电流外，短网其余部分流过相电流，补偿较好；图3-27(c)所示为大容量矿热炉常采用的三台单相变压器对称接成三角形，三相均衡补偿，变压器在平面上呈三角形布置，这样可缩短到电极的距离，降低短网阻抗，有利于提高炉子热效率和功率因数。

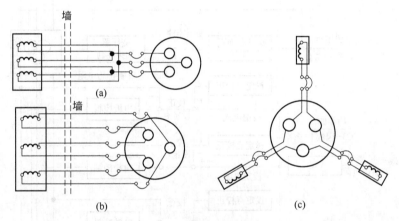

图3-27　短网配置方式

(a) 硬母线接成三角形；(b) 在三相电极上接成三角形；(c) 三台单相变压器对称接成三角形

3.4　矿热炉的电气控制

3.4.1　供电自动控制

　　使用计算机控制矿热炉供电有较好的经济效果，如表3-7所示。因此，现代铁合金矿热炉都使用计算机控制供电。

表3-7　使用计算机控制矿热炉供电的经济效果　　　　　　　　　　（％）

冶炼品种	锰铁(39000kV·A)	硅铁(30000kV·A)	硅铁(52000kV·A)	生铁(52000kV·A)
产　量	+20	+7		+11.9
电能消耗	-10~-12	-1.5	-16	
矿热炉负荷	+6	+3		
电极糊消耗	-30	-13.5	-3~-7	
还原剂消耗	-10	-5		
含铁料消耗		-16		
矿热炉寿命	+2.5	+2	+8.8	

供电控制是通过改变变压器抽头和升降电极来保持三相平衡（不平衡度小于5%）的。在变压器容量允许的情况下，尽量向矿热炉输入最大的有功功率，同时使各相有效相电压在给定的范围内，并提供电极位置过高、过低、电极折断等报警信号。其控制手段是基于电阻平衡的方法。由于炉内有功功率为 $P = I^2R$，根据矿热炉等效电路，可以认为各相电抗近似相等，故根据相电压和电流值即可计算出等效阻抗，通过升降电极控制各相阻抗平衡，使其达到预先的设定值。

矿热炉负荷控制是设定电炉最优负荷值。当运行参数偏离设定值时，首先通过升降电极控制电阻平衡，然后控制变压器的等级，后者是一个带死区的控制器。矿热炉供电自动控制系统如图3-28所示。

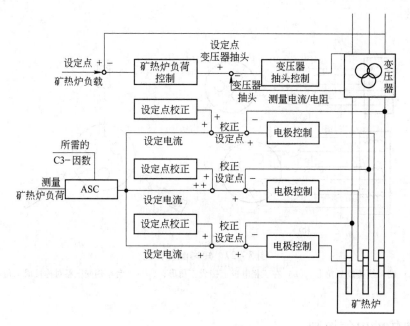

图3-28　矿热炉供电自动控制系统

3.4.2　工厂电能需要量控制

铁合金厂是耗能大户，通常都和供电部门(或电厂)订有合同，如用电超量则要罚款。为此，铁合金厂大都使用计算机控制总负荷，使之不超过限值。国外某铁合金厂电能需要量控制系统如图3-29所示。

3.4.3　电极压放自动控制

矿热炉的电极是自焙电极，它在冶炼中不断消耗，故需不断压放。电极是通过上、下抱闸及立缸的动作顺序下放的（见图3-30）。动作顺序为：松上抱闸→升立缸（提上抱闸）→紧上抱闸→松下抱闸→降立缸（压下电极）→紧下抱闸。

人工压放电极很难做到及时，往往间隔时间过长，一般还需减负荷进行，造成炉况不稳且易发生电极事故，因此需采用自动控制压放。根据上述动作顺序，并考虑某些联锁条件（以电流平方与时间间隔的乘积代表累积热量，并考虑电极温度、油压等条件），下放

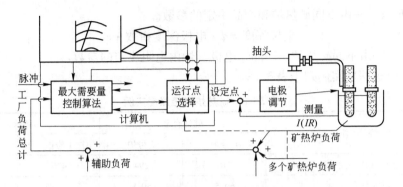

图 3-29   国外某铁合金厂电能需要量控制系统

时间间隔可人工给定（20~25min），并由电子计算机根据两次出铁间电极的平均位置进行自动修正，油路漏油或堵塞、下放不够或过多均给出报警信号。

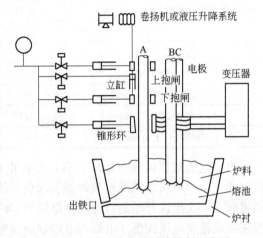

图 3-30   矿热炉电极压放控制示意图

矿热炉自焙电极的压放控制系统包括压放时机的选择和压放动作过程的程序控制。压放时机的选择至关重要，根据生产实践选择"勤压、少压"的操作原则，以保证电极的正常焙烧速度和保持必要的电极工作端的长度。判定压放时机的方式有定时压放、按电极电流平方定时累加判定压放等，但往往凭借人工观察和生产实践来判定。

电极压放动作过程的程序控制有手动顺序开关（按钮）、机电式继电器、可编程序控制器（PLC）等。当采用计算机控制系统时，其电极压放控制也应纳入总体控制系统。

3.4.4   矿热炉功率调节

为使输入矿热炉的额定功率恒定并力求维持三相功率平衡，通常采用手动和自动两种控制方式，通过升降电极来调节电炉功率。

手动控制为人工操作开关（或按钮），使三相负荷电流达到恒定，此种方式多被小型矿热炉所采用。自动控制是采用电子计算机系统，通过采集多种电气参数（如矿热炉操作电阻、电极电流和电压、有功功率、变压器分接开关位置、电网电压等），以其为调节对象，连续或间断地进行自动调节。

3.4.5   电极深度控制

矿热炉冶炼中所需的热量主要是由电极端部供给的。只有当电极端部位置最佳时，产品单位电耗和生产率才能达到最佳值，故估计和控制电极深度（电极端部与炉底间的距离）是非常重要的。电极深度可用矿热炉产生的气体温度和气体中 CO 含量来表示：

电极深度指数 $= a \times$ 矿热炉产生的气体温度 $+ b \times$ 气体中 CO 含量 $+ c$ (3-14)

式中　a，b，c——由不同矿热炉和产品决定的参数。

$$电极深度 = d \times 电极深度指数 + e \qquad (3-15)$$

式中　d，e——由不同矿热炉、产品、电极、炉内电阻决定的参数。

矿热炉电极深度实例列于表3-8。

表3-8　矿热炉电极深度实例

冶炼品 种		硅锰合金		高碳锰铁	
		1 号炉	2 号炉	1 号炉	2 号炉
产生的气体温度/℃		316	294	426	373
气体中 CO 含量/%		60.5	59.8	77.9	75.5
电极深度指数计算参数	a	0.79	0.70	1	1
	b	0.71	0.71	0	0
	c	0	0	0	0
电极深度指数		264	248	426	373
炉内电阻 R/mΩ		0.32	0.39	0.57	0.50
计算的电极深度 y/mm		2154	2280	2344	2150
实测的电极深度 y'/mm		2137	2346	2295	2185
差值 $(y-y')$/mm		+17	-66	+49	-35

为使电极端部保持在最佳位置，要以电极深度为纵坐标、时间为横坐标作出关系曲线。此外，炉料状态和操作条件等引起负荷的变动，也反映在电极深度上。为此，将出铁结束到下一次出铁开始的目标消耗电能 10 等分，并用每 5min 消耗的电能和电极的相对位置来自动控制电极深度。电极深度控制曲线实例如图 3-31 所示，其控制流程如图 3-32 所示。

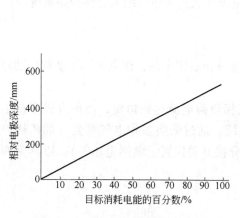

图 3-31　电极深度控制曲线实例

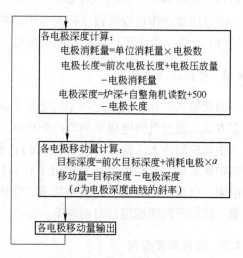

图 3-32　电极深度控制流程

3.4.6　上料控制及称量控制

上料控制包括各料仓的顺序控制，它根据各料仓的料位信号上料，过低时发出要料信号，使相应的胶带输送机动作，向料仓装入所需炉料。

称量控制包括配料、称量、补正控制以及配料后的运输控制。在计算机配料秤里存储配料公式，当操作者选定配方后，就发出信号给配料控制系统，控制系统即按计算机配料秤的控制信号对各料仓、振动给料机、斗式提升机和胶带输送机进行程序控制，配料秤对各称量斗进行设定，先以粗给料速度给料，当料重达到配方要求的95%时，自动变为以细给料速度给料，直至料重达到设定值。

在称量过程中，由于料斗等粘料，使设定值与实际值之间产生误差，系统将这一误差重量存储起来，在下一称量周期中补回。此外，由于焦炭含有水分并因天气而异，必须折算为干焦量。可用中子水分计测定焦炭水分，并由计算机补正这一数值，以保证配料准确。给料过程结束以后打印一份料批报告，包括时间、料的成分、实际重量、料仓号及炉号等。

3.4.7 过程计算机控制

现代铁合金厂大都是分层次控制的。作为设备级控制的仪表及电控系统称为基础自动化级，作为监控用的电子计算机称为过程自动化级。后者的主要功能是：

（1）配料计算及建立其数学模型。

（2）炉内碳平衡控制。除了在配料中精确计算焦炭量外，还动态控制炉内碳状态，即在线测量碳量，以作为控制碳平衡的依据。在线测量碳量有多种方法，可测量电参数（因碳量在炉中影响电阻值、三次谐波值等）、电极端部位置以及分析炉气成分和测定烟气流量（仅适用于全封闭炉）。入炉碳量减去炉气带走的碳量即为炉内碳量。

（3）数据显示。主要显示工艺参数的设定值、实际值，全厂、车间、工序等流程图，设备状态及事故报警，生产趋势和历史数据等。

（4）技术计算。计算各项生产指标、炉内铁合金量和渣量等。

（5）数据记录。打印班报、日报、月报、事故记录等。

（6）技术通讯。与生产管理机相连，进行通讯；与总厂的管理机进行数据传输等。

仪表控制大都采用以微处理机为核心的单回路或多回路数字仪表（PPC），而仪表实际上只剩下现场检测仪表。对于电控，由于数字仪表也有逻辑功能，且铁合金厂的顺序控制功能简单，故使用 PLC 或 PPC 均可。对于过程计算机有两种方案：小容量矿热炉不设过程机，记录、显示或简单运算由数字仪表执行；较大容量的矿热炉设过程计算机，着重进行复杂的模型运算。国外某铁合金厂的控制系统如图 3-33 所示。

我国铁合金厂分布式系统的设计，一种是选用 PPC，它可对热工量、电量等连续控制，对于简单的顺控过程（如上料等），它可满足要求，并带终端显示器（CRT）和打印机，功能齐全，故只要选用国内买得到的硬件，其功能即可满足。另一种是连续量控制用 PPC，而顺控用 PLC，此时有两种设备的连接问题，最简单的方法是利用彼此的输入、输出互相连接。如果有过程计算机作为监控，则分布式系统的网络还须考虑和 PLC 及过程计算机相连，这就困难得多了。硬件采用国产的系列机型，要进行优选，以确保可靠性，便于硬件备品、备件易得，有利于生产及维修；硬件选择要注意的另一点是具有先进性。

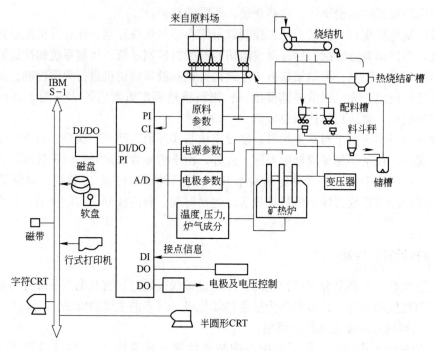

图 3-33　国外某铁合金厂的控制系统

IBM S-1—国际商业机器公司计算机控制系统型号；DI—数据信号输入，选择通道控制；DO—开关量
输出，也称数字量输出，可用来控制开关、交流接触器、变频器以及可控硅等执行元件动作；PI—
基于客户机/服务器(C/S)体系和浏览器/服务器(B/S)体系结构的工厂实时数据集成、应用系统；
CI—客户机；A/D—模拟/数字转换；CRT—终端显示器

复 习 思 考 题

3-1　铁合金厂内的车间布置需考虑哪些基本条件?

3-2　一铁合金车间的矿热炉容量为 25000kV·A，试计算冶炼硅 75 的年产量是多少?

3-3　铁合金车间的炉子间和变压器间应布置哪些设备和作业场地，在确定电炉容量和座数时应考虑哪
　　　些因素?

3-4　精炼电炉车间由哪些工段组成，炉子间通常进行哪些作业?

3-5　矿热炉设备由哪几部分组成，主要机械设备有哪些?

3-6　对矿热炉电极把持器有哪些要求，电极夹紧环有哪几种，铜瓦有哪几种?

3-7　电极压放装置有哪些种类，电极升降系统有哪几种形式?

3-8　矿热炉液压系统的组成和原理是什么，如何进行升降电极操作?

3-9　矿热炉主要有哪些供电、配电设备? 简述各种设备的作用。

3-10　矿热炉变压器有何特点，变压器的功率损失率与负载系数有何关系?

3-11　矿热炉短网由哪几部分组成，短网合理配置的原则是什么?

3-12　简述矿热炉电气自动控制的种类、方法和原理。

4 矿热炉的电热原理与基本参数

4.1 矿热炉中的电弧现象

4.1.1 电弧生成机理

电弧是由气体导电形成的。通常,气体由中性原子和分子组成,不导电。但当气体中某些组分在外界条件作用下发生电离,气体便具备导电能力。在两电极之间施加一定的电压就可使气体电离,随电离程度的增加,导电粒子数量迅速增加,电极间气体被击穿而形成导电通道,即生成电弧。击穿电压与气体压力和放电间隙大小有关。

电弧柱中气体电离起因于阴极斑点的热电子发射,这些斑点是电极尖端达到白热状态的区域,由于电子的动能大于阴极材料的逸出功值,能向四周空间发射电子。在电场作用下电子向阳极加速运动,在靠近阳极的区域内获得很大的动能,所以当它们和气体分子及原子碰撞时,足以使后者电离。同时,电弧的高温使气体分子平均动能增大,气体分子不断碰撞也产生热电离。电流的迁移是由电子趋向阳极和正离子趋向阴极的运动造成的,两者相比,电子的迁移率远远超过正离子。抵达阳极的电子释放出它们的动能,使阳极产生大量的热,故阳极的温度远高于阴极。

在电弧柱中同时存在着与电离相反的过程——消电离,包括带正、负电荷的质点相遇后的中和和离子在温度、压力梯度作用下向周围空间的扩散。显然,单位时间内进入电弧的电子数目和形成的离子数目等于由于中和和扩散所消失的电荷数目。中和过程往往在限定气体容积的表面上进行,因此中和速率反比于电弧的截面积。扩散速率则正比于电极直径。电弧周围介质的温度及传热条件、气体种类、电极材料等,对电弧电离和消电离过程有决定性的影响。环境温度越高,散热条件越差,电极材料熔点越高,则电离条件越好,电弧燃烧越稳定。另外,在环境条件和电极材料都相同时,电弧的截面积正比于电弧的电流,因此电流越大,消电离速率越小,电弧燃烧越稳定。

电弧弧光波长在 $360 \sim 560nm$ 之间,电弧电子浓度为 $4 \times 10^{16} cm^{-3}$,电弧温度可达 $9727℃$。矿热炉中传热条件不同时,电极表面和电弧柱的温度也不同。对于石墨,阴极为 $3227℃$,阳极为 $3927℃$;对于钢,阴极为 $2127℃$,阳极为 $2327℃$;电弧柱温度可在 $2727 \sim 19727℃$ 之间波动。硅铁炉中,电弧电流密度可达 $900A/cm^2$,电弧表面温度约为 $3950℃$。

4.1.2 电弧特性

直流电和交流电都可以产生电弧,在矿热炉中为了获得强大的电功率,采用交流大功率电弧。交流电弧常用波形图来表示其特性。如图 4-1(a) 所示,若外电路中电抗 $x=0$,电弧电流 I 和电源电压 U 同相位,当 U 小于所需的电弧电压 U_h 时,$I=0$,即电弧熄灭;在电源电压过零点的前后一段时间间隔 Δt 内电弧熄灭,电极和周围空间被冷却,这就是交流电弧不稳定的根源。如图 4-1(b) 所示,若外电路中存在电抗 $x>0$,电弧电流 I 和电

源电压 U 之间有一相位差 φ，当 U 减小至近于零、电抗产生的感应电势和电源电压相加后仍然大于所需的 U_h 时，可维持电弧继续导通；当电弧电流 I 减小到零时，U 已经在相反方向增大到足以使电弧重新导通，不存在电弧熄灭的间隔时间。

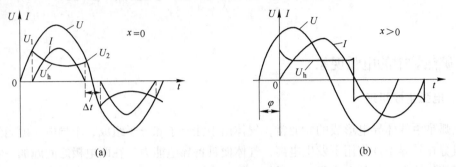

图 4-1 交流电弧波形图

(a) $x=0$，I 和 U 同相位；(b) $x>0$，I 和 U 之间有一相位差 φ

为了使电弧电流 I 的波形连续，需要满足条件

$$U_h < U_m \sin\varphi$$

式中 U_m——电源电压峰值。

假设电弧电压正弦波形的峰值为 U_{hm}，则电路的功率因数为：

$$\cos\varphi = U_{hm}/U_m \tag{4-1}$$

对于矩形的电弧电压波形，其 U_h 可看作正弦波形的平均值，即：

$$U_h = 2U_{hm}/\pi \tag{4-2}$$

将三式联立，可得：

$$\cos\varphi = \frac{\pi}{2} \cdot \frac{U_h}{U_m} \tag{4-3}$$

以及

$$\sin\varphi = \sqrt{1 - \cos^2\varphi} = \sqrt{1 - \left(\frac{\pi}{2} \cdot \frac{U_h}{U_m}\right)^2} \geq \frac{U_h}{U_m} \tag{4-4}$$

求解该不等式可得出电弧连续导通的条件是 $U_h/U_m < 0.537$，即电路的电抗百分数 $n = \sin\varphi \times 100\% > 53.7\%$，或 $\cos\varphi = \frac{\pi}{2} \cdot \frac{U_h}{U_m} < 0.84$。外电路中存在一定电阻，为了使电弧波形连续，要求电抗百分数的值更大些。

工业生产中常把电弧看作纯电阻，有时也用电阻和电抗并联组合电路来代表电弧。沿电弧长度的电位分布如图 4-2 所示，这也就是电弧中的功率分布。阴极区和阳极区的长度很小，在大气中的电弧约为 $1\mu m$，因而其电位梯度都很大，能使电子获得很大的电能。电弧电压 U_h 和电弧长度 L 呈线性关系：

$$U_h = a + \beta L \tag{4-5}$$

式中 a——阴极区电压降和阳极区电压降之和，它随着电极和炉料的不同而改变，实验值为 $10 \sim 20\text{V}$；

β——电弧柱中的电位梯度，在 $1 \sim 10\text{kA}$ 小电流时为 1V/mm，在 $40 \sim 80\text{kA}$ 大电流范围内为 $0.9 \sim 1.2\text{V/mm}$。

电弧直径 D 与电流 I 存在如下线性关系：

$$D = cI + b \qquad (4-6)$$

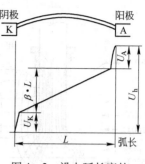

图 4-2 沿电弧长度的电位分布

在矿热炉冶炼过程中，电弧位置、电弧长度和直径始终处于变化状态。在交流电流不同的半周期内，由不同的材料作阴极，电弧电压的波形是上下不对称的，在电路中会产生高次谐波。稳定的交流电弧电压波形为正弦波，不稳定的电弧电压波形为方波。方波含有许多高频分量，只能传递90%的电弧能量。在冶炼条件下，只有电弧稳定才能保证电极和冶金条件的稳定。电弧特性与电气制度、炉料特性和炉况有关，影响电弧稳定性的因素有：

（1）有熔渣存在时，电弧周围的热条件较好而散热差；特别是碱性渣存在时，熔渣中钙的电离电位较低，电弧温度较低。电弧被熔渣包围的部分越大，电弧的波形越接近于正弦波，越有利于稳定电弧。

（2）无渣冶炼时，平整的坩埚表面有助于形成稳定的电弧。

（3）长电弧稳定性差，直径大的电弧稳定性好。

（4）交流电路中存在电抗，使得电流相位落后于电压相位，功率因数（即 $\cos\varphi$）低，有助于稳定电弧。

（5）改变电极的几何形状，可改变电弧附近的磁场、电场、热平衡和气体流动状态。尖头和空心电极的电弧最稳定。

得到稳定电弧的前提条件是维持电弧电阻不变。因此，在调整功率时为了保证电弧的稳定性，电压和电流必须同步改变。

4.1.3 电弧传热过程

矿热炉中的热量主要是由电极和炉料之间的电弧热以及电流通过熔体和炉料所产生的电阻热所提供。如图4-3所示，炉内电路的电场对称于电极中心线，无论负荷是否均匀，或者电路中是否存在导电系数显著不同的炉料层、熔渣层或金属层，都不会破坏电场的对称。根据已有的结论，从电极侧表面流向炉料的电流占全部电流的25%～30%，从电极端部流向熔池的电流（即电弧电流）相应地占70%～75%。

若设电弧电压 $U_h = 134V$，约20V的压降发生在长度为 $1\mu m$ 左右的阳极区和阴极区，其余的压降落在电弧柱上，则15%的电弧功率在电极端面和熔池面上放出，而85%的电弧功率由电弧柱放出。交流电弧的能量平衡可用如图4-4所示的例子来说明。

电弧是一个气体导体，在其受到本身电流造成的磁场作用时，电弧在径向受到一个压缩力，将沿轴向传递出去，于是作用在电极和熔池面上的力（N）为：

$$F = 5 \times 10^{-8} \times I^2 \qquad (4-7)$$

式中　I——电弧电流，A。

电弧气体可推开熔池液面并使其形成弯月面，对熔体进行搅动和对流传热。电流流过熔体也产生磁场，使熔体发生搅动。因此，气体对流是电弧最主要的传热方式，电弧四周的气体被吸入电弧区，经电弧加热后由电弧推动气体和熔体运动。对流传热占电弧总能量的50%以上。

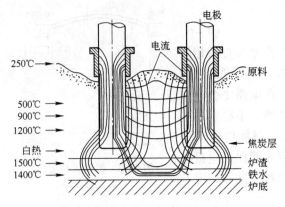

图 4-3 炉内电流分布和炉料的温度变化

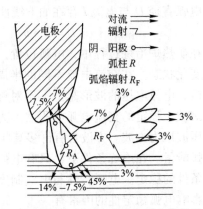

图 4-4 107A、134V 交流电弧的能量平衡

在三相电炉中，每相电弧受到其他两相电弧所建立的磁场的作用，在电磁力作用下移至电极端部靠近炉壁的外侧而产生电弧外吹，使电弧柱和熔池面间夹角减小至 45°~75°。由于电子的撞击，大量的阳极材料会从电极表面剥落下来，电极末端的形状也随之改变。电弧外吹的高温气流（即电弧焰）冲向外侧，高速抛出金属、渣、炭粒等质点，使电弧附近上方的坩埚壁形成热点。

在电弧的阴极区和阳极区，带电粒子对阴极和阳极冲击而产生大量热量的现象称为电极效应。电极效应所放出的热量与电弧电流成正比，其热量约占电极放出总能量的 15%。电极效应所放出的热量有一半在熔池面上，另一半则直接向熔池辐射。

电弧弧光的辐射热也有一半直接作用于熔池，另一半对炉料和炉气加热。弧光的辐射能力与温度、压强、电弧长度和形状有关。同时，坩埚内表面也对熔池进行辐射热交换。辐射传热可以达到电弧总能量的 30% 以上。

在电极下端至熔池之间，由于电弧放出的热量很集中而形成一个高温反应区，通常称为坩埚。在埋弧操作的矿热炉熔池内，反应区的大小在解剖炉体、冶炼硅铁塌料和分层加料法冶炼硅钙合金时均已发现，尤其是在无渣法冶炼熔池内，这个区域非常明显。坩埚区内的温度高达 2000~2500℃，浸满焦炭的坩埚壁内层温度约为 1900℃，外层温度约为 1700℃，在它的外围各层以及离电极较远的区域，温度逐渐降低。坩埚是炉内的主要工作区域，炉内坩埚区域的大小对炉况和各项技术经济指标有决定性的影响，因此要尽量扩大坩埚区域。而坩埚区域的大小与炉子的电气工作参数、设备结构参数和操作技术水平有直接关系。

就熔池整体而言，上部表面在坩埚区域范围内被电弧加热，然后热量由合金液传向炉底耐火材料、壳底钢板和车间大气之中。为了控制合适的熔池温度，希望纵深方向的温度差尽量减小，这就要求合金液深度不可过大。同时，炉底应该具有足够的热阻，即炉底要有足够的厚度，并在外层采用良好的绝热材料。

4.2 矿热炉电路分析

4.2.1 炉内电流回路

埋弧炉内部同时存在电弧导电和电阻导电。通过炉料、金属和熔池以及炉衬的电流是由无数个串联和并联的电路构成的。碳质还原剂是炉料的主要导电成分。增大还原剂的粒度会减少还原剂与矿石颗粒之间的间隙，减小炉料电阻，增加料层电流分布的比例。

炉料的导电性随温度和炉料熔化性的不同变化很大。提高温度会使炉料比电阻显著减小，导电性增加。炉温升高时炉料膨胀，增加了炉料之间的接触压力和接触面积，也使接触电阻减小。如硅 75 炉料在 400℃ 时的电阻率为 $1\Omega \cdot m$ 左右，而在 1600℃ 时为 $0.2\Omega \cdot m$。

炉料中电阻导电和电弧导电交叉在一起，炉料颗粒之间出现的电弧电压与炉料性质和温度有关。料层下部主要是电阻导电。

矿热炉内电流分布状况，对炉内热分布、熔池结构和炉内各部位进行的化学反应影响很大。

炉内电流分布可用以下三种回路来描述：

（1）电流通过电极端部、电弧和熔池构成星形回路；

（2）电流通过电极侧面，流经炉料与另外两支电极构成三角形回路；

（3）电流通过电极侧面，流经炉料与炭砖构成星形回路（碳质炉衬）。

若把电弧看成纯电阻，忽略矿热炉内部电抗因素和通过炉墙的电流，则炉内电流分布的等效电路如图 4 - 5 所示。

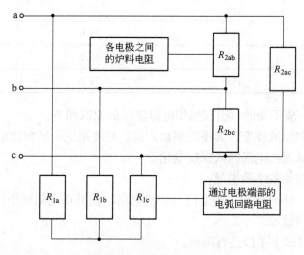

图 4 - 5 埋弧电炉的等效电路

当各相电弧电阻相等时，$R_{1a} = R_{1b} = R_{1c} = R_1$；当炉料电阻也相等时，$R_{2ab} = R_{2bc} = R_{2ac} = R_2$，矿热炉负载电阻可由下式计算：

$$R = \frac{R_1 R_2}{R_1 + R_2} \qquad (4-8)$$

无渣法矿热炉中，通过炉料的电流比例占电极电流的 20% ~ 30%，炉内电流分布状况随冶炼过程、电极位置的变化而改变。

4.2.2 矿热炉操作电阻

电极电流与矿热炉变压器的空载二次电压之比称为电流电压比。

输入炉内的热能（即有效电功率 P_E）由电极电流 I 和电极端部对炉底中性点的电压 U 决定，即 $P_E = 3IU$。U 可由下式计算：

$$U = \frac{1}{\sqrt{3}} V_2 \eta \cos\varphi \tag{4-9}$$

式中　U——有效相电压，V；

　　　V_2——工作电压，V；

　　　η——矿热炉效率，%；

　　$\cos\varphi$——功率因数。

矿热炉的操作电阻 R 定义为电极和炉底之间的电阻，即矿热炉的负载电阻，$R = U/I$。操作电阻反映了熔炼区的电气特性，增大操作电阻有助于增加矿热炉输出功率。改变冶炼品种，操作电阻也随之改变，这就需要改变二次电压和二次电流以适应冶炼要求。对于容量不同的矿热炉，操作电阻主要由矿热炉的几何参数和电气参数决定，容量大的矿热炉操作电阻较小，见表 4-1。

表 4-1　不同容量硅锰矿热炉的操作电阻

容量/kV·A	二次电压/V	二次电流/kA	操作电阻/mΩ
9000	136	37.2	1.69
12500	141.5	45.0	1.37
16500	144	66.2	0.97
25000	158	70.0	0.83

操作电阻不是一成不变的。引起操作电阻波动的原因如下：

（1）炉料性能和组成改变，如还原剂加入量、粒度组成、炉料比电阻改变；

（2）电极消耗状况或电极插入深度变化；

（3）三相电极功率的平衡情况；

（4）渣中 CaO、MnO 含量过高会降低炉渣电阻，使操作电阻减小；

（5）反应区结构改变。

操作电阻可通过以下手段进行调整：

（1）改变变压器的二次电压等级；

（2）调整电极工作端的位置，改变二次电流；

（3）调整炉料组成、还原剂配比和粒度分布；

（4）调整炉渣渣型。

优选还原剂可以增大炉料比电阻，提高矿热炉的操作电阻，增加输入功率，提高电效率，降低产品电耗。

4.2.3　矿热炉电抗和谐波

矿热炉电抗主要由矿热炉短网决定，随矿热炉容量的增大而增加。矿热炉在运行中电抗经常变化，熔池电抗的波动与电弧的谐波有关。由于电弧是非线性电阻，受很多条件影响，当条件发生变化时，矿热炉电流就会偏离源电压的波形，造成电弧电压波形发生畸变，产生相当于正弦交变电压基础频率的高次谐波。

矿热炉的操作电抗由短路电抗和谐波分量构成。二次电压和电极电流决定了操作电抗的大小。操作电抗随电极电流的增大而减小，随电弧长度的增加而增大。当电流达到一定值时，功率因数达到最大值。若电流低于临界电流值，则会大幅度降低矿热炉的有效功率。过高的电压和过低的短路电抗会导致电弧的不稳定。

熔池电抗与下列因素有关：

（1）矿热炉工作电压。在出炉过程中，随着铁水排出，熔池液面下降，电弧增强，电抗有较大增长。

（2）电流分布状况。熔池结构发生变化时，炉料分布不均匀可使电流路径发生改变，也可使电抗发生改变。

（3）炉膛结构。坩埚缩小使电极位置升高，电抗增加，电弧稳定性变差。

4.2.4　矿热炉电流的交互作用

冶炼过程三相电极的电流之间存在一定关系。当一相电极上下移动时，不仅该相电极电流发生变化，其他两相电流也随之发生相应改变，这种现象称为电流的交互作用，如下式所示：

$$\Delta I_i = \Delta R_j \frac{I_i}{R_i} g \qquad (4-10)$$

式中　i——电极相序；

　　　j——交互作用使电阻发生变化的相序；

　　　g——交互作用系数。

式(4-10)表示当电阻发生相对改变时，交互作用对电极电流所产生的影响比例。交互作用系数 g 越大，电流改变的比例越大，电极移动量也越大。功率因数越低，电流对电极移动的敏感性越小，即为了增加较小的电极电流，电极要有较大的移动，这种现象称为大型矿热炉的不敏感效应。对电极电流的交互作用认识不足会造成如下后果：

（1）由于大型矿热炉的不敏感效应，需要频繁移动电极才能做到三相电极的电阻平衡和电流平衡，但往往会造成矿热炉不稳定，热效率降低。

（2）操作者不能正确掌握电极移动和电流变化的关系，造成三相电极的插入深度不均衡，使某相电极过长或过短。三相电极长短不均衡会给操作带来严重后果，电极工作端过长会造成电极过烧，易发生电极事故；过短会降低热利用率，使熔池温度降低，造成出铁困难。

为减轻电流交互作用的影响，大型矿热炉功率调节系统应采用电阻控制原理。

4.3　矿热炉的电气特性

矿热炉的电气特性广泛用于分析电极电流、功率、功率因数和电效率之间的关系。

4.3.1　电流圆图

以电压矢量为基准绘制电流圆图时，将二次电流分解成有功电流 I_A 和无功电流 I_R。I_R 的相位垂直于电源电压矢量 U，I_A 则平行于电压矢量 U。电极电流与有功电流和无功

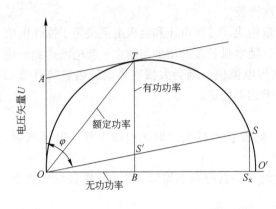

图 4 - 6　矿热炉特性的电流圆图

电流的关系为：$I^2 = I_A^2 + I_R^2$。电极电流矢量的顶端在电流圆的半圆上移动，如图 4 - 6 所示。

图 4 - 6 中电流三角形中，OS 代表短路电流，OS_x 和 SS_x 分别代表短路时的无功电流和有功电流。

当矿热炉阻抗 Z 用 OT 代表时，BS' 和 OB 分别代表线路电阻 R_L 和矿热炉感抗 X，TS' 代表矿热炉的操作电阻或有效电阻 R，同时代表矿热炉的有效功率 P_E。当 $\varphi = \pi/4$ 时，有功电流和有功功率达到最大值，即：

$$P_{max} = \frac{U^2}{2X} \tag{4 - 11}$$

最大有效功率由 TS' 给出：

$$P_{E, max} = \frac{U^2 \sqrt{R_L^2 + X^2}}{2 \left(R_L^2 + X^2 + R_L \sqrt{R_L^2 + X^2} \right)} \tag{4 - 12}$$

4.3.2　特定电压级下矿热炉的特性曲线

矿热炉的工作电压、电抗、电阻等基本数据确定以后，可按下面计算式计算出各电压等级下矿热炉的全部特性参数。

（1）基础测试数据：一次电流 I_1，一次电压 V_1，有功功率 P，电极 – 炉膛电压 U_E。

（2）基本计算数据：额定功率 $S = \sqrt{3} V_1 I_1$，功率因数 $\cos\varphi = P/S$，无功功率 $Q = S\sin\varphi$，变压器变比 n，二次空载线电压 $V_2 = V_1/n$，二次电流 $I_2 = nI_1$，有效功率 $P_E = 3U_E I_2$，损失功率 $P_L = P - P_E$，矿热炉感抗 $X = \dfrac{Q}{3I_2^2}$，线路电阻 $R_L = \dfrac{P_L}{3I_2^2}$，相电压 $U_2 = \dfrac{V_2}{\sqrt{3}}$。

（3）不同电压级下矿热炉特性参数的计算式：额定功率 $S = 3U_2 I_2$，矿热炉阻抗 $Z = U_2/I_2$，矿热炉电阻 $R_0 = \sqrt{Z^2 - X^2}$，有功功率 $P = 3I_2^2 R_0$，操作电阻 $R = R_0 - R_L$，有效功率 $P_E = 3I_2^2 R$，损失功率 $P_L = 3I_2^2 R_L$，功率因数 $\cos\varphi = R/Z$，电效率 $\eta = R/R_0$。

矿热炉特性曲线绘出了特定电压级下，与电极电流相对应的矿热炉额定功率、有功功率、有效功率、电效率、操作电阻等参数的变化规律，如图 4 - 7 所示。

当有功功率位于特性曲线最大有效功率的右侧时，损失功率增加，电效率降低。为提高电效率，必须控制电极电流，应使有功功率在特性曲线上位于最大有效功率的左侧。

4.3.3　特性曲线组和恒电阻曲线

矿热炉的最大输出功率随电压等级的改变而变化。矿热炉特性曲线组由各电压等级下有功功率或有效功率随电流变化的曲线组成，如图 4 - 8 所示。

特性曲线组可以用于研究电压等级对矿热炉有功功率的影响，从而优选电压等级。利用关系式 $P = 3I^2 R$，可以绘成表示电流 – 功率关系的恒电阻曲线。该曲线与等电压特性曲

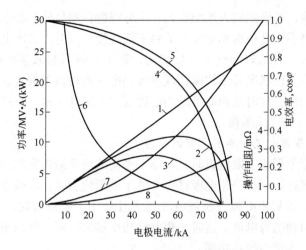

图 4-7　12500kV·A 埋弧矿热炉的特性曲线

1—额定功率；2—有功功率；3—有效功率；4—cosφ；5—电效率；

6—操作电阻；7—无功功率；8—损失功率

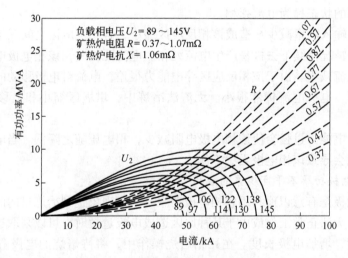

图 4-8　特性曲线组和恒电阻曲线

线组的交点反映了在恒电阻操作时，提高电压级所得到的功率随电流变化的趋势。在功率变化范围不大时可以认为，维持埋入炉料的电极工作端长度恒定，可使熔池电阻保持不变。这样，只要采用有载切换电压而不需要移动电极，也可以按照生产工艺要求改变矿热炉功率。

实际上，绝对的恒电阻操作是不可能实现的。矿热炉功率的变化必然引起炉膛电流分布和温度分布的改变，炉膛温度提高势必引起熔池电阻降低，从而改变了矿热炉恒电阻的操作特性。

4.3.4　三相矿热炉各相功率不平衡现象

三相矿热炉三相电极的工作状况有时会有较大差别。例如，某相电极的反应区十分活跃，炉料熔化速度快，电极四周火焰面积大且十分旺盛；而另外某相电极的周围则显得死气沉沉，反应区明显小于其他两相电极，炉料下沉缓慢。这时，二次电压和二次电流指示仪表的读数差别很大，且难以调整至三相平衡；甚至有时看起来各相电压、电流接近平衡，但实际各相电极工作状况并不均衡，或者各相电极消耗差别很大。这种现象是由各相电极功率不平衡引起的，这时某相电极的功率远远大于另外一相，将这两种电极工作状况分别称为"增强相"和"减弱相"。

4.3.4.1 产生各相电极功率不平衡的原因

当某相电极处于上限或下限位置时，功率不平衡的现象最为突出。造成这种现象的主要原因是电极过长或过短。当一相电极过短并处于下限位置时，电极电流无法给满，此时该相电极功率最小。当某相电极过长或电流过大且处于上限位置时，为了防止过电流跳闸，只能减小其他两相电极电流，这时一相电极功率过大，而另外两相电极功率过小。这两种情况都会减少输入炉内的总功率。

电极的非对称排列会使某相电极电抗最小，造成该相电极的功率高于其他两相。

十分严重的减弱相被称为"死相"，死相有电流死相和电压死相之分。由于各种原因，矿热炉运行中某相电极的相电压长期接近于零的状态称之为电压死相，某相电极的电流长期接近于零的状态称为电流死相。

减弱相电极输入功率减少会造成该相反应区缩小，各相反应区之间互不沟通，出炉时排渣不畅。这种情况持续下去极易产生电流死相。电流死相时，该相电极电阻增大，相电压增大，电极电流减小。由于该相反应区导电能力很差，电流对电极移动的反应迟钝，即使电极插得很深，电极电流仍然很小。无渣法冶炼中，坩埚区缩小和上移会使电极难以深插。

电极下部导电能力过强会使该相电极电阻减少，相电压随之降低。当电压过低而出现电压死相时，就会导致该相电极无法工作。

4.3.4.2 电极功率不平衡现象的应用

死相焙烧电极是有意识地利用各相电极功率不平衡现象达到冶炼目的的操作。当某相电极出现软断、无法正常工作或由于某种原因造成电极过短时，可以采取这种措施加快自焙电极烧结速度，增加电极长度。在死相焙烧操作中，将待焙烧的电极置于导电的炉膛中，人为地造成电压死相。死相电极端部没有电弧。由于电极和短网存在阻抗，该相电路仍然有一定的电压降。焙烧过程中，用其他两相电极电流来带动该相电流，使其稳步增长，由通过电极的电流所产生的焦耳热来烧结电极。

死相焙烧电极过程中，该相电极的功率只用于电极烧结，耗电较少，另外两相电极的功率也低于正常生产。在死相焙烧电极的后期，其他两相电极的功率逐渐接近正常。以保证所焙烧的电极有足够大的电流。

4.3.4.3 电极功率不平衡对冶炼操作的影响

电极功率不平衡现象是一种矿热炉故障，对冶炼技术经济指标有很大的消极影响，也危及矿热炉设备的安全运行。

(1) 对产品电耗的影响。三相电极功率不平衡会使产品电耗增加。一座 10000kV·A 冶炼硅 75 的矿热炉，当其电极之间功率不平衡达到 800kV·A 时，产品电耗升高到 12000kW·h/t。电极功率不平衡对有渣法生产的影响也是显著的，一座 16500kV·A 冶炼锰硅合金的埋弧矿热炉发生电极功率不平衡故障，曾经使产量降低约23%，产品电耗增加500kW·h/t。

（2）对电极操作的影响。增强相电极消耗过快，而减弱相电极消耗过慢。增强相电极的烧结速度往往低于消耗速度，经常出现电极工作端过短的现象。为了保证电极工作端长度，需要进行死相焙烧，这必然增加热停时间，减少输入炉内的功率。减弱相电极消耗少往往造成电极过烧，容易发生损坏铜瓦、电极硬断等事故。

（3）对坩埚区位置和形状的影响。电极功率不平衡现象对无渣法的影响比对有渣法更大。某相功率减少会使该相的坩埚区温度降低，坩埚区缩小，电极难以下插，致使炉况恶化；严重时还会出现炉底上涨、各相坩埚区沟通差的现象。在工业硅和硅铁生产中，硅的还原是经过气相中间产物实现的，反应物产率与坩埚区表面积成正比，坩埚区缩小必然使生产指标变差。

（4）对矿热炉炉衬寿命的影响。电极电流和电弧会产生强大的磁场。由于磁场的作用，三相交流矿热炉的电弧有向炉墙一侧倾斜的趋势。功率过高的增强相电极所产生的电弧高温，会加剧炉衬耐火材料的热损毁。

4.3.4.4 影响矿热炉电极功率平衡的因素

引起电极功率不平衡的原因有三相电极的电阻、电抗不平衡和功率转移。

由于埋弧矿热炉结构上的不对称性和各相电极冶炼操作的差别，埋弧矿热炉可以看成是三相电极在炉底接成星形的不对称负载，其中性点电位与电源中性点的电位有一定电位差，如图4-9所示。在矿热炉各相（A相、B相、C相）电极电压相位图上，电源中性点 O 点位于正三角形的中心，而不对称的星形负载中性点在 O' 点。O 点和 O' 点的距离就是中性点的位移。O 点和 O' 点之间的电位差可以用电压矢量 $U_{OO'}$ 来计量。OO' 位移越大，$U_{AO'}$、$U_{BO'}$、$U_{CO'}$ 之间的差别越大。决定 OO' 位移大小的是各相阻抗不平衡的程度。A 相电压死相时，O' 点接近 A 点，即 A 相电极的相电压接近于零；B 相和 C 相电极的相电压 $U_{BO'}$ 和 $U_{CO'}$ 则高于三相平衡时的相电压 U_{BO} 和 U_{CO}，接近于 AB 和 AC 之间的线电压数值。A 相电极电流死相时，A 相电极电流接近于零，A 相电极的相电压 $U_{AO'}$ 增大，B、C 两相电极的相电压相应减小。

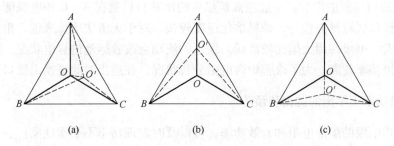

图4-9 三相矿热炉各相电压相位图
（a）正常相位；（b）A 相电极电压死相相位；（c）A 相电极电流死相相位

在电源相电压平衡时，即使各相电极熔池电阻和固有电抗相同，电极位置或电流的差异仍然可以引起各相电极阻抗的变化，使各相电极的电压出现差异，从而影响各相电极输入功率的不平衡。这在炉口现象中就表现为增强相和减弱相。

功率转移是造成电极功率不平衡的原因之一。功率转移是由短网和电极的电磁场相互作用而引起的。如果各相电极之间的互感不相等,各相电极之间就会发生能量转移,某一相失去功率,另一相得到功率。

电极电流越大,工作电压越低,功率不平衡的影响就越突出。影响矿热炉电极功率平衡的因素如下:

(1) 短网结构不对称性的影响。矿热炉短网各相多呈不对称结构,由于母线长短不一,各相电极的自感和互感互不相等。例如,某些矿热炉 B 相电极母线最短,当变压器二次出线电压相同时,B 相电极线路电压降最小,因此,这些矿热炉的 B 相电极有效相电压往往高于 A、C 相电极,有效功率较高。母线越长,各相之间的电抗差别越大,越容易出现功率转移的现象。

(2) 炉料均匀性的影响。冶金工艺要求还原剂和矿石均匀混合加入炉内,均匀分布的炉料有助于改善矿热炉内部的热分布,使化学反应顺利进行。从电流分布的角度来说,还原剂是导电体,矿物是不良导体,如果炉内各部位导电性能差别很大,势必影响各相电极的电阻平衡和电极位置平衡。实测数据表明,电极位置不平衡所引起的功率差别达 2% ~4%。此外,电极位置还影响矿热炉电抗。综合诸多因素,炉料的不均匀性可能使各相电极输入功率的不平衡程度达到 10% ~20%。

还有一种炉料不均匀性是由加料方式造成的。原料中焦炭和矿石的密度和粒度差别很大,当混合炉料从料管呈抛物运动方式进入炉内时,由于惯性作用,矿石和焦炭运动轨迹的差别使料层中的炉料组成发生偏析,电极根部集中了导电性差的矿石,导电性好的焦炭则分散在外围。这样,加料方式可能会造成某相电极局部电阻过大、电极消耗过快,严重时还会使电流无法给满、局部温度降低、阻碍冶炼反应顺利进行。

(3) 电极分布的影响。冶炼工艺对电极、炉膛的几何尺寸有严格要求,规定炉膛中心与电极极心圆中心必须一致。操作上应维持三相电极的位置高低平衡,在空间上保持电极与炉墙位置中心对称,为三相电极输入功率平衡创造条件。当电极与炉墙、电极之间的几何位置发生改变时,各相之间的阻抗不再平衡,某一相的功率远远高于或低于另外两相电极,输入炉膛内部的总功率也会明显减少。

(4) 出铁口位置的影响。一般埋弧矿热炉的出铁口设置在 A、C 相电极侧,铁水流向出铁口使出铁口区域排渣较好,炉料熔化速度较快。对于无渣法冶炼来说,出铁口一相电极的坩埚较大,电极四周火焰比较活跃。铁水的流动会改善熔池的导电状况,因此,出铁口部位的电极功率较高。为了改善炉内电阻分布状况,在适当时间更换出铁口是必要的。

4.3.5 电极功率不平衡的监测和预防

监测各相电极的熔池电阻和有效功率,可以及时发现功率不平衡现象。

通常变压器二次电压表示出的是各相相电压。由于电源中性点与负载中性点之间有一定电压,二次电压表的读数并不能代表电极-炉膛电压。当以导电良好的金属熔池或炉底作为负载中性点时,负载中性点与电源中性点的电压反映了三相电极负载的不平衡程度。电极壳对炉底的电压可以近似代表电极对炉底的电压,测定电极对炉底的电压和电极电流,就可以计算出每相电极的电阻和输入功率。

为了减少电极功率不平衡对生产的影响,应该采取以下措施:

（1）矿热炉结构设计尽可能做到各相电极的电抗平衡，减少附加电阻。

（2）在安装和大、中修矿热炉时，必须保证矿热炉极心圆圆心、炉盖中心点和炉膛中心点在一条直线上。

（3）保证炉料的均匀性。还原剂必须有合适的粒度，并均匀分布于炉料之中。

（4）采用分相有载调压变压器。根据各相电极电阻值的变化，采用不同的电压等级使各相电极的功率均衡。

（5）控制三相电极把持器的位置平衡和电极下放量，尽量使三相电极的工作端长度相等。

（6）监测各相电极功率不平衡和电极消耗状况，及时发现各相功率变化原因，使输入矿热炉的功率始终维持在较高的水平。

4.3.6　矿热炉的经济运行

矿热炉的经济运行包括矿热炉的设备经济运行和经济负荷运行两方面。设备经济运行的核心是提高矿热炉的电效率，从设备参数和结构方面采取措施以降低电能消耗。经济负荷运行是为了降低电力费用，根据分时电价的规定，按照季节和时间调整用电制度的操作。

4.3.6.1　矿热炉运行条件的改进

通过短网和电极的电流所产生的电阻热引起热损失，电流在矿热炉四周产生强大的交变磁场，在导磁材料内部产生感应电流而引起涡流损失，这些损失随着负载电流的增减发生非线性变化。改进矿热炉的设计，采用合理的结构和材料，能够最大程度地降低这些电损失。

大型矿热炉的功率因数普遍较低，当矿热炉的功率因数为 0.7 时，继续增加电流只会增加功率损失，降低电效率。

电网电压波动势必影响矿热炉输出功率，也危及变压器的安全运行。当电源电压波动时，要按照变压器运行的制约条件调整电压、电流，使矿热炉仍能以较高的电效率运行，输出较大的有功功率。

4.3.6.2　矿热炉的经济负荷运行

铁合金工业是耗能最大的行业之一。高昂的电力价格和严格的环境保护法几乎使铁合金行业难以在发达国家生存。

产品的成本除受电价影响外，还受矿热炉产量、热效率、电耗等综合指标的影响，因此，合理的经济负荷运行制度需因地制宜。

A　合理调整矿热炉功率，减少矿热炉的热损失

电极的插入深度与操作电阻成反比。当矿热炉采用恒电阻运行时，无论功率大小，电极插入深度都不会相差很大，矿热炉的热损失也不会增加很多。

通常矿热炉和变压器都有一定的过载能力，在用电低谷时可以使矿热炉超负荷运行，最大程度地增加矿热炉的生产能力。

B　自焙电极操作

热冲击是造成自焙电极硬断事故的主要原因。为了避免调整负荷的过程中发生电极事故，必须最大限度地减少电流变化对电极产生的热冲击。为减小停电以后电极的降温速度，需要对电极采取适当的保温措施，如关闭炉门、将电极埋在炉料之中、逐渐减少电极

铜瓦冷却水流量等。

自焙电极的烧结热量来自电极电流。当矿热炉负荷改变时，电极的烧结和消耗也随之改变，如果仍然按照习惯做法下放电极，则势必出现电极软断事故。因此，需要按矿热炉负荷大小和耗电量调整电极下放制度。

C 出铁时间的调整

采用经济负荷运行以后，各时段矿热炉功率差别很大，不再可能做到均衡出铁时间间隔。为了保证出炉铁水温度正常，需要按耗电量调整出铁时间。

4.4 矿热炉参数计算及选择

矿热炉生产指标的好坏与矿热炉参数的选择及设计有很大关系。如果对矿热炉设计程序有一定了解，对矿热炉参数之间的辩证关系有一定认识，那么在运行矿热炉时就可以更深入地分析和掌握炉况。矿热炉的计算程序大体有两种：一种是从已知的变压器额定功率出发，确定其二次电压和电流，进而确定炉子结构参数。这种方法计算简单，常被人们所采用，但带来的误差也较大，只适用于较小容量的矿热炉。另一种是从矿热炉实际需要的操作电阻值出发，确定炉子参数和变压器规范，设计大型矿热炉时一般采用这一种计算程序。为了确切地了解矿热炉运行中的特性数据，下面对两种计算方法分别进行介绍，并对后一种计算程序给予例解。

4.4.1 矿热炉参数的简易计算法

4.4.1.1 确定变压器功率

变压器额定功率的选择应满足冶炼工艺的要求。矿热炉容量的大小是由变压器额定功率决定的，其他参数则是根据变压器功率确定。变压器功率计算公式为：

$$S = \frac{QW}{24T\cos\varphi K_1 K_2 K_3} \tag{4-13}$$

式中　S——冶炼某种产品需要的变压器额定容量，kV·A；

　　　Q——该种产品设计的年产量，t/a；

　　　W——产品单位电耗，kW·h/t；

　　　T——矿热炉年工作天数，根据不同冶炼品种、炉子容量、工艺操作及管理水平确定，一般敞口式矿热炉为 330～345d/a，封闭矿热炉为 325～330d/a；

　　$\cos\varphi$——矿热炉功率因数，按实际产品及具体炉子容量加以选定，一般 9000～12500kV·A 的矿热炉选用 0.9 左右，1800kV·A 的小矿热炉选用 0.91～0.92；

　　　K_1——电源波动系数，取值为 0.95～1.00；

　　　K_2——变压器功率利用系数，取值为 0.93～1.00（对新设计的炉用变压器，要求常用级以上为恒定功率，故 $K_2 = 1.0$；对旧的大容量变压器取下限，对中小型矿热炉可适当增加其数值）；

　　　K_3——变压器时间利用系数，一般取 0.91～0.95。

4.4.1.2 确定工作电压及工作电流

炉内电流电路可简化为两路，即电极－电弧－熔融物－电弧－电极的主电路以及电极－炉料－电极的支路。通过炉料支路的电流与电极间电压成正比，与炉料的电阻成反比。而炉料的电阻取决于炉料的性质和组成，所以应全面考虑合适的炉内操作电阻。

炉内料层流过的电流主要从炉料下层通过，若炉内功率不变，二次电压提高，电弧就被拉长，电极上抬。虽然电效率和功率因数增加了，但由于高温区上移，炉口热损失增加，炉温下降，金属挥发增大，坩埚区缩小，炉况变差，难操作。二次电压过低，则电效率和输入功率降低，还因电极下插深，料层电阻增加，通过炉料支路电流过小，炉料熔化、还原速度减慢，坩埚缩小。所以，矿热炉容量、具体负载的大小、产品的品种规格、炉料比电阻的大小、矿热炉设备的具体结构布置、操作人员的熟练程度等，都是决定电压值高低的因素。因此，选用合适的工作电压（二次电压）不是一件简单的事。通常采用如下简单的经验公式，粗略地表示工作电压 V_2 与变压器额定功率 S 的关系：

$$V_2 = KS^{1/3} \tag{4-14}$$

式中　K——电压系数，与产品品种有关，K 值一般为 4～10，特殊的精炼电炉可达12～22。

相应地，可求得它的工作电流为：

$$I_2 = \frac{S \times 10^3}{\sqrt{3}V_2} \tag{4-15}$$

二次电压级的确定方法为：最高级电压为（1.15～1.10）V_2、最低级电压为（0.75～0.85）V_2，每一级为上一级的 0.95 倍。一般中小型矿热炉用变压器可定为 5～8 级电压。计算后可确定等差电压降，一般选正数值。

在选择变压器时要注意选择多级电压值，如1800kV·A 变压器可选6级电压，即前3级恒功率，后3级恒电流。这种变压器工作效率高，适应性强。二次电压选定后还要在实践中验证，一台矿热炉最好能生产几个品种，所以确定电压、电流时要同时考虑使其能够多生产几个品种。

4.4.1.3　电极直径

电极直径是矿热炉几何参数中最基本的参数。若电极直径选择过大，则升降电极时操作电阻变化较大，因此影响电极深插，影响实际热分布；被加热的料柱体积变大，从而使体积功率密度降低，此时会使炉温降低。若电极直径过小，则电极可以深插，炉料中此时便于调节操作电阻；但电极消耗快，电极不能充分烧结。因此，选择电极直径时要进行具体分析，根据现场条件综合分析而定。

最基本的方法是：依靠经验确定电流密度，核算电极截面积并确定其直径。随着大矿热炉的发展，电极直径也相应增大，电流密度受集肤效应和内外温差的限制，其值不断减少。但电极直径过大降低了矿热炉的热效率，也降低了功率因数。所以有的设计者加大电极壳厚度，使电流密度一致，为液压压放电极创造有利条件。

电极直径计算式为：

$$D = \sqrt{\frac{4I}{\pi j}} \tag{4-16}$$

式中　D——电极直径，cm；

　　　I——电极电流，kA；

　　　j——电极电流密度，A/cm^2，取值见表 4-2。

4.4.1.4 极心圆直径

极心圆直径是矿热炉几何参数中的重要参数,特别是连续式冶炼矿热炉,在一定条件下,极心圆直径影响坩埚的大小,它和二次电压共同决定坩埚的容积。极心圆直径选择得合适可使反应区(坩埚)扩大,热量分布合理,热量利用得好,冶炼效果佳。否则,极心圆直径过小,则热量集中于炉心,电极难以下插,热量损失大,炉膛坩埚缩小,炉况恶化;极心圆直径过大,炉心热量不集中、不足,三相坩埚距离大而不能连起来,使炉内总反应区缩小。

极心圆直径计算式为:

$$D_{心} = \sqrt{\frac{4P}{\pi p}} \tag{4-17}$$

也可用如下经验公式计算:

$$D_{心} = \alpha D$$

式中 $D_{心}$——极心圆直径,cm;

P——电炉有功功率,kW;

p——冶炼产品单位功率,kW/m²;

α——系数,取值见表 4 - 2。

选择极心圆直径时,还需考虑便于安装电极夹环和机械装料。

4.4.1.5 炉膛尺寸

炉膛尺寸取决于冶炼铁合金的品种、变压器功率、操作要求以及矿热炉机械化程度。炉膛尺寸对熔炼有很大影响。选择炉膛直径时,要保证电流经过电极 - 炉料 - 炉壁时所受的电阻大于经过电极 - 炉料 - 电极或炉底时所受的电阻。若炉膛直径过大,则矿热炉表面积大,热损失大;还原剂损失多,死料层厚,电耗高,生产不顺利;出铁口温度低,出炉困难。

若炉膛和电极间距小,则炉膛壁寿命短,电极 - 炉料 - 炉壁回路电流增加,反应区靠近炉壁,热损失增加,炉况恶化。

在选择炉膛深度时,要保证电极端部与炉底之间有一定距离,炉内料层有一定厚度。合适的炉膛深度能减少元素的挥发损失,充分利用炉气的热能,使上层炉料得到良好的预热。若炉膛过浅,则料层薄,炉口温度高,炉气热量不能充分利用,热损失大;情况严重时会出现露弧操作,使热损失和元素挥发损失增多,难以维持正常操作。

(1)炉膛直径。计算公式为:

$$D_{炉} = \gamma D \tag{4-18}$$

式中 $D_{炉}$——炉膛直径,cm;

γ——系数,取值见表 4 - 2。

(2)电极与炉衬间隙。电极与炉衬间隙不能减少到小于电极直径的 80%。

(3)炉膛深度。炉膛深度与料层厚度有关,厚料层可减少元素的挥发,充分利用热量,降低能耗。炉膛深度计算公式为:

$$H = \beta D \tag{4-19}$$

式中 H——炉膛深度,cm;

β——系数,取值见表 4 - 2。

表4-2 简易计算法公式中的参数

品 种	K	$j/\text{A} \cdot \text{cm}^{-2}$	α	γ	β
Mn3~5	5.9~6.6	5~6	2.5~2.8	6.4~6.7	2.5~2.8
MnSi	6.2~6.6	5.5~6	2.5~2.8	6.3~6.5	2.5~2.8
硅75	6.6~6.9	6~6.4	2.4~2.5	6.0~6.2	2.4~2.7
SiCr	6.6~7.0	6.5~7.0	2.5~2.6	6.2~6.4	2.5~2.8
Cr4~5	7.0~7.3	6.0~6.5	2.5~2.7	6.3~6.5	2.5~2.8

铁合金炉炉底单位面积上的功率为$470 \sim 530 \text{kV} \cdot \text{A/m}^2$，连续式冶炼矿热炉的炉膛单位容量功率为$210 \sim 230 \text{kV} \cdot \text{A/m}^3$，而全熔清法为$310 \sim 350 \text{kV} \cdot \text{A/m}^3$。

此计算法应用于：$1800 \text{kV} \cdot \text{A}$矿热炉，冶炼硅75、硅锰合金、高碳锰铁等；$3000 \text{kV} \cdot \text{A}$矿热炉，冶炼硅75、硅锰合金、高碳锰铁、硅铬合金等；$6000 \text{kV} \cdot \text{A}$矿热炉，冶炼硅75、碳素铬铁等。

生产不同品种和不同容量的矿热炉参数见表4-3。

表4-3 生产不同品种和不同容量的矿热炉参数

生产品种	矿热炉形式	变压器容量/kV·A	矿热炉功率/kV·A	常用电压/V	电极直径/mm	极心圆直径/mm	炉膛直径/mm	炉膛深度/mm	炉壳直径/mm	炉壳高度/mm
Mn3~5	封闭固定	6000	5160	108	820	2200	5300	2100	6800	3800
MnSi	封闭固定	6000	5160	114	800	2100	5100	2100	6600	3800
硅75	矮罩旋转	6000	5280	118	780	1900	4700	1900	6200	3600
SiCr	矮罩旋转	6000	5340	120	740	1900	4700	1900	6200	3600
Cr4~5	封闭固定	6000	5400	126	740	1900	4800	1900	6300	3600
Mn3~5	封闭固定	9000	7550	122	950	2600	6200	2400	7700	4150
MnSi	封闭旋转	9000	7740	128	920	2500	6000	2300	7500	4050
硅75	矮罩旋转	9000	7920	134	900	2200	5100	2000	6600	3750
SiCr	矮罩旋转	9000	8010	137	880	2200	5100	2000	6600	3750
Cr4~5	封闭固定	9000	8100	140	880	2200	5300	2200	6800	3950
Mn3~5	封闭固定	12500	10060	134	1100	3000	9100	2800	8700	4800
MnSi	封闭旋转	12500	10430	141	1070	2900	7000	2700	8600	4700
硅75	矮罩旋转	12500	10810	148	1030	2500	5800	2200	7400	4200
SiCr	矮罩旋转	12500	11000	151.5	1000	2500	5800	2200	7400	4200
Cr4~5	封闭固定	12500	11120	158.5	1000	2500	5900	2400	7500	4400
Mn3~5	封闭旋转	20000	15120	169	1350	3900	9100	3650	11300	5650
MnSi	封闭旋转	20000	15780	172	1300	3800	8700	3500	10900	5500
硅75	矮罩旋转	20000	16620	175	1200	2900	6800	2550	9000	4550
SiCr	矮罩旋转	20000	17060	178	1150	2800	6500	2350	8700	4350
Cr4~5	封闭旋转	20000	17340	187	1150	2900	6800	2700	9000	4750

生产品种	矿热炉形式	变压器容量/kV·A	矿热炉功率/kV·A	常用电压/V	电极直径/mm	极心圆直径/mm	炉膛直径/mm	炉膛深度/mm	炉壳直径/mm	炉壳高度/mm
Mn3~5	封闭旋转	25000	17800	184	1450	4200	9700	3900	11900	5900
MnSi	封闭旋转	25000	18800	187	1400	4100	9400	3800	11600	5800
硅75	矮罩旋转	25000	20000	190	1270	3100	9200	2600	9400	4600
SiCr	矮罩旋转	25000	20550	195	1220	3000	6900	2550	9100	4550
Mn3~5	封闭旋转	33000	21880	208	1600	4600	10700	4500	12900	6500
MnSi	封闭旋转	33000	23100	211	1550	4500	10400	4350	12600	6350
硅75	矮罩旋转	33000	24420	216	1400	3400	7900	2950	10100	4950
SiCr	矮罩旋转	33000	25410	221	1350	3300	7700	2850	9900	4850
Mn3~5	封闭旋转	45000	27500	232	1750	5000	11700	4900	13900	7000
MnSi	封闭旋转	45000	29960	238	1700	4900	11400	4800	13600	6900
硅75	矮罩旋转	45000	32000	240	1550	3800	8000	3250	11000	5350
SiCr	矮罩旋转	45000	33300	245	1600	3700	8500	3200	10700	5350
Mn3~5	封闭旋转	60000	31260	260	1980	5500	12900	5300	15000	7500
硅75	矮罩旋转	60000	38200	280	1700	4200	9650	3550	11950	5750
SiCr	矮罩旋转	60000	40500	285	1650	4100	9350	3500	11650	5900
硅75	矮罩旋转	75000	43800	310	1806	4400	10200	3800	12600	6100
SiCr	矮罩旋转	75000	46880	315	1750	4300	9900	3700	12300	6000

4.4.2 大型矿热炉计算程序

A 全炉三相电极有效功率

$$P_{\mathrm{E}} = \frac{QW\eta}{8760a_1a_2a_3a_4a_5} = \frac{QW}{8760a_5} \qquad (4-20)$$

式中 P_{E}——全炉三相电极有效功率，或称矿热炉熔池的有效功率，kW；

$\quad\quad Q$——矿热炉设计的年产量，t/a；

$\quad\quad W$——产品单位电耗，kW·h/t；

$\quad\quad \eta$——矿热炉的电效率，其值通常在0.85~0.95之间波动；

$\quad\quad 8760$——全年额定开工小时数，h/a；

$\quad\quad a_1$——定期检修时间系数，约为0.985；

$\quad\quad a_2$——中修时间系数，约为0.98；

$\quad\quad a_3$——大修时间系数，约为0.96；

$\quad\quad a_4$——设备容量利用系数，约为0.95；

$\quad\quad a_5$——电网限电系数。

B 每相电极操作电阻

$$R = K_{炉} P_{\mathrm{E}}^{-1/3} \qquad (4-21)$$

式中 R——每相电极操作电阻，$m\Omega$；

  $K_炉$——产品电阻常数，随产品和炉料比电阻的不同而不同，可参考表 4-4 或在生产中经优选得出；

  P_E——全炉三相电极有效功率，kW。

C 电极电流

$$I = \left(\frac{P_E}{3R}\right)^{1/2} \tag{4-22}$$

式中 I——电极电流，即变压器二次线电流，kA；

  P_E——全炉三相电极有效功率，kW；

  R——每相电极操作电阻，$m\Omega$。

已选定变压器时，可根据变压器二次电流的最大允许值确定电极电流，然后计算有效功率、可能的年产量等。

对于大容量变压器或对产品电阻常数值没有把握时，取：

$$I = (0.87 \sim 0.83)I_2 \tag{4-23}$$

对于小容量变压器便于调节参数或对产品电阻常数值有把握时，取：

$$I = (0.90 \sim 0.95)I_2 \tag{4-24}$$

式中 I——电极电流，kA；

  I_2——变压器二次线电流额定值，kA。

由于 $P_E = 3I^2R$，而 $R = K_炉 P_E^{-1/3}$，故有：

$$P_E = 2.28I^{1.5}K_炉^{0.75} \tag{4-25}$$

D 电极直径

（1）按平均电流密度初选：

$$D = \left(\frac{4I}{\pi j}\right)^{1/2} \tag{4-26}$$

式中 D——电极直径，cm；

  I——电极电流，A；

  j——电极平均电流密度，A/cm^2，建议值如表 4-4 所示。

（2）按 P_E 值初选：

$$D = aP_E^{1/3} \tag{4-27}$$

式中 a——常数，随产品而异，建议值如表 4-4 所示。

（3）核算电极负荷系数：

$$C = \frac{K^{1/2}I}{D^{1.5}} \tag{4-28}$$

式中 C——电极负荷系数，要求小于 0.05，若达到 0.06 ~ 0.07，则电极事故率可能达到 3%，但可通过增厚电极壳厚度来补偿；

  K——考虑到电极表面效应和邻近效应的交流附损系数，小直径电极取 $K=1$，$D \geqslant$ 100cm 时必须采用公式 $K = 0.737e^{0.00345D}$ 计算；

  D——电极直径的初选值，cm；

  I——电极电流，kA。

E　电极中心距

（1）按 I 值初选：

$$L_{心} = b_1 I^{1/2} \tag{4-29}$$

（2）按 P_E 值初选：

$$L_{心} = b_2 P_E^{1/3} \tag{4-30}$$

（3）按 D 值初选：

$$L_{心} = 2.06D \tag{4-31}$$

式中　$L_{心}$——电极中心距，cm；

b_1，b_2——常数，随产品而异，建议值如表 4-4 所示；

I——电极电流，kA；

P_E——全炉三相电极有效功率，kW；

D——电极直径，cm。

此外，还应考虑矿热炉附属设备条件选定 $L_{心}$ 值。

表 4-4　矿热炉计算程序中各参数的建议值

产　品	矿热炉容量 /kV·A	$K_{炉}$	j	a	b_1	b_2	c_1	c_2	c_3	d_1	d_2	d_3
硅75		34.3	6.3	4.46	30.0	9.20	20.0	6.50	1.43	2.60	8.50	1.9
硅45		33.6	5.1	5.00	33.0	10.3	22.6	7.20	1.43	2.85	9.50	1.9
结晶硅	8200~8500	28.6	5.8	4.87	30.7	10.5	21.3	6.96	1.43	3.00	9.24	1.9
硅90		30.9	6.0	4.70	30.1	9.70	20.9	6.70	1.43	2.81	8.92	1.9
硅铬		35.2	5.5	4.77	31.6	9.82	25.6	7.97	1.67	3.06	10.5	2.2
硅钙	5500~6500	24.2	7.2	4.55	27.4	9.37	19.0	6.51	1.43	3.05	8.64	1.9
硅锰		26.7	4.9	5.44	33.4	11.2	27.3	9.10	1.67	4.00	11.9	2.2
碳素铬铁	5000~6000	42.3	4.2	5.22	35.8	10.7	29.1	8.22	1.67	3.06	11.5	2.2
碳素锰铁	2800~3200	22.2	4.5	5.90	35.0	12.2	30.0	10.6	1.79	4.80	13.0	2.2
电石		31.5	4.9	5.00	33.4	10.3	25.1	7.75	1.55	2.92	9.50	1.9

F　矿热炉极心圆直径

由几何关系得出：

$$D_{心} = 1.155 L_{心} \tag{4-32}$$

式中　$D_{心}$——矿热炉极心圆直径，cm；

$L_{心}$——电极中心距，cm。

G　心边距

心边距是极心到炉膛壁距离的简称。

（1）按 I 值初选：

$$L_{边} = c_1 I^{1/2} \tag{4-33}$$

（2）按 P_E 值初选：

$$L_{边} = c_2 P_E^{1/3} \tag{4-34}$$

（3）按 D 值初选：

$$L_{边} = c_3 D \tag{4-35}$$

式中　　$L_{边}$——心边距，cm；

c_1，c_2，c_3——常数，随产品而异，建议值如表4-4所示；

　　　　I——电极电流，kA；

　　　P_E——全炉三相电极有效功率，kW。

　　H　炉膛直径

$$D_{炉} = D_{心} + 2L_{边} \tag{4-36}$$

式中　　$D_{炉}$——炉膛直径，cm；

　　　$D_{心}$——电炉极心圆直径，cm；

　　　$L_{边}$——心边距，cm。

　　I　炉膛深度

　　（1）按每相电极有效相电压 U 初选：

$$H = d_1 U = d_1 IR \tag{4-37}$$

　　（2）按 P_E 值初选：

$$H = d_2 P_E^{1/3} \tag{4-38}$$

　　（3）按 D 值初选：

$$H = d_3 D \tag{4-39}$$

式中　　　H——炉膛深度，cm；

d_1，d_2，d_3——常数，建议值如表4-4所示；

　　　　U——每相电极有效相电压，V。

　　J　变压器规范拟定

　　根据已定的电极直径和极心圆直径，按照工艺条件、铜瓦夹紧压力、允许的电流密度等，确定铜瓦长度和铜瓦下缘至料面的电极有损工作段长度。绘出短网草图，计算其等效星形回路每相的交流电阻和电抗。计算矿热炉的功率因数、电效率、负载线电压、有功功率、额定功率等电气参数，然后拟定变压器规范。

　　（1）额定功率。

$$S = (1.15 \sim 1.20) S_1 \tag{4-40}$$

式中　S——拟定的变压器额定功率，kV·A；

　　　S_1——一次实际受电额定功率，kV·A。

　　（2）次级额定线电压。以计算得到的变压器次级空载线电压 $E_{空线}$ 为中间值，上下各配几级分接电压。最高分接电压以不超过 $E_{空线}$ 的 1.13 倍为宜。

　　（3）次级额定线电流。

$$I_{线} = (1.15 \sim 1.2) I \tag{4-41}$$

式中　$I_{线}$——拟定的次级额定线电流，kA；

　　　　I——电极电流，kA。

　　短路电压百分数通常小于10%。

4.4.3　计算程序例解

　　已知：某厂建设25500kV·A矿热炉，由三台8500kV·A单相变压器组成变压器组供电，变压器对称布置，设备有损电阻 $0.128\mathrm{m}\Omega$，炉变和短网电抗折算到二次侧为 $0.695\mathrm{m}\Omega$，采用常规工艺冶炼硅 75，设年产量 $Q = 20000\mathrm{t/a}$。现选择产品电阻常数 $K_{炉} = 34.2$，单位电耗为 $8300\mathrm{kW \cdot h/t}$，电网不限电（即 $a_5 = 1$），试计算这台矿热炉的结构参数。

（1）全炉三相电极有效功率。

$$P_E = \frac{QW}{8760 a_5} = \frac{20000 \times 8300}{8760 \times 1} = 18950\mathrm{kW}$$

（2）每相电极操作电阻。

$$R = K_{炉} P_E^{-1/3} = 34.2 \times 18950^{-1/3} = 1.283\mathrm{m}\Omega$$

（3）电极电流。

$$I = \left(\frac{P_E}{3R}\right)^{1/2} = \left(\frac{18950}{3 \times 1.283}\right)^{1/2} = 70.2\mathrm{kA}$$

（4）电极直径。

1）按平均电流密度初选：

$$D = \left(\frac{4I}{\pi j}\right)^{1/2} = \left(\frac{4 \times 70200}{\pi \times 6.3}\right)^{1/2} = 119\mathrm{cm}$$

2）按 P_E 值初选：

$$D = a P_E^{1/3} = 4.46 \times 18950^{1/3} = 119\mathrm{cm}$$

3）核算电极负荷系数。初步选定 $D = 125\mathrm{cm}$，以便提高矿热炉的电流密度。计算电极的交流附损系数：

$$K = 0.737 e^{0.00345D} = 0.737 \times 2.718^{0.00345 \times 125} = 1.13$$

核算电极负荷系数：

$$C = \frac{K^{1/2} I}{D^{1.5}} = \frac{1.13^{1/2} \times 70.2}{125^{1.5}} = 0.0534 > 0.05$$

决定选取 $D = 125\mathrm{cm}$，并增大电极壳厚度以补偿其附损系数的偏高。取电极壳厚度为 $4\mathrm{mm}$，核算电极壳截面的理想电流密度为：

$$i = \frac{I}{\pi D \times 4} = \frac{70200}{\pi \times 1250 \times 4} = 4.47\mathrm{A/mm^2}$$

（5）电极中心距。

1）按 I 值初选：

$$L_{心} = b_1 I^{1/2} = 30 \times 70.2^{1/2} = 251\mathrm{cm}$$

2）按 P_E 值初选：

$$L_{心} = b_2 P_E^{1/3} = 9.20 \times 18950^{1/3} = 245\mathrm{cm}$$

3）按 D 值初选：

$$L_{心} = 2.06 D = 2.06 \times 125 = 258\mathrm{cm}$$

考虑矿热炉附属设备条件，选定 $L_{心} = 281.5\mathrm{cm}$。

（6）矿热炉极心圆直径：

$$D_{心} = 1.155 L_{心} = 1.155 \times 281.5 = 325\mathrm{cm}$$

（7）心边距。

1）按 I 值初选：

$$L_{边} = c_1 I^{1/2} = 20 \times 70.2^{1/2} = 167.5 \text{cm}$$

2）按 P_E 值初选：

$$L_{边} = c_2 P_E^{1/3} = 6.5 \times 18950^{1/3} = 173.3 \text{cm}$$

3）按 D 值初选：

$$L_{边} = c_3 D = 1.43 \times 125 = 178 \text{cm}$$

本例决定选取 $L_{边} = 178 \text{cm}$。

（8）炉膛直径：

$$D_{炉} = D_{心} + 2L_{边} = 325 + 2 \times 178 = 680 \text{cm}$$

（9）炉膛深度。

1）按每极有效相电压初选：

$$H = d_1 IR = 2.6 \times 70.2 \times 1.283 = 234 \text{cm}$$

2）按 P_E 值初选：

$$H = d_2 P_E^{1/3} = 8.5 \times 18950^{1/3} = 227 \text{cm}$$

3）按 D 值初选：

$$H = d_3 D = 1.9 \times 125 = 238 \text{cm}$$

本例实用值为 $H = 280 \text{cm}$。

确定的矿热炉尺寸如图 4 – 10 所示。

4.4.4　矿热炉全电路分析例解

4.4.4.1　简化电路

4.4.3 节所述矿热炉三台单相变压器的额定容量为 $3 \times 8500 = 25500 \text{kV} \cdot \text{A}$，在满载条件下变压器的铜、铁损耗共计 150kW，短路电压 U_K 为电源电压的 8%。短网在电极上以闭合三角形接线，每相短网每个极性的交流电阻平均值为 $0.063 \text{m}\Omega$，感抗为 $0.878 \text{m}\Omega$，电极有损工作段长度为 0.8m，矿热炉布置如图 4 – 11 所示。

（1）将变压器、短网的三角形电路等效变换为星形电路。将短网阻抗变换为星形回路的阻抗：

$$r_2 = (2 \times 0.063)/3 = 0.042 \text{m}\Omega$$

$$X_2 = (2 \times 0.878)/3 = 0.585 \text{m}\Omega$$

计算星形回路内电极的电阻，取自焙电极的比电阻 $\rho = 85 \Omega \cdot \text{mm}^2/\text{m}$，电极直径 $D = 125 \text{cm}$，故有：

$$r_{电极} = \frac{85 \times 0.8}{\frac{\pi}{4} \times 1250^2} = 0.055 \text{m}\Omega$$

$$R_2 = r_2 + r_{电极} = 0.042 + 0.055 = 0.097 \text{m}\Omega$$

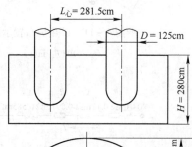

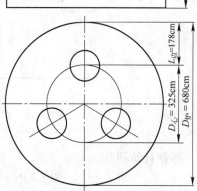

图 4 – 10　25500kV·A 硅 75 炉主要尺寸草图

（2）将变压器损耗及短路电压折算为二次侧的等效阻抗。根据 $P = I^2 R$ 的关系，现变压器损耗功率为 150kW，$I = 70.2 \text{kA}$，所以：

$$R_1 = \frac{150}{3 \times 70.2^2} = 0.01 \, \text{m}\Omega$$

折算为二次侧的每相等效星形回路内的阻抗时，取二次线电压为 182.2V，则

$$Z_1 = X_1 = \frac{0.08 \times 182.2}{\sqrt{3} \times 70.2} = 0.12 \, \text{m}\Omega$$

（3）画出折算为二次侧的矿热炉等效星形电路图，如图 4 - 12 所示。

（4）对图 4 - 12 中的一相进行分析，进一步简化为如图 4 - 13 所示的电路。

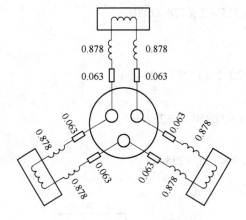

图 4 - 11　矿热炉布置示意图

（单位：mΩ）

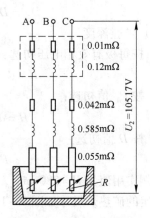

图 4 - 12　折算为二次侧的
矿热炉等效星形电路图

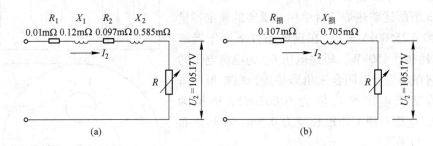

图 4 - 13　矿热炉等效星形回路中一相简化电路

根据计算得到：

$$R_{损} = R_1 + R_2 = 0.01 + 0.097 = 0.107 \, \text{m}\Omega$$

$$X_{损} = X_1 + X_2 = 0.12 + 0.585 = 0.705 \, \text{m}\Omega$$

4.4.4.2　矿热炉计算分析

（1）二次侧功率因数：

$$\cos\varphi_2 = \frac{R + R_2}{\sqrt{X_2^2 + (R + R_2)^2}} = \frac{1.283 + 0.097}{\sqrt{0.585^2 + (1.283 + 0.097)^2}} = 0.92$$

式中　R——操作电阻；

　　　R_2——短网二次侧电阻。

（2）二次侧电效率：

$$\eta_2 = \frac{R}{R + R_2} = \frac{1.283}{1.283 + 0.097} = 0.93$$

（3）负载相电压：

$$U_2 = \frac{P_E}{3I\cos\varphi_2\eta_2} = \frac{18950}{3 \times 70.2 \times 0.92 \times 0.93} = 105.17V$$

有效相电压：

$$U = IR = 70.2 \times 1.283 = 90.07V$$

（4）相应负载下线电压：

$$V_2 = 1.732U_2 = 1.732 \times 105.17 = 182.2V$$

（5）二次侧输入有功功率：

$$P_2 = 3I^2(R + R_2) = 3 \times 70.2^2 \times (1.283 + 0.097) = 20402kW$$

（6）二次侧输入额定功率：

$$S_2 = 3U_2I = 3 \times 105.17 \times 70.2 = 22149kV \cdot A$$

（7）一次侧功率因数：

$$\cos\varphi_1 = \frac{R + R_1 + R_2}{\sqrt{(X_1 + X_2)^2 + (R + R_1 + R_2)^2}}$$

$$= \frac{1.283 + 0.01 + 0.097}{\sqrt{(0.12 + 0.585)^2 + (1.283 + 0.01 + 0.097)^2}} = 0.89$$

（8）一次侧电效率：

$$\eta_1 = \frac{R}{R + R_1 + R_2} = \frac{1.283}{1.283 + 0.01 + 0.097} = 0.92$$

（9）变压器低压出线端对地电压：

$$E = \frac{P_E}{3I\cos\varphi_1\eta_1} = \frac{18950}{3 \times 70.2 \times 0.89 \times 0.92} = 109.9V$$

（10）变压器空载线电压：

$$E_{空线} = 1.732E = 1.732 \times 109.9 = 190.4V$$

（11）一次受电有功功率：

$$P_1 = 3I^2(R + R_1 + R_2) = 3 \times 70.2^2 \times (1.283 + 0.01 + 0.097) = 20550kW$$

（12）一次实际受电额定功率：

$$S_1 = 3EI = 3 \times 109.9 \times 70.2 = 23145kV \cdot A$$

4.4.4.3　变压器规范的拟订

（1）额定功率。

$$S = (1.15 \sim 1.2)S_1 = 1.15 \times 23145 = 26617kV \cdot A$$

（2）次级额定线电压范围。

1）工作电压：已算出为190.4V，取190V。

2）最高电压：$1.13 \times 190 = 215V$。

3）最低电压：$0.57 \times 190 = 108V$。

（3）次级额定线电流。

$$I_{线} = 1.15 \times 70.2 = 80.73kA$$

（4）各级额定功率。

1）工作电压190V时：

$$\frac{80.73}{70.2} \times \frac{190}{190.4} \times 23145 = 26560\,\text{kV} \cdot \text{A}$$

2）最高级215V时：

$$\frac{215}{190} \times 26560 = 30055\,\text{kV} \cdot \text{A}$$

短期过载可达30055/23145 = 1.298 < 1.3。

3）最低级108V时：

$$\frac{108}{190} \times 26560 = 15097\,\text{kV} \cdot \text{A}$$

根据以上求出的各参数值，可画出当电极电流为70.2kA时矿热炉每相的阻抗三角形和电压三角形，如图4-14所示。

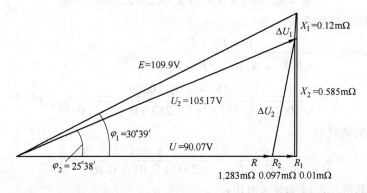

图4-14 电极电流为70.2kA时矿热炉每相的阻抗三角形和电压三角形

4.4.5 矿热炉特性曲线图的绘制

绘制矿热炉特性曲线图，必须已知该炉的三个起始数据，即 $E_{空线}$、$R_损$、$X_损$。在准确设计矿热炉时，这三个值均已算出，可据此进行绘制。但是，因实际制造工艺或矿热炉设备失修引起偏差，一般在矿热炉投产运行后定期进行测试和计算绘制，并要求每隔一定时间进行一次测试，比较 $R_损$、$X_损$ 两值有何变化，进而对设备进行检修。现以4.4.3节所述矿热炉为例，绘制其特性曲线。

已知：$E_{空线} = 190\text{V}$，$R_损 = 0.107\text{m}\Omega$，$X_损 = 0.705\text{m}\Omega$。

4.4.5.1 计算准备

（1）设备短路电流：

$$I_\text{K} = \frac{E}{(R_损^2 + X_损^2)^{0.5}} = \frac{109.9}{(0.107^2 + 0.705^2)^{0.5}} = 154\text{kA}$$

（2）一次有功功率达到最大值时的电流：

$$I_\text{m} = \frac{E}{\sqrt{2}X_损} = \frac{109.9}{\sqrt{2} \times 0.705} = 110\text{kA}$$

（3）矿热炉有效功率达到最大值时的电流：

$$I_X = \frac{E}{X_损}\left\{\frac{1}{2}\left[1 - \frac{R_损}{(R_损^2 + X_损^2)^{0.5}}\right]\right\}^{0.5}$$

$$= \frac{109.9}{0.705} \times \left\{\frac{1}{2} \times \left[1 - \frac{0.107}{(0.107^2 + 0.705^2)^{0.5}}\right]\right\}^{0.5} = 101.6\text{kA}$$

4.4.5.2 电气参数计算

假设电极电流 $I = 20\text{kA}$，计算相应各参数值。

（1）每相总阻抗：$\quad Z_总 = E/I = 109.9/20 = 5.495\text{m}\Omega$

（2）每相总电阻：$\quad R_总 = (Z_总^2 - X_损^2)^{0.5} = (5.495^2 - 0.705^2)^{0.5} = 5.45\text{m}\Omega$

（3）操作电阻：$\quad R = R_总 - R_损 = 5.45 - 0.107 = 5.34\text{m}\Omega$

（4）额定功率：$\quad S = 3EI = 3 \times 109.9 \times 20 = 6594\text{kV} \cdot \text{A}$

（5）有功功率：$\quad P = 3I^2R_总 = 3 \times 20^2 \times 5.45 = 6540\text{kW}$

（6）矿热炉有效功率：$\quad P_E = 3I^2R = 3 \times 20^2 \times 5.34 = 6408\text{kW}$

（7）设备损失功率：$\quad P_损 = 3I^2R_损 = 3 \times 20^2 \times 0.107 = 128.4\text{kW}$

（8）功率因数：$\quad \cos\varphi = R_总/Z_总 = 5.45/5.495 = 0.99$

（9）电效率：$\quad \eta = R/R_总 = 5.34/5.45 = 0.98$

（10）有效相电压：$\quad U = IR = 20 \times 5.34 = 106.8\text{V}$

然后，可分别假定 $I = 40\text{kA}$、60kA、80kA、100kA、120kA、140kA，按照上述 10 个步骤算出各相应数值，列入表 4-5。取表 4-5 中每个参数在各电流下的数值，在坐标图上绘出每个参数的曲线，即得如图 4-15 所示的矿热炉特性曲线图。

表 4-5 矿热炉特性计算表（$E_{空线} = 190\text{V}$）

电极电流/kA	$Z_总/\text{m}\Omega$	$R_总/\text{m}\Omega$	$R/\text{m}\Omega$	$S/\text{kV} \cdot \text{A}$	P/kW	P_E/kW	$P_损/\text{kW}$	$\cos\varphi$	η	U/V
20	5.495	5.45	5.293	6594	6540	6352	128	0.99	0.97	105.9
40	2.73	2.64	2.53	13188	12672	12144	514	0.97	0.96	101.2
60	1.82	1.68	1.57	19782	18144	16956	1156	0.92	0.93	94.2
80	1.36	1.16	1.05	26376	22272	20160	2054	0.85	0.91	84.0
100	1.09	0.83	0.72	32970	24900	21600	3210	0.76	0.87	72.0
120	0.91	0.57	0.46	39564	24624	19872	4622	0.63	0.81	55.2
140	0.78	0.33	0.22	46158	19404	12936	8218	0.42	0.67	30.8

4.4.5.3 矿热炉特性曲线组和恒电阻曲线的绘制

A 计算特性曲线组

已知 $R_损$ 和 $X_损$ 时，根据矿热炉有效功率计算式：

$$P_E = \sqrt{3}E_{空线}I\cos\varphi\eta$$

将 $\cos\varphi = \dfrac{R + R_损}{\sqrt{X_损^2 + (R + R_损)^2}}$ 和 $\eta = \dfrac{R}{R + R_损}$ 代入，其中：

$$R = \sqrt{\frac{E_{空线}^2}{3I^2} - X_损^2} - R_损$$

分别取 $E_{空线} = 120\text{V}$、140V、160V、180V、200V，在每个电压值下分别取电极电流

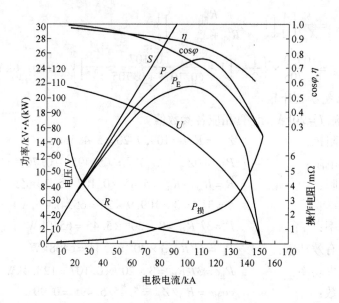

图 4-15　25500kV·A 矿热炉特性曲线（$E_{空线}$ = 190V）

I = 20kA、40kA、60kA、80kA、100kA、120kA、140kA、160kA，由上式计算每个电压等级下矿热炉有效功率随电流变化的数值，列入表 4-6。

表 4-6　矿热炉特性曲线组（P_E）计算表　　　　　　　　　　（kW）

$E_{空线}$/V $\quad$ I/kA	120	140	160	180	200
20	3942	4697	5349	6049	6748
40	7081	8577	10042	11489	12923
60	8721	11242	13627	15931	18184
80	7603	11842	15504	18895	22128
100		8652	14698	19696	24225
120			8734	17107	23670
140				7375	18880
160					3639
I_X/kA	64	75	85	96	107
I_K/kA	97	113	129	146	162

B　计算恒电阻曲线

根据关系式 $P_E = 3I^2R$，分别选取操作电阻 R = 0.6mΩ、0.8mΩ、1.0mΩ、1.2mΩ、1.4mΩ、1.6mΩ，计算各电阻值下矿热炉有效功率随电极电流变化的数值，列入表 4-7。

表 4 – 7　恒电阻曲线（P_E）计算表　　　　　　　　　　　（kW）

$R/\text{m}\Omega$ \ I/kA	0.6	0.8	1.0	1.2	1.4	1.6
20	720	960	1200	1440	1680	1920
40	2880	3840	4800	5760	6720	7680
60	6480	8640	10800	12960	15120	17280
80	11520	15360	192000	23040	26800	30720
100	18000	24000	30000	36000	42000	48000

按照表 4 – 6、表 4 – 7 中数据，在坐标图上绘出矿热炉的特性曲线组和恒电阻曲线，如图 4 – 16 所示。

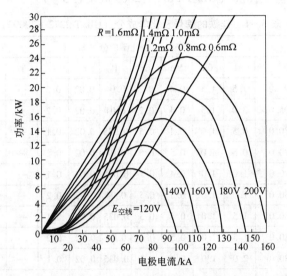

图 4 – 16　25500kV·A 矿热炉的特性曲线组和恒电阻曲线

复 习 思 考 题

4 – 1　矿热炉内电弧特性如何，在炉内电弧是如何传热的？

4 – 2　矿热炉内电流分布如何，负载电阻如何计算？

4 – 3　什么是操作电阻，影响操作电阻的因素有哪些，如何调整？

4 – 4　什么是操作电抗，影响操作电抗的因素有哪些，如何调整？

4 – 5　什么是矿热炉电流的交互作用，对矿热炉操作有何影响？

4 – 6　矿热炉的电气特性有何用途，如何绘制特性曲线组和恒电阻曲线？

4 – 7　三相矿热炉各相电极功率不平衡的主要现象是什么，产生原因是什么，如何监测和预防？

4 – 8　某厂建设 12500kV·A 矿热炉冶炼硅 75，试计算矿热炉的结构参数。在满载条件下变压器的铜、铁损耗共计 100kW，短路电压 U_K 为电源电压的 8%。短网在电极上以闭合三角形接线，每相短网每个极性的交流电阻平均值为 0.053mΩ，感抗为 0.6mΩ，电极有损工作段长度为 0.8m，试计算其电气参数并绘制特性曲线。

5 硅系合金的冶炼

5.1 硅铁的牌号及用途

硅铁的牌号很多，各国多以硅含量的高低来划分，有的国家还设立了许多低硅品种，如用于重力浮选的硅18、硅25等。近年来随着连铸技术的发展，对脱氧用硅铁中的铝、钙含量提出了严格的要求，各国设立了一些低铝、低钙及生产电工钢等所用的特殊硅铁品种。我国颁布的硅铁国家标准（GB/T 2272—2009）见表5-1。

表 5-1 硅铁的牌号及化学成分（GB/T 2272—2009） （%）

牌 号	化学成分（≤）												
	Si	Al	Ca	Mn	Cr	P	S	C	Ti	Mg	Cu	V	Ni
FeSi90Al1.5	87.0~95.0	1.5	1.5	0.4	0.2	0.04	0.02	0.2	—	—	—	—	—
FeSi90Al3	87.0~95.0	3.0	1.5	0.4	0.2	0.04	0.02	0.2	—	—	—	—	—
FeSi75Al0.5-A	74.0~80.0	0.5	1.0	0.4	0.5	0.035	0.02	0.1	—	—	—	—	—
FeSi75Al0.5-B	72.0~80.0	0.5	1.0	0.5	0.5	0.04	0.02	0.2	—	—	—	—	—
FeSi75Al1.0-A	74.0~80.0	1.0	1.0	0.4	0.3	0.035	0.02	0.1	—	—	—	—	—
FeSi75Al1.0-B	72.0~80.0	1.0	1.0	0.5	0.5	0.04	0.02	0.2	—	—	—	—	—
FeSi75Al1.5-A	74.0~80.0	1.5	1.0	0.4	0.3	0.035	0.02	0.1	—	—	—	—	—
FeSi75Al1.5-B	72.0~80.0	1.5	1.0	0.5	0.5	0.04	0.02	0.2	—	—	—	—	—
FeSi75Al2.0-A	74.0~80.0	2.0	1.0	0.4	0.3	0.035	0.02	0.1	—	—	—	—	—
FeSi75Al2.0-B	72.0~80.0	2.0	—	0.5	0.5	0.04	0.02	0.2	—	—	—	—	—
FeSi75-A	74.0~80.0	—	—	0.4	0.3	0.035	0.02	0.1	—	—	—	—	—
FeSi75-B	72.0~80.0	—	—	0.5	0.5	0.04	0.02	0.2	—	—	—	—	—
FeSi65	65.0~72.0	—	—	0.6	0.5	0.04	0.02	—	—	—	—	—	—
FeSi45	40.0~47.0	—	—	0.7	0.5	0.04	0.02	—	—	—	—	—	—
TFeSi75-A	74.0~80.0	0.03	0.03	0.1	0.1	0.02	0.004	0.02	0.015	—	—	—	—
TFeSi75-B	74.0~80.0	0.1	0.03	0.1	0.1	0.04	0.004	0.02	0.04	—	—	—	—
TFeSi75-C	74.0~80.0	0.1	0.1	0.1	0.1	0.04	0.005	0.03	0.05	0.1	0.1	0.05	0.4
TFeSi75-D	74.0~80.0	0.2	0.05	0.2	0.2	0.04	0.01	0.02	0.04	0.02	0.1	0.01	0.04
TFeSi75-E	74.0~80.0	0.5	0.5	0.4	0.2	0.04	0.02	0.05	0.05	—	—	—	—
TFeSi75-F	74.0~80.0	0.5	0.5	0.4	0.1	0.03	0.005	0.01	0.02	—	0.1	—	0.1
TFeSi75-G	74.0~80.0	1.0	0.05	0.15	0.1	0.04	0.003	0.015	0.04	—	—	—	—

我国目前大量生产的仍是硅75，也生产少量的硅65和硅45。国外硅65的产量逐年增加，因为它可使生产率提高3%~4%，单位电耗下降3%，合金中钙、铝等杂质含量低，且易实现炉子全封闭，可回收煤气，但硅65长期存放易粉化。硅45在炼钢沉淀脱氧

及铸造工业中使用时，比硅 75 烧损少、回收率高。从冶炼原理分析，冶炼硅 45 与冶炼硅 75 相比，单位硅所耗电能降低 10% ~ 15%；从节能角度来看，应在一切可用硅 45 的场合，尽量用硅 45 代替硅 75。

硅铁在炼钢、铸造、有色金属及其他工业生产中应用广泛。它是一种良好的脱氧剂，绝大多数的钢种都用硅铁合金脱氧。硅铁的消耗量（折算成硅 75）约是钢产量的 0.01%。一般钢中含硅 0.15% ~ 0.35%，硅钢中硅含量为 2% ~ 3% 或更高。

硅铁可作为生产结构钢（含 Si 0.14% ~ 1.75%）、工具钢（含 Si 0.3% ~ 1.8%）、弹簧钢（含 Si 0.4% ~ 2.8%）等钢种的合金剂，以提高钢的强度、硬度和弹性。硅可提高钢的磁导率，降低变压器钢的磁滞损失（变压器用硅钢含硅 2.8% ~ 4.8%）。硅铁加入铸铁中作为球墨铸铁的孕育剂，阻止碳化物形成，使石墨球化，改善铸铁性能。在硅热法铁合金冶炼中，硅铁大量地用作还原剂。磨细或雾化处理过的硅铁粉，在选矿工业中可作为悬浮相。在有色金属、非铁合金的生产中，硅还用来生产硅的有机化合物。

5.2 硅及其化合物的物理化学性质

纯硅呈钢灰色，有金属光泽，性硬且脆，属于非金属。硅是自然界中分布较广的元素，就其含量而言，在地壳中占第二位，仅次于氧。

硅的主要物理化学性质如下：

相对原子质量	28.08
密度	$2300 kg/m^3$
熔点	1410℃
沸点	2680℃
熔化热	46.5kJ/mol
蒸发热	465kJ/mol
升华热	170.0kJ/mol

硅在常温下很不活泼，但在高温下易与氧、硫、氮、碳及许多金属生成化合物。

硅与氧生成 SiO_2 及 SiO 两种氧化物，生成 SiO_2 时放出大量的热（$Si + O_2 = SiO_2$，$\Delta H^{\ominus} = -878.39 kJ$）。二氧化硅是一种很稳定的化合物，自然界中的硅均以此状态存在，其熔点为 1710℃，沸点为 2227℃。二氧化硅有几种晶体变态，各种晶体变态的特性见表 5-2。不同晶型的二氧化硅在转化过程中不仅晶型发生变化，而且晶体体积也发生变化，特别是从 β-石英转化成 β-鳞石英时体积发生明显的膨胀，这就是硅石在冶炼过程中发生爆裂的主要原因。

表 5-2 二氧化硅各种晶体变态的特性

变态晶型	晶格形状	密度/kg·m⁻³	稳定范围/℃	备 注
α-石英	三角形	2650	<573	在自然界中广泛存在
β-石英	六角形	2530	573 ~ 870	常温时不存在，转变时体积增加2.4%
α-鳞石英	菱形	2270	<117	高于117℃时转变成α-鳞石英
β-鳞石英	六角形	2240	117 ~ 163	常温下不存在
γ-鳞石英	六角形	2230	116 ~ 1470	在 870 ~ 1470℃稳定

变态晶型	晶格形状	密度/kg·m⁻³	稳定范围/℃	备 注
α – 白硅石	四角形	2330	170 ~ 180	在自然界中非常少
β – 白硅石	正方形	2220	>180	常温下不存在
二氧化硅玻璃	无定形	2220	1710	在更低的温度下以过冷的状态存在

硅和氧生成易挥发的一氧化硅（$2Si_{(1)} + O_{2(g)} = 2SiO_{(g)}$，SiO 沸点为 1617℃），气态的一氧化硅只有在温度高于 1500℃ 时才能稳定存在，在温度低于 1500℃ 时分解成硅和二氧化硅（$2SiO = Si + SiO_2$）。一氧化硅的特点是挥发性很大，当温度为 1890℃ 时，其蒸气压力达 101kPa，这就是冶炼硅铁时造成硅气化损失的主要原因。

硅与碳可生成碳化硅（SiC），其密度为 3200kg/m³，分解温度为 2607℃。碳化硅稳定、难分解，高温下比电阻小，不溶于合金，当有铁存在时其稳定性下降。

硅与铁能按任意比例互溶，如图 5 – 1 所示。硅与铁能生成 $FeSi_2$、FeSi、Fe_5Si_3、Fe_2Si 等硅化物，其中以 FeSi 最稳定，熔点为 1410℃，熔化时不分解，能以 FeSi 形式存在于液态合金中。其余的硅化物当加热时在固态下即分解。FeSi 含 Si 33.3%、Fe 66.7%，因此硅含量大于 33.3% 的硅铁合金中，铁全部结合成 FeSi，多余的硅呈自由原子状态。

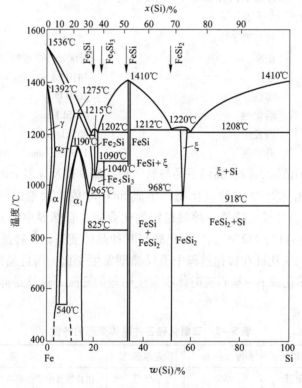

图 5 – 1 Fe – Si 状态图

在 Fe – Si 系合金中有三个共晶体：含硅 20% 的共晶体，熔点为 1190℃；含硅 51% 的共晶体，熔点为 1212℃；含硅 59% 的共晶体，熔点为 1208℃。含硅 74% ~ 80% 的硅铁，熔点在 1320 ~ 1370℃ 之间。

硅铁的密度随着硅含量的增加而减小，其关系见表 5 – 3。通常利用测定合金密度的方法来迅速确定合金中的硅含量。由于选择性还原，合金中不可避免地会含有钙、铝等杂质，使合金密度改变，影响密度法测定硅含量的准确性。故要根据各厂的冶炼条件、原料条件测出本厂合金中钙、铝含量范围，与密度法测硅数据进行对照、修正，这样用密度法快速测硅才较准确，误差小于 1%，可满足用户要求。

表 5 – 3　硅铁密度与硅含量的关系

硅含量/%	20	40	65	75	90
密度/kg · m^{-3}	6400	5610	4000	3270	2650

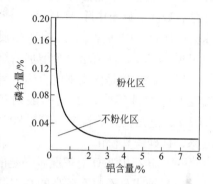

硅与铁的合金容易产生偏析，合金锭上部的硅含量和下部的硅含量之差达 20% 以上。合金锭的厚度越大，冷却凝固时间越长，偏析也越严重。因此，冶炼硅 75 浇注时锭厚度不可大于 100mm，硅 65 锭厚度不可大于 80mm。

硅铁产品有时会粉化，这是由于含有 ξ 相（在含硅 53.5% ~ 56.5% 之间形成，在 1220℃ 时凝固）和磷、铝、钙、砷等杂质的硅铁在潮湿大气中存放而造成的，并放出有毒气体 PH_3、AsH_3，尤其是合金较厚、偏析较大时更易粉化。在实际生产中，为了预防硅铁粉化，不生产成分接近 ξ 相的合金，并努力降低

图 5 – 2　硅铁中铝、磷含量
对其粉化的影响

合金中铝、磷、钙、砷的含量，浇注时要加速冷却，快速凝固，减少合金锭的厚度。硅铁中铝、磷含量对其粉化的影响见图 5 – 2。

硅与氢生成 Si_2H_2、Si_2H_6 和 SiH_4。SiH_4 在常温下稳定，在 400℃ 以上发生分解：$SiH_4 \rightleftharpoons Si + 2H_2$。在冶炼硅铁的过程中，硅吸收原料中水气分解产生的氢，硅 75 含氢约 0.025%，硅 45 含氢约 0.0007%。

硅和硫生成 SiS 和 SiS_2，这些化合物在高温下有一定的挥发性，因此在冶炼过程中有一部分随炉气逸出。

5.3　冶炼硅铁的原料

冶炼硅铁的原料有硅石、碳质还原剂和钢屑。冶炼硅铁时是将硅从含有 SiO_2 的硅石中还原出来。

5.3.1　硅石

SiO_2 含量很高的石英和石英岩通称为硅石。石英是一种晶体结构致密的矿物，密度为 2650kg/m^3。纯石英为无色或乳白色，有时因所含杂质的不同而呈灰色和微红色，有玻璃光泽，性脆，熔点为 1700℃。石英价格比较贵，仅用于结晶硅的生产。

石英岩是以石英（SiO_2）为主要成分的沉积变质岩石，由石英砂岩及硅质岩经变质作用形成，主要矿物为石英，可含有云母类矿物及赤铁矿、针铁矿等。石英岩具有较大的密度和抗压强度，断面呈刺状或贝壳状，少数呈陶瓷状，呈白色并兼有灰、黄、玫瑰等

色调。

冶炼硅铁的硅石应符合下列要求：

（1）硅石中二氧化硅含量要高，通常要求 $w(SiO_2)>97\%$。二氧化硅是一种相当稳定的氧化物，用碳还原二氧化硅需要相当高的温度，尤其当二氧化硅含量较低并与氧化钙结合成稳定的化合物时，还原温度更高，这必将增加冶炼电耗和还原剂的用量。

（2）硅石中杂质 Al_2O_3、CaO、MgO 和 P_2O_5 的含量越低越好。要求 $w(Al_2O_3)\leqslant 1\%$。若采用 Al_2O_3 含量高的硅石，则炉料容易烧结，渣量大，炉渣难排。铝被还原时还会增加合金中铝含量。硅石表面呈现粉红色线条是 Al_2O_3 存在的特征。除硅石本身含有 Al_2O_3 外，在运输过程中还会使硅石表面黏附泥土，也增加了 Al_2O_3 含量，因此冶炼前要用水冲洗硅石数次。硅石中除 Al_2O_3 是成渣氧化物外，CaO、MgO 也是成渣氧化物，并且钙被还原会增加合金中钙含量，影响产品质量。为保证产品质量及炉况顺行，要求 $w(CaO)+w(MgO)\leqslant 1\%$，此值增大会增加冶炼电耗。

（3）磷和硫是优质钢的有害元素，硫和硅形成化合物 SiS、SiS_2，这些化合物在冶炼温度下挥发性很大，因此一般对硫含量不做特殊要求。硅石中 P_2O_5 含量不应大于 0.02%，这是因为炉料中的磷有 80% 被还原进入合金，磷含量高则降低硅铁产品的一级品率，且硅铁易粉化。

（4）硅石中 FeO 对炉况有一定的好处，但是铁的还原要消耗一定的能量。

（5）要求硅石具有较高的高温强度，即抗爆性。硅石受热时因晶相转变而炸裂成粉末，会降低炉料的透气性。小型电炉由于炉口温度低，硅石的爆裂现象往往不严重，但此性质对大炉子影响显著。

（6）为使炉料有一定的透气性，并加速炉料的熔化和还原，要求炉料有一定的粒度。过小的硅石不仅含有较多的杂质，而且严重影响料面的透气性；粒度过大的硅石又易造成炉料分层，延缓炉料的熔化和还原反应的速度。通常大炉子硅石粒度为 60~120mm，其中大于 80mm 的粒级比例要大于 50%；小炉子硅石粒度为 25~80mm，其中大于 40mm 的粒级要占 50%。

生产时精选炉料是硅铁冶炼节能的中心环节之一，是扩大坩埚的保证。硅石化学成分要精选，并水洗减少杂质，以降低金属中杂质含量，减少渣量，稳定炉况，降低电耗及原料消耗。

5.3.2 碳质还原剂

常用的碳质还原剂有冶金焦、石油焦、沥青焦、气煤焦、低温焦（大同蓝炭是其中一种优质焦）、特种焦（硅石焦、铁焦）、半焦、褐煤焦、无烟煤、烟煤、褐煤、木炭、木屑、木块等。其中，烟煤、无烟煤、褐煤是从自然界开采来的，其余大多数是经过干馏过程制得的。一般干馏温度高于 900℃ 所得的焦炭称为高温焦，干馏温度低于 700℃ 所得的焦炭称为低温焦或半焦。低温焦与高温焦相比，化学活性好，比电阻大。

煤干馏的过程是：当煤料的温度高于 100℃ 时，煤中的水分蒸发；温度升高到 200℃ 以上时，煤中结合水释放；温度高达 350℃ 以上时，黏结性煤开始软化，并进一步形成黏稠的胶质体（泥煤、褐煤等不发生此现象）；至 400~500℃ 时，大部分煤气和焦油析出，称为一次热分解产物；在 450~550℃ 时，热分解继续进行，残留物逐渐变稠并固化形成半焦；温度高于 550℃ 时，半焦继续分解，析出余下的挥发物（主要成分是氢气），半焦在失重的同时进行收缩，形成裂纹；温度高于 800℃ 时，半焦体积缩小、变硬，形成多孔焦炭。当干馏在室式干馏炉内进行时，一次热分解产物与赤热焦炭及高温炉壁相接触，发生二次热分解，形成二次热分解产物（焦炉煤气和其他炼焦化学产品）。低温干馏固体产物为结构疏松的黑色半焦，煤气产率低，焦油产率高；高温干馏固体产物则为结构致密的银灰色焦炭，煤气产率高，而焦油产率低。

冶金焦是选配主焦煤和搭配一定肥煤、瘦煤，在高于 900℃ 的高温下干馏而成，其强度高，高温下易石墨化，比电阻小，反应能力差。石油焦、沥青焦是以炼油过程的油渣焦、煤沥青为原料焦化而成，其特点是：纯度高，灰分含量低，有害夹杂含量少，孔隙率高，高温下易石墨化，高温比电阻小。低温焦、半焦是煤的焦化温度低于 700℃ 所得的焦，其挥发分含量高，孔隙率大，比电阻高，反应能力强；但灰分含量高，强度低。大同蓝炭是个例外，它是以低灰分、低铝、低磷、低碳、低变质的大同侏罗纪煤作为原料，采用低温烧制工艺制成，因其表面有蓝色光泽，故称为蓝炭，其固定碳含量高达 85% ~ 90%；灰分含量低，一般为 4% ~ 8%，且灰分中 Al_2O_3 含量也低，仅为 15% ~ 24%；磷含量比冶金焦低；但灰分中 SiO_2 含量却较高，蓝炭的常温比电阻高达 12300Ω · mm^2/m，高温比电阻达 19450Ω · mm^2/m，比一般冶金焦高一倍。随着硅铁冶炼工艺的逐步成熟，大多选用蓝炭作为硅铁冶炼的还原剂，其主要优点是成本低，而且便于冶炼过程中电极下插，经济指标也比较好。

气煤焦是以高挥发分黏结煤（气煤）为原料生产的焦炭，其孔隙率大，密度小，比电阻高，反应能力强，但强度低。硅石焦是由焦煤配入少量硅石砂，在高温下炼成的专用焦。褐煤是多孔、无光泽、易碎、变质程度低、挥发分含量低的煤。烟煤是变质程度较低、挥发分含量高、比电阻大、烧结性好、灰分含量较高的还原剂。木炭是木材在 350 ~ 450℃ 干馏时木质不完全分解的产物，其灰分含量低（低于 1%），孔隙率高，高温时反应能力强，比电阻大，吸水性强，强度差，价格高。

对还原剂的主要要求是：固定碳含量高，灰分含量低，挥发分含量低，孔隙率大，化学活性好，比电阻高；高温下有一定的机械强度；分布广，价格便宜。从以上要求来看，木炭、石油焦、沥青焦是最合适的还原剂，但由于价格贵，仅用于冶炼纯度较高及难还原的合金；烟煤、无烟煤、气煤焦的比电阻较高，灰分含量低，但受热后易碎，只能配合其他还原剂使用。

铁合金冶炼中采用碳质还原剂时要根据冶炼品种特点，将各种碳质还原剂搭配起来使用，不要仅仅局限于冶金焦。例如，冶炼硅铁采用气煤焦、半焦、低温焦（大同蓝炭等）、褐煤焦、硅石焦、低灰分烟煤，均取得良好的技术经济指标。

还原剂的比电阻对炉料的比电阻起着决定性作用。一般认为，焦炭的固定碳含量越高，对生产越有利。这是因为固定碳含量越高，焦炭配入量就会越少，对电极的下插越有利。但在实际生产中，焦炭的比电阻对电极的下插影响更大，所以在选择焦炭时进行比电阻的测量更为重要。某企业对不同种类焦炭的比电阻进行测量，结果表明，用固定碳含量为 80% 的焦炭比用固定碳含量为 83% 的焦炭冶炼指标好。另外，对焦炭密度的选择也很重要，选用密度小、孔隙率大的焦炭能够增加焦炭的还原性，提高金属的回收率。各种还原剂的比电阻列于表 5 – 4。碳质还原剂的反应能力（即化学活性）顺序基本上与比电阻规律相似。

表 5 - 4   各种还原剂的比电阻

等级	常温比电阻 $/\Omega \cdot mm^2 \cdot m^{-1}$	1100℃下烧 8h 的高温比电阻 $/\Omega \cdot mm^2 \cdot m^{-1}$	符合要求的还原剂
特级	>3000	>1200	木块、木炭、褐煤焦、烟煤
甲级	2000 ~ 3000	1000 ~ 1200	气煤焦、半焦、低温焦
乙级	1500 ~ 2000	800 ~ 1000	小型焦炉生产的冶金焦
丙级	<1500	<800	大型焦炉生产的冶金焦、石油焦、沥青焦等

    冶炼硅铁使用最广泛的还原剂是冶金焦（碎焦），冶金焦也是生产其他铁合金时使用最多的碳质还原剂，要求其固定碳含量不小于84%，灰分含量不大于14%。灰分中含有近40%的 Al_2O_3，灰分高将增加渣量和合金中的有害杂质，同时焦炭灰分又是合金中磷的来源。焦炭的水分含量取决于它的储存和运输条件，且水分含量波动范围很大（4% ~ 20%或20%以上）。配碳量和水分含量有很大关系，因为配料是根据重量来计算的，所以应经常检查焦炭中的水分含量，要求水分含量少而稳定。另外，CaO、P_2O_5 含量也要低。

    焦炭的粒度对冶炼影响很大。粒度大的焦炭比电阻小，炉料导电性强，电极不易深插，炉口温度高，热损失大，电耗增加；而且大粒度焦炭的反应面积小，还原能力相应降低，所以焦炭粒度过大对炉况影响是很大的。粒度小的焦炭比电阻大，电极插得深，炉料与焦炭的接触面积大；但焦炭粒度过小会降低炉料透气性，炉口易刺火，局部塌料多。所以，焦炭的粒度要合适。一般大炉子的焦炭粒度为 5 ~ 18mm；小炉子的焦炭粒度为 1 ~ 8mm，其中 1 ~ 3mm 的粒级比例不大于 20%。

5.3.3 含铁原料

    含铁原料为硅铁成分的调节剂。电炉冶炼硅铁时一般采用磷含量低、无合金元素及有色金属的碳素钢车屑，钢屑不应有外来夹杂及油污。此外，也可利用其他碳素钢的小废料及轧钢皮等。

    钢屑在二氧化硅还原过程中有促进还原、吸收还原出来的硅和破坏碳化硅的作用。为使钢屑尽快熔化，充分发挥其作用，钢屑不可过长。另外，长的、卷曲的钢屑会给自动化装配料带来困难，并无法使其在炉中均匀分布，因此钢屑的卷曲长度应小于 100mm。

    冶炼过程中，钢屑容易熔化，长期使用易导致炉底碳化硅沉积，炉底上涨。所以，在冶炼过程中不应全部选用钢屑，可搭配氧化铁皮使用，并且由于成本的问题，现在很多企业改用全氧化铁皮或球团。采用氧化铁能改善炉况，使渣容易流出；但氧化铁还原为铁需要消耗部分焦炭和电能，使单位电耗和还原剂消耗增加。

    不能采用铁矿石作为含铁原料，因为铁矿石将带入大量成渣物，消耗大量的额外电能和还原剂，且铁矿石中的杂质会被还原进入合金。

5.4   硅铁冶炼原理

5.4.1   硅铁冶炼的基本反应

    冶炼硅铁的基本反应是用还原剂中的碳把硅石中的硅还原出来：

$$SiO_2 + 2C \Longrightarrow Si + 2CO \qquad \Delta G^\ominus = 700870.32 - 361.74T \quad (J/mol) \qquad (5-1)$$

上述反应是吸热反应，需要消耗大量的热能，在高温（理论开始还原温度为 1664℃）下才能进行，说明 SiO_2 是一种难还原的氧化物。冶炼硅及其合金时，二氧化硅是用碳还原的，因为靠一氧化碳还原二氧化硅的可能性极小。

当有铁存在时，还原得到的硅将与铁作用生成硅化铁：

$$Fe + Si \Longrightarrow FeSi \qquad \Delta G^\ominus = -119323.8 + 2.68T \quad (J/mol) \qquad (5-2)$$

生成硅化铁的反应是放热反应，可降低二氧化硅还原反应的理论温度，改善二氧化硅的还原条件。冶炼硅铁的硅含量越低，二氧化硅被还原的理论开始温度也就越低。

硅铁生成的总反应式为：

$$SiO_2 + 2C + Fe \Longrightarrow FeSi + 2CO \qquad \Delta G^\ominus = 581546.52 - 359.06T \quad (J/mol) \quad (5-3)$$

从上述反应可知，还原得到 FeSi 比还原得到 Si 容易。

含 Si 大于 33.3% 的硅铁，合金溶液中除化合物 FeSi 外还有纯 Si。因此在电炉冶炼硅 45、硅 65、硅 75、硅 90 时，虽然有反应（5-3）存在，但熔炼反应条件仍取决于反应（5-1）。

实际生产中 SiO_2 的还原过程要比上述反应复杂得多，并分很多阶段进行。一般认为用碳还原二氧化硅时，先生成中间产物一氧化硅和碳化硅，而后再生成硅。生成 SiO 的反应为：

$$SiO_2 + C \Longrightarrow SiO + CO \qquad \Delta G^\ominus = 668213.28 - 326.32T \quad (J/mol)$$

$$SiO_2 + Si \Longrightarrow 2SiO \qquad \Delta G^\ominus = 508403.12 - 221.36T \quad (J/mol)$$

SiO 在高温下呈气态，高挥发性 SiO 的生成常用来解释冶炼硅铁时的气化损失。SiO 蒸气在上升过程中与炉料中的碳相互作用生成 SiC、Si，其反应为：

$$SiO + 2C \Longrightarrow SiC + CO \qquad \Delta G^\ominus = 24597.45 - 16.83T \quad (J/mol)$$

$$SiO + C \Longrightarrow Si + CO \qquad \Delta G^\ominus = 32657.04 - 35.42T \quad (J/mol)$$

未来得及反应而排到大气中的 SiO 造成硅的损失。

碳与二氧化硅直接反应生成 SiC，其反应为：

$$SiO_2 + 3C \Longrightarrow SiC + 2CO \qquad \Delta G^\ominus = 486920.84 - 322.17T \quad (J/mol)$$

解剖硅铁炉时，在上层炉料和焦炭孔隙中发现大量的碳化硅，说明生成碳化硅的反应是完全存在的。当 SiC 遇到铁时很容易被破坏，其反应为：

$$SiC + Fe \Longrightarrow FeSi + C \qquad \Delta G^\ominus = 41449.32 - 38.27T \quad (J/mol)$$

在高温下，SiC 被 SiO_2 和 SiO 破坏，其反应为：

$$2SiC + SiO_2 \Longrightarrow 3Si + 2CO \qquad \Delta G^\ominus = 920677.32 - 441.79T \quad (J/mol)$$

$$SiC + SiO \Longrightarrow 2Si + CO \qquad \Delta G^\ominus = 147166.02 - 72.60T \quad (J/mol)$$

总之，在二氧化硅的还原过程中有一氧化硅和碳化硅产生，碳化硅生成容易、破坏难，未被破坏的碳化硅使炉底上涨。

冶炼硅系合金时，除二氧化硅被还原外，炉料中的 Al_2O_3、CaO、P_2O_5、FeO 也被还原，其反应为：

$$Al_2O_3 + 3C \Longrightarrow 2Al + 3CO \qquad \Delta G^\ominus = 132679.62 - 575.23T \quad (J/mol)$$

$$CaO + C \Longrightarrow Ca + CO \qquad \Delta G^\ominus = 668631.96 - 275.34T \quad (J/mol)$$

$$\frac{2}{5}P_2O_5 + 2C \Longrightarrow \frac{4}{5}P + 2CO \qquad \Delta G^{\ominus} = 356296.68 - 340.47T \quad (J/mol)$$

$$FeO + C \Longrightarrow Fe + CO \qquad \Delta G^{\ominus} = 288051.84 - 295.92T \quad (J/mol)$$

实践证明,在冶炼硅铁的条件下,炉料中 P_2O_5 和 FeO 的还原进行得相当彻底,Al_2O_3 和 CaO 有 40% ~ 50% 被还原进入合金中,其余未还原氧化物则组成炉渣。硅铁虽然是采用无熔剂法、无渣法冶炼,但未被还原的氧化物多少有一些会形成炉渣,一般渣量是合金量的 3% ~ 5%,炉渣成分(质量分数)为 Al_2O_3 45% ~ 62%、SiO_2 23% ~ 46%、CaO 9% ~ 18%。

渣量增加除增加冶炼电耗外,还由于其熔点高(1500 ~ 1700℃)、黏度大,易使炉底上涨,炉况恶化;而且炉渣与硅铁密度相近,生产时渣铁不易分开,易使硅铁中夹渣。因此,应尽量使用纯净的炉料以减少炉渣量。提高硅铁炉渣中 CaO 含量能降低炉渣黏度,有的工厂在排渣困难、炉况恶化时,采取加入适量石灰的办法帮助排渣,以改善炉况,但作为一种权宜措施,石灰不能多加,也不能经常加。

5.4.2 炉内温度区和反应状况

图 5-3 所示为硅铁炉炉膛结构,图 5-4 为高碳锰铁、高碳铬铁、硅锰合金矿热炉炉膛结构示意图。

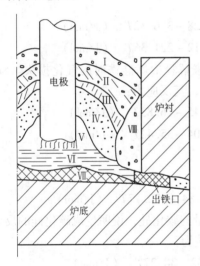

图 5-3 硅铁炉炉膛结构

Ⅰ—新料(预热带,温度低于 1300℃);

Ⅱ—预热炉料(预热带,温度低于 1300℃);

Ⅲ—烧结区,即坩埚壳(温度 1300 ~ 1750℃);

Ⅳ—还原区,即坩埚区(温度 1750 ~ 2000℃);

Ⅴ—电弧空腔(温度 2000 ~ 6000℃);

Ⅵ—合金及炉渣,即熔池区;

Ⅶ—假炉底;Ⅷ—死料区

根据多年生产经验、对炉体熔料的解剖以及对炉膛不同深度的温度估测,硅铁冶炼时炉内可分为以下几个区域:

(1)预热区。预热区在炉料最上层,其厚度随炉子容量大小和集中加料后时间长短的变化而变化,一般为 150 ~ 400mm。该区域炉料一方面受上升的高温气流加热,另一方面被电极传导热及炉料中分电路电流产生的电阻热预热,炉料温度达 500 ~ 1300℃。此区域炉料中的水分被蒸发,硅石晶型转变,体积膨胀,产生裂缝或炸裂,炉料透气性变差,对大炉子影响更大。

在透气性良好的条件下,该区排气均匀,炉气中 SiO、Si 蒸气会被焦炭吸附,进行下列反应:

$$SiO_{(g)} + 2C_{(s)} \Longrightarrow SiC_{(s)} + CO_{(g)}$$

$$SiO_{(g)} + C_{(s)} \Longrightarrow Si_{(l)} + CO_{(g)}$$

生成的液态硅与铁生成硅铁,滴落进入熔池。如果该区料层薄或料层透气性差,温度又过高,炉气中的 SiO、Si 等则不能被炉料吸附,将穿过料层逸出,增加硅的损失;另外,高温炉气未经充分热交换冲出料层,增加热损失。

解剖炉子熔料时,在该区下部可见到 SiO 和小铁珠。

(2)烧结区。烧结区即坩埚壳,处于预热带下部,温度在 1300 ~ 1750℃之间,它延

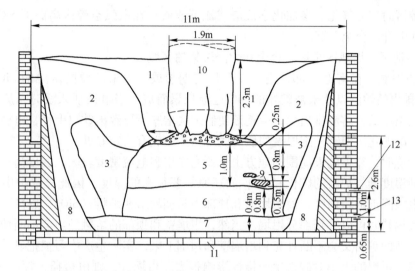

图 5 - 4　高碳锰铁、高碳铬铁、硅锰合金矿热炉炉膛结构示意图

1—松散的烧结料；2—软熔带；3—渣焦混合物；4—焦炭层；5—渣层（有焦炭）；6—渣层；

7—金属；8—死料区；9—电极碎块；10—电极；11—炭砖；12—出渣口；13—出铁口

伸到炉缸边缘与死料区衔接，厚度为 400mm 左右。其厚度随炉温的变化而变化，炉温低时坩埚区小，坩埚壳厚；炉温高时坩埚区大，坩埚壳薄。坩埚壳是硅石中杂质烧结黏在一起形成的；或者是在透气性好、加料均匀、高温气流通过多时将硅石的石英粒熔化，而在透气性不好、炉况较差、高温气流通过少而带来的热量少时，已熔化部分由于温度下降又凝成"硬壳"，进一步影响炉料的透气性和坩埚的扩大。

随着温度升高，SiO_2 能与硅石中 Al_2O_3、CaO 等杂质形成低熔点化合物，使硅石成为黏度极大的半熔态石英玻璃。由于 SiO_2 半熔，与焦炭或炉气等浸润而紧密接触，分子扩散速度比低温固相接触时加快，可进行较多的物化反应，该区的主要反应是生成碳化硅。在坩埚壳内，生成的金属下沉进入坩埚。

此区内炉料烧结，透气性差，应打碎结块料，恢复气体通道，同时增加炉料电阻，这就是冶炼过程中要定期扎眼和捣炉的原因。此区域主要组成物质为：大量细小的 SiC，半熔石英玻璃基体，少量炉渣，SiO、C 及 CO，硅铁小液滴和焦炭。

（3）还原区。该区域是炉膛内进行大量激烈的物理化学反应的区域，即坩埚区，温度为 1750~2000℃，其上部边缘为坩埚壳，而下部与电弧空腔区相连。当炉内温度较高时，三个坩埚的底连成一片，形成统一的炉料坩埚。

由于该区炉料中存在一定数量的 SiC 和焦炭粒，热量高度集中，且与上升的高温高压气流相遇，因此许多化学反应都能进行，其中主要发生 SiC 分解，硅与铁生成硅铁，液态 SiO_2 与 C、Si 的反应等。该区域有许多硅、硅化铁及 SiO_2 含量高的炉渣和 SiC。

（4）电弧空腔区。该区在电极底部空腔内，温度很高，温度为 2000~6000℃。在此温度下 SiC、SiO_2 很容易分解，Fe、Si 明显蒸发气化，形成一股充满许多元素的蒸气流，这股温度极高的蒸气流是维持熔炼过程的重要因素，而蒸气流的成分随上升过程参加的反应而变化，并维持坩埚中连锁反应所需的热量。

电弧空腔区实际是由温度决定的区域。还原区底部的物质逐渐溶入下部合金熔池，通过电弧空腔区时部分气化、参加化学反应或流下成渣。在电弧空腔区高温下 SiC 被破坏，生成的 SiO 上升，合金下沉。

（5）熔池区。熔池区是熔融合金和炉渣聚集的区域。

（6）假炉底。在熔池下部，通常在开炉初期形成，由未还原的熔融的 SiO_2、MgO、Al_2O_3，未排出的炉渣以及未被破坏的 SiC 逐渐积累而成。当电极插入浅时，炉内高温区上移，炉底温度低，熔渣排出少，会逐渐使假炉底增厚，导致出铁口上移，电极上抬，出铁困难，炉况恶化。但有一定厚度的假炉底对保护炉底有一定好处。

硅铁冶炼时，靠近电极周围的地方由于弧光作用和电流密度较大，温度高；远离电极的地方，则温度低。炉料的熔化和 SiO 的还原需要很高的温度，因此硅铁炉中主要的反应集中在电极附近的坩埚区，而坩埚壁和顶部由黏稠的熔融炉料（SiO_2、焦炭、金属）组成，发生大塌料时可以看到部分坩埚。当然，坩埚壁和顶部的熔融炉料会不断熔化、还原进入坩埚，新的炉料又会不断补充到坩埚壁和顶部上来，实际生产中习惯把显著化料的区域称为坩埚。坩埚的大小对硅铁生产指标影响很大。坩埚大，则电极插入深，热损失小，料面透气性好，炉内温度高，反应区域大，产量高，热效率高，电耗低，生产指标好；相反，坩埚小，则产量低，电耗也高。冶炼时应采取各种措施扩大坩埚，保持炉气沿炉口表面均匀逸出。

5.5　硅铁冶炼工艺及异常炉况的处理

冶炼硅铁及硅系合金时采用埋弧操作，电极要插入坩埚内。硅铁炉炉型有固定式和旋转式。近年来广泛采用旋转式电炉，因为炉缸旋转时反应区扩大，炉子下料顺畅，能降低原料和电能消耗，减轻处理炉料的劳动强度，提高生产率。旋转式电炉分为整体式和两段式。炉子多数是圆形的，炉底和炉膛下部的工作层用炭砖砌筑炉衬，炉膛上部则用黏土砖砌筑，采用自焙电极。

5.5.1　硅铁冶炼工艺

5.5.1.1　加配料

硅铁生产是连续作业，根据炉子的下料情况，一小批一小批不断地往炉内加料，并定期排出炉内积聚的合金。准备好的炉料按规定配比准确称量，要按规定的顺序进行配料以使炉料均匀混合，炉料混合均匀与否对冶炼有很大影响。原料密度相差很大，焦炭的密度为 $500 \sim 600 kg/m^3$，硅石的密度为 $1500 \sim 1600 kg/m^3$，钢屑的密度为 $1800 \sim 2200 kg/m^3$，为了使炉料混合均匀，配料顺序为：焦炭，硅石，钢屑。采用这样的配料方法，炉料由料管下降后能较均匀地混合。为使炉料混合均匀，每次只准称量一批，每个料斗的存料量不得超过两批。

料批大小以每批料中的硅石数量为准。一般每批料取 200kg 或 300kg 硅石，前者称为小料批，后者称为大料批。从炉料混合均匀的角度来说，料批越小，炉料混合得越均匀，但是小料批给配料操作带来一定的困难。

将称好的炉料倒入料斗，经皮带或斜桥料车送到炉顶料仓中。根据炉料需求情况，炉料可以从接在炉顶料仓下面的料管直接加到炉内，也可以用加料机加到炉内，小炉子则通常将炉料送到操作平台上，用人工加到炉内。无论采用哪种加料方法，炉料必须混合均匀，炉口料面要保持一定形状。由于炉气从电极周围逸出的通道最短，且电极周围的炉料因下降快而处于较疏松的状态，所以炉气有沿着该处大量逸出的趋势。为此，要把炉料加在各相电极的周围，电极四周应呈现一个宽而平的锥体形状，锥体高度为 $200 \sim 300mm$。三相电极之间的炉口区料面应控制较高一些，呈馒头形比较好，因为此区热量集中、化料快，必须多加些炉料。

向炉内加料的方法一般有两种：一种是少加勤加料法，即根据料面和塌料情况随时向炉内加料；另一种是分批集中加料法，在两次出铁时间内集中加几批料。这两种方法各有特点。

加料时要保持正常的炉面状况，要及时加料，避免炉内缺料或下料过快，要按炉子容量与输入炉内功率相匹配的原则加料。小炉子熔炼硅铁时炉料不能自动下沉，当炉料化空时，电流波动大，电弧声大，炉口火焰加长。此时要由人工用铁制工具（圆钢、丁字耙）把炉料砸下，从熔化区边缘开始向下压料，先将熔化料和半熔料砸下，再把周围热料推向电极附近，盖上新料继续闷烧。大中型电炉炉料可自行下沉，需保持一定的料面高度。

加入炉内的每批炉料应混合均匀，严禁偏加料。当硅石加入过多时，初期电极可能插得深，时间过长就会造成电极周围缺炭，坩埚缩小，电极上抬，料面透气性差并有刺火，甚至给不足负荷，炉况恶化。尤其是当出铁口相电极出现这种情况时后果更为严重，使出铁操作不顺。当焦炭加入过多时，电极易上升，同时其他部位必有缺炭现象，料面会有烧结，透气性差，不利于炉况的正常进行。炉料在炉内分布不均匀会使化学反应不能充分进行，尤其是偏加硅石过多时，使二氧化硅的还原速度减慢，而钢屑较快地熔化，从而使合金中的硅含量较低，甚至可能产生废品。

正确的加料方法是获得良好炉况以及达到高产量、低消耗的关键环节之一。为此，加料时应注意以下几点：

（1）每批料必须混合均匀后加入炉内，不准偏加料。每批料的配比是根据硅铁冶炼的化学反应原理，并结合生产实际情况计算出来的，加入炉内的每批料的组成必须符合批料配比，并均匀地混合炉料，这是保证炉内反应正常进行的重要操作。如果炉料未经均匀混合或任意选择地加入炉内，即通常所说的"偏加料"，其结果是在炉内局部区域造成硅石过剩或焦炭过剩，这两种情况都不利于炉内反应顺利进行，从而使炉况恶化。

（2）炉料要连续地、一小批一小批地加入炉内。这样易于控制料面高度，使加入炉料的组成及分布比较均匀。

（3）必须适当控制料面高度。料面过高则电极上升，料面过低则易塌料，这两种情况都不能充分地利用热量，对炉况产生不利的影响。

（4）加料时要随时观察炉况，如料面透气性和电极动态等，必要时应采取相应的措施进行处理。

（5）应使炉料从与电极垂直的方向加入，但要防止炉料碰撞电极。这种加料方法可使料面成为低料面、宽锥体的形状，不致引起电极波动。

小容量硅铁矿热炉因其炉温较低，熔炼速度较慢，应力求减少热量损失。加料时应注意以下几点：

（1）勤加、薄盖。

（2）随时注意是否有刺火，并在处理刺火后及时加料。

（3）在保持适当的锥体和料面的前提下进行闷烧，直至出铁后将炉料捣下去，再重新加料闷烧。

现在我国硅铁生产的加料方式大多采用加料机加料。加料时应注意以下几点：

（1）以少加、勤加为宜。不能一次加得过多，以便保持良好的料面透气性。

（2）应先从锥体底部向电极根部逐渐加料，这样可以保持炉料的组成分布比较均匀，不致使硅石块滚到锥体底部边缘。

（3）摆动加料机溜槽时，其方向与电极垂直或平行，两种异向投料方式应当交替进行使用，并防止加料机溜槽碰撞电极。

5.5.1.2　炉料分布

料面要保持一定的高度。料面高度对充分利用热量、加速炉内化学反应的进行有很大影响。若料面过高，则电极与炉料的接触面积增加，通过的电流增大，为保持额定电流，需要提升电极，从而使电极插入炉料的深度变浅，高温区上移，坩埚缩小，热量损失增多，化学反应减慢；炉底温度低，排渣情况不好，甚至引起炉底上涨，使炉况恶化；另外，炉料中的硅石滚到锥体底部边缘，其恶劣影响更为严重。若料面过低，则电极插入炉料较深，但由于料层薄，容易塌料，甚至会产生露弧现象；由于料层薄，炉料不能充分预热，热量损失较大，不利于扩大坩埚区。

实践表明，平顶形料面较为合适。这种料面具有合适的高度，锥体宽大并平缓，加入的炉料仍保持正确的组成，布料均匀，很少产生硅石往下滚的现象，因此电极能比较深而稳地插入炉料中，有利于提高炉温和扩大坩埚，炉内化学反应得以充分进行，料面透气性好，炉料预热较好，炉况正常。

料面的高度与冶炼品种、原料条件和电炉容量有关。冶炼硅 45 时，炉料中钢屑数量较多，其导电性较强，电极不易深插，料面应较低，要低于炉衬上部边缘 300~500mm。冶炼硅 75 时，料面高度应低于炉衬上部边缘 100~300mm，小容量硅铁矿热炉的料面高度取下限，较大容量硅铁矿热炉取上限。

应注意较大容量硅铁矿热炉"大面"的料面高度，通常所说的大面是指两相电极间宽敞区域的斜面。大面的炉料距电极较远，温度低，炉料预热差。如果大面的料面过高、压得过厚，则透气性差，导致大面不透气，对于扩大坩埚和加速炉内反应速度势必产生不利的影响。所以，大面的料面要保持一定的高度，以低于锥体 200~300mm 为宜。

5.5.1.3　炉料透气性

炉料透气性是影响炉内坩埚大小的一个非常重要的因素。炉料透气性良好时，不仅能充分利用高温炉气的热能预热炉料和减少硅的挥发损失，而且有利于缩小炉内温度梯度，改善电流分布状况，保证电极深插、稳插，从而提高炉温，扩大炉内坩埚。但是始终保持炉料具有良好的透气性是困难的，例如远离电极处的炉料由于接收的热量较少，炉料很容易烧结成块；此外，当炉内或局部出现还原剂不足时，也会在料层形成黏料或硬料块，在形成黏料和结块处，透气性急剧下降，此时反应产生的大量高温炉气必然以很大压力从电极周围喷出，形成刺火。

冶炼过程中由于种种原因，如料批波动和偏加料等造成炉况不正常、炉料黏、料面透气性不好或电极工作端短，会在某些部位出现刺火。刺火不仅使硅大量挥发，而且造成大量的热损失，严重时烧坏铜瓦，造成热停炉。由于刺火，炉口温度急剧上升，远离电极处的炉料温度更低、透气性更差，更容易烧结成块，由此下去，必然使炉内温度梯度扩大，电极上抬，坩埚更加缩小。此时，应该在透气性较差（即冒火较弱）的料面以及刺火严重的区域扎眼，并根据炉况在大面和锥体下部的发黑区域或刺火区捣炉。

扎眼和捣炉是硅铁冶炼中必需而又十分繁重的操作环节。扎透气眼（扎眼）是用圆钢扎入料面不透气之处，不要挑开，只需松动炉料，引出炉气，这是硅铁冶炼经常采用的增加透气性的一种操作。扎眼的目的是使反应所产生的大量一氧化碳气体较快逸出，增加炉料预热面；增加料面的透气性，扩大坩埚，促进炉内化学反应加快进行；减弱刺火，减少热量损失。扎眼的部位是锥体底部或料面的大面等透气性较差之处以及刺火部位的周围。

硅铁冶炼时，硅石在高温下仍具有很大的黏性，如果不及时捣炉就会影响透气性，产生刺火，使坩埚缩小，炉内反应速度和炉料下降速度均减慢。捣炉是一项增加料面透气性和扩大坩埚容积的重要操作，其目的是挑翻炉内黏结的大块炉料和料面的烧结区，以增加料面透气性，扩大坩埚，促进炉内化学反应加快进行。通常在出完铁之后，原则上要捣一次炉，如果炉况很好，则不必每炉都捣，可采用扎透气眼的方法改善料面的透气性。

捣炉的要求如下：

（1）捣炉速度要快，力求减少热量损失；

（2）边捣炉、边加料或附加焦炭；

（3）捣炉时应将透气性不好的区域全挑开，注意力求少破坏坩埚，捣炉机的圆钢不准碰撞电极和铜瓦；

（4）将捣出的大块黏料推向中心，并盖上炉料；

（5）捣炉完毕应及时加料，使电极较深地插入炉料。

5.5.1.4 电极插入深度

电极在炉料中应有一定的插入深度。当电极插入炉料较深时，热量损失少，炉温高，坩埚大，炉内化学反应速度快，出铁量多，单位电耗低；电极在炉料中插入浅，刺火、塌料频繁，炉口温度高，热损失大，炉温低，坩埚小，技术经济指标也差。在实际操作中为了保证炉内有较大的坩埚，必须设法下插电极，使电极在炉料中有适宜的插入深度，一般电炉的电极插入深度主要与冶炼品种和电炉容量有关，一般为电极直径的1.5倍，电极端部距炉底距离为电极直径的0.67倍，铜瓦下沿距料面高度保持在200~300mm。根据实践经验，冶炼硅75时，较大容量炉子的电极插入深度一般为1000~1400mm，小容量炉子一般为800~1000mm；冶炼硅45时，大容量矿热炉的电极插入深度一般为800~1000mm，较小容量炉子一般以500~800mm较为合适。

根据实践经验，可以通过以下五个方面判断电极插入深度：

（1）电弧响声。电炉冶炼过程中，如果电弧响声很大，说明电极插入炉料过浅。一般来说，电极插入深度超过800mm时电弧响声较小。

（2）塌料和刺火情况。正常配料情况下，如果塌料和刺火现象频繁，说明电极插入炉料太浅。

（3）坩埚区域大小。正常配料情况下，如果炉料下降慢，说明电极插入浅，高温区上移，热量损失大，坩埚区较小。

（4）炉口料面温度。炉口料面温度高，操作条件差，说明电极插入浅。

（5）出铁情况。在正常配料情况下，如果出铁口不易打开，铁水流速慢，温度较低，炉渣发黏，流动性不好，不易排出，说明电极插入较浅。

电极插入炉料深度不够往往是由于焦炭加入量过多或电极工作端过短，此时就要相应地减少焦炭加入量或酌情下放电极。

另外，电气制度也很重要。从加大输入功率、降低电损失、提高电效率的角度来考虑，应选用较高的二次电压。但若二次电压过高，则高温区上移，热损失大，热效率低；若二次电压过低，则热效率高，电效率低。因此，选择二次电压要综合考虑，力求达到最好的总效率，合适的二次电压要根据原料、操作条件和设备特性经过试验确定。炉子容量越大，二次电压越高；炉子容量越小，二次电压越低。例如，12500kV·A电炉的二次电压为149~158V，1800kV·A电炉的二次电压为80~90V。

A　根据电气仪表工作情况判断炉况和设备的运行状况

控制电极，正确维护有关电极的电气设备，根据供电制度合理地调整电极插入深度，使其深而稳地插入炉料，维持正常炉况，是电极操作工作的基本任务，其操作时应注意：

（1）如果电流表的指针波动较大，预示炉况较黏，如进一步给不足荷负，则证实炉况过黏。电流表指示电流增大，这是炭量大的趋势，如果电极进一步提升电流仍不下降，甚至三相电极均接近于上限，则说明炉内碳含量过高。

（2）如果炉况较好，电流表指针比较平稳，但却给不足负荷，说明电极工作端过短，应配合冶炼人员做好下放电极的工作。

（3）如果炉况较好，而电极向上或向下的操作无效，说明抱闸失灵或线路发生故障，应立即处理。

（4）应特别注意出铁口相电极的控制，总的原则是该相电极不要轻易上抬，以免影响出铁操作。如出铁口相电极的电流较大，可用其他两相电极调整，如仍无效则可提升该相电极。

（5）冶炼中要求各相电极的插入深度大致平衡、耗电量大致相近，力求少调整电极。一般情况下，调整电极时要缓慢地下降或上升，不要急降或猛抬，更不要频繁地调整。在操作中可以根据各相电极的工作情况和下插深度互相调整，当某相电极的电流较大时，应适当控制一会再提升。

B　出铁前后电极的调整

（1）出铁前20~30min，炉内已存积较多的铁水，电极容易波动，这是必然现象。此时电极不应过深地插入炉料，尤其是避免出铁口相电极波动较大，应尽量少调整，可用减少其他两相电极电流的方法来平衡，此时操作人员要集中精力，以防跳闸。

（2）一般情况下，出铁时随着炉内铁水流出，电流明显下降，尤其是出铁口相电极的电流下降最为显著。出铁前期不要忙于下降出铁口相电极，应在出铁后期缓慢下降此相电极。出铁期随着铁水外流，应下降其他两相电极并给足负荷，但要注意防止跳闸。

（3）出铁完毕，给足负荷。

C　常见事故

（1）若未打开出铁口，而出铁口相电极的电流突然下降，随后其他两相电极的电流也下降，说明出铁口没有堵牢固而跑眼。

（2）若炉况正常，某相电极的电流突然增大，立即上升电极时电流仍不降低，说明电极可能下滑，应立即停电处理。

（3）若炉况正常，某相电极的电流突然增大并听到打弧响声，说明可能是电极硬断，应停电处理。

（4）若冶炼过程中，尤其是在下放电极后不久，某相电极的电流突然增大并有大量浓烟冒出，说明电极产生流糊或软断，应停电处理，如果是软断，则不要提升该相电极。

（5）发现铜瓦打弧时应立即停电或降低负荷，以防烧坏铜瓦。

（6）修出铁口时利用烧穿器烧出铁口，电流波动较大，如果瞬时电流剧增，很快会恢复到原负荷，此时可不必立即提升电极。

D 降低电耗的措施

冶炼硅75的单位电耗占生产成本的60%～65%，冶炼硅45的单位电耗占生产成本的50%～55%，因此，降低电耗是降低硅铁生产成本的关键之一。

根据初步计算，冶炼硅75的理论电耗为6850～7050kW·h，可是实际生产中的电耗为8200～9000kW·h，热量损失为16%～18%（包括电损失在内），可见热量和电量的损失很大，这与操作水平、设备维护、原料条件、供电制度和矿热炉设计均有很大的关系。下面介绍一些与生产有关的降低电耗的措施：

（1）精心维护炉况，使电极深而稳地插入炉料，从而扩大坩埚和提高炉温，保持料面有良好的透气性，力争减少刺火和塌料现象，减少热量损失。

（2）加强对设备和电极的维护，减少热停炉时间。硅铁冶炼是连续性生产，若热停炉的时间较长或次数较多，则恢复正常炉况的时间就较长，例如，热停炉1h，约用2h提高炉温使之达到正常炉况，这样将少出一炉铁；热停炉2h，将少出两炉铁，而硅铁的单位电耗势必增加。

（3）原料条件。精料对降价硅铁的单位电耗具有重要的意义。冶炼硅铁用的焦炭要求粒度合适，在高温下具有高的电阻，以便于电极深插。冶炼用硅石则要求具有较好的热稳定性，防止高温下过早碎裂而破坏料面透气性，如果条件允许，硅石应水洗，各种原料的化学成分应合格。

（4）选用合适的供电制度。二次电压过高，虽然输入功率大，但由于电极插入浅，热量损失多，单位电耗升高；二次电压过低，虽然热量损失较少，但由于输入功率较低，炉温低，产量较少。因此，要选用较合适的二次电压进行冶炼。同时，控制合理的功率因数也很关键。一般说来，功率因数越大，电能利用越充分；但对热效率的应用却不充分，炉内刺火多，反而导致电耗增高。所以，一般变压器没有补偿的功率因数控制在0.65～0.75，也可通过二次补偿来提高电能的利用，使功率因数达到0.8～0.95。

（5）加强回炉铁的回收工作，杜绝浪费现象，提高产量，降低电耗。

5.5.1.5 出铁

随着冶炼的进行，炉内积存的铁水越来越多，到一定的时间就应打开出铁口，将铁水放出，否则大量导电性强的铁水在炉内积存，会使电流上涨，电极上抬，造成操作困难。当炉内铁水积存量增加时，电极向上强烈窜动，可根据这一情况判断出铁时间。

A 出铁次数的确定

出铁次数应根据炉子容量、冶炼牌号来确定。出铁次数过多，有利于电极下插，炉况好掌握，炉口操作条件好，但热损失大，合金在出炉和浇注过程中的损失增大；出铁次数过少，则炉内积存铁水过多，电极插入深度变浅，二氧化硅的还原过程变慢，炉口温度高，硅的挥发损失增加。炉子容量越大或者冶炼品种硅含量越低,则出铁次数越多;反之,则越少。一般 10000 ~ 30000kV·A 电炉冶炼硅 75 时,8h 出 3 ~ 4 炉,冶炼硅 45 时出 5 ~ 6 炉。

B　出铁前准备工作

出铁前应准备好开、堵炉眼的工具及泥球。堵眼材料是掺有焦炭粉或电极糊的黏土,将其做成锥形泥球。用圆钢清除出铁口处的残渣、残铁及炉眼四周的泥球,清扫干净出铁口流槽,并检查铁水包是否符合要求。

C　捣开出铁口

在炉眼中心线上部用圆钢捣开炉眼,此法既经济,又能防止出铁口相电极的波动。炉眼比较难开时,可用烧穿器烧开,此法既消耗电能,又影响出铁口相电极的插入深度,对炉况不利。对于新出铁口大多采用氧气烧开,但必须注意安全。曾在 6.3MV·A 电炉上测试过,烧穿器工作电压为 120V,烧穿器炭精棒上通过的电流为 4000A,使用烧穿器1min 则耗电 8kW·h;若用氧气烧,则能耗更高,且影响产品质量。炉眼应外大内小、呈圆形。开炉眼时严禁乱捣乱烧,特别是严禁在炉眼中心线下部乱捣乱烧,以免使炉眼产生坑洼,破坏炉眼内小外大的形状,给堵眼造成困难。出铁过程中由于铁水的冲刷,炉眼会自行扩大,因此炉眼刚捣开时,特别是新炉眼刚捣开时,不宜开得过大,否则流股太大,炉渣难以带出,且易冲坏铁水包。一般在铁水铺满包底或达铁水包的 1/3 时,再用圆钢逐步扩大炉眼。

D　出铁排渣

出铁时铁水温度视硅铁的硅含量,在 1500 ~ 1800℃ 之间波动。出铁口打开后,如果铁水流速过快,可用头部带有石墨棒的圆钢挡一下,以防止烧坏设备;如果铁水流速过慢,可用圆钢捅引几下。新出铁口第一次出铁时操作要仔细,使铁水流速慢些,待出铁口流槽的电极糊焦化后,再把出铁口开大。由于高温铁水的冲刷和空气的氧化烧蚀,出铁口很容易损坏。实践证明,炉体的使用寿命往往取决于出铁口的使用寿命,为延长炉体的使用寿命,出铁口要维持通畅、大小合适;出铁口的位置要正确,对准一相电极,必须正确使用和维护出铁口。

硅铁炉渣熔点高、黏度大,较难排出。炉况不正常时,黏稠炉渣更难排出,造成炉内积渣过多,影响电极下插,缩小坩埚,使炉料透气性变差,出铁困难。因此,出铁过程中应力求多排渣。炉况良好时,随铁水外流能自动带出部分炉渣,但为了多排渣和防止炉眼被渣封住,在出铁后期应用圆钢或竹竿拉渣。

炉眼打开后,根据铁水外流和负荷情况逐步下插电极。必须在额定电流范围内下降电极,不准超负荷地强下,以防跳闸而损坏电气设备。出铁口相电极在出铁前期应尽量保持不动;整个出铁期严禁提升该相电极,以防塌料和影响出铁;出铁后期可以缓慢地下降该相电极。出铁时为防止表层铁水凝固,可加炭粉保温。

出铁时间不应过长,通常为 15min 左右,出铁结束的标志是淡白色炽热炉气从炉眼自由外逸,这是由于一氧化硅在出铁口处氧化成二氧化硅而产生的。出铁后期用圆钢将出铁口烧圆,保持出铁口内小外大的形状,并清除黏于炉眼处的残渣,为堵眼做准备。

E　出铁口维护

出铁口是矿热炉的关键部位,出铁口工作正常与否对冶炼过程有很大的影响。因此,要正确使用和维护好出铁口,可采取以下措施:

（1）开出铁口时尽量用圆钢捅开，少用烧穿器和氧气烧，以保持出铁口形状不被破坏。

（2）开出铁口时要向出铁口中心线上部开，不准盲目乱开或乱烧。

（3）开、堵出铁口都应保持其内小外大的形状。

（4）将出铁口附近的黏渣消除后才可以堵出铁口。

（5）出铁口一定要深堵，不能使炉内的铁渣积于出铁口内，以防侵蚀与冲刷出铁口。

（6）若炉内存渣过多或者正在出铁时塌料而阻碍铁水流出，应用圆钢带渣以便于铁水流出。

（7）当炉况过黏，从出铁口喷出的高温炉气压力过大，难以堵好出铁口时，可以稍许提升出铁口相电极，以减少炉气压力。

（8）为了使出铁口易开，并避免出铁口"跑眼"，炉前工应根据炉况与出铁口状态选用合适的堵眼材料。

（9）定期轮换修理出铁口，保证修砌质量。

（10）在冶炼过程中尽量少用石灰处理炉况，以减少对出铁口的侵蚀和冲刷。

a　出铁口烧穿

出铁口烧穿是指铁水从出铁口周围某一缝隙处穿出。出铁口烧穿，往往会烧坏炉壳和出铁设备，并且需要停电进行处理。所以，必须防止这种事故发生。

出铁口烧穿的原因如下：

（1）忽视出铁口附近砌体的砌筑质量，尤其是炭砖砖缝间的电极糊不饱满、打结质量较差。

（2）出铁口长期堵得深度不够或经常加入石灰处理炉况，使出铁口附近的炭砖侵蚀严重。

（3）修理出铁口时电极糊未灌满，铁水从电极糊和炭砖缝穿出。

（4）出铁口维护不好，下部产生凹陷，使出铁口不易堵牢，铁水便从该处经炉底与流槽炭砖间的接触地方漏出，从而烧穿出铁口。

防止出铁口烧穿的方法如下：

（1）砌炉时要特别注意出铁口附近砌体的砌筑质量。

（2）出铁口的电极糊要灌满捣实，使之与炭砖烧结成一体。

（3）维护好出铁口及流槽。

（4）尽量不用石灰处理炉况。

（5）冶炼中如发现出铁口附近的炉壳局部发红，应立即处理。

出铁口烧穿的处理方法如下：

（1）立即打开出铁口。

（2）将烧穿部位的金属和炉渣清除后，再用电极糊灌满捣实。

（3）根据出铁口损坏情况进行修理，必要时应停电，更换出铁口附近的炭砖并及时处理。

b　跑眼

由于某种原因出铁口尚未打开铁水就自动流出，这种事故称为跑眼。

产生跑眼的原因如下：

（1）出铁口堵得不够深或没有堵实。

（2）出铁口相电极插入炉料过深，出铁口附近的温度过高，使堵出铁口的材料熔化或被侵蚀掉。

（3）出铁口附近炉衬的炭砖侵蚀严重、厚度减薄，尤其是经常加入石灰处理炉况，对出铁口的侵蚀更为严重。

（4）堵出铁口泥球中的电极糊配入数量过少。

（5）堵出铁口前，出铁口中铁水和炉渣没有清除干净，造成高温后软化。

（6）冶炼时间长，未能按时出铁，堵出铁口的材料经受不住长时间的高温作用。

针对上述产生跑眼的原因分别采取相应的措施，就可以防止跑眼事故。

暂不使用的出铁口下面应放置铁水包，浇注铁水后立即将铁水包推到出铁口下面，以防止跑眼时铁水流入坑内和烧坏钢轨。

c　出铁口修理

为了使出铁口经常处于正常状态，出铁口在使用一定时期后（较大容量矿热炉的出铁口通常使用2～3周）需要进行修理，修理方法如下：

（1）封出铁口。出完铁水后，用较大的干泥球尽量堵深，再用电极糊或配有较多电极糊的泥球堵牢。

（2）封好出铁口后，经过15～25h，开始用烧穿器烧大出铁口，应将前次修理时所填灌的电极糊全部烧掉，然后烧深、烧大。

（3）出铁口烧好后，首先用电极糊铺好出铁口流槽，再将一根与炉眼直径相等的钢管放在出铁口正常位置上，如图5－5所示。

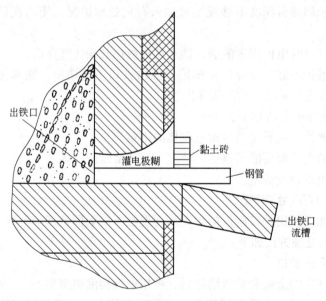

图5－5　修理出铁口示意图

（4）灌电极糊并且捣实。可在出铁口外部先砌2～3层黏土砖层，即出铁口拱砖，然后边砌黏土砖、边加电极糊并捣实，直至灌满为止。待电极糊经烧结下陷后再补灌电极糊，使其与出铁口炭砖结成一体。

（5）出铁口流槽炭砖一般都在修出铁口前或正在维修时更换,更换炭砖时要特别注意出铁口炭砖与炉底炭砖间缝隙处电极糊的打结情况。如果出铁口炭砖能够继续使用,则不必更换,可在其上铺一层加热过的电极糊,经木柴（或热渣）烘烤焦化后再铺一层砂子。

在修出铁口过程中以及在出铁口使用之前的一段时间内,出铁口下面要一直放置铁水包,以预防跑眼。

F　堵眼

要选择与出铁口相适应的堵耙和泥球。第一个泥球应经过烘干,将泥球托到出铁口前端,用堵耙小心地推至出铁口深处,然后再堵其他泥球。如堵上几个泥球后仍有铁水流出,则必须扒开重新堵。出铁口不应堵满,外部一般应留有 50~100mm 的余量。炉前操作人员应经常检查出铁口发红情况,发现有跑眼迹象时应补堵一两个泥球,同时通知冶炼人员并说明情况,以便于处理。开、堵出铁口时,操作人员应穿戴好保护品以防铁水喷溅烧伤。堵眼后应将炉眼和流槽内的渣铁清除掉,以利于下次开眼。

5.5.1.6　合金浇注

盛铁水用的铁水包内衬用黏土砖砌筑,并用耐火泥和焦末混成的泥浆涂抹,以便清渣。铁水包必须经烘烤升温后使用。

浇注前,应将锭模打扫干净,保持干燥,在铁水流头冲击处平置一成品硅铁,或用粒度为 200~300mm 的同品种成品垫好锭模（应放在锭模侵蚀较严重的部位）,以减轻锭模被侵蚀程度。要做好铁水保温、挡渣和扒渣工作。在出铁过程中,为防止铁水包内铁水表面凝结和减少硅铁在铁水包内的凝结（即挂包铁）数量,应不断地加盖焦炭粉保温。出完铁之后,在铁水包流嘴上插入一块干燥的大块炉渣挡渣,或加入一根石墨棒挡渣,以防止浇铸时炉渣进入铁水。为确保质量,最好在浇注前将上层炉渣扒掉,以减少和防止炉渣进入铁水。

出完铁后应立即浇注,以免降温和减少铁水包内铁水的凝固数量,提高铁水包的使用期。浇注温度不宜过高,否则会造成铁水黏模,致使成品表面不平;同时,浇注温度高对锭模的侵蚀较为严重。为了减少硅铁的偏析和加速冷却,使其表面光滑,采用两次浇注。但是如果渣量较多,加上挡渣和扒渣操作不当,两次浇注中间可能有微弱夹渣,因此应予以充分注意。

浇注速度不要过快,否则铁水会喷溅,并会影响铁锭厚度的均匀性。不可固定在一处浇注,应不断地反复移动位置浇注,以防止黏模和减少偏析现象。浇注第一遍时,包内铁水较满,浇注时应稳、准,力求缓慢并注意安全。成品脱模后,立即用石灰浆或石墨粉溶液涂模,适量地用水冷却,以备下次浇注使用。

浇注完毕后,应立即彻底扒除铁水包内的挂渣,并检查它的冲损程度,以决定能否继续使用。如果冲损不太严重,则可以继续使用,并且摆正铁水包在小车上的位置,将它推至出铁口下。合金冷凝后,清理与铁锭牢固黏在一起的炉渣是很困难的,因为炉渣比硅铁先冷凝,所以应该在硅铁冷凝前将渣从锭模中清理出来。

浇注结束后,当合金锭冷凝成樱桃红色时,用吊车把合金从锭模中吊出,放到冷却台冷却。若继续在模中冷却,合金锭就会分裂成几块,给吊运造成困难。冷却后的合金锭破碎成块,硅铁精整必须严格按国标进行,硅铁应呈块状交货,黏附在硅铁产品上的涂料厚度不超过1mm,硅铁内部及表面均不得带有非金属夹杂（渣）。精整下来的不合格硅铁可回炉使用，精整好的硅铁包装入库，不得露天堆放。

硅铁标准规定了硅含量的波动范围。硅铁的取样方法正确与否，即取样的代表性如何，直接关系着产品质量的判定。实践表明，硅铁应当在浇注过程中取样，其硅含量具有代表性，且偏析度较小，不能从出铁口接样或由铁水包中取样。

较大容量矿热炉冶炼硅75时，一般为两次浇注。第一次浇注，在中间两个模各取一个样；第二次浇注，也在中间两个模各取一个样。将这些样混合在一起，作为本炉的总试样。这样取样其成分具有代表性，因为第一次样正好是铁水包上半部中间位置的铁水，第二次样正好是在铁水包下半部中间位置的铁水。冶炼硅45采取一次浇注，在中间锭模取液体样即可。

取样时应采用碳质的样勺和样模，以免液体硅铁熔化样勺，影响分析准确度。如果无法取液体样，可在硅锭对角线三或四等分线的中点取固体试样，每点的重量要大体相等，混合在一起，作为本炉硅铁的总试样。

浇注硅75之后，在凝固过程中，尤其是在铁水温度高的情况下，铁锭内部未凝固的液体突出表面层而冒出，这种现象称为冒瘤。冒瘤铁凝结在硅铁锭的表面上，一般呈褐色，其硅含量多数较低，为60%～70%。

冒瘤铁产生的原因是：硅铁在浇注后冷凝时，由于液体合金表面和模壁、模底散热较快，先由合金表面和模壁、模底开始向内部凝固。合金凝固后体积缩小，此时对锭内未凝固的液体产生压力，当压力达到一定程度时，内部的液体合金便由表面凝固层的薄弱部位冒出，产生冒瘤铁。有关资料表明，硅75是由硅化铁（Fe_2Si_5 或 $FeSi_2$）和自由硅所组成的合金。硅的熔点较高，冷凝时先凝固；硅化铁的熔点较低，后凝固，所以硅化铁容易冒出。因此，冒瘤铁硅含量较低，与空气接触会被氧化，呈褐色。

冒瘤铁的危害如下：

（1）冒瘤铁中硅含量较低，使合金成分不均匀，偏析度较大。因此，硅铁产生冒瘤现象，应将其清理掉才准入库。

（2）冒瘤铁影响硅铁表面的光滑性。

（3）由于冒瘤铁铁含量高，长期储存容易被氧化和粉化，造成合金损失。

防止产生冒瘤现象的方法如下：

（1）尽量少用石灰处理炉况，防止铁水温度高，减少产生冒瘤现象。

（2）尽量不用石灰浆涂锭模，因为石灰遇高温产生氢气，会助长冒瘤的形成。采用石墨粉铺模较好。

（3）浇注结束后立即冲水进行强制冷却，使合金表面加快凝固，减少冒瘤。

（4）采用二次或多次浇注法，浇注时注意保持较薄的厚度，均有利于减少冒瘤现象。

5.5.1.7 合金的偏析及粉化

硅铁冷凝时硅先结晶，其因密度小而上浮，密度大的硅化铁下沉。即在凝固后的硅铁锭中，锭的上层硅含量较高，锭的下层硅含量较低，产生偏析。偏析使合金成分测定不准，给用户带来困难，严重的偏析还会增加合金锭的分裂倾向。为了减少偏析，可降低铁水浇注温度，减少铁锭厚度，加快铁锭冷却速度。通常浇注硅75时，采用深度低于100mm的浅锭模浇注，可减少偏析现象，因此硅75锭的厚度不大于100mm。硅45的硅含量较低，偏析现象少，同时它的脆裂性大，如果用浅锭模浇注，冷却后易碎块，脱模和入库损失大。所以，硅45采用深锭模浇注，但锭模厚度应小于150mm。

硅铁在存放及运输过程中会出现粉化现象，粉化时产生具有大葱和臭鸡蛋味的气体，当硅铁存放于潮湿空气中时，粉化趋势更为强烈。硅铁粉化是严重的质量问题，粉化的原因是含硅53.5%~56.5%的ξ相在冷却时共析转变为$FeSi_2$，这种转变使体积显著膨胀而引起硅铁的粉化。硅铁中由于含铝、钙、磷、砷等杂质，这些杂质多以磷化物的形态存在于晶界，在硅铁粉化时空气中水分渗入，与晶界的磷化物反应生成有毒和可燃烧的PH_3、P_2H_4和AsH_3气体，使晶界彻底破坏，当有P_2H_4存在时，能自燃。当硅铁中硫含量超过0.01%且有钙存在时，硅铁的粉化和气体的生成也是由于硫化物和碳化物引起的。

为避免硅铁粉化，应避免生产含硅50%~60%的硅铁，并减少铁锭的厚度以加速硅铁浇注后的冷却，避免因硅的偏析而引起硅铁粉化。硅45上部硅含量的增高和硅75下部硅含量的降低，均可使硅含量达到引起粉化的临界值，可用过冷的办法阻止ξ相变。

磷、铝、钙、砷对硅铁粉化影响极大，其中以磷和铝的影响最大。因此，硅铁应在通风良好的条件下储存及运输，且要防止受潮。

5.5.1.8 冶炼品种的转炼

根据生产计划，改变冶炼品种时必须依照操作规程进行。

炉子由冶炼硅45转炼硅75时，在转炼前2~3班开始下放电极，保证电极有足够长的工作端，且能深深地埋入炉料中。在转炼前8h内降低料面300~400mm。在加完硅45炉料后，加入不带钢屑的炉料3~4批；彻底出完最后一炉硅45后，继续加入不带钢屑的炉料，其加入批数直至铁水成分符合硅75规格为止。最后一炉硅45出完后，经2~3h进行过渡出铁。在出铁时可根据试样分析结果，往铁水包里加入废钢以调整硅量，并确定以后往炉内加入不带钢屑炉料的批数。

由硅75转炼硅45时，8h内降低料面300~400mm。在最后一炉硅75出炉后，根据炉子容量沿电极周围和整个炉口冒火区加入钢屑（12500kV·A硅铁炉加入的钢屑量为2.5~3t），再加入冶炼硅45的炉料。由于炉内死料区的熔化，开始改炼时，料批中钢屑的数量宜比正常配料时稍高。往炉内加完钢屑1~1.5h后可出第一炉硅45。改炼硅45时，炉内积存的黏稠渣会大量排出，因此要检查出铁口和准备较多的铁水包。

冶炼硅45的特点如下：

（1）炉料中钢屑数量较多、导电性强，电极插入深度比冶炼硅75时浅。较大容量矿热炉的电极插入深度为800~1000mm，较小容量炉子的电极插入深度为500~800mm。因此，料面高度应该低些，较大容量矿热炉的料面应低于炉衬上部边缘400~500mm，较小容量炉子则为300~400mm。由于电极插入炉料浅，不宜采用较高电压冶炼，应采用较低的二次电压冶炼。如采用较高的二次电压冶炼，则热量损失较大，而且可能因铁含量高而造成废品。

（2）炉料中钢屑数量较多，冶炼反应速度快，加料速度一定要适应，要勤加、少加，保持炉内不缺料，尤其是炉心不准缺料，以便稳定电极和减少热量损失。

（3）炉料中钢屑数量较多，坩埚中钢屑较少，塌料和大刺火现象较少，出现的多是小刺火，料面均匀且较快地下沉。料面的透气性好，而且比较宽松。透气眼不要扎得过勤，防止电极波动。捣炉次数不宜过多，每8h捣1~2次即可。冶炼硅45时炉口温度要低，以便于操作。

(4) 炉料导电性强，电极容易上升，所以电极工作端不要过长，防止电极升至上限而引起跳闸。

(5) 炉料中钢屑数量较多，冶炼反应消耗热量少。因此，冶炼硅45的单位电耗低、产量高，其产量比冶炼硅75时约多80%。

冶炼硅45，每8h出炉5次。此外，硅45流动性较好，对出铁口冲刷比较大，出铁口使用期比冶炼硅75时短。

5.5.2 炉况正常的标志和不正常炉况的处理

硅铁是一种难以冶炼的铁合金品种，操作要求严格，炉况波动大、难控制。因此，正确判断炉况和及时处理炉况是相当重要的。

硅铁炉炉况正常的主要特征是：负荷稳定，三相电流基本保持平衡；电极深而稳地插在炉料中；料层松软，透气性好，炉心冒火大，全炉均匀地冒浅黄色火焰；料面高度适中，锥体宽；很少有刺火、塌料现象；电极周围料面略有烧结，捣炉时块料呈黏团状；炉料均匀地自行下沉，炉口温度低；炉眼易开，出铁均匀，出铁、出渣顺利；出铁后期从出铁口喷出的炉气压力不大，炉气自然逸出，温度正常；炉眼易堵；合金成分稳定，产量高。

实际生产中往往由于原料称量不准，原料成分、粒度、水分含量发生变化或波动，操作处理不当，电压波动，热停炉等原因，造成炉况不正常。其中，还原剂波动大是造成炉况不正常的主要原因。

5.5.2.1 还原剂不足及处理

炉内还原剂不足、料面透气性不好的情况称为"炉况发黏"或"炉况黑"，即料面光泽较暗。还原剂不足时，硅石得不到充分还原而产生硅石过剩，炉内生成一氧化硅，造成硅损失，一部分过剩的二氧化硅成为液体与原料中的杂质一起渣化，使炉况变差。主要炉况特征是：电极工作不稳定，负荷波动较大，仪表不好操作，电流表指针摇摆频繁，有时还出现给不足负荷的现象；炉子吃料慢，炉料发黏，透气性不好；捣炉时黏料多，刺火严重，并难以消除，炉口温度高；料面冒火少，火焰短小且微弱无力，炉内死气沉沉，有的地方发黑、不冒火；炉料黏在电极上，抬电极可见拉长的玻璃丝状物；出铁时炉眼难开、难堵，出铁口黏渣，排渣困难；炉内气体压力大，出铁口有喷火现象；合金硅含量低，出铁量少。确定是还原剂不足时，应稳住电极，加强操作管理，勤扎眼，彻底捣炉，在捣炉时根据实际情况附加一定量的焦炭，并在料批中增加焦炭用量。

较大容量的电炉炉况发黏时，可采取以下措施：

(1) 若炉况发黏，炉渣排不出去，出铁口不畅通，则在出铁前应向出铁口相电极附近加萤石100～200kg，以稀释炉渣。

(2) 若炉况过黏，电极插得浅，炉底温度低，炉渣不易排除，则可加石灰300～1000kg，以稀释炉渣、扩大坩埚和提高炉温，逐渐消除炉况发黏的现象。

若较小容量的电炉炉况发黏，捣炉时可将黏料挑出，并且附加些焦炭；出铁口不好开时，可用氧气烧眼，扩大出铁口，以利于炉渣排出。

炉况发黏是炉况不正常的现象之一，处理也比较困难，处理后需8～16h或更长的时间才能恢复到正常状况。因此，操作人员要经常观察炉况，及时调整不正常的炉况，从而减少炉况发黏现象的发生。

5.5.2.2　还原剂过剩及处理

还原剂过剩就是加入炉内的焦炭多于还原二氧化硅所需的焦炭数量，这种情况又称为"碳大"或"炉况白"。当还原剂过剩时炉内会产生碳化硅，碳化硅既悬浮在金属相中，又悬浮在氧化物中，因而提高了熔体的黏度，导致炉渣难以排出。还原剂过多还会提高炉料的低温导电性和降低炉子的电阻，此时电极自动调节装置就会使电极向上提升，从而减小了电极插入深度，增加了电极端部至出铁口的距离，加剧了由于生成碳化硅而造成的出炉困难程度。还原剂过剩的主要特征是：炉料导电性大，电流大而稳定，电极上抬；炉料松散，火焰长，刺火、塌料严重，刺火时大面发黑，塌料后电极表面无黏料，捣炉时料层松，像生料；后期电极插入浅，能清楚地听到电弧响声，炉料难以遮住弧光；锥体边缘炉料结成硬块；出铁口难开、难堵，出铁量少，铁水温度较低，排渣困难。当发现还原剂过剩时，应在料批中减少焦炭用量，但切勿处理过急，若碳化硅生成过多，可加少许钢屑破坏。还原剂过剩严重时，可在电极周围适当补加一些硅石。

5.5.3　封闭电炉及操作

用旋转电炉冶炼硅铁有很多工艺特点，如炉缸同炉料一同旋转时，电极对炉料做相对运动，坩埚位置随时都在变化，使反应面积扩大一倍，见图 5-6；炉子下料顺畅，同时有 65% 的炉料都加到电极趋向的那一面。实践证明，对于旋转炉，还原剂的过剩量要比相同条件的固定式电炉低 30%，用于均衡炉料电流而附加的焦炭大部分加在电极离去的那一面。由于旋转电炉电极插得深，炉底加热良好，碳化硅破坏彻底，硅的挥发损失减少，排渣顺利，从而有利于改善炉况和延长炉衬寿命。

正确选择炉缸旋转速度是很重要的。转速过大，则电极不稳，炉口操作困难，出铁口不好维护，技术经济指标变差；转速过低，则旋转效果不明显。合理的旋转速度可根据式 (5-4) 计算确定，此公式是根据电极周围炉料的熔化速度而确定的。炉缸转动一周所需要的时间 $t(\mathrm{h})$ 为：

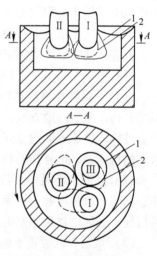

图 5-6　电炉熔池示意图
（箭头表示炉缸旋转方向）
1—固定炉熔池；2—旋转炉熔池

$$t = \frac{\pi D_{\text{心}} k D h \rho c}{Ng} \tag{5-4}$$

式中　$D_{\text{心}}$——电极极心圆直径，m；

　　　k——炉缸内被电极熔化了的炉料的截面与炉料内电极投影面之比，由所炼合金决定，对硅 45k 为 1.2，对硅 65、硅 70、硅 75k 为 1.4；

　　　D——电极直径，m；

　　　h——电极插入料中的深度，m；

　　　ρ——熔化区炉料的密度，其值等于 2.25t/m³；

　　　c——两电极间熔化区炉料中主要元素的含量，冶炼硅及其合金时为 0.55~0.7；

　　　N——每相电极 1h 耗电量，kW·h；

　　　g——单位电耗时合金中被还原元素的质量，t/(kW·h)。

按照式(5-4)计算出来的速度与生产实践基本相符。对容量为21000kV·A的电炉，冶炼硅75时每转一周需要90h，冶炼硅45时每转一周需要70h。

单方向旋转的炉缸会使电极一面严重烧损，生产操作十分困难，技术经济指标变差。因此，炉缸的旋转应当是可逆的，转动角为70°~90°，这样才能保证碳化物得以破坏，炉料得到疏松，出铁口作业稳定，出铁、出渣顺利，电极工作条件得到改善。

硅铁封闭炉的炉缸结构与敞口炉没有差别，因此，在敞口炉和封闭炉炉缸内发生的冶炼过程的特点也是一样的。

保证封闭炉顺利运行的主要工作在于：保持炉盖下的压力(应为0~4.9Pa)，不允许出现负压；保证料管内的炉料均匀下降，防止气体从料管喷出以及灰尘堵塞炉盖下面的空间和炉子烟道。

为了保证封闭炉内还原过程的顺利进行，在其他条件相同时，必须限制能够产生冷凝物的气体进入炉盖下面的空间。为此，下料管及下料嘴必须用炉料封住，炉上料斗中的炉料不能少于料斗容积的1/3。

炉盖下气体温度应在500~600℃之间，不能超过700℃，烟道内的温度低于200℃。斜烟道进口处的负压应为49~196Pa，洗涤塔为196~392Pa，文氏管的负压大于15690Pa。

封闭炉常见的不正常炉况除敞口炉上常见的以外，还有下列几种：

(1) 下料管悬料。其特征是：在此区域炉内气体温度升高，炉盖和下料管冷却水的温度升高，悬料的地方气体逸出困难。这有可能导致料面开裂，弧光外露，炉盖和下料管严重过热，炉盖下面的空间被堵，甚至把炉盖和下料管烧坏。为了扭转炉况，需要把该下料管的料疏通，把悬挂的料通下去，再往下料管里加几小批焦炭。

(2) 还原剂不足。其特征是：炉盖下气体的含尘量增加、温度上升。若长期缺炭操作，则烟道口被堵塞，炉盖下气体压力升高，结果炉盖下面的空间也被堵塞。为了扭转这种情况，必须增加还原剂的配入量。

(3) 烟道口或炉盖下面的空间被堵塞。其特征是炉盖下面的气体压力升高。为了降低压力，必须清理烟道口和炉盖下面的空间。

(4) 炉盖下两点之间的压差若大于19.6Pa，说明炉盖下面的空间被堵塞或者出现了隔墙。炉盖下面任何地方都不允许出现负压，否则空气将进入炉内，气体在烟道燃烧，炉盖下和烟道的温度升高。若造成二点间压差增大的原因被消除后压力仍大于正常压力，则需要清理炉盖下面的空间。

(5) 炉盖下气体中氢含量升高时，说明原料湿度增加或料管发生漏水。若氢含量超过20%，则必须停炉消除漏水事故。

当任何不正常炉况出现后，必须及时查明原因，排除引起事故的根源，同时还需检查还原剂的配比和称量设备的准确性。

5.5.4　硅铁精炼

随着科学技术和材料工业的发展，对钢材质量提出了越来越高的要求，这就要求提供铝、钙、碳、磷、硫等杂质含量极低的高纯度硅铁。为了提高硅铁质量，满足冶炼特殊钢的要求，国内外对硅铁精炼做了大量研究，生产出$w(Al) < 0.01\%$、杂质含量很低的硅铁。传统的精炼方法大致分为合成渣氧化精炼和氯化精炼两类。前者与后者相比，精炼工

艺和精炼设备均简单，成本低，但成品杂质脱除效率较差，特别是钛的脱除效率更差。后者的最大优点是杂质脱除效率高，精炼效果好；然而吹氯的排出气体必须净化处理，工艺流程较复杂，成本高，因而其应用受到限制。受炼钢炉外精炼技术的启迪，把炉外预熔渣氧化精炼与底吹气体结合起来，使精炼效果大幅度提高，成为目前国内外普遍采用的一项硅铁精炼技术。

5.5.4.1　合成渣氧化精炼

合成渣氧化精炼是通过杂质被氧化的反应来实现去除杂质的目的，其本质是选择性氧化。在相同的温度、压力条件下，钙与氧的亲和力最大，铝次之，硅又次之，铁最小，所以熔剂中分解出来的氧首先氧化钙，其次是铝、硅、铁。要求合成渣氧化精炼炉渣必须脱钙、铝性能好，熔点低，有适当的流动性，氧化产物容易上浮并溶于炉渣中，对铁水包侵蚀性小。常用的精炼材料有铁矿石、铁鳞、硅砂、石灰、石灰石、萤石、苏打、氯化钾等。各种材料配比对脱铝和金属回收率影响很大。

为加速精炼过程，国内外研究了多种混合搅拌方法：

（1）热分解化学搅拌法。用菱铁矿精炼硅铁合金，菱铁矿中 $FeCO_3$ 和 $MgCO_3$ 的分解温度低（分别为457℃、730℃），分解产生 FeO、MgO 和 CO_2，在 FeO 氧化钙、铝的同时，CO_2 气体搅拌合金。分解反应为：

$$FeCO_3 \Longrightarrow FeO + CO_{2(g)}$$

$$MgCO_3 \Longrightarrow MgO + CO_{2(g)}$$

菱铁矿的粒度为 20~60mm，其加入量由硅铁初始铝含量和要求的精炼程度决定。一般加入3%~5%的菱铁矿时，可使合金中的铝含量由2.0%降至0.8%~1.3%，钙含量下降80%，精炼后硅含量的绝对值下降2%，且硅铁结构致密、成分均匀、非金属夹杂物减少。为减少硅的烧损，可在精炼期间不断加入占硅铁量1%~10%的碳化硅。此法简单易行，脱铝率为50%左右。

（2）倒包混冲法。采用倒包混冲法精炼硅75，可降低硅铁中杂质铝、钙、碳的含量。在硅铁出炉前，将氧化性合成渣投入铁水处理包中，并将铁水包连同合成渣料烘烤到900~1100℃，然后将出炉的铁水兑至处理包中，完成倒包混冲精炼，从而使合金溶液中的铝含量由1.5%~2.0%降至0.3%~0.5%，钙含量由0.2%~0.5%降至0.05%~0.1%。此法操作简单，无复杂的工艺设备，工艺成本低；但因倒包降温，有时黏包损失较大。倒包混冲法适用于要求不太高的硅铁品种，其操作关键是铁水温度、铁水包的烘烤温度以及合成渣的成分、加入量和加入方法等。

（3）合成渣下吹压缩空气或氧气精炼法。出铁期间向铁水包内不断加入经过干燥的由铁矿石（90kg）、石灰（30kg）、硅砂（30kg）、石灰石（18kg）、萤石（15kg）组成的合成料，粒度为5~25mm。待合成料完全熔化后，将压缩空气（压力为20.3~30.4kPa）通过石墨喷嘴（插入深度为合金层的2/3）吹入合金中，吹炼15min。经处理后合金铝含量小于0.5%，硅损失约为1.0%，氮含量没有明显变化。此法适用于要求铝含量不是很低的硅铁的工业性生产。

用氧气氧化处理硅铁液，可将硅75中的铝含量降到0.2%以下，且硅损失不大。

（4）摇包精炼法。将硅铁液注入专设的铁水摇包内，摇包偏心旋转的半径为60mm，转速为60r/min。先加入硅铁量13%~17%的合成渣（如石灰35.1kg、硅砂54.7kg、萤石

13.2kg、铁鳞8.7kg)进行处理,铁水包做偏心旋转,致使包中铁水产生特殊的波浪运动,以扩大铁水与熔渣的接触界面,强化精炼,使杂质上浮排除。处理前合金铝含量为1.4%~2.5%,经10min处理后铝含量降至0.5%以下,换渣再处理5~10min,铝含量可降至0.05%以下。此法铁水和炉渣极易分离,有利于合金精炼,合金脱铝率、金属回收率高,也可脱除碳、钙、钛及非金属夹杂物。

(5) 合成渣下底吹氧精炼法,底吹氧可对熔体进行均匀搅拌,进而使渣-铁间有良好的反应效果,所以合成渣下底吹氧精炼法获得了日益广泛的应用。

底吹氧精炼的重要部件是透气元件。挪威埃肯公司介绍的 Tinject 精炼透气元件是一种带有气路的特制透气柱塞,它安装在硅铁罐底部。氧气、富氧空气或空气通过罐底透气元件吹入硅铁熔体。透气柱塞的后部为金属结构,前部为可消耗的耐火材料。气体通过柱塞后部的一个环形气室冷却柱塞及周围的耐火包衬,以防漏包。该法能有效地精炼高纯度硅铁和超高纯度硅铁,且经济技术潜力很大。

在挪威埃肯公司 Tinject 底吹精炼技术的基础上,国内结合炼钢工业钢包精炼的经验,开发出合成渣下铁水包底吹富氧精炼法。该法采用的透气砖是耐高温、抗氧化的耐火制品,其底部留有的环形空穴为气室通道,12条细孔道从底部气室向上通至透气砖顶部。透气砖安装在铁水包底部。铁水包内衬为一级黏土砖,包底先砌两层黏土砖后,用耐热混凝土打结固定透气砖。气源由氧气源和压缩空气机两部分并联组成,经由油水分离器、流量计、压力表、阀门等组成的控制系统,通过透气砖向铁水包吹入混合气体,混合气体中的氧气比例可通过阀门进行调整。混合气体通过无缝钢管、不透钢波纹管和快换接头向透气砖供气。

合成渣的组成为石英砂、熟白云石、氧化铁,比例为65∶25∶10,它们先在其他炉子加热熔化后,预制成粒度小于10mm的预熔渣。预熔渣的加入量为铁水重量的8%~15%,根据出炉铁水铝、钙含量的高低而定,低者取下限,高者则取上限。

精炼操作为:先在精炼包内加入50%的预熔渣,预热精炼包内衬至1000℃左右;出铁前先向精炼包通入压缩空气,开始压力为 $2.5 \times 10^5 Pa$ 左右,出铁后提高压力,同时增加供氧比例;向精炼包中陆续加入其余预熔渣,出炉完毕,预熔渣也同时加完,此时精炼气体压力达到 $(5 \sim 7) \times 10^5 Pa$,精炼气体压力的控制以精炼包表面渣层良好沸腾而不喷溅为宜,混合气体中氧气的比例可达60%;精炼20min,然后保持吹气压力不变,并逐渐降低混合气体中氧气的比例,直到完全使用压缩空气,这样做的目的是控制温度;经10~20min空气搅拌后,再镇静10min,使包中熔体温度降至1500℃,即可扒渣浇注;浇注时继续供气,同时不断向包中加入稻草(壳)直到浇注完毕。

操作参数为:气体压力 $(2.5 \sim 7) \times 10^5 Pa$,氧气耗量(标态) $2 \sim 4m^3/t$,压缩空气耗量(标态) $3 \sim 5m^3/t$,气体流量(标态) $0.2 \sim 0.54m^3/(t \cdot min)$ 。

由于采用精料入炉,精炼前铁水中杂质含量较低,其成分为:Al 0.4%~0.6%,Ca 0.2%~0.4%,C 0.08%~0.1%,Ti 0.03%~0.04%。精炼后, $w(Al) < 0.05\%$ 者占处理量的94.5%, $w(Ca) < 0.05\%$ 者占处理量的83%, $w(C) < 0.02\%$ 者占处理量的78%,Ti 的处理效果不明显。合成渣下铁水包底吹富氧精炼法已在我国普遍推广。

(6) 感应炉精炼法。将矿热炉中放出的硅铁液注入低频感应炉内,并加入混匀的合成渣粉剂,利用感应加热和电磁搅拌,确保熔体在适宜的温度条件下进行良好的精炼反应,从而将硅铁中的杂质含量降至要求限度。如采用低频感应炉,加入细粒生石灰和硼砂组成的合成渣粉剂，经过 10～15min 精炼处理后，铝含量由 2% 降至 0.05% 以下。

5.5.4.2 氯化精炼

氯化精炼是使合金中杂质生成氯化物而被排除的方法，即"选择性氯化"。首先生成钙的氯化物，其次为铝，待钙、铝氯化达到平衡时，硅才会被氯化。氯化精炼时，合金中的钙含量降到微量，铝含量降到 0.01%，钛含量可降低 40%～50%，非金属夹杂物含量可由 0.8%～1.2% 降至 0.3%～0.6%。国外用氯气通过石墨喷嘴处理硅 75，1t 硅铁消耗 15kg 氯气，铝含量由 0.8% 降至 0.08%，钙含量由 0.15% 降至 0.01%。此法脱铝率很高，但氯气毒性大，给操作带来许多困难。故近年来采用四氯化硅和四氯化碳进行氯化脱铝，并与其他气体混合吹入，效果都很好。

5.6 冶炼硅 75 的物料平衡及热平衡计算

5.6.1 炉料计算

5.6.1.1 已知条件

以 100kg 硅石为基础进行计算。

（1）原材料化学成分见表 5－5。

表 5－5 原材料化学成分 （%）

原材料名称	SiO₂	Fe₂O₃	Al₂O₃	CaO	MgO	P₂O₅	Fe	Mn	Si	S	P	C	灰分	水分	挥发分
硅 石	98.6	0.5	0.5	0.2	0.2										
干焦炭										1		83	13		3
焦炭灰分	48	21	25	4.7	1	0.3									
钢 屑							98.8	0.5	0.34	0.03	0.03	0.3			
电极糊												83	8		9
电极糊灰分	50	13	26	7	4										

（2）计算参数。

1）设钢屑中的硫、磷进入合金，其他硫挥发。

2）设在冶炼过程中各氧化物的分配见表 5－6。

3）设还原出来的元素分配情况见表 5－7。

表 5－6 氧化物分配 （%）

氧 化 物	SiO₂	Fe₂O₃	Al₂O₃	CaO	P₂O₅	MgO
被还原的	98	99	50	40	100	0
进入渣中的	2	1	50	60	0	100

表 5－7 还原出的元素分配情况 （%）

元 素	Si	Fe	Al	Ca	P	S	SiO
进入合金	98	95	85	85	50	0	0
挥 发	2	5	15	15	50	100	100

5.6.1.2　炉料计算

A　还原剂用量计算

还原反应为：

$$SiO_2 + 2C \xrightarrow{\quad\quad} Si + 2CO$$
$$SiO_2 + C \xrightarrow{\quad\quad} SiO + CO$$
$$Fe_2O_3 + 3C \xrightarrow{\quad\quad} 2Fe + 3CO$$
$$Al_2O_3 + 3C \xrightarrow{\quad\quad} 2Al + 3CO$$
$$CaO + C \xrightarrow{\quad\quad} Ca + CO$$
$$P_2O_5 + 5C \xrightarrow{\quad\quad} 2P + 5CO$$

还原硅石中各种氧化物的需碳量见表 5-8，其中 SiO_2 有 7% 还原为 SiO。还原焦炭灰分中氧化物的需碳量见表 5-9。

表 5-8　还原硅石中氧化物的需碳量　　　　　　　　　　　　　　　（kg）

氧　化　物	从 100kg 硅石中还原的数量	还原所需的碳量
SiO_2 还原为 Si	$100 \times 98.6\% \times (98\% - 7\%) = 89.726$	$89.726 \times 24/60 = 35.89$
SiO_2 还原为 SiO	$100 \times 98.6\% \times 7\% = 6.902$	$6.902 \times 12/60 = 1.38$
Fe_2O_3 还原为 Fe	$100 \times 0.5\% \times 99\% = 0.495$	$0.495 \times 36/160 = 0.11$
Al_2O_3 还原为 Al	$100 \times 0.5\% \times 50\% = 0.25$	$0.25 \times 36/102 = 0.09$
CaO 还原为 Ca	$100 \times 0.2\% \times 40\% = 0.08$	$0.08 \times 12/56 = 0.02$
共　计		37.49

表 5-9　还原焦炭灰分中氧化物的需碳量　　　　　　　　　　　　　（kg）

氧　化　物	从 100kg 焦炭中还原的数量	还原所需的碳量
SiO_2 还原为 Si	$13 \times 48\% \times (98\% - 7\%) = 5.678$	$5.678 \times 24/60 = 2.27$
SiO_2 还原为 SiO	$13 \times 48\% \times 7\% = 0.437$	$0.437 \times 12/60 = 0.09$
Fe_2O_3 还原为 Fe	$13 \times 21\% \times 99\% = 2.703$	$2.703 \times 36/160 = 0.61$
Al_2O_3 还原为 Al	$13 \times 25\% \times 50\% = 1.625$	$1.625 \times 36/102 = 0.58$
CaO 还原为 Ca	$13 \times 4.7\% \times 40\% = 0.244$	$0.244 \times 12/56 = 0.05$
P_2O_5 还原为 P	$13 \times 0.3\% \times 100\% = 0.039$	$0.039 \times 60/142 = 0.02$
共　计		3.62

由表 5-9 可知，100kg 焦炭含固定碳 83kg，用来还原焦炭灰分中氧化物需要 3.62kg，则用来还原硅石中氧化物的固定碳有 83 - 3.62 = 79.38kg 或 79.38%。

由表 5-8 可知，还原 100kg 硅石需固定碳 37.49kg，因此还原 100kg 硅石所需焦炭量为：

$$37.49/79.38 = 47.23kg$$

设有 10% 的焦炭在炉口处燃烧及用于合金增碳，则该条件下所需焦炭量为：

$$47.23/90\% = 52.48kg$$

电极中的碳也参加还原反应，冶炼硅 75 时，还原 1t 硅石需电极糊 2.5kg。电极糊含有灰分，还原电极糊灰分中氧化物的需碳量见表 5-10。

表5-10　还原电极糊灰分中氧化物的需碳量　　　　（kg）

氧 化 物	从2.5kg电极糊中还原的数量	还原所需的碳量
SiO_2 还原为 Si	$2.5 \times 8\% \times 50\% \times (98\% - 7\%) = 0.091$	$0.091 \times 24/60 = 0.0364$
SiO_2 还原为 SiO	$2.5 \times 8\% \times 50\% \times 7\% = 0.007$	$0.007 \times 12/60 = 0.0014$
Fe_2O_3 还原为 Fe	$2.5 \times 8\% \times 13\% \times 99\% = 0.026$	$0.026 \times 36/160 = 0.0059$
Al_2O_3 还原为 Al	$2.5 \times 8\% \times 26\% \times 50\% = 0.026$	$0.026 \times 36/102 = 0.0092$
CaO 还原为 Ca	$2.5 \times 8\% \times 7\% \times 40\% = 0.006$	$0.006 \times 12/56 = 0.0013$
共 计		0.0542

电极糊带入碳量为：$2.5 \times 83\% = 2.075kg$。

电极糊中的碳约有一半用于还原氧化物，因而可减少焦炭用量：

$$(2.075/2 - 0.0542)/79.38\% = 1.24kg$$

因此，每一批料（100kg硅石）所需焦炭量为：$52.48 - 1.24 = 51.24kg$

B　合金成分及钢屑加入量计算

从100kg硅石、51.24kg焦炭和2.5kg电极糊中还原出来的元素质量见表5-11，还原出来的元素分配见表5-12。

表5-11　从硅石、焦炭、电极糊中还原出来的元素质量　　　（kg）

元素	从硅石中还原	从焦炭灰分中还原	从电极糊灰分中还原	合 计
Si	$89.726 \times 28/60 = 41.872$	$5.678 \times 0.51 \times 28/60 = 1.35$	$0.091 \times 28/60 = 0.0425$	43.27
Al	$0.25 \times 54/102 = 0.132$	$1.625 \times 0.51 \times 54/102 = 0.44$	$0.026 \times 54/102 = 0.014$	0.586
Fe	$0.495 \times 112/160 = 0.347$	$2.703 \times 0.51 \times 112/160 = 0.965$	$0.026 \times 112/160 = 0.018$	1.330
Ca	$0.08 \times 40/56 = 0.057$	$0.244 \times 0.51 \times 40/56 = 0.089$	$0.006 \times 40/56 = 0.004$	0.150
P		$0.039 \times 0.51 \times 62/142 = 0.009$		0.009

表5-12　还原出来的元素分配　　　（kg）

元 素	进入合金的数量	挥 发 损 失
Si	$43.27 \times 0.98 = 42.4$	$SiO：(6.902 + 0.437 + 0.007) \times 44/60 = 5.39$ $Si：43.27 \times 2\% = 0.87$
Al	$0.586 \times 0.85 = 0.50$	$0.586 - 0.50 = 0.086$
Fe	$1.330 \times 0.95 = 1.264$	$1.330 - 1.264 = 0.066$
Ca	$0.150 \times 0.85 = 0.128$	$0.150 - 0.128 = 0.022$
P	$0.009 \times 0.50 = 0.005$	$0.009 - 0.005 = 0.004$
共 计	44.3	6.44

冶炼硅75时，42.4kg的硅应占合金质量的75%，合金的总质量等于$42.4/0.75 = 56.53kg$。除了被还原进入合金的元素外，自焙电极壳带入的铁，每100kg硅石约为0.1kg，因此需要加入的钢屑量为：

$$(56.53 - 44.3 - 0.1)/0.988 = 12.28kg$$

合金的成分及质量见表 5-13。

表 5-13　合金的成分及质量

元　素	由硅石、焦炭、电极糊提供/kg	由钢屑提供/kg	共　计	
			质量/kg	比例/%
Si	42.4	$12.28 \times 0.0034 = 0.042$	42.442	74.985
Al	0.50		0.50	0.884
Fe	1.264	$12.28 \times 0.988 = 12.13$	13.40	23.674
Ca	0.128		0.128	0.226
P	0.005	$12.28 \times 0.0003 \approx 0.004$	0.009	0.016
S		$12.28 \times 0.0003 \approx 0.004$	0.004	0.007
Mn		$12.28 \times 0.005 \approx 0.061$	0.061	0.108
C	0.020[①]	$12.28 \times 0.003 = 0.037$	0.057	0.100
共　计			56.601	100

①硅 75 含碳约 0.1%，故 56.53kg 合金含碳 $56.53 \times 0.1\% \approx 0.057$kg。钢屑带入碳 0.037kg，则由焦炭带入合金中的碳为 $0.057 - 0.037 = 0.020$kg。

C　炉渣成分及数量计算

炉渣成分及数量计算见表 5-14。

表 5-14　炉渣成分及数量计算

氧化物	由硅石带入的渣量/kg	由焦炭灰分带入的渣量/kg	由电极糊灰分带入的渣量/kg	共　计	
				质量/kg	比例/%
SiO_2	$100 \times 0.986 \times 0.02 = 1.972$	$51.24 \times 0.13 \times 0.48 \times 0.02 = 0.064$	$2.5 \times 0.08 \times 0.5 \times 0.02 = 0.002$	2.038	54.27
Al_2O_3	$100 \times 0.005 \times 0.5 = 0.25$	$51.24 \times 0.13 \times 0.25 \times 0.5 = 0.833$	$2.5 \times 0.08 \times 0.26 \times 0.5 = 0.026$	1.109	29.53
FeO	$100 \times 0.005 \times 0.01 \times 144/160 = 0.0045$	$51.24 \times 0.13 \times 0.21 \times 0.01 \times 144/160 = 0.0126$	$2.5 \times 0.08 \times 0.13 \times 0.01 \times 144/160 = 0.0002$	0.017	0.45
CaO	$100 \times 0.002 \times 0.6 = 0.12$	$51.24 \times 0.13 \times 0.047 \times 0.6 = 0.1878$	$2.5 \times 0.08 \times 0.07 \times 0.6 = 0.008$	0.316	8.41
MgO	$100 \times 0.002 \times 1 = 0.2$	$51.24 \times 0.13 \times 0.01 \times 1 = 0.0666$	$2.5 \times 0.08 \times 0.04 \times 1 = 0.008$	0.275	7.32
共　计				3.755	100

渣铁比为：$3.755/56.53 = 0.066$

D　冶炼 1t 硅 75 所需炉料计算

冶炼 1t 硅 75 所需炉料见表 5-15。

表5-15 冶炼1t硅75所需炉料 (kg)

项　目	计　算　值	实　际　值
硅石	100×1000/56.53=1769	1750~1850
干焦炭	51.24×1000/56.53=906	1000~1050
钢屑	12.28×1000/56.53=217	220~230

5.6.2 物料平衡计算

根据炉料的计算数据，编制硅75物料平衡表。本例空气中氮气含量为77%，氧气含量为23%。

(1) 焦炭及电极糊中的碳在炉口处燃烧所需的空气量。

在炉口燃烧的焦炭量为：51.24×0.83+2.5×0.83−37.49−3.62×(51.24/100)−0.0542−0.02=5.19kg

燃烧这些炭所需要的氧量为：5.19×16/12=6.92kg

与氧同时带入的氮气量为：6.92×0.77/0.23=23.17kg

共用空气量：6.92+23.17=30.09kg

(2) 生成的一氧化碳气体量。

由空气中的氧将碳氧化生成的一氧化碳量为：5.19×28/12=12.11kg

由硅石中的氧化物将碳氧化生成的一氧化碳量为：37.49×28/12=87.48kg

由焦炭灰分中的氧化物将碳氧化生成的一氧化碳量为：3.62×(51.24/100)×28/12=4.33kg

由电极糊灰分所含氧化物将碳氧化生成的一氧化碳量为：0.0542×28/12=0.13kg

(3) 焦炭和电极糊所含的挥发物量。

$$51.24×3\%+2.5×9\%=1.762kg$$

共排出气体量为：23.17+12.11+87.48+4.33+0.13+1.762=128.98kg

冶炼硅75的物料平衡见表5-16。

表5-16 冶炼硅75物料平衡表

收　　入			支　　出		
物料名称	质量/kg	比例/%	产品名称	质量/kg	比例/%
硅石	100.0	50.99	合金	56.53	28.83
焦炭	51.24	26.13	炉渣	3.755	1.92
钢屑	12.28	6.26	气体	128.98	65.77
电极	2.5	1.27	元素挥发损失	6.44	3.28
燃烧碳所用空气量	30.09	15.35	误差	0.405	0.20
共计	196.11	100.00	共计	196.11	100.00

5.6.3 热平衡计算

5.6.3.1 热量收入

(1) 碳氧化成CO时放出的热量（Q_1）。

$$C + \frac{1}{2}O_2 = CO \qquad \Delta H^{\ominus} = -109860.63J/mol$$

1kg 碳氧化为 CO 的放热量为 9155.05kJ。

氧化焦炭及电极中的碳时放出的热量为：

$$Q_1 = (51.24 \times 0.83 + 2.5 \times 0.83) \times 9155.05 = 408353.68kJ$$

（2）从放热反应获得的热量（Q_2）。

1）生成硅化铁放热。

$$Fe + Si = FeSi \qquad \Delta H^{\ominus} = -79967.88J/mol$$

1kg 铁生成硅化铁放出的热量为 1428.0kJ。

设硅 75 中全部铁（13.40kg）均生成硅化铁，则放出热量：

$$13.40 \times 1428.0 = 19135.2kJ$$

2）Al_2O_3、CaO 与 SiO_2 生成硅酸盐放热。

$$Al_2O_3 + SiO_2 = Al_2O_3 \cdot SiO_2 \qquad \Delta H^{\ominus} = -192383.46J/mol$$

对 1kg Al_2O_3 生成硅酸铝放出热量为 1886.11kJ，因此 1.109kg Al_2O_3 放出热量为 2091.7kJ。

$$CaO + SiO_2 = CaO \cdot SiO_2 \qquad \Delta H^{\ominus} = -91062.9J/mol$$

1kg CaO 生成硅酸钙放出热量 1626.12kJ，因而 0.316kg CaO 放出热量为 513.85kJ。

共计放热量为：

$$Q_2 = 19135.2 + 2091.7 + 513.85 = 21740.75kJ$$

（3）炉料带入热量（Q_3）。

硅石、焦炭、钢屑的比热容分别为 0.703kJ/(kg·K)、0.837kJ/(kg·K)、0.699kJ/(kg·K)，设炉料入炉温度为 25℃，则炉料带入热量为：

硅石：$100 \times 0.703 \times 25 = 1757.5kJ$

焦炭：$51.24 \times 0.837 \times 25 = 1072.2kJ$

钢屑：$12.28 \times 0.699 \times 25 = 214.6kJ$

$$Q_3 = 1757.5 + 1072.2 + 214.6 = 3044.3kJ$$

（4）电能带入热量（Q_4）。

根据国内单位电耗平均先进水平计算，取硅 75 产品单位电耗为 8450kW·h/t，则带入热量为：

$$8450 \times 3600 = 30420000kJ$$

56.53kg 合金由电能带入热量为：

$$Q_4 = (30420000/1000) \times 56.53 = 1719642.6kJ$$

综上，共计收入热量：

$$Q_入 = Q_1 + Q_2 + Q_3 + Q_4 = 408353.68 + 21740.75 + 3044.3 + 1719642.6$$
$$= 2152781.33kJ$$

5.6.3.2　热量支出

（1）氧化物分解耗热（Q_1）。

1）$SiO_2 = Si + O_2 \qquad \Delta H^{\ominus} = 862480.8J/mol$

1kg SiO_2 分解耗热 14374.68kJ。为简化计算，把分解为 SiO 的 SiO_2 也计算在内，则

SiO_2 分解耗热：

$$[89.726 + 6.902 + (5.678 + 0.437) \times 51.24/100 + 0.091 + 0.007] \times 14374.68$$
$$= 1435445.86kJ$$

2） $Al_2O_3 \Longrightarrow 2Al + \dfrac{3}{2}O_2$ $\Delta H^\ominus = 1646668.44J/mol$

1kg Al_2O_3 分解耗热 16143.81kJ，Al_2O_3 分解耗热：

$$(0.25 + 1.625 \times 51.24/100 + 0.026) \times 16143.81 = 17897.83kJ$$

3） $CaO \Longrightarrow Ca + \dfrac{1}{2}O_2$ $\Delta H^\ominus = 635137.56J/mol$

1kg CaO 分解耗热 11341.74kJ，CaO 分解耗热：

$$(0.08 + 0.244 \times 51.24/100 + 0.006) \times 11341.74 = 2393.40kJ$$

4） $Fe_2O_3 \Longrightarrow 2Fe + \dfrac{3}{2}O_2$ $\Delta H^\ominus = 817263.36J/mol$

1kg Fe_2O_3 分解耗热 5107.9kJ，Fe_2O_3 分解耗热：

$$(0.495 + 2.703 \times 51.24/100 + 0.026) \times 5107.9 = 9735.75kJ$$

5） $P_2O_5 \Longrightarrow 2P + \dfrac{5}{2}O_2$ $\Delta H^\ominus = 1507248J/mol$

1kg P_2O_5 分解耗热 10614.42kJ，P_2O_5 分解耗热：

$$0.039 \times 51.24/100 \times 10614.42 = 212.11kJ$$

综上，分解氧化物共耗热：

$$Q_1 = 1435445.86 + 17897.83 + 2393.40 + 9735.75 + 212.11 = 1465684.95kJ$$

（2）加热金属到 1800℃时所需热量（Q_2）。

要准确计算此项比较复杂，为简化，假设合金仅由硅、铁两元素组成，且计算两元素在温度 t 时的含热量 $q_i(kJ/kg)$ 可用下列近似公式：

$$q_{Si} = (124.5 + 0.232t) \times 4.1868$$
$$q_{Fe} = (22.26 + 0.1942t) \times 4.1868$$

当 $t = 1800℃$ 时，代入得：

$$q_{Si} = 2269.66kJ/kg$$
$$q_{Fe} = 1556.74kJ/kg$$

则硅 75 在 1800℃时的含热量为：

$$q_{Fe-Si} = 2269.66 \times 74.985\% + 1556.74 \times 23.674\% = 2070.45kJ$$
$$Q_2 = 56.53 \times 2070.45 = 117042.54kJ$$

（3）加热炉渣至 1800℃时所需热量（Q_3）。

计算炉渣在温度 t 时的含热量可用以下公式：

$$q = (0.286 \times t) \times 4.1868 = 0.286 \times 1800 \times 4.1868 = 2155.36kJ$$
$$Q_3 = 3.755 \times 2155.36 = 8093.38kJ$$

（4）炉气带走的热量（Q_4）。

设气体离开炉子时的平均温度为 600℃。为简化计算，设全部气体产物的热容等于气相中主要成分一氧化碳的热容，CO 的摩尔热容为 7.27kJ/(mol·℃)，则炉气带走的热量为：

$$Q_4 = (128.98 + 6.44) \times 7.27 \times 600 \times 4.1868/28 = 88326.83kJ$$

（5）炉衬热损失（Q_5）。

炉壳平均温度为 130℃，环境温度为 25℃，单位热流量为 6698.88kJ/（$m^2 \cdot h$）。9000 ~ 10000kV·A 电炉炉壳表面积约为 100m^2，且 1h 熔炼硅石 1761kg，则 100kg 硅石熔炼时间为 0.0568h。因此炉衬热损失为：

$$Q_5 = 6698.88 \times 100 \times 0.0568 = 38049.64kJ$$

（6）炉口热损失（Q_6）。

设冶炼硅 75 时该项损失为热量总支出的 8% ~ 10%，取 8.5%。上述热量总支出为：

$$Q_{1~5} = 1465684.95 + 117042.54 + 8093.38 + 88326.83 + 38049.64 = 1717197.34kJ$$

含炉口热损失在内的热量总支出为：

$$Q_{1~6} = 1717197.34/0.915 = 1876718.40kJ$$
$$Q_6 = 1876718.40 \times 8.5\% = 159521.06kJ$$

（7）冷却水带走热量（Q_7）。

1t 产品约消耗冷却水 3600kg，因此 56.53kg 产品消耗冷却水为 203.508kg。水的比热容为 4.1868kJ/（kg·℃），则冷却水带走热量为：

$$Q_7 = 203.508 \times 4.1868(t_{出} - t_{入}) = 203.508 \times 4.1868 \times (40 - 20) = 17040.95kJ$$

（8）烟尘带走热量（Q_8）。

冶炼 1t 硅 75 的烟尘量约为 250kg，烟尘平均比热容为 0.238kJ/（kg·℃），烟尘温度为 600℃，则烟尘带走热量为：

$$Q_8 = 250/1000 \times 56.53 \times 0.238 \times 4.1868 \times (600 - 25) = 8097.41kJ$$

（9）电损及其他（Q_9）。

以热收入与热支出之差表示：

$$Q_9 = Q_{入} - Q_{1~8} = 2152781.33 - (1876718.40 + 17040.95 + 8097.41)$$
$$= 2152781.33 - 1901856.76$$
$$= 250924.57kJ$$

冶炼硅 75 热平衡表如表 5 - 17 所示。

表 5 - 17　冶炼硅 75 热平衡表

收　　入			支　　出		
项　目	热量/kJ	比例/%	项　目	热量/kJ	比例/%
电能带入热量	1719642.6	79.88	氧化物分解耗热	1465684.95	68.083
碳氧化成 CO 时放出的热量	408353.68	18.97	加热金属到 1800℃ 时所需热量	117042.54	5.437
从放热反应获得的热量	21740.75	1.01	加热炉渣到 1800℃ 时所需热量	8093.38	0.376
炉料带入热量	3044.3	0.14	炉气带走热量	88326.83	4.103
			炉衬热损失	38049.64	1.767
			炉口热损失	159521.06	7.41
			冷却水带走热量	17040.95	0.792
			烟尘带走热量	8097.41	0.376
			电损及其他	250924.57	11.656
共　计	2152781.33	100.00	共　计	2152781.33	100.00

5.6.4　简易配料计算

以冶炼硅75为例。

5.6.4.1　计算条件

以100kg硅石为基础，焦炭消耗量按SiO₂100%被还原计算，假设还原硅石中其他元素及焦炭灰分所消耗的还原剂，正好与SiO_2的不完全还原和电极消耗相抵消，已知：

硅石中的SiO_2含量	98%
焦炭中的固定碳含量	84%
钢屑中的铁含量	95%
合金中的硅含量	75%
合金中的铁含量	23%
硅的回收率	92%
焦炭在炉口的烧损率	10%

5.6.4.2　配料计算

$$SiO_2 + 2C = Si + 2CO$$
$$60 \quad 12 \times 2 \quad 28$$

（1）干焦炭需要量计算。

还原100kg硅石中的SiO_2所需碳量为：$100 \times 0.98 \times 24/60 = 39.2kg$

所需的干焦炭量为：$\dfrac{39.2}{0.84 \times 0.9} = 51.9kg$

假设焦炭中含水6%，则湿焦炭需要量为：51.9/0.94 = 55.2kg

（2）钢屑需要量计算。

100kg硅石进入合金的硅量为：$100 \times 0.98 \times \dfrac{28}{60} \times 0.92 = 42kg$

合金总重量为：$\dfrac{42}{0.75} = 56kg$

钢屑需要量为：$\dfrac{56 \times 0.23}{0.95} = 13.6kg$

综上，炉料配比为：硅石100kg，干焦炭51.9kg，钢屑13.6kg。

5.7　硅钙合金

5.7.1　硅钙合金的牌号及用途

硅钙合金的牌号和化学成分见表5-18。

硅钙合金主要用于炼钢和生产铸铁。硅钙合金是炼钢中一种很理想的兼具脱氧、脱硫能力的复合脱氧剂，硅和钙与氧的亲和力都很大，生成的氧化物能结合成低熔点的复杂化合物，其颗粒大，易上浮入渣，并呈球状；硅钙合金中的钙与硫形成稳定的化合物CaS，而CaS不溶于钢水，因此硅钙合金脱氧时还有脱硫的作用。由于用硅钙合金脱氧的钢液比较纯净，在冶炼优质钢和特种合金钢时常用硅钙合金作脱氧剂。目前硅钙合金可以代替铝进行终脱氧。

表 5-18 硅钙合金的牌号和化学成分（YB/T 5051—2007）　　　　（%）

牌 号	化 学 成 分					
	Ca	Si	C	Al	P	S
	≥		≤			
Ca31Si60	31	50~65	1.2	2.4	0.04	0.06
Ca28Si60	28	50~65	1.2	2.4	0.04	0.06
Ca24Si60	24	55~65	1.0	2.5	0.04	0.04
Ca20Si55	20	50~60	1.0	2.5	0.04	0.04
Ca16Si55	16	50~60	1.0	2.5	0.04	0.04

在铸铁生产中，硅钙合金比硅铁更能有效地改善铸铁的性能。硅钙合金不仅是有效的孕育剂，可促进球状石墨的形成，还能起到脱氧、脱硫、脱氮和增硅的效果。在实际使用过程中，为了更有效地发挥硅钙合金的作用，合金的粒度应在 2mm 左右，并将它直接加于出铁口流槽、混铁炉或铁水包中。

硅钙合金粉剂在喷粉冶金和包芯线中也得到了广泛应用。

5.7.2 钙及其化合物的物理化学性质

钙在地壳中的含量为 3.6%。纯钙是银白色的有金属光泽的轻金属，有塑性。钙的化学性质非常活泼，在空气中被氧化，会很快地在表面形成一层疏松的氧化膜。

钙的主要物理化学性质为：

相对原子质量　　　　　40.08
密度　　　　　　　　　$1540kg/m^3$
熔点　　　　　　　　　850℃
沸点　　　　　　　　　1492℃
比电阻（0℃时）　　　 $4.0 \times 10^{-6} \Omega \cdot mm^2/m$

钙与碳生成稳定的碳化物 CaC_2。碳化钙俗称电石，其熔点高达 2300℃，密度为 $2220kg/cm^3$。碳化钙遇水后会剧烈分解并释放出乙炔气体，反应为：

$$CaC_2 + 2H_2O \xlongequal{\quad} Ca(OH)_2 + C_2H_2$$

在硅钙合金的生产中能闻到一股特殊气味，即炉渣中碳化钙分解产生的乙炔的气味。因此，可根据硅钙炉渣的发气量来判断炉渣中碳化钙含量。渣中碳化钙含量越高，渣越黏，排渣越困难。

钙与氧生成硬度较大、熔点很高（2600℃）且稳定的化合物 CaO。氧化钙呈白色，俗称石灰或生灰石。自然界中不存在纯的氧化钙，工业上使用的氧化钙绝大多数由碳酸钙（石灰石）经 1000℃ 高温煅烧制得，反应为：

$$CaCO_3 \xlongequal{\quad} CaO + CO_2$$

氧化钙是一种碱性很强的金属氧化物，因而能与酸性氧化物二氧化硅形成稳定的硅酸盐，同时放出大量的热。氧化钙虽然十分稳定，但遇水或置于潮湿空气中会潮解粉化，反应为：

$$CaO + H_2O \xlongequal{\quad} Ca(OH)_2$$

因此，石灰必须置于干燥之处，入炉时严禁与不干燥的炉料相混。

钙与硅生成三种硅化物：Ca_2Si、$CaSi$、$CaSi_2$，见图 5-7，其中 $CaSi$ 最稳定。Ca_2Si 在温度低于 910℃时，存在于含钙大于 60% 的固态平衡的合金中。$CaSi$ 在温度低于 1245℃时，可直接从钙含量为 42%～78% 的液态熔体中结晶出来。$CaSi_2$ 在温度低于 980℃时，存在于钙含量小于 42% 的合金中；在温度低于 1020℃时，存在于钙含量为 42%～60% 的固体合金中。

通常生产的硅钙合金钙含量为 15%～35%，合金中钙主要以 $CaSi$ 形式存在。工业用硅钙合金的熔化温度相当低，一般只

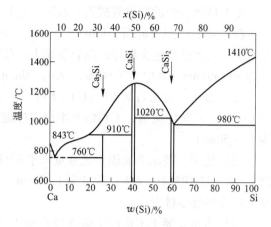

图 5-7 Ca-Si 状态图

有 980～1200℃，因而在正常的出炉过程中合金的流动性很好。

钙与铁不形成化合物，也不互溶，但在液态时钙与铁能分别溶解大量的硅。

钙与硫生成稳定的硫化物 CaS。

钙与磷生成磷化物 Ca_3P_2、CaP、CaP_5。

5.7.3 硅钙合金生产方法及原料

5.7.3.1 硅钙合金生产方法

硅钙合金的生产方法有混合加料法、分层加料法和二步法等。

（1）混合加料法。混合加料法的操作方法与小电炉生产硅 75 的操作方法有些相似。不同的是，生产硅钙合金时根据硅钙合金生产过程的固有特点，炉料并非全部以混匀的状态入炉，有一部分炉料是以偏加料的形式入炉的。其中 1/3 的硅石与石灰、碳质还原剂混匀后入炉，剩余的硅石则在塌料时加在电极周围。其操作工艺基本上采用连续或定期下料闷烧法。

（2）分层加料法。分层加料法就是先把石灰和还原剂组成的混合料加入炉内，炉料熔化下沉后再盖上硅石和还原剂组成的混合料，利用第二次入炉料中的硅石破坏第一次入炉料所形成的碳化钙。此工艺从配料及操作上减少了氧化钙与二氧化硅在炉内的接触，减少了低熔点硅酸钙渣的形成；可以不采用向炉内加入过量炭的操作，以减少 SiC 的形成，减缓了炉底碳化物的沉积和炉底上涨，使冶炼周期延长；由于炉温较高，能生产高牌号的硅钙合金。

（3）二步法。二步法需要两台电炉，在一台电炉里先生产碳化钙；以碳化钙、硅石、碳质还原剂为原料，在另一台电炉中生产硅钙合金。此工艺避开了氧化钙与二氧化硅的直接接触，从而克服了成渣温度低的问题，基本上避免了炉内碳化物的沉积和炉底上涨，可使电炉连续生产；但是需要两套冶炼设备，热能利用率不合理，综合电耗高。其主要反应为：

$$CaO + 3C \xrightarrow{\quad\quad} CaC_2 + CO$$
$$CaC_2 + 2SiO_2 + 2C \xrightarrow{\quad\quad} CaSi + Si + 4CO$$

5.7.3.2　原料及要求

生产硅钙合金的原料有硅石、石灰、焦炭、木炭和烟煤等。

(1) 硅石。要求硅石 $w(SiO_2) > 98\%$，$w(Al_2O_3) + w(Fe_2O_3) \leqslant 1.0\%$，$w(P_2O_5) \leqslant 0.02\%$，其他杂质越少越好；硅石表面不能黏有泥土等杂质，吸水率应小于5%；硅石粒度为 30～60mm，其中大于60mm、小于30mm 的粒级比例要小于5%。

(2) 石灰。要求石灰 $w(CaO) > 85\%$，$w(Al_2O_3) \leqslant 0.5\%$，$w(Fe_2O_3) \leqslant 0.3\%$，$w(S) < 0.03\%$。石灰应烧透，不得混有生烧或过烧石灰，不能混入其他杂石、杂物，入炉粒度为 10～50mm。

(3) 焦炭。要求焦炭固定碳含量大于80%，灰分含量小于16%，挥发分含量不大于2%，硫含量不大于0.6%，粒度为 1～8mm，其中 2～6mm 的粒级比例大于70%，粉状焦及大粒度焦要尽量少。

(4) 木炭。要求木炭固定碳含量不小于75%，灰分含量小于2%，挥发分含量小于20%，水分含量小于10%。木炭要烧透，不得混有杂物及生烧木柴，入炉粒度为 20～80mm，粉状物不得入炉。

(5) 烟煤。要求烟煤碳含量高，灰分含量小于8%，硫含量低，水分含量小于10%，有良好的烧结性能，入炉粒度为 0～13mm。

配入木块、木屑是为了增加炉料的比电阻，使电极稳定、深插，并使炉料透气性好，火焰均匀。要求其无树皮，厚度大于20mm，长度小于200mm，厚度小于20mm 的应少于5%。

冶炼硅钙合金对还原剂的选择比冶炼硅75更严，要求比电阻、化学活性等更高。

5.7.4　硅钙合金冶炼的物化反应

在多碳、温度低时，发生如下反应：

$$SiO_2 + 3C == SiC + 2CO \qquad \Delta G^\ominus = 561324.28 - 367.35T \quad (J/mol) \qquad T_{开} = 1528K$$

在硅钙合金冶炼中，碳化硅的生成是不可避免的，而碳化硅的分解需在1875℃以上的高温下才能进行。碳化硅的熔点为2450℃，高熔点的 SiC 存在于渣中，当温度降低时，SiC 优先结晶出来，又由于硅钙合金的密度小于炉渣，故 SiC 沉积于炉底，使炉底上涨。为此，在冶炼过程中要尽量保持高温，减少 SiC 生成。

在多碳和温度高于1417℃时，发生如下反应：

$$CaO + 3C == CaC_2 + CO \qquad \Delta G^\ominus = 466053.64 - 275.78T \quad (J/mol) \qquad T_{开} = 1690K$$

在有碳存在时，生成的 CaC_2 能与 SiO_2 反应生成 $CaSi_2$，反应为：

$$\frac{1}{2}SiO_2 + \frac{1}{4}CaC_2 + \frac{1}{2}C == \frac{1}{4}CaSi_2 + CO$$

$$\Delta G^\ominus = 356141.77 - 198.25T \quad (J/mol) \qquad T_{开} = 1796K$$

当温度高于1488℃时，生成的 CaC_2 与 SiO_2 反应生成 CaSi，反应为：

$$\frac{1}{2}SiO_2 + \frac{1}{2}CaC_2 == \frac{1}{2}CaSi + CO \qquad \Delta G^\ominus = 311937.53 - 177.06T \quad (J/mol) \qquad T_{开} = 1761K$$

在温度高于1702℃时，碳可以直接还原 CaO 及 SiO_2，生成 $CaSi_2$，反应为：

$$CaO + 2SiO_2 + 5C == CaSi_2 + 5CO$$

$$\Delta G^{\ominus} = 2041337.14 - 1033.51T \quad (\text{J/mol}) \quad T_{\text{开}} = 1975\text{K}$$

炉内石灰和硅石接触，CaO 和 SiO$_2$ 反应形成低熔点的 2CaO·SiO$_2$ 炉渣，降低了 CaO、SiO$_2$ 的活度和反应区温度，使反应难以进行。为了使反应顺利进行，必须提高炉渣熔点，即在炉料中配入过量的还原剂，促使高熔点的 CaC$_2$ 和 SiC 生成。但 SiC 易沉积在炉底，造成炉底上涨。为了减少炉底上涨，可在高温下破坏碳化物并生成 CaSi，反应为：

$$\frac{1}{4}\text{SiC} + \frac{3}{8}\text{SiO}_2 + \frac{3}{4}\text{C} + \frac{1}{4}\text{CaO} \Longrightarrow \frac{1}{4}\text{CaSi} + \frac{3}{8}\text{Si} + \text{CO}$$

$$\Delta G^{\ominus} = 450365.7 - 209.59T \quad (\text{J/mol}) \quad T_{\text{开}} = 2148\text{K}$$

当温度高于 1843℃时，SiC 与 CaO 反应生成 CaSi，反应为：

$$\text{SiC} + \text{CaO} \Longrightarrow \text{CaSi} + \text{CO} \qquad \Delta G^{\ominus} = 432956.99 - 204.61T \quad (\text{J/mol}) \quad T_{\text{开}} = 2116\text{K}$$

在有铁存在时，用碳还原 CaO 和 SiO$_2$ 的反应能在较低温度下进行，反应为：

$$\frac{5}{11}\text{SiO}_2 + \frac{1}{11}\text{CaO} + \frac{3}{22}\text{Fe} + \text{C} \Longrightarrow \frac{1}{11}\text{CaSi} + \frac{3}{22}\text{FeSi} + \frac{5}{22}\text{Si} + \text{CO}$$

$$\Delta G^{\ominus} = 1466636.04 - 835.77T \quad (\text{J/mol}) \quad T_{\text{开}} = 1755\text{K}$$

这说明有铁存在时，有利于硅钙合金的冶炼。

5.7.5 硅钙合金冶炼工艺

生产硅钙合金用的矿热炉与生产硅铁用炉基本相同。硅钙合金生产的关键是控制炉底上涨以及在保证炉内反应区高温的条件下降低电耗。我国主要采用混合加料法和分层加料法生产硅钙合金。

5.7.5.1 混合加料法冶炼硅钙合金

混合加料法冶炼硅钙合金的原料有硅石、石灰、焦炭、木块和烟煤。

混合加料法冶炼硅钙合金的操作过程与小电炉冶炼硅 75 的操作过程相似，不同的是冶炼硅钙合金时炉料并非全部混匀后再加入炉内，有 1/4~1/3 的硅石是在塌料后单独加在电极周围，木块也是单独加入的，其余的硅石、石灰、焦炭、烟煤混匀后加入炉内。

混合加料法的操作程序是：出铁后堵好出铁口，下放电极，送电提温，料面出现第一次大塌料。然后捣炉，在电极周围加入硅石，再加入木块，以使硅石熔化破坏炉底碳化物。硅石、木块导电性差、电阻大，可稳定电极，保持电极下插深度。加入木块后立刻加入配碳量超过 20%~30% 的混合料（硅石、焦炭、烟煤、石灰）盖住木块，进行闷烧提温。把热料推向电极附近并压平，料面要堆成锥体形状，锥体高度约为 200mm，上面撒些焦炭和烟煤的混合料进行闷烧。闷烧过程中，在火焰较多处补加新料和撒些烟煤，帮助料面烧结，一次加料后可闷烧 1.5~2h。当发现料面个别地方变薄后，轻轻地加些新料，以延长闷烧时间。当料面大部分变薄时出现第二次塌料，塌料后的操作与第一次大塌料后的操作完全相同，也是捣炉、加硅石、加木块、压平、盖好混合料进行闷烧直至出铁。

为了获得较好的技术经济指标，必须注意以下几点：

（1）选择合理的电气制度。二次电压过高，则电极弧光过长，高温反应区上移，热量过多地消耗于炉料的熔化，料层变薄，电极上抬，料面热损失增加，炉底上涨，Ca 和 SiO 的挥发损失增大；二次电压过低，则电效率降低，电极弧光过短，此时虽然电极插入较深，但坩埚缩小，炉内反应不激烈，合金温度虽高，但铁水量很少。因此，选择一个合理的二次电压值和二次电流与二次电压的比值十分重要。冶炼硅钙合金电炉的二次电压，一般比同容量的冶炼硅铁电炉的二次电压略低。

（2）配碳量要准确，炉料要混匀。保证硅钙合金冶炼的重要条件是获得高温，在混合加料法中石灰和硅石混合均匀，CaO 和 SiO_2 接触紧密，极易生成低熔点的硅酸盐，阻碍炉内反应区温度的提高。生产中通过配入过量的还原剂来减少低熔点硅酸盐的生成，使炉内生成高熔点的 SiC 和 CaC_2，使炉渣变得难熔，从而提高反应区的温度。但若配碳量过多，则生成的碳化物太多，易沉积于炉底，使炉底上涨迅速，最后不得不停炉或转炼。一般碳的过剩量以 20% ~30% 为宜。

在准确配碳的前提下，要求混料尽量均匀。混料时按木块、其他还原剂、硅石、石灰的顺序进行称量，这样有利于炉料的均匀混合，还能减少石灰粉化。

炉底上涨速度决定了电炉冶炼周期的长短，抑制炉底上涨速度就是要尽量破坏碳化物和使炉渣顺利排除。因此，每隔一段时间后应往炉内分批加入硅石，以氧化炉内碳化物，防止炉底上涨过快。一般硅石都是在塌料时直接加在电极周围，硅石粒度大于混合料粒度，这不仅有利于电极下插，还能使硅石直接进入坩埚，因其粒度较大，可以更有效地破坏碳化物。

（3）认真维护炉况，保证适当的闷烧时间。要维护好料面锥体，使锥体平而宽，锥体高 150~200mm，这样才能保证电极深插，炉口透气均匀，热能利用充分，防止和减少刺火、塌料，减少合金元素的挥发损失。

要保证一定的闷烧时间。在小电炉冶炼硅钙合金时，控制合适的闷烧时间也是保证电极深插、提高反应区温度、减少刺火和塌料、减少合金元素挥发损失的重要措施之一。合理的闷烧时间应与炉料熔化速度和炉料还原速度相匹配。

由于冶炼硅钙合金时使用过量的还原剂和烧结性较差的石灰、木块，为延长闷烧时间，应做到：选用部分烧结性能良好、比电阻大的烟煤作还原剂；适当地在电极周围附加部分硅石；抽出部分焦炭、烟煤撒在炉料表面；保证电极深插、稳插；捣炉时必须挖出料层内块料，特别是锥体下角的块料；料层烧薄后，加料要轻，以免引起塌料；出现刺火或小塌料时，要及时用轻料盖住。

混合加料法操作简单，易掌握；但是优质品（$w(Ca) \geq 31\%$）的产量低，电耗高，炉底上涨快，生产周期短，劳动强度大。

5.7.5.2　分层加料法冶炼硅钙合金

分层加料法的操作步骤为：先加入由石灰和过量还原剂组成的混合料，待料化清后，再加入余下的还原剂和硅石组成的混合料，利用第二次入炉料中的硅石破坏第一次炉料生成的 CaC_2，得到硅钙合金。分层加料法在形式上与二步法相似，但冶炼过程是在同一个电炉中进行的。其操作过程分为如下三个阶段：

（1）提温阶段。出铁后，由于渣铁带走一定的热量，而且塌料时坩埚缩小，炉温下降，因此必须提温，重新培养和扩大坩埚，给加入石灰生成 CaC_2 创造条件。此阶段的主要操作是：出铁后下放电极，捣炉，将硬块料打碎，整理料面，扎透气眼，加强料面维护，给满负荷，深插电极，利用高温直接加热炉底积存的高熔点碳化物，分解破坏 SiC，控制炉底上涨速度。提温阶段时间一般为 80min 左右。

（2）CaC_2 生成阶段。当炉内温度提高后，扒开电极周围浮料，挑开黏料，迅速将所需石灰及相应的还原剂混匀，全部加到电极周围的坩埚中。为加速 CaC_2 的生成，此时必须给满负荷，争取早盖料。此阶段时间一般为 30～40min。若时间过短，CaC_2 生成不充分，未参与反应的 CaO 与后加入的 SiO_2 生成低熔点化合物，使炉温降低；若时间过长，钙元素挥发和热量损失增加，使合金钙含量降低，单位电耗增加。

（3）用硅石破坏 CaC_2，生成硅钙合金。当 CaC_2 生成后加入硅石和还原剂组成的混合料，利用混合料中的 SiO_2 破坏 CaC_2 生成硅钙合金。加完料后进行闷烧，直至出铁。此阶段的操作是：加料应均匀，并精心维护炉况，增加料面透气性，保证电极深而稳地插入炉料中，防止塌料、刺火，以减少钙的挥发和热能损失。第三阶段熔炼时间（闷烧时间）一般为 2.5～3.0h。闷烧时间过长，则合金容易过热，钙的挥发和热量损失增加，同时硅石料熔入过多，Si 合金会使钙含量降低；闷烧时间过短，则 CaC_2 破坏不充分，大量 CaC_2 与 SiO_2 未反应，渣中 CaC_2 含量高，渣量大，合金钙含量低，生成的 CaSi 合金产量少。

与混合加料法一样，分层加料法为保证炉内反应高温和创造破坏碳化物的条件，也要控制合适的闷烧时间。

分层加料法的特点是：冶炼周期长，工艺过程难控制，电耗高。

实践证明，还原剂用量对炉况起决定性作用，因此必须确定炉子用炭量是否合适。还原剂过多时，电极难下插，电流开始时稳定，但很快上涨，电极上抬，高温区上移，料面温度高；电极周围易刺火；火苗长且呈蓝色，料面松，易塌料；炉底温度低，出铁口难开；炉渣电石味浓，冷凝时很脆，但在炉内时发黏、易堵炉眼，造成出铁、出渣困难，炉底上涨快；产量低，合金钙含量高。还原剂过剩时，要在炉料中适当增加硅石用量，或在电极周围附加些硅石，或适当减少石灰料中的焦炭量。

还原剂不足时，开始电极易下插，后期下插困难，电流波动大，负荷送不足；电极周围冒白火，易沉料；料面和锥体下角发黏、发硬，透气性差，火苗短而无力；炉渣稀，渣量大，电石味淡，冷凝后发青、发硬，难打碎，在炉内易成团粒状，但不发黏；铁水钙含量低；出铁口难堵。还原剂不足时，可在炉料中适当增加焦炭用量。

5.7.5.3 出铁及合金浇注

为了保证炉况正常，合金要定时出炉。一般小型电炉每 3～4h 出一次合金，中型电炉每 2～3h 出一次。出炉时要用烧穿器或氧气烧开出铁口，烧出铁口时必须遵守操作规程，以便于堵眼和再次开炉眼。出铁时铁水包（或称分渣器）置于出铁口下，使渣铁直接流入包内。在出铁过程中，用圆钢经常捅出铁口，使渣铁顺利排出。当铁水流尽、火焰从出铁口中自由冒出时，用泥球堵好出铁口。堵眼前，将残渣扒净。泥球尽量向里堵，达到或超过炉墙内壁为止。堵眼材料为 40% 石墨粉、20% 石灰粉、40% 焦粉，混合后制成锥形泥球待用。

硅钙合金用无熔剂法生产，但由于原料带入一定量的杂质、氧化物还原不充分以及 SiC 和 CaC_2 的存在，生产中往往有较多的炉渣，渣铁比为 0.6 左右。

硅钙炉渣的密度与合金的密度比较接近，并略重于合金，铁水在包内需镇静 2～4min，待合金完全上浮后，将合金缓慢注入锭模，当发现铁水表面发白、发亮时，立即停止浇注，以避免合金夹渣。待合金冷却后，脱模精整入库。合金出炉 30min 后，可将炉渣从包内取出，其中含铁较多的炉渣回炉。

铁锭冷却后，沿对角线上三点取样分析钙、铝、铁含量，还可根据断口形状粗略判断钙含量。钙含量低时，断口结晶组织细小、均匀；钙含量高时，断口结晶组织粗大、有光泽，甚至出现一片一片的柱状组织。

在硅钙合金生产中，由于炉底不断上涨，会使出铁困难，为延长冶炼周期，在同一位置的不同高度上砌2～3个出铁口。当第一个出铁口出炉困难时，使用位置较高的第二个出铁口。

5.7.5.4　开炉

根据硅钙合金冶炼特点，有两种开炉法：一种是新开炉；另一种是周期性开炉。

新开炉包括烘炉和加料两道工序。硅钙合金冶炼新开炉必须加过量的还原剂，这是硅钙合金开炉的关键，但炉底上涨快，所以砌炉时增加死料区的高度。烘炉完毕后清理炉内残物，然后在三相电极下铺3～5mm的焦粒引弧，在电极下端至出铁口处加厚300～400mm的木块，再加混合料，加到一定批数后变料。到一定时间出第一炉铁，一般3～4炉后转入正常生产。

周期性开炉一般不烘炉，直接引弧和加料，即上一炉停炉后清理干净，引弧、加料重新开炉。这种开炉法用在小电炉上可以大大降低电耗，减轻工人的劳动强度。

5.7.5.5　防止和控制炉底上涨

解剖硅钙合金炉和分析炉底上涨原因时发现，炉底上涨的主要沉积物是SiC、CaC_2和高熔点氧化物。SiC和CaC_2的特点是在温度低于1700℃时生成，在温度高于1700℃、有较多SiO_2存在时开始分解。因此，解决炉底上涨的主要办法是控制炉膛始终具有相当高的温度。防止和控制炉底上涨的办法是：

（1）出铁后迅速提高炉温。出铁后应及时平整料面，进行干烧炉底操作。由于出铁后炉内未排出的渣和高熔点SiC、CaC_2等距离电弧最近，此时可不加新料而让电极弧光的最高温度区直接加热它们，以达到分解SiC和CaC_2的目的，同时还可使炉内未反应完的炉料继续进行反应生成合金。实践证明，这个操作是控制炉底上涨不可缺少的步骤。

（2）保持良好的炉料透气性。反应中有CO气体产生，要求炉口透气性好，排气均匀，气体排出时与炉口炉料进行热交换，扩大坩埚可加速反应进行。

（3）使电极深而稳地插入料层。电极插得深而稳可使料层有一定厚度且有一定的烧结性，有利于炉料捕集蒸发的Ca和SiO。因此，还原剂用量要合适。还原剂过多，则易生成SiC，比电阻小，电极插入浅，炉料松散，易塌料；还原剂过少，则炉料烧结严重，透气性不好，更易塌料、刺火。

（4）控制合适的闷烧时间。料面维护得好、闷烧好，则炉温高，不塌料，生成的CaC_2尽可能多地被加入的SiO_2破坏，合金产量高、质量好。合适的闷烧时间可根据渣中CaC_2的含量来调整，一般将CaC_2含量控制在5%～15%。

综上所述，只有电极插得深而稳、炉温高、不塌料，才能得到产量高、渣量少、炉底上涨慢、电耗低的效果。

5.8　工业硅

5.8.1　工业硅的牌号及用途

工业硅的牌号和化学成分见表5－19。

表 5 - 19　工业硅的牌号和化学成分（GB/T 2881—2008）　　　　（%）

类　别	牌　号	化　学　成　分			
		Si（≥）	杂质（≤）		
			Fe	Al	Ca
化学用硅	Si - A	99.60	0.20	0.10	0.01
	Si - B	99.20	0.20	0.20	0.02
	Si - C	99.00	0.30	0.30	0.03
	Si - D	98.70	0.40	0.10	0.05
冶金用硅	Si - 1	99.60	0.20	—	0.05
	Si - 2	99.30	0.30	—	0.10
	Si - 3	99.30	0.50	—	0.20

注：化学用硅是指经化学处理后用于制取有机硅等所用的工业硅，冶金用硅是指冶金方面用于配制铝硅等各种合金所用的工业硅。

工业硅属轻金属，又称金属硅或结晶硅，是现代工业生产的重要材料之一。工业硅广泛应用于冶金、化工、机械制造、电器、航空、船舶制造、能源开发等各种工业领域。

在有色金属中，工业硅主要是作为铝合金（硅铝合金、铝镁合金、硬铝）的添加剂，用作铝合金添加剂的工业硅占工业硅总量的70%以上。硅加入某些有色金属中，能提高基体金属的强度、硬度和耐磨性，有时还能改善基体的铸造性能和焊接性能。例如，用于制造铸造轴承和轴套的硅铅黄铜含硅3%，用于制造弹簧和焊接零件的硅锰青铜含硅3%。冶炼有色金属合金时，还采用工业硅作为脱氧剂。工业硅用于生产高纯硅，作为生产集成电路、半导体元件、太阳能电池的材料。化学工业中工业硅是用来生产树脂、有机硅、硅橡胶的原料。工业硅是制作冷轧硅钢片的重要材料，硅加入钢中后能极大地改善钢的磁性，增大磁导率，降低磁滞和涡流损失。此外，工业硅还是冶炼高熔点铁合金或微碳合金的还原剂。

5.8.2　冶炼工业硅的原料

冶炼工业硅的原料主要有硅石和碳质还原剂。

5.8.2.1　硅石

对用于冶金或机械工业的工业硅产品，冶炼所用的硅石要求：$w(SiO_2) > 99\%$，$w(Fe_2O_3) < 0.15\%$，$w(Al_2O_3) < 0.3\%$，$w(CaO) < 0.20\%$，$w(P_2O_5) < 0.02\%$，$w(MgO) < 0.15\%$，其他杂质含量小于0.35%；对用于化工或电子工业的工业硅产品，要求硅石中杂质含量更低，$w(Fe_2O_3) \leq 0.15\%$，$w(Al_2O_3) \leq 0.2\%$，$w(CaO) \leq 0.15\%$。如果配置炉外精炼，则硅石中 Al_2O_3 和 CaO 的含量可以适当放宽。

硅石粒度视炉子容量大小而异，一般5000kV·A以上的电炉，硅石粒度为50～100mm；5000kV·A以下的电炉，硅石粒度为25～80mm，且40～60mm的粒级要占50%以上。硅石要清洁、无杂质，破碎筛分后要用水冲洗，除去泥土。

硅石要有一定的抗爆性和热稳定性。抗爆性对大炉子很重要，对容量小的电炉，要求可略为降低。加入电炉的硅石如果受热时很快碎裂或表面迅速剥落，会导致电炉透气性变差，电炉上部炉料黏结，不利于冶炼过程正常进行。抗爆性用抗爆率的大小来表示，其测定方法是：称量一定量的硅石，在1500℃温度下入炉加热并恒温15min，出炉冷却至常温，筛分后大于20mm的硅石重量与爆炸前硅石重量之比的百分数即为抗爆率。结晶水含量较高的硅石受热后会因结晶水分解逸出，致使剧烈膨胀而破裂，因而热稳定性差。工业硅用硅石要求结晶水含量不超过0.5%，剧烈膨胀的开始温度不低于1150℃。

5.8.2.2　碳质还原剂

我国工业硅生产中常用的碳质还原剂有木炭、石油焦、褐煤、烟煤、蓝炭和木块，要求固定碳含量高、灰分含量低、化学活性好。为了减少工业硅中Ca、Al、Fe的含量，通常采用低灰分的石油焦或沥青焦作还原剂，但是由于这两种焦比电阻小、反应能力差，因而必须配入灰分含量低、比电阻大、反应能力强的木炭或木块、蓝炭（蓝炭可作为木炭的替代原料，其化学活性和比电阻接近木炭）代替部分石油焦。为使炉料烧结，还应配入部分低灰分的烟煤或褐煤。各种还原剂的配比应根据还原剂来源和操作情况而定。目前国内外冶炼工业硅的碳质还原剂配比有两种：一种是石油焦：木炭：烟煤的配比为5：3：2，另一种配比为3：5：2，它们各自的技术经济指标都较好。必须指出，过多使用或全部使用木炭不但会提高产品成本，还会使炉况紊乱，如因料面烧结差而引起刺火、塌料，难以形成高温反应区，炉底易形成SiC层，出铁困难等。

几种碳质还原剂的成分、粒度要求见表5-20。

表5-20　碳质还原剂的成分、粒度要求

名　称	挥发分/%	灰分/%	固定碳/%	粒度/mm
木　炭	25~30	<2	65~75	3~100
木　块		<3		<150
石油焦	12~16	<0.5	82~86	0~13
烟　煤	<30	<8		0~13

此外，碳质还原剂的水分含量要低且稳定，不能含有其他杂物。

5.8.3　工业硅冶炼原理

在工业硅的生产中，一般认为硅被还原的反应式为：

$$SiO_{2(1)} + 2C_{(s)} === Si_{(1)} + 2CO_{(g)} \qquad T_{开} = 1933K$$

实际生产中硅的还原比较复杂，图5-8所示为冷却后的炉况。下面从冷却状态下炉内情况出发，对实际生产中炉内的物化反应进行讨论。

炉料入炉后不断下降，受上升炉气的作用，炉料温度不断升高，上升的SiO发生如下反应：

$$2SiO === Si + SiO_2$$

此产物大部分沉积在还原剂的孔隙中，有些逸出炉外。

炉料继续下降，当炉料降到温度在1500℃以上的区域时，发生下列反应：

$$SiO_{(g)} + 2C_{(s)} === SiC_{(s)} + CO_{(g)}$$

$$SiO + C === Si + CO$$

$$SiO_2 + C === SiO + CO$$

当温度再升高时，发生以下反应：

$$2SiO_2 + SiC === 3SiO + CO$$

在电极下发生以下反应：

$$SiO_2 + 2SiC === 3Si + 2CO$$

$$SiO_2 + SiC === Si + SiO + CO$$

炉料在下降的过程中还发生反应：

$$SiO + CO === SiO_2 + C$$

$$3SiO + CO === 2SiO_2 + SiC$$

在图 5-8 中的 1 区主要是上升的一氧化硅分解，生成硅和二氧化硅；2、3、4 区主要是碳化硅生成和分解；在 5 区由于各种原因，碳化硅来不及分解而沉积在炉底。

总之，碳还原二氧化硅的反应过程并不像主反应式所表示的那样简单，而是中间还有一系列复杂的反应。由于在中间过程形成 SiO 和 SiC，增大了冶炼过程的难度。SiO 在炉膛内的高温下呈气体状态，如处理不当则极易挥发逸出，造成物料损失，降低硅的回收率，增大能耗。SiC 的生成容易，破坏难，用 SiO_2 来破坏 SiC 时要求温度高、反应快，否则 SiC 沉积到炉底，所以必须保持温度的稳定性。

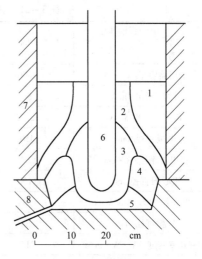

图 5-8　冷却后的炉况（炉子在刚停炉前出铁，电极位置和出铁前一样）

1—松散的炉料；2—炉料黏结在一起，内部有含金属滴的釉状层；3—空的区间；4—主要是粗晶粒的多孔状 SiC；5—粗晶粒的多孔状 SiC，在空隙中充满金属；6—石墨电极；7—氧化性碱性耐火材料；8—碳质炉衬

5.8.4　工业硅冶炼工艺

5.8.4.1　生产设备及电炉参数

工业硅冶炼是在三相或单相矿热炉内进行的，大都采用敞口式电炉，也有用半封闭旋转炉的，炉衬用炭砖砌筑。由于工业硅对铁含量要求严格，不宜采用有铁壳的自焙电极，而使用石墨电极或炭素电极。使用单相电极时，由于出铁口离电极较远，出铁时间较长，所以大型电炉一般应使用三相电极。工业硅电炉容量受石墨电极或炭素电极直径的限制，一般容量较小，国外工业硅电炉最大容量为 45000kV·A（六电极），我国一般为 5000 ~ 12500kV·A。对于大型工业硅电炉，采用旋转炉体是有必要的，炉体旋转可使炉膛内能量分布比较均匀，增加炉料透气性，使坩埚区发展较好，能防止和减少 SiC 沉积，延长炉龄，提高硅的回收率，降低电耗。

工业硅电炉及电气参数与硅铁电炉基本相同，不过由于工业硅硅含量高，硅的还原更难，且要有较高的冶炼温度，因此电炉参数对冶炼效果影响很大，合适的炉型尺寸是保证冶炼过程正常进行和取得良好技术经济指标的必要条件。炉型参数主要指电极直径、极心圆直径、炉膛内径和炉膛深度。炉型尺寸一般是先根据电炉变压器、二次电流、允许的电极电流密度来确定电极直径，并依生产经验预设极心圆功率密度，确定极心圆直径，进而确定炉膛内径和炉膛深度。

表 5-21 所示为我国部分工业硅电炉的炉型参数，表 5-22 所示为普通石墨电极的电流负荷建议值。

表5-21 我国部分工业硅电炉的炉型参数

炉型参数　电炉容量/kV·A	1800	3200	5000	6300
变压器容量/kV·A	1800	3200	5000	6300
常用二次电压/V	84	100	116	128
额定二次电流/A	12372	18475	24887	28417
电极直径/mm	350	400	450	500
电极电流密度/A·cm^{-2}	12.9	14.7	15.6	14.5
极心圆直径/mm	1150	1450	1700	1800
极心圆功率密度/kV·A·m^{-2}	1734	1939	2204	2477
炉膛直径/mm	2700	3400	4000	4200
炉底功率密度/kV·A·m^{-2}	315	353	398	455
炉膛深度/mm	1500	1600	1700	1800
炉壳直径/mm	4300	5000	5600	5800
炉壳高度/mm	3100	3300	3400	3500

表5-22 普通石墨电极的电流负荷建议值

公称直径/mm	允许电流负荷/A	公称直径/mm	允许电流负荷/A
75	1000~1400	300	10000~13000
100	1500~2400	350	13500~18000
125	2200~3400	400	18000~23500
150	3500~4900	450	22000~30000
200	5000~6900	500	25000~34000
250	7000~10000		

注：允许特级石墨电极的电流负荷比普通石墨电极提高15%~25%。

合适的炉膛尺寸对工业硅生产的节能降耗也很重要。炉膛直径过大，则炉底功率密度减小，炉子散热表面增大，因而增加热损失，使死料区扩大，炉底和出铁口温度降低，出铁口不易打开，出铁困难等；炉膛直径过小，会使电极-炉料-炉衬回路电流增加，导致反应区偏向炉壁，造成所谓的"坩埚转移"，这种现象既不利于电极深插，又会造成电极对炉衬的烧损破坏。我国工业硅电炉的炉膛直径一般取极心圆直径的2.2~2.4倍。

炉膛深度要合适。炉膛深有利于平顶型料面操作，降低炉口温度，改进生产现场的劳动环境，减少SiO的挥发损失，并使炉内热量集中，减少热损失。但如果炉膛过深，操作稍有不慎就会造成料层过厚、料面上升，使炉内高温区上移，最终导致电极上抬，炉底温度降低，使炉况恶化。而炉膛过浅则使料层减薄，SiO的挥发损失增大，影响Si的还原，产量降低，能耗增加，特别是使炉口热损失增大，炉口温度过高，生产劳动环境明显变差，易发生塌料、刺火，使冶炼过程不能顺行。我国工业硅电炉的炉膛深度一般取电极直径的3.5~4.5倍。容量较大的电炉取下限，容量小的电炉则取上限。

冶炼工业硅要求有比冶炼硅75更高的反应温度，消耗更多的能量，且炉内热量要集中，故电极极心圆直径小，二次电压高。例如，容量为9000kV·A的电炉冶炼硅75时，采用140V的二次电压；而容量为6300kV·A的电炉冶炼工业硅时，则需要采用145V的二次电压。国内某厂1800kV·A的电炉生产工业硅，采用五级电压，将生产中使用的84V与88V进行比较，见表5-23。

表5-23　二次电压的影响

电压级 /V	日产量 /t·d^{-1}	日耗电量 /kW·h·d^{-1}	实际功率 /kV·A	单位电耗 /kW·h·t^{-1}	电极埋入深度 /mm	投料量 /t·d^{-1}
84	2.35	33800	1408	14568	1200~1500	54~56
88	2.42	36600	1525	15124	800~1200	60~64

5.8.4.2　冶炼工艺

A　配料

正确配料是保证炉况稳定的先决条件，对于小电炉生产工业硅更应强调这一点。炉料配比应根据炉料化学成分、粒度、水分含量以及炉况等因素，经计算及经验而定，其中应特别注意还原剂的使用数量和使用比例。各种还原剂按一定比例搭配，木炭用量控制在不少于纯碳量的1/4；烟煤和褐煤用量要适当，不得超过1/4。配料时要注意原料变化，及时调整配料。要注意原料的清洁，清除异物，防止杂物混入料内。称量必须准确，每批误差不得超过±0.5kg。

B　烘炉

烘炉前要检查供电、电炉绝缘、液压、铜瓦、电极把持器、卷扬机等系统，并进行空载运行，正常后才能开始烘炉。在三相电极下放置长度适当（对于2700kV·A炉子，其长度为400mm左右）的石墨电极棒，再铺垫一层厚度为150~200mm、粒度为40~80mm的焦炭，在炉子极心圆内再撒一层5~20mm厚的焦粉以便于起弧，并保护炉底。

烘炉方法较多，可先用木柴烘，再加焦炭用电烘，也可直接用电烘。

采用电烘炉的电压比常用电压低1~2级。工作电流从小逐渐增大，并间隙停电、送电，进行均热，同时扒动焦炭并及时补充。

用电烘炉的同时，用木柴和焦炭烘出铁口流槽。出铁前应烘好锭模。烘炉结束后将炉内残炭等杂物和炉墙保护砖挖出，用堵眼泥球堵好出铁口。

C　开炉

烘好炉后，设备经检查试运行正常，一切准备工作完成后即可开炉。先配几批强炭料或减少硅石用量，逐渐达到正常料批。用烘炉电压开炉，直到炉况正常为止。引弧后向三相电极周围投入木块和石油焦，数量视电炉容量而定，一般5000kV·A以下的电炉可投入800kg左右的木块、100kg左右的石油焦。

要严格控制料面上升速度，加料速度和输入电量要一致，炉口料面要平稳上升。引弧后第一次加料要多些，这样可以盖住电弧，以后的加料量要根据耗电量控制。开炉操作应尽量少动电极，加料要轻，以免炉料塌入电极下，使电极上抬，造成炉底上涨。料面一定要维护好，尽量减少加料量且不要刺火、塌料，使炉内多蓄热，给形成正常炉况打下基础。第一、二炉更要注意，不许捣炉，使坩埚尽快形成。对2700kV·A的电炉，加料后12~20h出第一炉，第二炉6~10h出炉，第三炉恢复正常出炉时间。

D　冶炼操作

　　按配料要求配好料，运到炉前，木块单独堆放。配料称料次序为：木炭，石油焦，硅石。采用闷烧、定期集中加料和彻底沉料操作。

　　在工业硅生产中采用烧结性良好的石油焦，炉料中不配加钢屑，因而炉料容易烧结，所以冶炼工业硅的炉料难以自动下沉，一般需强制沉料。当炉内炉料闷烧到一定时间后，料面料壳下面的炉料基本化清烧空，料面开始发白、发亮，火焰短而黄，局部地区出现刺火、塌料，此时应立刻进行强制沉料操作。沉料时，先用捣炉机从锥体外缘开始将料壳向下压，使料层下塌，然后捣松锥体下角，捣松的热料就地推在下塌的料壳上，捣出的大块黏料推向炉心，同时铲除电极上的黏料。沉料时高温区外露，热损失很大，因而捣炉沉料操作必须快速进行，以减少热损失。

　　捣炉沉料完毕后，集中加入新料。加料时可先加木块，再将混匀的炉料迅速加在电极周围及炉心地区。料面要加成平顶锥体形状，锥体高 200~300mm。每次加入新料的数量相当于 1h 的用料量，新料加完后进行闷烧，闷烧时间约为 1h。

　　一般在负荷正常、配比正确、下料量均衡的情况下，炉子需要集中下料的时间是基本一致的。对 2500kV·A 电炉，加 400kg 硅石的混合料批，约 1h 沉料一次。如果超过正常沉料时间，应分析原因并及时调整。其原因有时是负荷不足、上次下料过多、还原剂不足、炉料还原不好等。如下料过多，要适当延长闷烧时间进行提温；如果还原剂不足，应进行强制沉料，同时向炉内撒入少量还原剂。要学会掌握沉料时间，并能根据炉况和声音判断确定沉料时间。

　　每班沉料 5~6 次，炉况正常时可做到全炉集中沉料加料，使还原均匀，电极深插。若因加料不均匀、透气性不好、还原剂用量不当而造成局部严重刺火，可采取局部沉料加料的方法处理。

　　沉料时捣松、就地下沉，尽量不要翻动、破坏料层结构顺序。若遇大块黏料影响炉料下沉和料层透气性，应将其碎成小块或推向炉心。

　　每次出炉后应用捣炉机或人工进行捣炉。捣炉可以松动料层，增加炉料透气性，扩大反应区，从而延长闷烧时间，减少刺火，使一氧化硅挥发量减少，提高硅的回收率。捣炉时操作要快，下钎子的方向、角度要掌握好，不要正对准电极。当炉况正常时，沿每相电极外侧切线方向及三个大面深深地插入料层，要迅速挑松坩埚壁上烧结的料层，捣碎大块并就地下沉，不允许把烧结大块拨到炉外（特大硬壳除外），然后把电极周围热料拨到电极端部，加木块（或木屑）后盖住新料。

　　闷烧、定期集中加料和彻底沉料的操作方法，有利于减少热损失，提高炉温，扩大坩埚。集中加料时由于大量冷料加入炉内，炉温降低，反应进行得较缓慢，气体生成量也较少。闷烧一段时间后，炉温迅速上升，反应激烈，气体生成量急剧增加，此时如发现炉料局部烧结、透气性不好，应在锥体下角扎眼帮助透气。

　　石油焦有良好的烧结性能，闷烧一段时间后容易在料面形成一层硬壳，炉内也容易出现块料。为改善炉料透气性，调节炉内电流分布，扩大坩埚，除扎眼透气外，还应用捣炉机、铁棒松动锥体下角和炉内烧结严重的部位。用铁棒捣料要以铁棒发红为度，严防铁棒熔化而影响产品质量。

　　E　出炉与浇注

　　出炉前先将出铁口流槽清理干净，在锭模内刷石灰或石墨粉浆，以保护锭模。

出炉时间应根据电炉容量、生产条件、管理水平等确定。出炉次数多,热损失就大;出炉次数少,又会影响冶炼效果和产量。对 6000kV·A 电炉,每 2h 出炉一次;对 2000kV·A 电炉,每 3~4h 出炉一次。

炉眼用石墨棒烧穿器烧开,待大流结束后用木棍或竹竿通炉眼,当炉眼内黏有渣时(一般冶炼工业硅有 2.5% 的炉渣),可用烧穿器将炉渣尽量熔化,使坩埚底部铁水边烧、边流出。要修理炉眼,适当扩大空洞体积,使冶炼过程稳定。在正常情况下,出炉过程需要 15min 左右。

堵炉眼前应清除炉口处黏渣。如炉眼已被熔渣堵得很小,要用烧穿器扩烧,然后将 80~120mm 的硅块送到炉眼深处,再用炉眼堵具推实;这样连续堵入 3~4 块硅块后,再用 0~10mm 的碎硅块堵封,深度为 200mm;然后用黏土和炭粉的混合物(比例为 1:1)做成的泥球堵封炉眼,并在炉眼外侧留 100~200mm 的空段。对于新投产的工业硅炉,无硅块时可用 20~50mm 的焦块代替硅块堵眼。

工业硅的渣、硅密度相差不大,为了防止硅液夹渣影响质量和造成浪费,浇注时在硅液冲击处应放一个由石墨棒堆成的挡渣框,以利于硅液和炉渣分离。

F 炉况判断及调节

电炉生产工业硅时炉况容易波动,较难控制,必须正确判断炉况,及时处理。实际生产中影响炉况的最主要因素是还原剂用量。炉况的变化通常反映在电极插入深度、电流稳定程度、炉子表面冒火情况、出炉情况及产品质量波动等方面。

炉况正常的标志是:电极深而稳的插入炉料,电流、电压稳定,炉内电弧声响低而稳;料面冒火区域广而均匀,炉料透气性好,炉面松软且有一定的烧结性,各处炉料烧结程度相差不大,闷烧时间稳定,基本上无刺火、塌料现象;出炉时炉眼好开,流量开始较大,然后均匀变小,产品的产量、质量稳定。

炉内还原剂过剩的特征是:料面松软,火焰长,火舌多集中于电极周围;电极周围下料快,炉料不烧结,刺火、塌料严重,锥体边缘发硬;电极消耗慢,炉内显著生成 SiC,电流上涨,电极上抬。当还原剂过剩严重时,仅在电极周围窄小区域内频繁刺火、塌料,其他区域的料层发硬、不吃料;坩埚大大缩小,热量高度集中于电极周围;电极高抬,电弧声很响;炉底温度低,假炉底很快上涨,合金温度低,炉眼缩小,有时甚至烧不开。

为消除还原剂过剩现象和及时扭转炉况,在还原剂过剩不严重时,可在料批中减少一部分还原剂,同时进行精心的操作;还原剂过剩严重时,应估计炉内还原剂过剩的程度,然后采用集中添加硅石或在炉料中添加硅石的方法作为临时措施,硅石添加量应严格把握,以免形成大量炉渣。集中添加硅石可在较短时间内破坏 SiC 和增大炉料电阻,促使电极稳定下插,逐渐扩大坩埚,扭转炉况。

炉内还原剂不足的特征是:料面烧结严重,料层透气性差,吃料慢,火焰短小而无力,刺火严重。缺碳前期,电极插入深度有所增加,炉内温度有所提高,合金量反而增加,打开炉眼时炉眼冒白火,合金有过热现象。缺碳严重时,料面发红、变黏、硬化,电流波动,电极难插,刺火呈亮白色火舌,呼呼作响,电极消耗显著增加,炉眼发黏、难开,合金显著减少。

消除还原剂不足的方法一般是附加还原剂。缺碳不严重时,设法改善料层透气性,可在料批中附加一部分木炭;缺碳严重时,除在料批中附加部分木炭外,在沉料或捣炉时附加适量的石油焦。

停炉前应出尽合金，在料批中适当增加木块配入量。若停炉超过 8h，应在停炉前适当降低料面。为保持炉子温度，停炉前先捣松料面加入木块，加入量视停炉时间长短而定，一般加 50~100kg。若停炉时间长，还可加一定量的木炭或石油焦保温。为防止炉料将电极黏住，停电后上提电极，然后向电极四周的空隙内加入木块，再下插到原来位置。停电后要活动电极，以免炉料黏住电极，造成开炉时不能送电。

G　高温冶炼

冶炼工业硅与冶炼硅铁相比需要有更高的炉温，生产硅含量大于 95% 的工业硅，液相线温度在 1410℃ 以上，需要在 1800℃ 以上的高温下进行冶炼。此外，由于炉料不配加钢屑，SiO_2 还原的热力学条件恶化，破坏 SiC 的条件也变得更加不利。由此产生三个结果：

(1) 炉料更容易烧结；

(2) 上层炉料中生成的片状 SiC 积存，容易促使炉底上涨；

(3) Si 和 SiO 高温挥发的现象更加严重。

为此，在冶炼过程中要设法减少热损失，努力扩大坩埚，控制较高的炉膛温度，减少热损失，使 SiC 的形成和破坏保持相对平衡，控制 Si 和 SiO 的挥发。

H　炉底上涨

工业硅生产中，SiC 生成容易、破坏难，由于冶炼操作使生料进入坩埚，加快了 SiC 的生成和生料的沉积。欲控制炉底上涨速度，应精选炉料、摸索和选择合适的电炉参数及合理的操作工艺，创造和扩大坩埚，取得最佳作业状态，减慢炉底上涨速度，延长冶炼周期。

I　改善工业硅生产技术经济指标的新途径

(1) 减少木炭用量，扩大煤的应用。目前采用木炭、石油焦、烟煤、木块等炭素材料，按一定比例混合作为还原剂，但总的来看，木炭占的比例比较大，而煤的用量不多，这主要是受煤块灰分含量高的限制。近年来我国有些烟煤的全矿层灰分含量只有 3%~5%，接近木炭的灰分含量，而且反应活性好。进一步研究这种煤的性能特点，扩大其在还原剂中的应用比例，是很有发展前途的。

(2) 采用无铁自焙电极或炭素电极。现在我国中小型工业硅电炉大都采用石墨电极，这种电极虽然杂质含量少，可以保证产品质量，但费用高，限制了电炉的扩大。为了解决这一问题，国内已开始研究新式结构的自焙电极或组块式炭素电极，同时解决好电极糊配方问题，尽量减少带入炉内的杂质。

(3) 采用矮烟罩进一步解决烟气净化问题。矮烟罩有利于遮住辐射热，改善操作环境，延长软母线等短网的使用寿命。

(4) 采用直流电炉冶炼。直流电炉具有炉底温度高、能减缓炉底上涨、电极消耗低及元素回收率高等优点。

5.8.5　工业硅生产的配料计算

5.8.5.1　计算条件

计算条件如下：

（1）以 200kg 硅石为计算基准，假设硅石含 SiO_2 99%。

（2）硅石中 SiO_2 有 90% 还原进入产品，损失率约为 10%（含机械损失）。其中 7% 以 SiO 形式随炉气挥发，3% 进入炉渣。

（3）还原灰分中氧化物所消耗的碳量忽略不计。

（4）还原剂及石墨电极中固定碳的分配按表 5-24 所示进行。

（5）石油焦含固定碳 86%，蓝炭含固定碳 85%，电极含固定碳 99.5%。

（6）还原 200kg 硅石消耗电极 7kg。

表 5-24　还原剂及石墨电极中固定碳的分配　　　（%）

种　类	石油焦	蓝　炭	电　极
还原 SiO_2	90	85	90
炉口烧损	10	15	10

5.8.5.2　计算过程

（1）还原 SiO_2 生成 Si 需要的纯碳量：

$$SiO_2 + 2C \Longrightarrow Si + 2CO$$
$$200 \times 0.99 \times 0.9 \times 24/60 = 71.3\text{kg}$$

（2）还原 SiO_2 生成损失物 SiO 需要的纯碳量：

$$SiO_2 + C \Longrightarrow SiO + CO$$
$$200 \times 0.99 \times 0.07 \times 12/60 = 2.8\text{kg}$$

（3）共需纯碳量：$71.3 + 2.8 = 74.1\text{kg}$

（4）石墨电极提供的纯碳量：$7 \times 0.995 \times 0.9 = 6.3\text{kg}$

（5）需要配入干石油焦的数量：$(74.1 - 6.3)/(0.86 \times 0.9) = 87.6\text{kg}$

（6）若每批料配入干蓝炭 30kg，则石油焦使用数量为

$$\frac{87.6 \times 0.86 \times 0.9 - 30 \times 0.85 \times 0.85}{0.86 \times 0.9}$$

$$= 87.6 - 30 \times \frac{0.85 \times 0.85}{0.86 \times 0.9}$$

$$= 59.6\text{kg}$$

综上，生产工业硅的配料为：硅石 200kg，干石油焦 59.6kg，干蓝炭 30kg。

复 习 思 考 题

5-1　硅及其化合物的物理化学性质如何？

5-2　硅铁冶炼对原料有何要求，如何结合本地条件选择还原剂？

5-3　写出硅铁冶炼的主要化学反应方程式，画出冶炼硅 75 的炉膛结构示意图，并说明各区的作用。

5-4　什么是扎眼和捣炉，捣炉时应注意什么？

5-5　如何判断电极插入深度？

5-6　硅铁炉况正常的特征有哪些，如何判断还原剂过剩或不足，如何处理？

5-7　什么是出铁口烧穿，如何维护和使用出铁口？

5-8　硅 75 如何浇注，硅铁粉化的原因是什么，如何消除？

5-9　硅75与硅45如何相互转炼？

5-10　试述混合加料法和分层加料法生产硅钙合金的冶炼原理及操作要点。

5-11　冶炼硅钙合金炉底上涨的原因是什么，如何防止和控制炉底上涨？

5-12　冶炼工业硅常用原料有哪些，工业硅冶炼如何操作？

5-13　工业硅冶炼时如何判断炉况，还原剂过剩或不足有哪些特征？

5-14　冶炼工业硅和硅75有什么相同点和不同点，操作方法和工艺要求有何不同？

6 锰系合金的冶炼

6.1 锰铁的牌号及用途

锰铁是锰与铁的合金，其中还含有碳、硅、磷及少量其他元素。电炉冶炼的锰铁根据其碳含量的不同，又分为高碳锰铁（碳素锰铁）、中碳锰铁和低碳锰铁三种，其牌号和化学成分见表 6 - 1。

表 6 - 1   电炉锰铁的牌号和化学成分（GB/T 3795—2006）   （%）

类别	牌号	化学成分						
		Mn	C	Si		P		S
				I	II	I	II	
				≤				
低碳锰铁	FeMn88C0.2	85.0~92.0	0.2	1.0	2.0	0.10	0.30	0.02
	FeMn84C0.4	80.0~87.0	0.4	1.0	2.0	0.15	0.30	0.02
	FeMn84C0.7	80.0~87.0	0.7	1.0	2.0	0.20	0.30	0.02
中碳锰铁	FeMn82C1.0	78.0~85.0	1.0	1.5	2.0	0.20	0.35	0.03
	FeMn82C1.5	78.0~85.0	1.5	1.5	2.0	0.20	0.35	0.03
	FeMn78C2.0	75.0~82.0	2.0	1.5	2.5	0.20	0.40	0.03
高碳锰铁	FeMn78C8.0	75.0~82.0	8.0	1.5	2.5	0.20	0.33	0.03
	FeMn74C7.5	70.0~77.0	7.5	2.0	3.0	0.25	0.38	0.03
	FeMn68C7.0	65.0~72.0	7.0	2.5	4.5	0.25	0.40	0.03

在锰系合金中，含有足够硅量的锰铁合金称为锰硅合金，其牌号和化学成分见表 6 - 2。

表 6 - 2   锰硅合金的牌号和化学成分（GB/T 4008—2008）   （%）

牌号	化学成分						
	Mn	Si	C	P			S
				I	II	III	
				≤			
FeMn64Si27	60.0~67.0	25.0~28.0	0.5	0.10	0.15	0.25	0.04
FeMn67Si23	63.0~70.0	22.0~25.0	0.7	0.10	0.15	0.25	0.04
FeMn68Si22	65.0~72.0	20.0~23.0	1.2	0.10	0.15	0.25	0.04
FeMn62Si23（FeMn64Si23）	60.0~<65.0	20.0~25.0	1.2	0.10	0.15	0.25	0.04
FeMn68Si18	65.0~72.0	17.0~20.0	1.8	0.10	0.15	0.25	0.04

牌　号	化 学 成 分						
	Mn	Si	C	P			S
				I	II	III	
				≤			
FeMn62Si18 （FeMn64Si18）	60.0 ~ <65.0	17.0 ~ 20.0	1.8	0.10	0.15	0.25	0.04
FeMn68Si16	65.0 ~ 72.0	14.0 ~ 17.0	2.5	0.10	0.15	0.25	0.04
FeMn62Si17 （FeMn64Si16）	60.0 ~ <65.0	14.0 ~ 20.0	2.5	0.20	0.25	0.30	0.05

注：括号中的牌号为旧牌号。

含有极少量的其他元素而其余均为锰的合金称为金属锰，其牌号和化学成分见表 6 - 3。

表 6 - 3　金属锰的牌号和化学成分（GB/T 2774—2006）　　　　（%）

牌　号	化 学 成 分					
	Mn	C	Si	Fe	P	S
	≥	≤				
JMn98	98	0.05	0.3	1.5	0.03	0.02
JMn97 - A	97	0.05	0.4	2.0	0.03	0.02
JMn97 - B	97	0.08	0.6	2.0	0.04	0.03
JMn96 - A	96.5	0.05	0.5	2.3	0.03	0.02
JMn96 - B	96	0.10	0.8	2.3	0.04	0.03
JMn95 - A	95	0.15	0.5	2.8	0.03	0.02
JMn95 - B	95	0.15	0.8	3.0	0.04	0.03
JMn93	93.5	0.20	1.5	3.0	0.04	0.03

在锰系合金中还有一种硅、碳、磷含量与高碳锰铁相近，而含锰量仅为 20% ~ 30%，并且因其断面光亮如镜而得名的镜铁。

锰是钢铁生产中不可缺少的元素之一。由于锰与氧、硫有较大的亲和力，常用锰铁作为炼钢的脱氧剂和脱硫剂。锰铁作为炼钢的合金剂，能改善钢的力学性能，增加钢的强度、硬度、延展性和耐磨性等。铸铁中加入锰能改善铸件的物理性能和力学性能。锰硅合金可作为炼钢的复合脱氧剂，也可用作生产中低碳锰铁和金属锰的原料。金属锰可作为锰的合金剂生产不锈钢，也广泛用于生产锰青铜和铝合金。锰铁还大量用于电焊条的生产，在化学工业中也得到利用。

6.2　锰及其化合物的物理化学性质

6.2.1　锰的主要物理化学性质

锰的主要物理化学性质有：

相对原子质量	54.93
密度	$7300kg/m^3$
熔点	1244℃
沸点	2095℃
熔化热	7.37kJ/mol
蒸发热	225.0kJ/mol

锰有四种变化形态，各种变态的晶格也不同，具体如下：

（1）$\alpha - Mn$，低于727℃时稳定，立方体；

（2）$\beta - Mn$，727~1101℃时稳定，立方体；

（3）$\gamma - Mn$，1101~1137℃时稳定，面心四面体；

（4）$\delta - Mn$，1137~1244℃时稳定，体心立方体。

转变热为：$\alpha - Mn \rightarrow \beta - Mn$，$\Delta H^{\ominus} = 2240J/mol$；$\beta - Mn \rightarrow \gamma - Mn$，$\Delta H^{\ominus} = 2281.81J/mol$；$\gamma - Mn \rightarrow \delta - Mn$，$\Delta H^{\ominus} = 1800.3J/mol$。

锰的蒸气压力很大，易挥发，生产锰系合金时要防止锰的挥发损失，特别是冶炼金属锰或锰硅合金。冶炼温度越高、金属中的锰含量越高，合金中锰的挥发损失就越大。

6.2.2 锰化合物的性质

锰与氧生成一系列的氧化物，如 MnO_2、Mn_2O_3、Mn_3O_4 和 MnO。锰的低价氧化物比高价氧化物稳定，加热时高价氧化物将逐级分解成低价氧化物并放出氧，在高温下只有 MnO 是稳定的，即：

$$MnO_2 \xrightarrow{480℃} Mn_2O_3 \xrightarrow{950℃} Mn_3O_4 \xrightarrow{1200℃} MnO$$

锰与铁在液态和固态时完全互溶，但不生成化合物，图6-1为 Fe-Mn 状态图。

锰与碳生成的碳化物有 Mn_7C_3、Mn_3C 和 $Mn_{23}C_6$ 等，图6-2为 Mn-C 状态图。

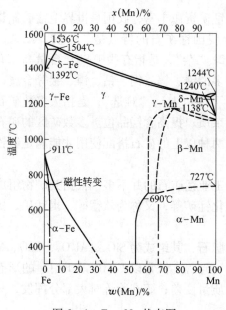

图6-1　Fe-Mn 状态图

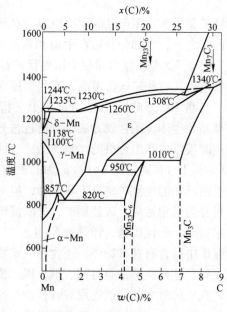

图6-2　Mn-C 状态图

锰与硅生成硅化物 $MnSi_2$、$MnSi$ 和 Mn_5Si_3，其中以 $MnSi$ 最稳定，图 6-3 为 $Mn-Si$ 状态图。硅化锰是比碳化锰更稳定的化合物，当锰的碳素合金中硅含量增高时，硅会将其中的碳置换出来，生成硅化物。锰硅合金中硅含量与碳含量之间的关系如图 6-4 所示，硅含量越高，碳含量就越低。

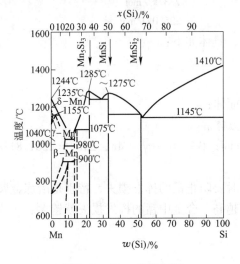

图 6-3　Mn-Si 状态图　　　　图 6-4　锰硅合金中硅含量与碳含量的关系

锰与磷生成的磷化物有 Mn_5P_2、MnP、MnP_2 和 MnP_3，其中以 Mn_5P_2 最稳定。

锰与氮生成氮化物 Mn_4N、Mn_5N_2 和 Mn_3N_2，氮在 $\gamma-Mn$ 中的溶解度可达 6%。

锰和硫生成硫化物 MnS 和 MnS_2，MnS 是非常稳定的化合物，在液态和固态锰中的溶解度都很小。

6.3　锰矿

锰矿是生产锰系产品的主要原料。自然界中锰矿资源丰富，我国是世界上锰矿储量较多的国家之一，大部分分布在中南和西南地区。我国锰矿石的特点是"一贫、二杂、三难选"。"贫"，是指锰含量仅为国外锰矿石的 1/2；"杂"，是指有些矿 SiO_2 含量高，有些矿磷含量高，有些矿铁含量高，有些矿还含有较多的铅、锌、铜、钴、镍、银等金属，小矿区多（指 100 万吨以下），大矿区少（指 1000 万吨以上）；"难选"，是指大多数矿石为细粒结晶共生体，用常规方法很难通过选分去除杂质、提高含锰品位。多数矿区的矿石单独使用时很难生产出合格的锰铁产品，往往需要两种以上的矿石搭配使用才能满足锰铁比 $w(Mn)/w(Fe)$ 和磷锰比 $w(P)/w(Mn)$ 的要求。

目前已知的含锰矿物有 150 多种，但可用作工业锰矿石的并不多，根据其矿物组成不同，可分为氧化锰矿、碳酸锰矿、硅酸锰矿、硫化锰矿等，又称为软锰矿、褐锰矿、黑锰矿、水锰矿、菱锰矿等，详见表 6-4。

锰矿中除含有锰矿物外，还含有一定数量的脉石，其组成为 SiO_2、Al_2O_3、CaO、MgO 等氧化物。锰矿中的杂质有铁、磷、碳、铅、锌、砷等，铁常以 Fe_2O_3 及 Fe_3O_4 的形态存在；磷在冶炼时大部分被还原进入合金，使产品质量变差；硫在冶炼时大部分挥发，只有很少量进入合金，故锰矿中硫含量影响不大。

表 6 - 4　主要含锰矿石

矿物名称		化学式	锰含量/%	密度/kg·m^{-3}	颜色
氧化锰矿	软锰矿	MnO_2	60 ~ 64	4700 ~ 5000	黑色
	褐锰矿	Mn_2O_3	60 ~ 69.6	4700 ~ 5000	褐色至钢灰色
	黑锰矿	Mn_3O_4	72	4700 ~ 4900	黑色
	水锰矿	$Mn_2O_3 \cdot H_2O$	62.4	4200 ~ 4400	钢灰色、铁灰色
	硬锰矿	$mMnO \cdot Mn_2O_3 \cdot nH_2O$	45 ~ 60	4200 ~ 4700	钢灰色至黑色
	偏酸锰矿	$MnO_2 \cdot nH_2O$	49 ~ 62	3000 ~ 3200	黑褐色
碳酸锰矿	菱锰矿	$MnCO_3$	47.8	3300 ~ 4700	玫瑰红色
	锰方解石	$(Ca, Mn)CO_3$	20 ~ 25	2700 ~ 3100	白色、灰白色带微红色
硅酸锰矿	蔷薇辉石	$MnO \cdot SiO_2$	41.9	3500 ~ 3700	淡红色
硫化锰矿	硫锰矿	MnS	63.2	3600 ~ 4100	深绿色、灰色

锰矿按其工业上的用途,可分为化工用锰矿和冶金用锰矿两种。冶金用锰矿按矿石类型、锰与铁含量之比(锰铁比)及锰含量高低又分成三类:

(1) 按锰矿类型,可分为氧化锰矿和碳酸锰矿。

(2) 按锰矿中锰铁比,可分为锰矿石、铁锰矿石和含锰铁矿石。其中锰矿石主要含锰,$w(Mn)/w(Fe) > 1$;铁锰矿石含有相当数量的锰和铁,但 $w(Mn)/w(Fe) < 1$;含锰铁矿石主要含铁,$w(Fe) > 35\%$,$w(Mn) = 5\% ~ 10\%$。

(3) 按锰矿锰含量高低,可分为富锰矿和贫锰矿。各国依其矿源条件不同,贫、富锰矿的划分标准也不同,我国目前把含锰 30% 的成品矿石称为富锰矿。

锰含量较高的氧化锰矿开采出来后(有的经水洗),可直接作为成品矿石。而碳酸锰矿开采出来后需要进行焙烧,除去 CO_2 及其他挥发成分后方可作为成品矿石(焙烧矿)。

碳酸锰矿的焙烧一般采用竖窑焙烧,用无烟煤作燃料,焙烧温度为 800 ~ 1000℃,焙烧时碳酸锰矿中的主要碳酸盐按下式分解:

$$MnCO_3 = MnO + CO_2$$
$$FeCO_3 = FeO + CO_2$$
$$CaCO_3 = CaO + CO_2$$
$$MgCO_3 = MgO + CO_2$$

当焙烧温度过高时,会使 MnO 再氧化,反应为:

$$3MnO + CO_2 = Mn_3O_4 + CO$$
$$2MnO + CO_2 = Mn_2O_3 + CO$$

对于锰含量低、杂质含量高的贫锰矿,通过选矿可提高锰含量,降低杂质含量。对于某些矿物,通过选矿还可综合利用和回收其中有用的金属矿物。选矿的方法有洗选、手选、重选、浮选、焙烧磁选、化学选、火法富集等,除火法富集(富锰渣法)外,其他方法的选矿及焙烧等都在矿山进行。

锰矿是冶炼锰系合金的主要原料,在冶炼锰系合金时,锰矿的化学成分和物理性能在很大程度上决定了整个冶炼过程的技术经济指标。冶炼锰系合金对锰矿的主要要求如下:

(1) 锰矿中锰含量要高。锰含量(锰矿品位)越高,产量越高,消耗越低,各项技术经济指标越好。根据我国锰矿资源，为合理使用锰矿并达到较好的经济效果，在冶炼金属锰和中低碳锰铁时，要求锰矿锰含量大于40%；生产电炉高碳锰铁和锰硅合金时，要求锰矿锰含量大于35%；冶炼高炉锰铁时，要求锰矿锰含量大于30%。

（2）锰矿中的铁在冶炼中95%进入合金，因此要求锰矿有一定的锰铁比。由于生产锰合金的品种、牌号不同，对锰矿中的锰铁比要求不一，一般为3.5~10。

（3）锰矿中的磷约有75%被还原进入合金，为了使锰合金中的磷含量控制在规定范围内，要求锰矿有一定的磷锰比。由于生产的品种、牌号不同，对磷锰比要求不一，一般为0.002~0.005。

（4）锰矿中SiO_2含量要低。除冶炼锰硅合金外，矿石中SiO_2含量要低，这样可以减少渣量、降低电耗和提高锰的回收率。

（5）锰矿中的CaO和MgO对冶炼过程获得一定碱度的炉渣有利，故不加限制。

（6）锰矿中硫与锰生成MnS进入渣中，仅有1%进入合金，故对锰矿中的硫含量不加限制。

（7）锰矿中Al_2O_3含量越低越好。

（8）锰矿要有合适的粒度。通常要求粒度为5~75mm，小于3mm的粒级不超过10%。

（9）锰矿（指烧结矿和球团矿）应有足够的抗压强度（大于0.5MPa），水分含量不大于8%。

6.4　高碳锰铁

6.4.1　冶炼方法

高碳锰铁冶炼方法有高炉法和电炉法两种，高炉法在此处不做介绍。

根据入炉锰矿品位及炉渣碱度控制的不同，在电炉内生产高碳锰铁有熔剂法、无熔剂法和少熔剂法三种：

（1）熔剂法。炉料中除锰矿、焦炭外，还配入一定的熔剂（石灰），加入足够的还原剂，采用高碱度渣进行操作，炉渣碱度$w(CaO)/w(SiO_2)$控制在1.3~1.4，以便尽量降低炉渣的锰含量，提高锰的回收率。此法可利用贫矿。

（2）无熔剂法。炉料中不配加石灰，在还原剂不足的条件下冶炼，采用酸性渣操作。用这种方法生产既可获得高碳锰铁，又可得到用于生产锰硅合金和中低碳锰铁的、含锰30%左右的低磷富锰渣。无熔剂法冶炼的优点是：冶炼电耗低，锰的综合回收率高；不足之处是：由于采用酸性渣操作，冶炼过程对碳质炉衬的侵蚀较严重，炉衬寿命较短。此法需使用低磷富锰矿。

（3）少熔剂法。少熔剂法采用介于熔剂法和无熔剂法之间的"弱酸性渣法"。该法是在配料中加入少量石灰或白云石，将炉渣碱度控制在0.6~0.8之间，在弱碳条件下进行冶炼，生产出合格的高碳锰铁和含锰25%~40%、CaO适量及低磷、低铁的锰渣。此渣用于生产锰硅合金时既可减少石灰配入量，又可减少因石灰潮解而增加的粉尘量，从而改善炉料的透气性。

国外电炉冶炼高碳锰铁多采用无熔剂法和少熔剂法。我国鉴于国内资源状况，以熔剂法生产为主。近年来随着国外高品位锰矿的进口，为合理利用富矿资源，有些生产厂家也采用无熔剂法和少熔剂法生产高碳锰铁。

6.4.2　原料

电炉熔剂法生产高碳锰铁的原料有锰矿、焦炭、石灰。

冶炼高碳锰铁时应使用锰含量高、SiO_2 和 Al_2O_3 含量低的锰矿，这样可以减少渣量，降低电耗，提高生产率和锰的回收率。入炉锰矿水分含量控制在 8% 以下。

对锰矿中锰、铁、磷含量的要求，应根据生产的牌号来确定，见表 6-5。

表 6-5　对锰矿中锰、铁、磷含量的要求

牌　号	对锰矿的要求		
	$w(Mn)/\%$	$w(Mn)/w(Fe)$	$w(P)/w(Mn)$
FeMn78C8.0	≥40	≥6.8	≤0.002
FeMn74C7.5	≥35	≥6.4	≤0.002
FeMn68C7.0	≥34	≥6.5	≤0.003

锰矿的入炉粒度根据电炉容量大小而定，对 6000kV·A 以下容量的电炉，入炉粒度一般为 10~60mm；对 6000kV·A 以上容量的电炉，其上限可放宽到 80mm，小于 10mm 的粉矿不应超过总量的 10%。

对碳质还原剂物理性能的要求与硅铁一样，如对焦炭粒度的要求随电炉容量的不同而不同。一般情况下，料批中不配入小于 5mm 的粉矿、粉焦。对 10000kV·A 以上的电炉，一般选用 5~25mm 的焦炭粒度；对 3000~10000kV·A 的电炉，选用 5~13mm 的焦炭粒度；对 3000kV·A 以下的电炉，选用 5~8mm 的焦炭粒度。要求固定碳含量不小于 82%，灰分含量不大于 14%，水分含量小于 7%，磷含量宜低。使用块煤代替部分冶金焦有降低电耗的作用，国内某厂使用无烟煤代替 50% 的焦炭，在同等条件下，高碳锰铁月平均产量比单独用冶金焦时提高 23.86%，电耗降低 13.8%，成本下降 16.3%。选用的无烟煤化学成分（质量分数）为：固定碳 72.67%，水分 0.95%，挥发分 3.12%，灰分 23.26%（其中 SiO_2 54.83%，Fe_2O_3 8.51%，CaO 1.71%，MgO 1.82%，P 0.04%）。当用煤取代部分焦炭时，煤的粒度可放宽到 40mm。

冶炼高碳锰铁时使用的熔剂是石灰和萤石，石灰要求 $w(CaO) \geq 85\%$，$w(SiO_2) < 6\%$，$w(P) < 0.05\%$，$w(S) < 0.80\%$，粒度为 15~80mm。炉料配入适量的煅烧白云石可提高炉渣中 MgO 含量，有利于提高锰的回收率，降低产品电耗。

6.4.3　冶炼原理

高碳锰铁的冶炼过程主要是锰的高价氧化物受热分解和低价氧化物被碳还原的过程。锰的高价氧化物稳定性较差，在冶炼温度下将依次分解成低价氧化物。

当温度高于 480℃ 时，MnO_2 分解成 Mn_2O_3：

$$2MnO_2 \Longrightarrow Mn_2O_3 + \frac{1}{2}O_2$$

当温度高于 927℃ 时，Mn_2O_3 分解成 Mn_3O_4：

$$3Mn_2O_3 \rightleftharpoons 2Mn_3O_4 + \frac{1}{2}O_2$$

当温度高于 1177℃ 时，Mn_3O_4 分解成 MnO：

$$Mn_3O_4 \rightleftharpoons 3MnO + \frac{1}{2}O_2$$

MnO 是比较稳定的氧化物，在电炉冶炼条件下 MnO 不分解。

锰的高价氧化物也可被炉内反应产生的 CO 还原成低价氧化物，反应如下：

$$2MnO_2 + CO \rightleftharpoons Mn_2O_3 + CO_2$$
$$3Mn_2O_3 + CO \rightleftharpoons 2Mn_3O_4 + CO_2$$
$$Mn_3O_4 + CO \rightleftharpoons 3MnO + CO_2$$

在冶炼温度下 MnO 不可能被 CO 还原，这样，进入炉内高温区的锰的氧化物均以 MnO 形式存在，只能通过碳直接还原。碳还原 MnO 的反应如下：

$$MnO + C \rightleftharpoons Mn + CO \qquad \Delta G^\ominus = 575266.32 - 339.78T \quad (J/mol) \qquad T_{开} = 1693K$$

$$2MnO + \frac{8}{3}C \rightleftharpoons \frac{2}{3}Mn_3C + 2CO \quad \Delta G^\ominus = 510789.6 - 340.80T \qquad\qquad T_{开} = 1499K$$

由以上反应可以看出，用碳还原 MnO 生成 Mn_3C 的趋势比生成 Mn 大。因此，用碳作还原剂时得到的不是纯锰，而是锰的碳化物 Mn_3C，合金中碳含量通常为 6% ~ 7%。

在 MnO 被碳还原的同时，锰矿中 Fe、P、Si 的氧化物也被碳还原，其中 P_2O_5 和 FeO 比 MnO 更容易被还原。

矿石中磷的氧化物能被碳、锰充分还原，其反应如下：

$$\frac{2}{5}P_2O_5 + 2C \rightleftharpoons \frac{4}{5}P + 2CO \qquad \Delta G^\ominus = 396071.28 - 382.13T \quad (J/mol) \quad T_{开} = 1036.5K$$

$$\frac{2}{5}P_2O_5 + 2Mn \rightleftharpoons \frac{4}{5}P + 2MnO \qquad \Delta G^\ominus = -179195.04 - 42.37T \quad (J/mol) \quad T_{开} = 1036.5K$$

被还原出来的磷大约有 70% 进入合金，5% 左右残留在渣中，其余挥发。

炉料中铁的氧化物按下式被碳还原：

$$FeO + C \rightleftharpoons Fe + CO \qquad \Delta G^\ominus = 148003.38 - 150.31T \quad (J/mol) \qquad T_{开} = 985K$$

还原出来的铁与锰组成二元碳化物 $(Mn, Fe)_3C$，从而改善了 MnO 的还原条件。在有铁存在的条件下，当温度接近 1100℃ 时，MnO 的还原即可进行。

炉料带入的 SiO_2 比 MnO 稳定，只有在较高的温度下才能被碳还原，反应为：

$$SiO_2 + 2C \rightleftharpoons Si + 2CO \qquad \Delta G^\ominus = 700870.32 - 361074T \quad (J/mol) \qquad T_{开} = 1937K$$

控制高碳锰铁冶炼温度不超过 1550℃，可以有效地抑制 SiO_2 的还原。实际允许的高碳锰铁硅含量不大于 4%，硅大部分以 SiO_2 形式进入炉渣。

炉料中的其他氧化物，如 CaO、Al_2O_3、MgO 等，则比 MnO 更为稳定，在高碳锰铁冶炼温度条件下不可能被碳还原，几乎全部进入炉渣。

炉料中的硫主要来自焦炭。有机硫在高温下挥发，硫酸盐中的硫一般以 MnS 或 CaS 形态溶于渣中。通常炉料中的硫只有 1% 左右进入合金。

高碳锰铁在 1250℃ 左右时熔化，合金过热至 1350 ~ 1370℃ 时就具有良好的流动性，且锰的挥发性很大。因此，冶炼高碳锰铁时应避免炉缸温度过高，即宜避免高出还原反应顺利进行所必需的温度。

MnO 为碱性氧化物，易与炉料中的 SiO$_2$ 结合生成硅酸盐，反应为：

$$MnO + SiO_2 === MnO \cdot SiO_2$$

$$2MnO + SiO_2 === 2MnO \cdot SiO_2$$

这些反应降低了渣中 MnO 的活度，使充分还原 MnO 变得困难。

为了减少锰进入炉渣中的损失，可向炉料中加入石灰或石灰石，使渣中 MnO 的活度增加，还原条件得到改善，反应为：

$$MnO \cdot SiO_2 + CaO === CaO \cdot SiO_2 + MnO$$

$$2MnO \cdot SiO_2 + 2CaO === 2CaO \cdot SiO_2 + 2MnO$$

图 6 - 5 所示为炉渣中锰含量与炉渣碱度的关系。由图 6 - 5 可知，随着炉渣碱度的增大，炉渣中锰含量减少；但当炉渣碱度达 1.4 后，继续增加炉渣碱度，则渣中锰含量减少得并不多。因为这时渣中锰含量的降低不是 CaO 取代 MnO、改善 MnO 还原的结果，而是石灰稀释炉渣的结果，因此继续增加炉渣碱度虽然使渣中锰含量稍微降低，但实际上是渣量增多、锰被冲淡的结果。此外，增加炉渣碱度会使炉渣的熔点升高，高碳锰铁过热，锰的气化损失增加。

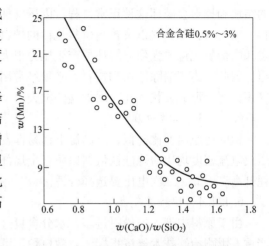

图 6 - 5　渣中锰含量与炉渣碱度的关系

因此，在采用熔剂法生产高碳锰铁时，炉渣碱度 $w(CaO)/w(SiO_2)$ 通常限制在 1.2 ~ 1.4 范围内。这时炉渣的化学成分（质量分数）为：SiO$_2$ 25% ~ 32%，Al$_2$O$_3$ 8% ~ 13%，CaO 35% ~ 43%，MgO 3% ~ 5%，MnO 10% ~ 16%，FeO 1%。炉渣熔点为 1350 ~ 1400℃。

炉渣中部分 CaO 可以用 MgO 代替。某厂用部分白云石作熔剂，使渣中 MgO 含量提高到 5% ~ 10% 时，能使碱度提高到 1.6 ~ 1.8，渣中残锰含量进一步降低，达到 5% 以下，此时电耗和锰的挥发损失并未增加。

熔剂法冶炼高碳锰铁时，锰的分布情况大致为：78% ~ 82% 进入合金，8% ~ 10% 进入炉渣，10% ~ 12% 挥发。

6.4.4　冶炼工艺

高碳锰铁可在大、中、小型矿热炉内采用连续冶炼的方法生产。炉型有封闭式和敞口式，电炉炉衬用炭砖砌筑。由于锰铁炉渣流动性好、冲刷力强，且合金易与炉衬作用生成碳化物，所以炉衬寿命比硅铁炉短。为了延长炉衬的寿命，在熔炼过程中应加入足够的还原剂、不使合金过热和长期停留在炉内。

6.4.4.1　配加料

根据配料计算得出配料比后，按焦炭、锰矿、石灰（白云石）的顺序进行称量配料，然后通过输送系统将配好的料送到加料平台或炉顶料仓，根据炉内需要分批加入炉内。小型电炉一般采用人工加料，而大中型电炉则是通过炉顶料仓下面的加料管加入炉内。对封闭式电炉，其加料管直接伸入炉内料面控制位置，加料管内随时充满炉料，当炉料熔化下沉时，料管中的料自动落入炉内。

6.4.4.2　炉料分布

炉料沿电极周围堆成锥体并保持适当的料面高度，这样可以保证控制好上升炉气和下降炉料间的热交换，使气体均匀地从表面逸出，保证锰矿良好的加热和分解还原，有利于减少热损失和锰的挥发损失。加料要做到勤加、少加，塌料或出铁后应先推料，再加新料。

保持炉料均匀下降是进行正常冶炼的一个重要条件。炉料均匀下降，可以使炉料中的高价氧化锰在进入高温区以前分解或还原成 MnO，而且全部炉料得到良好的加热。炉料的结块和挂料会破坏这种正常进程，因透气性差，气体会从料面局部冲出而造成崩料、塌料。塌料时，湿炉料以及含高价氧化锰的炉料突然落入高温区，在高温下，炉料水分的蒸发和高价氧化锰的强烈分解还原产生压力很大的气体，使炽热的炉料和液体炉渣从炉内溅出。因此，为了消除结块和挂料，必须经常用铁钎戳穿炉料，防止炉气的积聚。此外，炉气积聚还会形成针状气孔，增加锰的损失。

6.4.4.3　二次电压

锰的还原温度比硅低，且高温下锰易挥发，故熔池温度不能太高，冶炼所用的二次电压及电流密度均比冶炼硅铁低，以防合金局部过热；但二次电压过低会使生产率降低，电耗升高。因此，二次电压要选择合适。

6.4.4.4　炉料透气性

由于原料中带入的粉料过多，水分含量过高，会造成炉内透气性差，刺火、塌料现象严重，影响冶炼技术经济指标。对敞口炉，可使用铁钎对电极周围炉料扎眼透气，以改善炉内状况；对封闭炉，则应从严格控制入炉原料的质量入手，防止上述现象的发生。

6.4.4.5　炉况正常的标志及不正常炉况的处理

对于敞口式电炉，炉况正常的标志是：料面透气性良好，料面均匀地冒短而黄的火焰，无塌料、刺火现象；炉料均匀下沉；三相电流基本平衡，电极深插、稳插；铁渣流动性好；出铁后料面下沉好，炉内、炉边无结渣，熔化区大。

对于封闭式电炉，炉况正常的标志是炉内压力稳定。封闭炉一般采取微正压（0～400Pa）操作，以保持炉气量和炉气成分稳定，炉气氢含量要小于8%，氧含量要小于3%。过大的正压会破坏炉子的密封性，密封性遭破坏的表现为炉顶冒烟喷火；如果在过低的负压下操作，将会吸入空气，使煤气中氧含量增加，容易引起爆鸣甚至爆炸事故。

影响炉况稳定的因素较多，如原料成分、水分含量、粒度的波动，电极工作端长度及插入深度的变化，炉渣成分及碱度的改变，机械、电气事故的影响等。但炉况变差大多是由还原剂配入过多或不足以及炉渣碱度过高或过低造成的。

还原剂过多时，由于炉料比电阻减小、导电性增强，电流上升，电极上抬，料面温度高，炉内化料速度减慢，电极周围刺火严重；炉气压力、温度升高，锰的挥发损失增大；炉底温度下降，出渣、出铁困难，合金硅含量增加。此时应向电极周围附加适量减炭料，并调整料批中的焦炭配入量。还原剂不足时，电极下插过深，电极消耗增大；负荷用不满，电流不稳定；炉口翻渣，炉渣锰含量升高，合金中硅低、磷高，渣多、铁少。此时可向电极周围附加适量焦炭，并在料批中提高焦炭配比。

炉渣碱度过高时，电极上抬，料面刺火、翻渣，炉渣流动性差，出铁量少，炉渣发暗且粗糙，断面多孔，冷却后很快粉化；炉渣碱度过低时，电极插入深，炉渣稀、流动性好，渣表面皱纹少，渣中跑锰多。针对以上情况，应及时调整石灰的配入量，将炉渣碱度调整到正常范围内。在冶炼过程中调整炉渣碱度，可采取一次附加石灰或附加不带石灰的料批，也可在附加的同时增减料批中的石灰用量。用白云石代替部分石灰把炉渣 MgO 含量提高到 4% ~7%，可以改善炉渣的流动性，并有助于降低炉渣的锰含量。

6.4.4.6 留渣冶炼

留渣冶炼是铁合金生产的一种新工艺，目前已在欧美国家和日本逐步投入工业性生产。留渣冶炼首先由日本提出，在日本称为"双出铁口连续操作法"或"米特法"，而在德国称为"炉渣电阻冶炼"。

留渣法冶炼的特点是：利用炉渣的电阻热代替常规电弧热，促使炉内反应区扩大，达到降低电耗、提高元素回收率和提高生产能力的目的。

6.4.4.7 出铁及合金的浇注

炉内渣铁从炉缸放出有两种形式：一种是不留渣的传统出铁工艺，渣和铁从同一出铁口流出；另一种是近代大型电炉采用的留渣法操作，渣从渣口流出，铁水从出铁口流出。后者不仅渣铁分离好，锰的回收率高，而且炉前操作简单化，因为是出几次渣后才出一次铁，减少了铁锭的浇注次数，使出铁口寿命延长，减少了维修工作量，同时也降低了成本；由于一次出铁量增多，热容量大，不仅产品质量稳定，而且各个环节的金属损失相对减少，电耗低，成本低。

铁水的铸锭方法有两种：

（1）直接铸块。对于采用不留渣操作的小型电炉，出炉的铁水和炉渣可直接注入砌有耐火材料的铸铁模内，多余的液体炉渣从铸铁模的流嘴流入另一渣包内。铸铁模内的渣铁冷却后，清除盖在铁锭上的炉渣，经精整加工成规定尺寸入库。与此相似的工艺是：在地面上砌筑一个坐包，放出的熔体经过长流槽流入坐包内，在坐包内经过短暂停留，炉渣从坐包的流渣槽流进沙坑内，铁水从坐包下部的放铁口流入铸铁锭模内。

对于 20000kV·A 以上的大型电炉，无论是留渣操作还是不留渣操作，近年来都开始推行直接铸块法。留渣操作时，从炉内流出的铁水经长流槽直接流进平面的铸铁床，连续放入几炉后，用铲车铲出，送至破碎机，加工成合格铁块。不留渣操作时，出炉的铁水和炉渣流入长流槽后要先经过"分渣器"，将炉渣分离到渣池内，也是注入几炉后，待炉渣冷凝后由铲车铲走，炉渣也可经"分渣器"直接冲成水渣，再运往用户。

铁水从长流槽先流入坐包，然后注入履带式铸铁机或环式铸铁机，这一方式也在广泛使用。

（2）间接铸块。所谓间接铸块，是指铁水流到砌有耐火材料的铁水包中，多余的炉渣从铁水包的上开口处流入阶梯排列的几个铸铁模中或者铸罐中，铁水包内的铁水可以注入铸铁锭模内，也可以注入各种形式的连铸机内。炉渣一般都是冲成水渣，作为铺路材料。

无论采用哪种铸块法，均需认真操作，做到渣铁分离彻底，使铁的损失减少到最低程度，同时也要严防炉渣混入铁中而降低产品质量。

6.4.5 配料计算

为了获得稳定的炉况以及符合要求的合金与炉渣成分，必须对炉料做配料计算。在进行配料计算时主要是根据原料分析结果和实际工作经验，采用一些经验数据。

6.4.5.1 高碳锰铁配料计算

A 原料成分

原料成分见表6-6。

表6-6 原料成分 (%)

名 称	Mn	Fe	P	SiO₂	CaO	C
混合锰矿	34	10	0.12	9	1.5	
焦 炭						83
石 灰					85	

注：焦炭含水约10%。

B 计算参数

(1) 锰矿中元素的分配见表6-7。

(2) 炉渣碱度 $R = 1.4$。

(3) 冶炼锰铁成分（质量分数）为：$w(Mn)$ 66%，$w(Si)$ 2%，$w(C)$ 6.5%，$w(P) < 0.3\%$，除铁以外其他杂质总和为0.5%。

表6-7 锰矿中元素的分配 (%)

元 素	分配 入合金	入 渣	挥 发
Mn	78	10	12
Fe	95	5	
P	75	5	20

(4) 出铁口排碳及炉口燃烧碳损失约为10%。

(5) 以100kg锰矿为计算基础，求焦炭、石灰用量。

C 计算

(1) 合金质量及成分。

锰、铁、磷的总量为：

$$100 \times 34\% \times 78\% + 100 \times 10\% \times 95\% + 100 \times 0.12\% \times 75\%$$
$$= 26.52 + 9.5 + 0.09 = 36.11 \text{kg}$$

锰、铁、磷所占合金的比例为：

$$100\% - w(C) - w(Si) - 其他 = 100\% - 6.5\% - 2.0\% - 0.5\% = 91\%$$

100kg锰矿能得到的合金总量为：36.11/91% = 39.68kg

合金成分为：

$$w(Mn) = [(100 \times 34\% \times 78\%)/39.68] \times 100\% = (26.52/39.68) \times 100\% = 66.8\%$$

$$w(P) = [(100 \times 0.12\% \times 75\%)/39.68] \times 100\% = (0.09/39.68) \times 100\% = 0.2268\%$$

合金中硅量为：39.68 × 2% = 0.7936kg

合金中碳量为：39.68 × 6.5% = 2.5792kg

(2) 焦炭用量。

焦炭用量见表6-8。

表6-8　焦炭用量　　　　　　　　　　（kg）

化合物	反　　应	焦炭用量
MnO	$MnO + C = Mn + CO$ 12　　55 $x_1 : 100 \times 0.34 \times (0.78 + 0.12)$	$x_1 = [100 \times 0.34 \times (0.78 + 0.12) \times 12]/55 = 6.6763$
FeO	$FeO + C = Fe + CO$ 12　　56 $x_2 : 100 \times 0.1 \times 0.95$	$x_2 = (100 \times 0.1 \times 0.95 \times 12)/56 = 2.0357$
SiO$_2$	$SiO_2 + 2C = Si + 2CO$ 24　　28 $x_3 : 0.7936$	$x_3 = (0.7936 \times 24)/28 = 0.6802$
P$_2$O$_5$	$P_2O_5 + 5C = 2P + 5CO$ 60　　62 $x_4 : 100 \times 0.0012 \times (0.75 + 0.20)$	$x_4 = [100 \times 0.0012 \times (0.75 + 0.20) \times 60]/62 = 0.1103$
合　金	含　碳	2.5792
合　计		12.0817

考虑出铁口排碳及炉口燃烧碳损失，折合成含水10%的焦炭量为：

$$12.0817/(0.83 \times 0.9 \times 0.9) = 17.9707 kg$$

（3）石灰用量。

渣中 SiO$_2$ 量为：$100 \times 9\% - 0.7936 \times 60/28 = 9 - 1.7 = 7.3 kg$

石灰用量为：$[m(SiO_2) \times 1.4 - (100 \times 1.5\%)]/0.85 = (7.3 \times 1.4 - 1.5)/0.85 = 10.26 kg$

综上，料批配比为：混合锰矿100kg，焦炭17.97kg，石灰10.26kg。

6.4.5.2　锰矿搭配比计算

A　计算参数

（1）冶炼锰铁的化学成分（质量分数）为：Mn 67%，Si 2%，C 6%，P 0.3%，除铁以外其他杂质总和为0.5%。

（2）锰矿甲的化学成分（质量分数）为：Mn 39%，Fe 4%，P 0.04%，SiO$_2$ 6%，CaO 3%；锰矿乙的化学成分（质量分数）为：Mn 33%，Fe 15.6%，P 0.2%，SiO$_2$ 12%，CaO 0.5%。

（3）锰矿中的铁95%进入合金，5%入渣。

B　计算

按满足合金的锰含量计算，设甲矿为 $x$kg，乙矿为 $y$kg。

100kg合金需含 Mn 67kg，故需含 Fe 量为：

$$100 - 67 - 2 - 6 - 0.3 - 0.5 = 24.2 kg$$

锰的回收率按图6-6所示选取。需要指出，当炉料中还搭配富锰渣、所用锰矿 SiO$_2$ 含量较高或冶炼 Si 含量小于1%的特殊高碳锰铁时，锰的回收率将相应降低，图6-6中

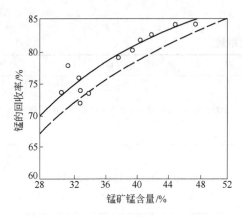

图 6-6　冶炼高碳锰铁时锰回收率
与锰矿锰含量的关系

实线可适当下移至虚线位置。

查图可知，锰的回收率为：甲矿 79.5%，乙矿 75.5%。于是，可列出如下二元方程式：

$$x \times 0.39 \times 0.795 + y \times 0.33 \times 0.755 = 67$$

$$x \times 0.04 \times 0.95 + y \times 0.156 \times 0.95 = 24.2$$

解得：$x = 108.1 \text{kg}$，$y = 136.1 \text{kg}$。

如果解得负值，则说明这两种锰矿无论怎样搭配也炼不出含锰 67% 的高碳锰铁。

将两矿质量换算成百分比为：

锰矿甲：$[108.1/(108.1 + 136.1)] \times 100\% = 44.3\%$

锰矿乙：$100\% - 44.3\% = 55.7\%$

现以上述 100kg 混合矿为基础进行计算。经计算，两矿的混合成分（质量分数）为：Mn 35.66%，Fe 10.46%，SiO_2 9.34%，CaO 1.61%，P 0.129%。查图可知，混合矿锰的回收率为 77.6%，则

应制得的合金量为：$(100 \times 0.3566 \times 0.776)/0.67 = 41.3 \text{kg}$

合金磷含量为：$[(100 \times 0.00129 \times 0.75)/41.3] \times 100\% = 0.234\%$

合金磷含量小于 0.3%，故可采用上述两矿搭配比进行冶炼。

6.5　锰硅合金

锰硅合金是由锰、硅、铁、碳等元素组成的合金，是用途较广、产量较大的电炉铁合金品种，其产量在电炉铁合金产品中占第二位。

锰硅合金是炼钢常用的复合脱氧剂，也是生产中低碳锰铁和电硅热法生产金属锰的还原剂。锰硅合金可在大、中、小型矿热炉内采取连续式操作进行冶炼。鉴于锰硅合金的使用对象不同，通常把炼钢使用的锰硅合金称为商用锰硅合金，把生产中低碳锰铁使用的锰硅合金称为自用锰硅合金，把生产金属锰的锰硅合金称为高硅锰硅合金。

6.5.1　原料

生产锰硅合金的原料有锰矿、富锰渣、硅石、焦炭、白云石(或石灰石)、石灰、萤石等。

（1）锰矿和富锰渣。生产锰硅合金可使用一种锰矿或几种锰矿（包括富锰渣）的混合矿。由于锰硅合金要求铁、磷含量比高碳锰铁低，入炉料中约有 95% 的铁和约 75% 的磷进入产品，而入炉料中的铁和磷绝大部分是由锰矿带入的，因此，锰矿中的铁、磷含量直接影响锰硅合金的质量，要求冶炼锰硅合金的锰矿有更高的锰铁比和锰磷比，见表 6-9。对于入炉锰矿石、富锰渣的锰含量，一般要求混配后的入炉矿锰含量在 30% 以上。混合锰矿（渣）的锰含量是影响冶炼指标的决定因素，对锰的回收率和产品单位电耗有很大的影响。图 6-7 所示为锰矿品位对锰硅合金技术经济指标的影响，图 6-8 所示为冶炼锰硅合金时锰回收率与锰矿锰含量的关系。

锰矿中 SiO_2 含量通常不受限制，采用 SiO_2 含量较高（SiO_2 30% ~ 40%）的锰矿来冶炼锰硅合金，在技术上是允许的，在资源上是合理的。冶炼锰硅合金时，每 100kg 含锰原

表6-9 某厂商用锰硅合金用矿技术指标

生产牌号	要　求		
	$w(Mn)/\%$	$w(Mn)/w(Fe)$	$w(P)/w(Mn)$
FeMn64Si27	≥35.0	≥7.5	≤0.0036
FeMn67Si23	≥35.0	≥7.8	≤0.0035
FeMn68Si22	≥34.0	≥8.0	≤0.0034
FeMn64Si23	≥33.0	≥5.8	≤0.0036
FeMn68Si18	≥32.0	≥7.0	≤0.0034
FeMn64Si18	≥32.0	≥5.0	≤0.0036
FeMn68Si16	≥31.0	≥6.3	≤0.0034
FeMn64Si16	≥30.0	≥4.3	≤0.0043

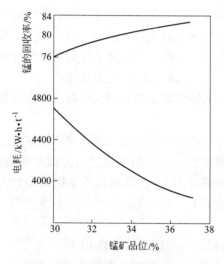

图6-7 锰矿品位对锰硅合金
技术经济指标的影响

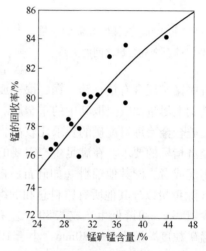

图6-8 冶炼锰硅合金时锰回收率
与锰矿锰含量的关系

料需 SiO_2 量与锰硅合金硅含量之间的关系见图6-9，该图是根据不同硅含量锰硅合金的生产和试验实践整理得到的。它表明冶炼锰硅合金的炉料中要有合适的 SiO_2 量，该量与锰矿锰含量无关，只与锰硅合金硅含量有关，并随锰硅合金硅含量的提高成直线增加。图6-9可作为配料计算所需硅石量的参考数据。

　　锰矿中 CaO 和 MgO 是生产硅锰合金的有益成分。锰硅合金的生产是有渣冶炼，当炉渣三元碱度 $\dfrac{w(CaO)+w(MgO)}{w(SiO_2)}=0.6\sim0.8$ 时，熔渣的流动性好，有利于反应区的扩大及锰、硅元素的还原，锰元素的回收率高，渣中的铁损失少，有利于排渣及炉况顺行。若混合锰矿中 CaO 和 MgO 含量较高，则可以少加或不加石灰、白云石等熔剂。我国有许多铁合金生产企业在锰硅合金生产中都采用了搭配 CaO 和 MgO 含量较高的中低碳锰渣或高碳锰渣，或者配入一定数量的富含 CaO 和 MgO 的自熔性烧结矿或焙烧矿，在入炉料中少加或不加石灰、白云石等熔剂，获得了较好的技术经济指标。

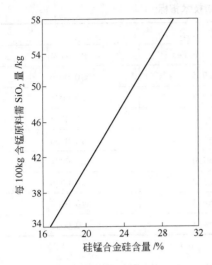

图 6 - 9　每 100kg 含锰原料需 SiO_2 量
与锰硅合金硅含量之间的关系

锰硅合金炉料中的 Al_2O_3 在冶炼中很难还原，几乎全部进入炉渣。当炉渣中 Al_2O_3 含量过高时，炉渣熔点升高、黏度增大，排渣困难，有时不得不使用大量助熔渣料以利于排渣，致使渣量增加。但适量的 Al_2O_3 在锰硅合金冶炼过程中可以提高炉温，提高锰、硅的回收率。通常将渣中的 Al_2O_3 含量控制在 15% ~ 25% 范围内，能够保证电炉得到足够高的炉温和炉渣的顺利排出。

锰矿中最有害的杂质是 P_2O_5，它是锰矿石质量判断的主要控制指标之一。在炉内强烈的还原性气氛下，P_2O_5 绝大部分还原成磷进入合金中，使产品中磷含量升高，品级下降。

锰矿中还含有一定数量的硫，在电炉的高温状态下，硫大部分挥发掉或转入炉渣，仅有约 1% 进入合金。为了避免由于矿石中硫含量过高而导致合金中硫含量超标，应对高硫锰矿进行预处理。

有些锰矿还含有铅、锌、铜、镍等成分，应对碳质炉底进行特殊处理，在充分保护炉底的基础上尽量回收提取其中的重金属。

锰硅合金冶炼对配矿的要求比较高，在满足生产需要的物理和化学要求的同时，还要满足经济指标的要求。在满足生产需要的化学要求中，重要的是在进行完锰矿的搭配后，尽量不配或者少配其他辅料（如硅石、白云石或铁矿石），这样可以尽量提高综合入炉锰含量（除焦炭以外其他所有原料总和的综合锰含量），减少渣量的产生。实践证明，渣量每减少 100kg，可降低生产成本 80 元左右。

锰矿粒度一般为 10 ~ 80mm，小于 10mm 的粒级不能超过总量的 10%。

（2）硅石。要求硅石 $w(SiO_2) \geq 97\%$，$w(P_2O_5) < 0.02\%$，粒度为 10 ~ 40mm，不带泥土及杂物。有些锰硅合金生产企业利用硅铁生产的副产品——硅铁渣来代替部分硅石，由于硅铁渣中有一定量的 Si 和 SiC，其中的硅可以直接进入合金，起到改善炉内还原气氛、提高产量、降低电耗的作用。硅铁渣的化学成分如表 6 - 10 所示。

表 6 - 10　硅铁渣的化学成分　　　　　　　　（%）

序　号	SiO_2	FeO	Al_2O_3	CaO	MgO	SiC	Si
1	41. 59	6. 47	16. 32	0. 79	0. 24	30. 20	9. 43
2	43. 26	12. 29	10. 20	2. 13	0. 08	7. 32	23. 56

（3）焦炭。要求焦炭固定碳含量不小于 84%，灰分含量不大于 14%，水分含量小于 8%。关于焦炭粒度，一般中小型电炉为 5 ~ 13mm，大型电炉为 15 ~ 30mm。焦炭的反应性要好，要大于 35%，比电阻要大，外观可见很多气孔。不要求焦炭有很高的强度（高炉用冶金焦需要很高的强度），但要有很大的反应接触面积。

（4）白云石。要求白云石 $w(MgO) + w(CaO) \geq 50\%$，$w(SiO_2) \leq 2.0\%$，用于生产高硅锰硅合金的白云石其 $w(Fe_2O_3) \leq 0.4\%$。中小型电炉使用的白云石粒度要求为 10 ~

40mm，大型电炉为 25 ~ 60m。

有些企业利用中锰渣、低锰渣或碳锰渣代替部分熔剂配入锰硅合金炉料，同样可以起到调整炉渣碱度的作用。同时，由于中锰渣、低锰渣或碳锰渣的锰铁比和锰磷比都很高，配入炉料后混合料的锰铁比和锰磷比也相应获得提高，实现了循环利用，既减少了熔剂和硅石的配入量，又提高了锰硅合金的品级率和锰的综合回收率。

对石灰的要求与冶炼高碳锰铁相同。

6.5.2 冶炼原理

如前所述，锰的高价氧化物不稳定，受热后容易分解或被 CO 还原成低价氧化物 MnO，而 MnO 较稳定，只能用碳直接还原。由于炉料中 SiO_2 含量较高，MnO 还没来得及还原就与之反应生成低熔点（1250 ~ 1345℃）的硅酸锰（富锰渣中的锰硅也是以硅酸盐的形式存在）。因此，从 MnO 中还原锰的反应实际上是在液态熔渣的硅酸盐中进行，反应为：

$$MnO + SiO_2 \Longrightarrow MnSiO_3$$
$$2MnO + SiO_2 \Longrightarrow Mn_2SiO_4$$

由于锰与碳能生成稳定的化合物 Mn_3C，用碳直接还原 MnO 得到的不是纯锰而是锰的碳化物 Mn_3C，反应为：

$$MnO \cdot SiO_2 + \frac{4}{3}C \Longrightarrow \frac{1}{3}Mn_3C + SiO_2 + CO$$

炉料中的氧化铁比氧化锰容易还原，还原出来的铁与锰形成共熔体 $(Mn, Fe)_3C$，大大改善了 MnO 的还原条件。

随着温度的升高，硅也被还原出来，其反应为：

$$SiO_2 + 2C \Longrightarrow Si + 2CO$$

由于硅与锰能够生成比 Mn_3C 更稳定的化合物 MnSi，当还原出来的硅遇到 Mn_3C 时，Mn_3C 中的碳被置换出来，使合金碳含量下降，其反应为：

$$\frac{1}{3}Mn_3C + Si \Longrightarrow MnSi + \frac{1}{3}C$$

被还原出来的硅越多，碳化物破坏得越彻底，合金的碳含量也就越低。

用碳从液态炉渣中还原硅和锰生产锰硅合金的总反应式：

$$MnO \cdot SiO_2 + 3C \Longrightarrow MnSi + 3CO$$
$$\Delta G^{\ominus} = 3821656.6 - 2435.67T \quad (J/mol) \quad T_{开} = 1569K$$

炉料中磷的氧化物在较低温度下即被还原，还原反应按下式进行：

$$\frac{2}{5}P_2O_5 + 2C \Longrightarrow \frac{4}{5}P + 2CO \qquad \Delta G^{\ominus} = 85100 - 81.32T \quad (J/mol) \qquad T_{开} = 1046K$$

炉料中的磷约有 75% 进入合金。

在锰硅合金的冶炼过程中，为了改善硅的还原条件，炉料中必须有足够的 SiO_2，以保证冶炼过程始终处在酸性渣条件下进行；但是如果渣中 SiO_2 过量，则会造成排渣困难。通常冶炼锰硅合金的炉渣成分为：$w(SiO_2) = 34\% \sim 42\%$；$\dfrac{w(CaO) + w(MgO)}{w(SiO_2)} = 0.6 \sim 0.8$；$w(Mn) < 8\%$。

6.5.3　冶炼工艺

锰硅合金的生产与电炉高碳锰铁一样，都是在矿热炉内进行的，采用有渣法冶炼，操作方法与高碳锰铁相似。渣铁比受入炉锰原料锰含量的影响较大，入炉锰原料锰含量高，则渣量少；反之，渣量就多。渣铁比波动范围一般为 0.8～1.5。炉温要求比冶炼高碳锰铁高，炉况掌握要比生产高碳锰铁困难些。为此，在操作上要求精心细致，准确判断炉况并及时处理。在操作中要特别重视还原剂的用量和炉渣成分，以确保炉况的顺行。

正常炉况的标志是：电极插入深度合适，三相电流均衡，炉口火焰均匀，炉料均衡下降，产品和炉渣成分合适且稳定，各项技术经济指标良好。在生产中密切观察炉况，及时正确调整炉料配比和供电制度，是保证炉况的关键。

6.5.3.1　配碳量对焦炭层和炉况的影响

冶炼锰硅合金时，炉膛渣层上面有一层被炉渣浸泡和包围的焦炭层，该焦炭层对加速还原反应和均衡电功率的分布起着重要作用。要随时注意观察电极的下插深度，调整焦炭的配入量，控制焦炭层的厚度。随着炉料过剩碳的积累，焦炭层会加厚，引起电极上移。以前大多认为从出铁口进行适当的排碳是合理的，其合理性是通过出铁口排碳可判断炉渣的流动性，但这同时也增加了出铁口的排碳损失，造成焦炭消耗增加。所以，可以通过其他办法来判断炉渣的流动性是否合适，而不是简单地仅凭出铁口排碳来判断。应通过对出铁口和炉况的管理来控制出铁口排碳，如使用开堵眼机和无水炮泥进行出铁口的维护，可以将出铁口控制在一个正常的尺寸，减少出铁口排碳，实现出铁口的免维护。

焦炭层的控制对锰硅合金的生产起着举足轻重的作用。当炉料中配碳量过大时，炉料电阻减小、导电性增强，使电极上抬，焦炭层增厚，焦炭层部位上移，因而炉膛熔池坩埚缩小，刺火、塌料现象增多，合金硅含量增高，炉口的外观现象与硅铁生产还原剂过多时基本相似。这种现象如果持续下去，则会由于电极插入深度不够而使高温区上移，炉口温度升高，使电极进一步上抬，炉内刺火、塌料严重，进而炉底温度下降，SiO_2 不能充分还原，合金中硅含量开始下降，同时除铁排渣不畅；对于封闭炉，则因炉口温度升高导致煤气压力升高且不稳定。当炉况出现上述情况时，即可判定为还原剂过量或粒度过大，此时必须及时调整炉料的配碳量，必要时配入不带焦炭的料批。

当炉料中配碳量不足时，会引起焦炭层减薄，此时电极虽然插得较深，但负荷给不足，炉料消耗慢，炉口翻渣频繁，炉口火焰低而无力；由于还原剂不足，入炉 SiO_2 还原率降低，锰的还原率也随之下降，出炉炉渣中 MnO 和 SiO_2 的含量升高；合金中锰、硅的含量降低，磷的含量升高。这时料批中应增加配碳量，甚至单独配加还原剂。

因此，准确计算配料比，特别是还原剂的用量，直接关系到产量和产品质量及其他各项技术经济指标。焦炭层的部位和厚度不仅决定于配碳量，还决定于混合锰矿的粒度和性质以及电炉容量、炉型参数、电炉操作制度等因素。在某一特定电炉和同样原料条件下，其取决于还原剂粒度和电炉操作制度。

配碳量是先通过配料计算，再综合考虑电炉生产中的一些实际情况进行具体修正确定的。如当炉渣碱度较高时，熔渣较稀，出铁后期熔渣带走的生料和还原剂较多，则配碳量应稍增加些；当出铁口使用时间较长，出铁口孔径增大时，出铁带走的焦炭较多，配碳量也需增加一些。

6.5.3.2　炉渣碱度的控制

冶炼锰硅合金的操作虽然与冶炼高碳锰铁相似，但是存在产生低熔点的黏稠炉渣与冶炼过程需要高温的矛盾，所以在操作上比冶炼高碳锰铁要难些，尤其是容易出现炉口翻渣。为了使冶炼正常进行，除应注意入炉料的质量外，还须特别注意炉渣成分的控制。

为使 SiO_2 充分还原，需要提高其活度。从 SiO_2 还原的热力学条件来说，炉渣碱度的选择似乎应该越低越好，但是当碱度小于 0.5 时，虽然 SiO_2 的活度大，但其炉渣的黏度也大，使熔渣中 SiO_2 的传质速度低，熔渣的导电性也差，炉底温度不均匀性增加；特别是使炉膛内温度梯度增加，距离电极稍远的区域熔渣温度降低，SiO_2 还原困难，硅的回收率低，黏稠熔渣中的一些高熔点物质（如 SiC 等）在炉内积存，难以排出炉外。具体表现为：渣液黏稠，出炉排渣困难，排渣不彻底，炉口容易翻渣，电炉常常加不满负荷，炉底温度偏低，熔池坩埚缩小，吃料速度趋缓，生产效率降低，合金中硅含量低、碳含量高，渣中跑锰损失增大。

向炉料中添加适当的石灰或白云石等碱性物料，有利于增加炉渣的流动性和导电性，从而提高 SiO_2 的还原率，改善炉况，提高锰硅合金生产的技术经济指标。

在规定的限度范围内，提高碱度可以改善炉渣的导电性和流动性，使输入炉内的电能可以在较大的范围内均匀分布，减小炉内反应区的温度梯度，有利于加快 SiO_2 的传质速度，改善 SiO_2 还原的动力学条件，而不会由于碱度的提高使 SiO_2 活度下降而恶化 SiO_2 还原的热力学条件。需要特别注意，不能单靠增加碱性物质来实现炉渣碱度的提高，重要的是要提高 SiO_2 的还原率，只有提高炉温及硅的还原率才能提高锰的回收率。倘若只是通过增加炉料中的 CaO、MgO 含量来增加炉渣的碱度，则会降低 SiO_2 在渣中的活度，因而限制了 SiO_2 的还原，同时锰的还原也得不到提高，而且通过增加配料中 $\dfrac{w(CaO)+w(MgO)}{w(SiO_2)}$ 的值来提高炉渣碱度，其增加值也是有限的。在这种情况下，由于 SiO_2 的活度随渣碱度的提高而逐渐减小，使 SiO_2 还原的热力学条件变差，导致硅还原速度降低，进而锰的还原率降低，使渣量增加，炉渣跑锰增加。因此在锰硅合金生产时，较高或合适的炉渣碱度是依靠提高硅的还原率来达到的，只有 SiO_2 的还原率得到提高，锰的回收率才能得到真正的提高。

碱度过高，则成渣温度降低，炉内温度提不高，加之 CaO 与 SiO_2 结合成硅酸盐，使 SiO_2 的还原困难，合金硅含量上不去；此外，碱度过高还导致炉渣过稀，出铁时带走的生料多，出铁口容易烧坏，炉眼也不好堵，因此碱度不能太高；当碱度过高时，进行炉渣水淬时还会出现水淬渣变白现象。

生产中可根据渣量和渣的流动性来判断炉渣碱度。正常冶炼时，每炉的渣量和铁量在一定范围内波动。若出渣过多，出铁较少，则说明碱度高；若渣量少且流动性差，出铁口挂渣，则说明碱度低。炉渣的流动性与碱度直接相关，渣稀，碱度就高；渣稠，碱度就低。

提高合金的硅含量需要有合适的炉渣成分。生产实践指出，当碱度 $w(CaO)/w(SiO_2)$ $=0.5\sim0.7$ 时，合金硅含量高。此外，炉渣中含有少量的 $MgO(5\%\sim7\%)$ 能大大改善炉渣的流动性，有利于炉温的提高，促进 SiO_2 的还原。

6.5.3.3 提高炉缸温度

二氧化硅是较难还原的氧化物，它的还原程度与还原剂用量，特别是与炉温有关。要使锰硅合金生产顺利进行，除了还原剂用量合适外，关键是要提高炉内的温度。

在连续生产中，炉渣的熔点对炉温有很大的影响。在冶炼锰硅合金时，因为炉渣中的 SiO_2 和 MnO 在1240℃下生成低熔点的硅酸锰，而从 $MnSiO_3$ 中还原得到含硅20%的合金溶液的开始还原温度为1490℃。因此，冶炼硅含量较高的锰硅合金的主要困难也是炉温问题。

锰矿的品位和粒度对炉温也有一定的影响。锰矿锰含量越高，则渣量越少，可以相应地延长出炉时间，均匀并提高炉温。锰矿粒度合适、粉末率低，则炉料透气性好，整个炉口均匀冒火，料层均匀下沉，炉料预热好，落入下部反应区时带入较多的热量，生产技术经济指标较好。如果粒度较大，则熔化速度减慢，成渣温度提高，虽然有助于提高炉温，但塌料现象会有所增加。

电极工作端的长度对炉温有着直接影响。9000～12500kV·A 的电炉冶炼锰硅合金时，电极的正常插入深度为 1.2～1.4m，工作电压为 130～145V；3000～6000kV·A 的电炉冶炼锰硅合金时，电极的正常插入深度为 600～800mm。

此外，如果骑马炭砖受到侵蚀变薄，炉眼太大，造成出铁时淌料严重，也将影响炉温的提高，从而影响合金中硅含量的提高。

6.5.3.4 提高锰的回收率

锰的回收率是生产锰硅合金的一项重要指标，提高锰的回收率就是要减少进入炉渣和随炉气逸出的锰量。炉渣中锰含量与炉渣碱度有关，见表6-11。碱度越高，渣中锰含量越低。但不能由此得出结论：碱度越高，锰的回收率越高。因为随着炉渣碱度的增高，渣量相应增大，虽然渣中锰的百分比下降，但炉渣中的跑锰量不一定下降。实践经验认为：当碱度由0.2增大到0.7～0.8时，锰的回收率随着碱度的增加而提高；当碱度进一步提高时，锰的回收率反而降低。

表6-11 炉渣中锰含量与炉渣碱度的关系

碱度 $w(CaO)/w(SiO_2)$	0.21～0.3	0.24～0.4	0.41～0.5	0.51～0.6	0.61～0.7	0.71～0.8	0.81～0.9
炉渣中锰含量/%	10.3	9.6	8.35	8.41	7.25	5.76	4.88

为了减少随炉气逸出的锰，就要避免高温区过于集中，减少锰的挥发，因此二次电压不能过高。如果电极插得深，料柱厚，炉气外逸时有比较长的行程，炉料能够吸收部分挥发的锰，可以减少锰的挥发损失。

6.5.3.5 原料电阻

入炉原料的电阻是冶炼的重要数据，锰矿石及焦炭比电阻与温度的关系见图6-10。由图可知，在一定温度下，不同锰矿石的比电阻值在一定范围内波动，波动区间大概为 $10^2\Omega\cdot mm^2/m$。从整体来看，温度越高，比电阻越低，当温度达到700～900℃时，几种锰矿石的比电阻集中到 $10^4\Omega\cdot mm^2/m$ 附近。焦炭和微小粒焦炭的比电阻相对低很多。

烧结矿及锰矿石比电阻与温度的关系见图6-11。由图可知，在900℃以下，烧结矿的比电阻比其他锰矿石的比电阻都明显高出许多。另外，用低价氧化物含量高的锰矿（如烧结矿）生产锰硅合金时，可以减少生产过程中产生的气体量，减少气体带走的热量，降低生产电耗。同时，由于还原低价氧化物比还原高价氧化物需要的焦炭少，可以减少焦炭的配入量，一方面节约了焦炭；另一方面，由于焦炭配入量的减少，有利于电极深插。

还原剂焦炭、煤等的电阻随温度的升高而减小，其中烟煤的电阻比焦炭大，粒度小的焦炭比粒度大的电阻大。炉渣的电阻也是随着温度的升高而越小，炉渣的电阻值远远小于矿石。

6.5.3.6 出铁与浇注

按规定出铁时间准时出铁，铁、渣同时放出。由于排渣较困难，有时要进行人工拉渣。出铁后用耐火黏土与焦粉

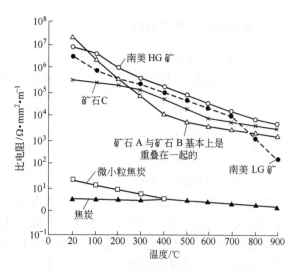

图 6 – 10 锰矿石及焦炭比电阻与温度的关系

的混合物堵塞铁口。目前很多企业都采用开堵眼机，用无水炮泥进行堵眼操作。

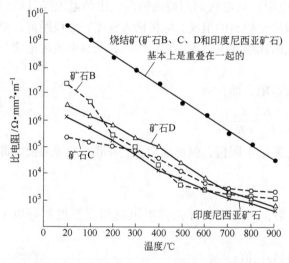

图 6 – 11 烧结矿及锰矿石比电阻与温度的关系

合金铸锭前，先将渣倒出，并向残留在铁水包内的合金表面的渣中加入砂子，使其凝固，防止浇注时分离不好的酸性渣落入合金锭内。锰硅合金可用浇注机浇注，也可浇入锭模。为改善合金质量，可采用铁水包的下浇注法。

熔炼锰硅合金时，由于碳在液态锰硅合金中的溶解度随温度的降低而减小，液态锰硅合金在凝固前通过保温镇静可使溶解的碳和碳化硅上浮，从而得到碳含量更低的锰硅合金。

6.5.3.7 封闭电炉操作

封闭电炉冶炼锰硅合金时，判断炉况除根据原料情况（粒度、成分）、电极位置、炉渣碱度、合金成分、合金数量、渣量（同敞口炉）、供电情况外，还要考虑炉气成分、炉气温度、炉膛各部分温度变化等情况，对冶炼过程进行全面分析、综合判断。例如：

（1）炉气出口压力波动，炉盖温度局部升高，说明炉膛内有局部翻渣或刺火。

（2）炉气出口压力增大，炉盖温度未升高，二次电流下降，说明炉内有塌料现象。

（3）炉气出口压力增大，炉盖温度升高，电极上抬，出炉温度显著下降，这是炉膛内翻渣的特征。

（4）炉气成分分析中氢含量急剧上升，在原料湿度不变的情况下，说明炉内设备有严重漏水现象，应立即停电处理；如炉气中氧气含量增加，则说明密封不好。

6.5.4　操作电阻及低压补偿

6.5.4.1　操作电阻

操作电阻的大小可用有效相电压与电极电流的比值来计算，即：

$$R = \frac{U}{I}$$

式中　R——操作电阻，$m\Omega$；

　　　U——有效相电压，V；

　　　I——电极电流，kA。

电流在炉内分布的路径虽多，但主要可分为炉料区及熔池区两大部分的电流。因此，操作电阻可认为是由熔池电阻和炉料电阻并联而成的。

熔池电阻（$R_{池}$）是指电极下端反应区的电阻。从电极下端面流出的电流经过熔池电阻转换为热能，这个电阻值的大小主要取决于电极下端至炉底的距离、反应区的直径及该区的温度。正常情况下，熔池电阻值很小，因此来自电极的电流绝大部分都流过它，又因这一电阻处在电炉的星形回路内，故可将其看作电炉星形回路的相位电阻。

炉料电阻（$R_{料}$）是指未熔化的炉料区电阻。从电极圆周侧面辐向流出的电流经过炉料电阻变为热能，这个电阻值的大小主要取决于炉料的组成、电极插入深度、电极距离，也与该区的温度有关。正常情况下，炉料电阻比熔池电阻大得多，因此，来自电极的电流只有极少一部分流过它。

操作电阻就是上述两电阻并联的等效电阻，即：

$$R = \frac{R_{池}\,R_{料}}{R_{池} + R_{料}}$$

虽然难以准确测量熔池电阻及炉料电阻的电阻值，但可确知它们并联后的等效值，即操作电阻。

A　操作电阻的重要性

操作电阻是一个非常重要的电气参数，因为控制好操作电阻就相当于控制好以下四项：

（1）有效相电压、电极电流以及它们的比值；

（2）电炉热能在炉料与熔池两个区域的分配；

（3）全炉三相电极输入的有效功率；

（4）电极在炉料中的插入深度。

B　操作电阻与炉内热能分配的关系

进入电炉的有效功率在电炉中都变为热能，这些热能除主要用于熔池反应区，决定该区温度，促进该区化学反应的进行外，其余部分则用于熔化的炉料区，提高炉料的温度并进而熔化炉料，为熔池区的反应创造良好的条件。这两部分热能分配合理是电炉能够良好运行的重要条件。为此，引入炉料配热系数的概念：

$$R = CR_{料}$$

式中　R——操作电阻，$m\Omega$；

　　　$R_{料}$——未熔化的炉料区电阻，$m\Omega$；

C——炉料配热系数，表明未熔化的炉料区所获得的热量占总热量的比例。

由上式可知：

（1）当炉料组成一定时，炉料电阻值一定，操作电阻的大小仅随炉料配热系数的变化而变化。电炉的操作电阻过大，表明该炉的炉料配热系数过大，也说明过多的热量用于加热和熔化炉料，相应地减少了熔池的热量。这就会造成熔料过多，而反应来不及进行，因而也降低了熔池温度，甚至造成炉底积渣上涨。反之，操作电阻过小，表明该炉的炉料配热系数过小，也说明用于加热和熔化炉料的热量太少，几乎把热量全部用于熔池。这就会造成熔池温度过高，熔料太少，两者之间没有衔接配合好，因而产量不高，单位电耗指标落后。

（2）改进炉料，提高炉料电阻，操作电阻也可相应地运行在较高的数值，而不会改变电炉的炉料配热系数，始终保持良好的热量分配。操作电阻的运行值较高意味着工作电压较高，即有效相电压较高，工作电流较小，因而提高了电炉的电效率，也提高了电炉的功率因数，这正是电冶金工作者所追求的。故如何提高操作电阻而又不引起炉料配热系数的增大，是一个非常重要的问题。

（3）冶炼每种产品，当炉料组成一定（即物理性能一定）时，总有其最恰当的炉料配热系数。虽然炉料配热系数难以确定，但可由操作电阻间接地掌握它的变化，使电炉的热量分配达到最佳状况。每一电炉当使用一定组成的炉料冶炼某种产品时，开始需经过优选，得到最恰当的操作电阻，一旦优选得出，便可随着供电电网电压的高低变化相应地增减电极电流，始终保持其有良好的操作电阻，即维持其良好的热量分配。当然，这是指电炉始终满载运转、有效功率值变化不大的情况。

（4）热量分配合理与炉料中的固定碳足够多，是电炉还原反应充分的两个必要条件。因此，即使炉料中所配还原剂的固定碳足够，但若热能分配不合理，熔池反应区也达不到所需温度，电炉将发生类似缺碳的现象，出现大量炉渣，使操作者误判为缺碳，又在炉料中增加碳量，导致炉况更加恶化。

C　操作电阻的大小

操作电阻过大时：

（1）炉料熔化过快，熔池温度降低，渣多而产品少，继续下去则导致电极上抬，料面升高，甚至造成炉内结瘤。

（2）电流从电极周围侧面流出过多，引起电极下端削成尖形，甚至在筋片处形成大槽口，以致电极破裂。而热能分配正常的电极下端直径，一般能保持在其本身直径的0.8倍左右。

（3）意味着炉料配热系数大，因此在炉料电阻内流过的电流占电极总电流的比例增大，则电极升降时电流表读数相应的变化不是很明显。而正常情况下，熔池内流过的电流占电极总电流的比例很大，故电极升降时熔池电阻内电流变化很大，电极电流变化也大，故电流表读数的反应较明显。

操作电阻过小时：

（1）炉料熔化慢，产品过热，有价金属挥发损失大，单位电耗高而产量少，还会引起三相电极下面的炉底形成三个圆坑，甚至破坏炉底。

（2）电流从电极周围侧面流出过少，反应区的扩大非常迟缓，电极下端直径几乎能保持其原有尺寸。

（3）电极微微升降，电流表读数就会变化很大，必须设法降低电极升降速度，才便于调节。

D　引起操作电阻波动的原因及调整措施

引起操作电阻波动的原因有：

（1）炉料性能和组成的改变，如还原剂的加入量、粒度组成、炉料比电阻的改变；

（2）电极消耗状况或电极插入深度的变化；

（3）三相电极功率的平衡情况；

（4）炉渣成分的改变，炉渣中 CaO、MgO 含量过高会降低炉渣电阻，使操作电阻减小；

（5）反应区结构的改变。

为了得到良好的电炉技术经济指标，操作者应经常核对操作电阻的变化情况，分析引起变化的原因并及时提出处理办法。操作电阻可以通过以下手段进行调整：

（1）改变变压器的二次电压等级；

（2）调整电极工作端的位置，改变二次电流；

（3）调整炉料组成、还原剂配比和粒度分布；

（4）调整炉渣渣型。

还原剂有良好的导电性和合适的粒度组成是电炉顺行的保证，优选还原剂可以增大炉料比电阻，提高电炉的操作电阻，增加输入功率，提高电效率，降低产品电耗。

6.5.4.2　低压补偿

A　低压补偿原理

电炉属于阻感负载（短网相当于 1 个电感），变压器输出的功率包括有功功率和无功功率，其中绝大部分无功功率来自低压侧。大量的无功功率占用变压器的有效容量，使得输出的有功功率减少，导致变压器出力（变压器输出能力）下降，影响产量。

通过并联电容器进行无功功率补偿是在电力行业中运用数十年的成熟技术，其因结构简单、方便灵活，得到十分广泛的应用。

图 6-12 是低压补偿原理示意图。在低压侧通过并联电容器进行无功补偿，大量无功功率将直接经低压电容器进行交换，不再经过低压变压器和调压供电线路。这样既可提高

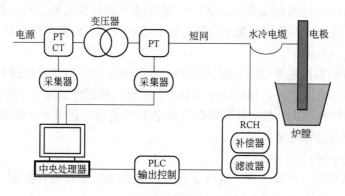

图 6-12　低压补偿原理示意图

调压侧的功率因数，满足电网对功率因数的考核要求，还可以提高变压器出力，输出更多有功功率，实现增产，同时可以降低变压器、短网的损耗，达到节电目的。

高压补偿只补偿了高压侧无功，低压侧产生的大量无功仍在电炉变压器和短网上流转。高压补偿后尽管可以使电网侧功率因数很高（可达 0.95），但它却无法提高，也不能降低用户侧线路损耗。

B 低压补偿的效果

（1）显著提高功率因数。功率因数平均增幅达 0.18，最高可达 0.25，绝大部分可稳定运行在 0.92 以上，部分可达 0.95，达到或超过电网考核标准，消除力率罚款（电网因功率因数低而产生的罚款）。

（2）提高变压器输出能力，增加冶炼有效输入功率，达到增产的目的（一般增产可达 10% ~ 15%）。采用短网末端就地补偿电弧电流形成的无功功率，有效减少短网上大量的无功消耗，降低炉子变压器的视在功率，进而提高变压器的出力，增加冶炼有效功率输入。增产率计算如下：

$$增产率 = \frac{P_2 - P_1}{P_1} \times 100\% = \left(\frac{\cos\varphi_2}{\cos\varphi_1} - 1 \right) \times 100\%$$

式中　P_1——补偿前的产量，t；

　　　P_2——补偿后的产量，t；

　　$\cos\varphi_1$——补偿前功率因数；

　　$\cos\varphi_2$——补偿后功率因数。

（3）有效平衡三相功率，提高产品品质，降低损耗。炉料的熔化功率与电极电压和炉料电阻成函数关系，可以简单表示为：$P = U^2/R_{料}$。选择在短网末端采用三相不等量补偿，弥补由于三相短网不等长而造成的电极电压不平衡，改善三相强弱相状况，使电极功率不平衡度不大于 5%。功率平衡后，三相电极的功率中心和炉膛中心重合，使坩埚扩大，热量集中，炉温升高，反应加快，进而提高产品品质，降低电耗，一般可降低单耗 2% ~ 5%。

（4）降低线电流，提高电极电压。矿热炉无功功率主要是由电弧电流形成的，其无功损耗主要消耗在变压器和短网上。在保持有功功率不变的情况下，补偿后线电流降低，有效降低线路电压降，提升负载电压。实际使用中，可使冶炼电压提高 5 ~ 10V。由于在电极附近实施补偿，大幅减少无功功率在线路中的流转量，减少了短网、变压器、高压线路的热损耗。

由于优化系统电参数，提升了冶炼效率，实际使用中综合节电率达 3% ~ 5%。

6.5.5　配料计算

6.5.5.1　原料化学成分

按品种要求，混合锰矿 $w(Mn)/w(Fe) \geq 6.0$，$w(P)/w(Mn) < 0.0025$，原料化学成分见表 6 - 12。

6.5.5.2　计算依据

（1）混合锰矿中的元素分配见表 6 - 13。

表 6-12   原料化学成分   (%)

原料名称	Mn	P	FeO	SiO$_2$	CaO	MgO	Al$_2$O$_3$
混合矿	30	0.061	3.0	23.9	9	1.1	4.3
硅 石		0.008	0.5	97			
焦 炭	固定碳	灰分	挥发分				
	82	15	20				
	灰分组成		6	45	4	1.2	3

注：焦炭水分含量约为 10%。

表 6-13   混合锰矿中的元素分配   (%)

元 素	入合金	入 渣	挥 发
Mn	78	10	12
Fe	95	5	0
Si	40	50	10
P	85	5	10

（2）锰硅合金化学成分（质量分数）为：Mn 70%，Si 20%，C 1%，Fe 8%，P 0.18%。

（3）出铁口排碳及炉口燃烧碳损失为 10%。

（4）以 100kg 混合锰矿为计算基础，求所需焦炭量、硅石量，并计算出炉渣碱度。

6.5.5.3   计算

（1）合金重量。

合金量：$100 \times 30\% \times 78\% / 70\% = 33.4 kg$

合金中硅量：$33.4 \times 20\% = 6.7 kg$

合金中磷含量：$（100 \times 0.061\% \times 85\% / 33.4）\times 100\% = 0.155\%$

（2）焦炭用量。

焦炭用量计算见表 6-14。

表 6-14   焦炭用量计算

化 合 物	反 应	用碳量/kg
MnO	MnO + C = Mn + CO	$[100 \times 0.3 \times (0.78 + 0.12) \times 12]/55 = 5.9$
SiO$_2$	SiO$_2$ + 2C = Si + 2CO	$\left[\dfrac{6.7}{0.4} \times (0.4 + 0.1) \times 24\right]/28 = 7.18$
FeO	FeO + C = Fe + CO	$100 \times 0.03 \times 0.95 \times 12/72 = 0.48$
锰硅合金	含 碳	$33.4 \times 0.01 = 0.334$
合 计		13.894

考虑出铁口排碳及炉口烧损，折合成含水 10% 的焦炭量为：

$$\frac{13.894}{0.82 \times 0.9 \times 0.9} = 20.9 kg$$

（3）硅石用量。

硅石用量：$(6.7/0.4 \times 60/28 - 23.9)/0.97 = 12.4 \text{kg}$

（4）炉渣碱度。

锰硅合金炉渣中 SiO_2 含量为38%～42%，取40%计算炉渣量。

炉渣量：$(12.4 \times 0.97 + 23.9 + 20.9 \times 0.15 \times 0.45) \times 0.5/0.4 = 18.67/0.4 = 46.7 \text{kg}$

炉渣碱度：

$$R = \frac{w(\text{CaO}) + w(\text{MgO})}{w(\text{SiO}_2)} = [9 + 1.1 + 20.9 \times 0.15 \times (0.04 + 0.012)]/18.67 = 0.55$$

以上炉渣碱度稍低，可加适量石灰调整，合适的炉渣碱度为0.6～0.7。若采用碱度为0.698，则石灰（石灰含氧化钙85%）加入量为：

$$18.67 \times (0.698 - 0.55)/0.85 = 3.3 \text{kg}$$

（5）料批组成。

混合锰矿100kg，硅石12.4kg，焦炭20.4kg，石灰3.3kg。

6.6　中低碳锰铁

中低碳锰铁是主要由锰、铁两种元素组成的合金，熔点接近1300℃，密度为7200～7300kg/m³。按照其碳含量的不同，中低碳锰铁可分为碳含量小于0.7%的低碳锰铁和碳含量为0.7%～2.0%的中碳锰铁。中低碳锰铁广泛应用于特殊钢生产，是炼钢的重要原料之一，同时也应用于电焊条的生产。

用碳质还原剂还原锰矿只能得到含碳6%～7%的高碳锰铁，减少炉内的还原剂用量并不能降低合金的碳含量。

用锰矿可使高碳锰铁按下式进行脱碳：

$$\text{Mn}_3\text{C} + \text{MnO} = 4\text{Mn} + \text{CO}$$

但该反应只有在高温下才能进行。实验表明，在稍高于1700℃的温度下，只能由含C 6.0%～6.7%、Mn 67%～71%的高碳锰铁冶炼出碳含量不低于2.5%～3.0%的合金，同时锰会大量挥发损失，炉衬工作条件异常恶劣，因此该方法没有实际意义。

中低碳锰铁的生产方法主要有电硅热法、摇包法和吹氧法三种，这三种方法均为间歇式操作。

6.6.1　电硅热法冶炼中低碳锰铁

电硅热法生产中低碳锰铁是在精炼电炉中用锰矿对锰硅合金精炼脱硅（即用锰硅合金还原锰矿）而得到中低碳锰铁，这是目前冶炼中低碳锰铁的主要方法。所炼中低碳锰铁的碳含量取决于锰硅合金的碳含量，电极和原料进入合金的碳极少。

由于入炉料的状态不同，电硅热法又分为冷装法和热装法。加入的炉料全部是冷料，称为冷装法；锰矿和石灰稍加预热，而锰硅合金以液态装入，称为热装法；锰矿和石灰是冷料，而锰硅合金以液态装入，称为锰硅热装法。

6.6.1.1　原料

电硅热法生产中低碳锰铁的原料有锰矿、锰硅合金和石灰。

（1）锰矿。要求使用 $w(\text{Mn}) > 40\%$、$w(\text{Mn})/w(\text{Fe}) > 7$、$w(\text{P}) < 0.1\%$、$w(\text{SiO}_2) <$

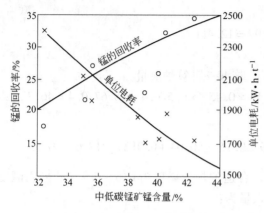

图 6 – 13　锰矿品位与中低碳锰铁锰
回收率、单位电耗的关系

15% 的富锰氧化矿。某企业生产不同牌号的中低碳锰铁对入炉锰矿的技术要求见表 6 – 15。如果使用锰含量低、SiO_2 含量高的贫矿，不但锰的回收率低、脱硅慢、渣量大，而且很难炼出低碳锰铁。图 6 – 13 所示为锰矿品位与中低碳锰铁锰回收率、单位电耗的关系。

在冶炼中低碳锰铁时，采用氧化度低的锰矿（锰矿中 +4 价锰占全部锰含量的比例）可以降低锰硅合金的消耗及生产成本。氧化度低的锰矿有烧结矿和焙烧矿等。现在有些企业用液态的高碳锰铁渣直接兑入中碳锰铁炉中进行中低碳锰铁生产，能够进一步降低中低碳锰铁的生产成本。

表 6 – 15　某企业生产不同牌号的中低碳锰铁对入炉锰矿的技术要求

牌　　号	锰矿石的质量指标		
	$w(Mn)/\%$	$\dfrac{w(Mn)}{w(Fe)}$	$\dfrac{w(P)}{w(Mn)}$
FeMn88C0.2	≥48	≥18	≤0.0005
FeMn84C0.4	≥48	≥10	≤0.001
FeMn84C0.7	≥45	≥10	≤0.002
FeMn82C1.0	≥45	≥9	≤0.002
FeMn82C1.5	≥45	≥9	≤0.002
FeMn82C2.0	≥45	≥8	≤0.002

锰矿粒度为 5 ~ 80mm，水分含量应小于 3%，锰矿中不得混有硅石和碳质夹杂物。锰矿水分含量对各项技术经济指标有一定的影响。例如，用含水 10% ~ 20% 的锰矿与含水小于 3% 的同种锰矿相比，前者锰的回收率低 4% ~ 6%，产量低 10% ~ 20%，单位电耗高 15% ~ 20%。

（2）锰硅合金。中低碳锰铁的碳含量基本上取决于锰硅合金的碳含量，根据所冶炼中低碳锰铁的牌号来确定所用锰硅合金的碳含量及与其相应的硅含量。生产上可通过不同碳含量的锰硅合金搭配，使其碳含量满足要求。表 6 – 16 所示为某企业生产不同牌号中低碳锰铁所用的锰硅合金的化学成分。在生产中低碳锰铁时，锰硅合金消耗占生产成本的 70%，所以中低碳锰铁生产成本的控制主要是控制锰硅合金的消耗，使锰硅合金产品中的硅尽量多地还原锰矿中的锰。

要求锰硅合金锰含量越高越好。在所炼产品锰含量一定的条件下，所用锰硅合金锰含量越高，锰矿的允许铁含量也越高，使用铁含量高的锰矿，对加速脱硅、减少渣量和降低电耗是有利的。实践证明，锰硅合金锰含量每提高 1%，所用锰矿的允许铁含量提高 0.7% ~ 1%。我国用于生产中低碳锰铁的锰硅合金通常含锰 67% ~ 69%。

采用冷装法时，锰硅合金的粒度小于 30mm，并去掉高碳层。采用液态锰硅合金兑入法,热兑时将渣扒干净。

表 6-16　某企业生产不同牌号中低碳锰铁所用的锰硅合金的化学成分　　(%)

牌　号	化　学　成　分						使用范围
	Mn	Si	C	P		S	
				I	II		
MnSiZ1	60	30	0.05	0.05	0.10	0.40	$w(C) \leq 0.1$
MnSiZ2	60	27	0.15	0.10	0.20		$w(C) \leq 0.2$
MnSiZ3	60	25	0.30	0.10	0.20		$w(C) \leq 0.4$
MnSiZ4	60	24	0.40	0.10	0.23		$w(C) \leq 0.5$
MnSiZ5	60	22	0.70	0.13	0.23		$w(C) \leq 0.7$
MnSiZ6	65	19	0.85	0.13	0.23		$w(C) \leq 1.0$
MnSiZ7	65	17	1.40	0.13	0.23		$w(C) \leq 1.5$
MnSiZ8	60	14	2.00	0.30	0.30		$w(C) \leq 2.0$

(3) 石灰。生产中低碳锰铁所用的石灰要求 $w(CaO) > 85\%$ 、$w(P) \leq 0.02\%$ 、$w(SiO_2) \leq 3\%$,粒度为 10~50mm ,生烧不超过 5% ,不得带有碳质夹杂物和煤渣,不应使用粉状、未烧透的石灰。

6.6.1.2　冶炼原理

炉料中的锰矿在受热过程中,锰的高价氧化物随着温度的升高而逐步分解,变成低价氧化物。锰矿受热分解生成 Mn_3O_4 以后,在继续升温的同时,部分高价氧化物直接与硅反应生成低价氧化物或锰金属,其反应为:

$$2Mn_3O_4 + Si == 6MnO + SiO_2$$

$$Mn_3O_4 + 2Si == 3Mn + 2SiO_2$$

未被还原的 Mn_3O_4 受热分解成 MnO ,熔化进入炉渣,继续被合金溶液中的硅还原,其反应为:

$$2MnO + Si == 2Mn + SiO_2$$

由于反应生成物 SiO_2 与 MnO 结合成硅酸盐 $MnO \cdot SiO_2$,造成反应物 MnO 的活度降低, MnO 的还原反应变得困难。为了提高 MnO 的还原效果,提高锰的回收率,需要在炉料中配入一定量的石灰,将 MnO 从硅酸锰中置换出来,其反应为:

$$CaO + MnO \cdot SiO_2 == MnO + CaO \cdot SiO_2$$

$$2CaO + MnO \cdot SiO_2 == MnO + 2CaO \cdot SiO_2$$

富锰渣或锰矿是锰氧化物的来源。使用富锰渣时能得到磷含量较低的中低碳锰铁,但是富锰渣中的 SiO_2 含量较高, MnO 以 $2MnO \cdot SiO_2$ 形态存在, MnO 的还原较困难;而锰矿中的锰多以 MnO_2 的形式存在, MnO_2 在炉内受热分解成 Mn_3O_4 。

根据熔炼进行的反应来看,加入石灰对提高炉渣碱度是有利的。但是碱度不宜过高,因为碱度过高会增加渣量,使炉渣变稠,反应不活跃,同时还会使炉温升高,电耗增加,锰的挥发损失也增加。因此,实际生产中通常把炉渣碱度 $\dfrac{w(CaO) + w(MgO)}{w(SiO_2)}$ 控制在 1.3~1.5 范围内。

6.6.1.3　冶炼工艺

冷装法是生产中低碳锰铁的传统方法，它采用的精炼炉多由炼钢电弧炉改造而成，即采用倾动式石墨电极精炼炉。中低碳锰铁的冶炼过程分为补炉、引弧、加料、熔化、精炼、出铁和浇注几个时期。

（1）补炉。炉衬用镁质材料筑成（镁砖或镁质捣打料）。由于炉衬经常处于高温下工作，既承受炉渣和金属的侵蚀，又受到电弧高温的作用，因而炉底和炉膛随着冶炼时间的延长而逐渐变薄，尤其是出铁口更易损坏。为了保护炉衬，在上一炉出完铁后要立即进行堵出铁口和补炉。

（2）引弧、加料和熔化。补炉结束后，为保护炉底，先在炉底铺一层从料批中抽出的部分石灰，随后加入部分锰硅合金引弧，再将其余混合料一次性加入炉内。炉料加完后，电力可给至满负荷。为减少热损并缩短熔化期，要及时将炉膛边缘的炉料推向电极附近和炉心，但要防止翻渣和喷溅。待炉料基本熔清后（此时合金硅含量已降至 3% ~ 6%，炉渣碱度和锰含量也接近终渣），便进入精炼期。

（3）精炼。由于在熔化末期炉渣温度已达到 1500 ~ 1600℃，脱硅反应已基本结束，故精炼期脱硅速度减慢。为加速脱硅，缩短精炼时间，应对熔池进行多次搅拌，并定时取样判断合金硅含量，确定出铁时间。

合金硅含量一般控制在 1.5% ~ 2.0% 范围内。合金硅含量可通过肉眼观察合金试样在冷凝过程中表面和断面的特征来判断。当合金硅含量小于 0.8% 时，液体试样黏稠、流动性不好，凝固速度快；固态试样表面褶皱多，表面黑斑不易脱落，断面暗且呈灰白色，晶粒细小，易打碎。当合金硅含量在 1.5% ~ 2.0% 时，固态试样表面黑皮部分剥落，结晶细密，断口呈灰白色，有光泽，不易碎。当合金硅含量大于 2.0% 时，液体试样流动性好，凝固速度慢；固态试样表面光滑、没有褶皱，试样表面黑皮几乎全部剥落，断口发亮，晶粒粗大、呈玻璃状，此时应继续精炼。精炼一段时间后若合金硅含量还高，可往炉内附加一些锰矿和石灰，继续精炼至硅含量合格后方可出炉。附加之前先取渣样判断。若炉渣颜色深、发黑，但不粉化，表明渣中 MnO 含量较高，但碱度不足，可附加石灰；若炉渣颜色呈淡绿色且粉化，表明渣中 MnO 含量和碱度都接近控制范围，可同时附加锰矿和石灰；若渣中 MnO 含量低且粉化，表明碱度很高，此时可附加锰矿。

延长精炼时间能使渣中锰含量降低，但会导致锰的挥发损失和电能消耗增加。因此，不宜过分强调渣中锰含量。

（4）出铁和浇注。当合金硅含量基本达到要求时，即可停电进行镇静，使渣中金属粒充分沉降，然后出铁。出铁时，合金和炉渣一起流入铁水包，由于出铁时炉渣和合金之间产生混冲作用，在炉外还可脱除 0.2% ~ 1.0% 的硅。刚出炉的铁水温度较高并混有熔渣，不得立刻浇注，以防止烧坏锭模和造成铁中夹渣，应镇静降温一定时间后浇注，采用覆盖渣保温浇注。浇注用模的深度不宜超过 300mm，否则会使合金中心部位因降温过慢而产生偏析，造成杂质富集，严重时会使产品报废。由于合金性脆，冷却越快就越脆，且不致密，因而小型电炉常采用盖渣保温浇注，从炉内流出的合金与炉渣同时流至用镁砂、盐卤拍实的砂包中，多余的炉渣流入与之串联的渣包内，合金在砂包中渣的覆盖下凝固冷却。

（5）炉渣碱度。炉渣碱度与入炉锰矿品位有关。当入炉锰矿锰含量低于 40% 时，常用碱度为$w(CaO)/w(SiO_2)=1.4\sim1.6$，此时炉渣锰含量在$15\%\sim18\%$；当入炉锰矿锰含量较高（$40\%\sim50\%$）时，常用碱度为$w(CaO)/w(SiO_2)=1.1\sim1.3$，以使炉渣不致低温粉化，同时渣中锰含量也相应提高，可用于锰硅合金生产。如碱度过高，则电弧长、响声大、化料速度慢、炉墙挂渣多、炉口冒棕色浓烟、渣稠、渣铁难分离、炉渣冷却后易粉化；如碱度过低，则电极不露弧、响声小、化料速度快、渣稀、流动性好、炉衬侵蚀严重、渣铁易分离、冷却后炉渣基本不粉化。

（6）电力负荷。冶炼中低碳锰铁要根据熔化期和精炼期的特点来供给电炉的电力负荷。电力负荷大小可通过改变电流或电压值来控制。冶炼前期，熔化是主要任务，为减少电极对合金渗碳，宜采用较高的二次电压（$1500kV\cdot A$精炼电炉可用210V）和较大的输入功率供电，加快炉料熔化。随着炉料的熔化，熔池液面升高，应相应提高输入功率，直至用到最大。熔化结束后进入精炼期，需降低二次电压（$1500kV\cdot A$精炼电炉的二次电压可降为120V），采用埋弧操作，以提高熔池温度、减少电弧热损失和锰的挥发损失等。图6-14为冶炼中低碳锰铁时的电力负荷曲线控制图。

（7）锰硅热装法。为了降低电耗、提高生产率和减少锰的挥发损失，近年来国内已有不少铁合金厂采用热装法生产中低碳锰铁。锰硅热装法是把矿热炉出炉的液态锰硅合金直接加入已装有锰矿和石灰的精炼电炉中，然后通电熔化。利用液态锰硅合金的热能，使预先装好的锰矿和石灰以固体状态悬浮于熔融锰硅合金中，锰矿与硅锰合金急速反应，这样不仅可进行主

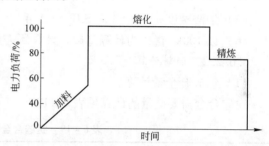

图6-14　冶炼中低碳锰铁时的电力负荷曲线控制图

要的脱硅反应，而且促进了脱磷、脱碳反应的进行，提高了脱磷率和脱碳率。该方法要求锰矿水分含量小于5%，否则当液态锰硅合金注入时，由于水分的急剧蒸发会产生喷溅，以致出现爆炸性沸腾，带来操作上的危险，同时增加了炉衬的侵蚀及锰的挥发损失。

与冷装法相比，热装法具有下述特点：

（1）冶炼时间短（缩短15min/t），冶炼电耗低（降低$30\%\sim50\%$）。

（2）炉子日产量提高。由于冶炼周期缩短，使日产量提高，一般可比冷装法提高25%左右。

（3）简化了冷装法中锰硅合金出炉后的推渣、浇注、精整、加工等工序，提高了锰硅合金的金属回收率，减轻了工人的劳动强度，降低了生产成本。

（4）不足之处是渣中残锰量高。即使采用高碱度渣操作，炉渣中锰含量仍为$12\%\sim18\%$，而且普遍采用较低的炉渣碱度，渣中锰含量更高。

6.6.2　电硅热法生产中碳锰铁的配料计算

6.6.2.1　计算条件

（1）中碳锰铁成分为：$w(Mn)>78\%$，$w(P)<0.25\%$，$w(Si)<1.5\%$，$w(C)\approx1.25\%$。

（2）原料成分见表6-17。

（3）锰矿的元素分配见表6-18。

（4）锰硅合金的元素分配为：硅8%入合金，硅的利用率为75%（不包括进入合金的8%），锰、铁、磷100%入合金。

表6-17 原料成分 （%）

原料名称	Mn	P	C	Si	Fe	CaO	MgO	SiO$_2$	Al$_2$O$_3$
混合锰矿	40	0.09			5.3	0.5	0.4	14	5.7
锰硅合金	67	0.16	1.25	19					
石 灰						85		0.7	

表6-18 锰矿的元素分配 （%）

元 素	入合金	入渣	挥 发
Mn	30	50	20
Fe	90	10	
P	70	5	25

（5）炉渣碱度 $w(CaO)/w(SiO_2) = 1.4$。

（6）以100kg锰矿为计算基础，计算所需的锰硅合金量、石灰量。

6.6.2.2　配料计算

（1）锰硅合金量计算。

锰硅合金需要硅量的计算见表6-19。

表6-19 锰硅合金需要硅量的计算

化合物	反 应 式	需要的硅量/kg
Mn$_3$O$_4$	$2Mn_3O_4 + Si = 6MnO + SiO_2$	$(100 \times 0.4 \times 28)/330 = 3.4$
MnO	$2MnO + Si = 2Mn + SiO_2$	$[100 \times 0.4 \times (0.3 + 0.2) \times 28]/110 = 5.09$
Fe$_2$O$_3$	$2Fe_2O_3 + Si = 4FeO + SiO_2$	$(100 \times 0.053 \times 28)/224 = 0.66$
FeO	$2FeO + Si = 2Fe + SiO_2$	$(100 \times 0.053 \times 0.9 \times 28)/112 = 1.19$
合 计		10.34

锰硅合金量：$\dfrac{10.34}{0.19 \times 0.75} = 72.56 kg$

（2）石灰需要量计算。

锰矿带入的 SiO$_2$ 量：$100 \times 0.14 = 14 kg$

锰硅合金中硅生成的 SiO$_2$ 量：$(72.56 \times 0.19 \times 0.92 \times 60)/28 = 27.179 kg$

渣中 SiO$_2$ 量：$14 + 27.179 = 41.179 kg$

需要石灰量：$(41.179 \times 1.4 - 100 \times 0.5\%)/(0.85 - 0.7\% \times 1.4) = 68 kg$

（3）料批组成。

料批组成为：锰矿100kg，锰硅合金72.56kg，石灰68kg。

（4）合金重量及其成分计算。

锰硅合金进入产品中的各元素总和：$72.56 - 72.56 \times 0.19 \times 0.92 = 59.88 kg$

锰矿的锰进入合金量：$100 \times 0.4 \times 0.3 = 12 kg$

锰矿的铁进入合金量：$100 \times 0.053 \times 0.9 = 4.77 kg$

锰矿的磷进入合金量：$100 \times 0.0009 \times 0.7 = 0.06 \text{kg}$

合金总量：　　　　　$59.88 + 12 + 4.77 + 0.06 = 76.71 \text{kg}$

合金成分（质量分数）：

$$w(\text{Mn}) = (72.56 \times 0.67 + 12)/76.71 = 79\%$$

$$w(\text{P}) = (72.56 \times 0.0016 + 0.06)/76.71 = 0.230\%$$

$$w(\text{C}) = (72.56 \times 0.0125)/76.71 = 1.182\%$$

$$w(\text{Si}) = (72.56 \times 0.19 \times 0.08)/76.71 = 1.438\%$$

（5）炉渣数量及其成分的计算。

炉渣数量及其成分见表 6 − 20。

表 6 − 20　炉渣数量及其成分

成分	来自锰矿/kg	来自锰硅合金/kg	来自石灰/kg	共计/kg	炉渣成分/%
MnO	$100 \times 0.4 \times 0.5 \times 71/55 = 25.82$			25.82	19.477
SiO$_2$	$100 \times 0.14 = 14$	27.179	$68 \times 0.007 = 0.476$	41.66	31.425
CaO	$100 \times 0.005 = 0.5$		$68 \times 0.85 = 57.8$	58.3	43.977
MgO	$100 \times 0.004 = 0.4$			0.4	0.302
Al$_2$O$_3$	$100 \times 0.057 = 5.7$			5.7	4.300
FeO	$100 \times 0.053 \times 0.1 \times 72/56 = 0.68$			0.68	0.513
P$_2$O$_5$	$100 \times 0.0009 \times 0.05 \times 142/62 = 0.01$			0.01	0.0075
合计	47.11	27.179	58.276	132.57	100

（6）渣铁比。

渣铁比为：$132.57/76.71 = 1.728$

（7）锰的回收率。

入炉锰：$100 \times 0.4 + 72.56 \times 0.67 = 88.6152 \text{kg}$

合金锰：$72.56 \times 0.67 + 12 = 60.6152 \text{kg}$

锰的回收率：$60.6152/88.6152 = 68.4\%$

6.6.3　摇包法冶炼中低碳锰铁

摇包法是将锰矿石和石灰（粒度小于 3mm）先装入摇包，然后兑入由矿热炉生产的液态锰硅合金，使摇包做水平圆周运动，在摇包内形成上下翻动的"海波浪"，使熔体与添加物充分混合搅拌，借助炉料的显热和反应热使炉料熔化，并精炼脱硅而得到中低碳锰铁。锰矿和石灰可用竖窑、回转窑或在摇包中用煤气或其他燃料加热至 500 ~ 1000℃。将预热的炉料和液态锰硅合金一次性加入反应后，中途需倒出部分炉渣，并重新补加预热的锰矿和石灰，继续摇动，有时需如此反复几次，直至合金硅含量合格为止。也可用两个铁水包来回倾倒，或者向底部装有喷嘴的铁水包中吹入气体进行搅拌，以代替摇包。

摇包法冶炼中低碳锰铁时，锰矿中锰和铁的氧化物与锰硅合金中硅的反应均是放热反应：

$$\text{MnO}_2 + \text{Si} = \text{Mn} + \text{SiO}_2 \qquad \Delta H^{\ominus} = -383.87 \text{kJ/mol}$$

$$\frac{2}{3}Mn_2O_3 + Si = \frac{4}{3}Mn + SiO_2 \qquad \Delta H^{\ominus} = -256.949 kJ/mol$$

$$\frac{1}{2}Mn_3O_4 + Si = \frac{3}{2}Mn + SiO_2 \qquad \Delta H^{\ominus} = -210.75 kJ/mol$$

$$2MnO + Si = 2Mn + SiO_2 \qquad \Delta H^{\ominus} = -92.41 kJ/mol$$

$$\frac{2}{3}Fe_2O_3 + Si = \frac{4}{3}Fe + SiO_2 \qquad \Delta H^{\ominus} = -356.272 kJ/mol$$

$$\frac{1}{2}Fe_3O_4 + Si = \frac{3}{2}Fe + SiO_2 \qquad \Delta H^{\ominus} = -345.818 kJ/mol$$

$$2FeO + Si = 2Fe + SiO_2 \qquad \Delta H^{\ominus} = -375.56 kJ/mol$$

采用这种方法时，利用摇包的强烈搅拌作用加速脱硅反应，缩短脱硅时间，从而减少热损失。据测定，有 70% 的脱硅反应是在热兑时进行的，只有 30% 的脱硅反应是在开始摇包后进行的。摇包的时间一般为 15~20min，1min 回转次数为 50~65 次。

摇包法生产中低碳锰铁使用的炉料有锰矿、石灰、萤石和液态锰硅合金。要求使用精料并对炉料预热，选用锰含量高、二氧化硅含量低的锰矿。试验表明，在其他条件相同的情况下，锰矿品位的高低对冶炼过程有影响，不仅影响炉料单位发热量，还影响脱硅反应及锰的回收率。选用 CaO 含量高、SiO₂ 含量低的石灰有利于减少渣量，提高锰的回收率。使用的各种物料必须有一定的粒度。某厂试验指出，当锰矿粒度小于 10mm、石灰及萤石粒度小于 1mm 时，冶炼状况较好；当使用锰矿粒度小于 20mm、石灰粒度小于 10mm 时，加热慢，分解不完全，化料慢，消耗热量大，熔炼不好。

6.6.4　吹氧法冶炼中低碳锰铁

吹氧法冶炼中低碳锰铁是把液态的高碳锰铁或锰硅合金兑入转炉内，然后吹氧，除去其中的碳或硅而得到中低碳锰铁。高碳锰铁吹氧法（吹氧脱碳法）是以矿热炉或高炉冶炼的液态高碳锰铁为原料，将其热兑到转炉中，加入适量的石灰、萤石造渣，吹炼至合金碳含量合格为止。锰硅吹氧法（吹氧脱硅法）是以液态锰硅合金为原料，在冶炼过程中加入锰矿和石灰（也可在吹炼过程中倒出部分炉渣，再补加锰矿和石灰），吹炼至合金硅含量合格为止。从经济效果来看，锰硅吹氧法不如电硅热法。

吹氧脱碳法生产中低碳锰铁采用的是热装生产工艺，省去了中间产品的浇注、精整、运输、破碎等工艺，简化了工艺流程；以转炉代替电炉，以氧代替电，节约电能，设备简单，易于实现机械化。该法生产周期短，产量高，生产成本较低，可充分利用贫锰矿资源组织生产，是一种具有明显优势的生产方法。

冶炼操作时应注意：

（1）补炉。吹炼时炉渣对炉衬侵蚀严重，出完炉后需要用镁砂、卤水拌和料补炉，补炉要做到高温、快速。

（2）碱度控制。吹炼前期碱度控制在 $w(CaO)/w(SiO_2) = 1.1~1.2$，中期碱度不超过 2，后期碱度不超过 4。加入还原剂后，炉渣碱度控制在 1.1~1.2。

（3）在保证迅速脱碳的前提下，为减少锰的挥发损失，吹炼中要尽量避免 1850℃ 以上的高温，当温度过高时，可加入适量冷却剂降温。常用的冷却剂有石灰、萤石、中碳锰铁。

（4）终点判断。准确的终点判断是控制产品质量、提高产品合格率的一个重要手段。通常根据火焰和耗氧量来进行判断：

1）观察吹氧时炉内逸出的火焰。在一定温度下，火焰的长度取决于燃烧生成的 CO 及 CO_2 的浓度，CO 及 CO_2 的浓度又间接反映出合金中碳的剩余量。吹炼后期，合金中的剩余碳含量已经比较低，相应地，吹氧脱碳效果也降低，炉口火焰显得飘摇无力或缩于炉口以内。

2）氧气消耗量。实践中发现氧气消耗量与高碳锰铁铁水碳含量的对应关系很强，凭借经验可由氧气消耗量判断合金中碳的剩余量是否已经到达吹炼终点。必要时可以取样，用快速分析方法进行碳含量的测定。

（5）添加锰硅合金还原剂。待到吹氧结束时，合金中的锰有 20% ~ 30% 被氧化入渣，增大了锰元素的损耗。为了提高锰的回收率，需要向炉内加入粒度小于 20mm 的锰硅合金，以还原渣中的 MnO。锰硅合金加入量应根据入炉铁水量、冷却剂数量、吹炼品种进行计算，通常锰硅合金加入量约为入炉铁水及补加锰铁总量的 20%。锰硅合金需要预热到 400 ~ 500℃ 以后才能加入炉内。

（6）出炉与浇注。待作为还原剂加入的锰硅合金全部熔化后出炉，将炉内的渣液与铁液一起倒入铁水包中，利用倾倒时的强烈搅拌作用还原渣中的 MnO。合金液在浇注包或镇静盆中盖渣静置一段时间降温后，再进行盖渣浇注，以保护锭模不被高温铁水烧坏。

生产中发现，吹炼过程中向转炉内添加石灰的脱硫效果明显，产品硫含量从不加石灰时的 0.13% 降到 0.02%。

吹氧脱碳法生产中低碳锰铁的优越性在于可以利用高炉锰铁，拓宽了中低碳锰铁生产的途径。但由于该法需要的冶炼温度较高，锰的挥发损失较大，特别是生产低碳锰铁时冶炼温度需要控制在 1950℃ 以上，锰的挥发损失更大。因此，如何提高锰的回收率是解决该法生产问题的关键。

6.7 金属锰

金属锰是一种以锰单质为主、其他各种成分均作为杂质加以严格限制的纯锰金属。

金属锰主要用作生产高温合金、不锈钢、有色金属合金和低碳高强度钢的添加剂、脱氧剂和脱硫剂，其中绝大部分用于生产铝锰合金、不锈钢和不锈钢焊条等。铝锰合金具有良好的耐蚀性能和较高的强度，主要用于航空工业和现代建筑用装饰性材料。

金属锰的生产有三种方法，即电硅热法、电解法和铝热法。

（1）电硅热法。电硅热法生产金属锰与电硅热法生产中低碳锰铁相似，它是在精炼电炉内用高硅锰硅合金中的硅还原富锰渣中的 MnO 生产金属锰。此法的优点是：在整个冶炼过程中能够大量地去除铁、碳、硅、磷、硫等杂质，生产成本比较低。然而与电解法相比，电硅热法对锰矿的品位要求比较高，获得的金属锰纯度不高，锰含量为 94% ~ 98%，锰的总回收率为 56% 左右。

（2）电解法。电解法生产金属锰是用直流电电解硫酸锰溶液，得到锰含量极高的金属锰。此法可使用多种类型和品级的锰矿（包括贫锰矿），生产出锰含量高达 99.9% 左右的金属锰；但是该法要消耗大量的化工原料和电能，成本高，价格昂贵，局限于炼制特种合金时采用。

（3）铝热法。铝热法是采用铝作还原剂，利用还原氧化锰释放的化学热进行冶炼，炼制锰含量高于90%的低牌号金属锰。此法的优点是生产设备和操作工艺比较简单。但铝热法生产过程中不能去除杂质，对原料要求严格，通常选用 SiO_2 等杂质含量极低的富锰矿，耗铝量大，成本高，产量也低，所以现在很少采用这种方法生产金属锰。

目前国内外普遍采用的是电硅热法和电解法，其中电硅热法的生产量最大，因此下面仅介绍电硅热法生产金属锰。

6.7.1 冶炼原理

电硅热法生产金属锰的全部过程共分为如下三步，其工艺流程如图6-15所示。

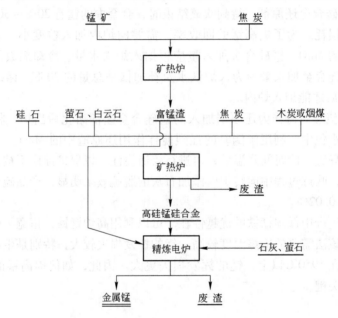

图6-15 电硅热法生产金属锰的工艺流程

（1）在矿热炉内用锰矿石冶炼低磷、低铁富锰渣。其冶炼原理是：把锰矿及少量的还原剂加入炉内，在较低的温度（略高于 FeO 和 P_2O_5 的还原温度）将铁和磷尽可能多地还原出来，而使锰尽可能多地留在渣中，即进行选择性还原。

其反应为：

$$FeO + C \longrightarrow Fe + CO \qquad T_{开} = 958K$$

$$P_2O_5 + 5C \longrightarrow 2P + 5CO \qquad T_{开} = 1036K$$

需要抑制的反应为：

$$MnO + C \longrightarrow Mn + CO \qquad T_{开} = 1643K$$

（2）在矿热炉内用富锰渣生产高硅锰硅合金。其主要反应为：

$$MnO \cdot SiO_2 + 3C \longrightarrow MnSi + 3CO$$

锰硅合金中的碳含量随着硅含量的增加而减少，其反应为：

$$MnC_x + Si \longrightarrow MnSi + xC$$

从锰硅合金中硅含量与碳含量的关系曲线（见图6-4）可以看出，含硅低于30%的合金，其碳含量最低为 0.2%。如此高的碳含量是不能用来冶炼金属锰的，必须进行炉外镇静降碳处理，把碳含量降至 0.05% ~ 0.15%。实际生产中允许产品的硅含量控制在 28% ~ 32% 范围内。

（3）在精炼电炉内，以富锰渣为原料、高硅锰硅合金作还原剂、石灰作熔剂生产金属锰。其主要反应为：

$$2MnO + Si \Longrightarrow 2Mn + SiO_2$$
$$MnO + SiO_2 \Longrightarrow MnO \cdot SiO_2$$
$$2MnO + MnSi + 2CaO \Longrightarrow 3Mn + 2CaO \cdot SiO_2$$

SiO_2 易与 MnO 作用生成 $MnO \cdot SiO_2$，使 MnO 的活度减小，MnO 还原困难。为了改善 MnO 的还原，提高锰的回收率，需要加入石灰以置换 MnO，使其呈自由状态，其反应为：

$$MnO \cdot SiO_2 + 2CaO \Longrightarrow 2CaO \cdot SiO_2 + MnO$$

为使 MnO 呈自由状态，应使炉渣碱度 $w(CaO)/w(SiO_2) \geqslant 1.8$。

6.7.2 生产方法

6.7.2.1 电炉富锰渣的生产

我国生产富锰渣的方法有高炉法和电炉法，其中高炉法生产的富锰渣占总量的 90% 以上。

富锰渣是锰矿石在高炉或电炉中经富集而得到的锰含量高、铁含量低、磷含量低的炉渣。根据我国高炉和电炉生产富锰渣的生产实践，得出铁、磷入渣率与锰入渣率的关系（见图 6 - 16）。高炉和电炉的锰富集效果是不同的，在同样锰矿条件下，就锰的富集效果来说，高炉比电炉好。因此在冶炼富锰渣时，锰、铁和磷的入渣率不是任意选取的，而是遵循双曲线变化，即锰入渣率高时，铁、磷入渣率相应降低。为使铁、磷充分去除，锰最大限度地留在渣中，在冶炼时选择锰的入渣率为：电炉 78%、高炉 87%。

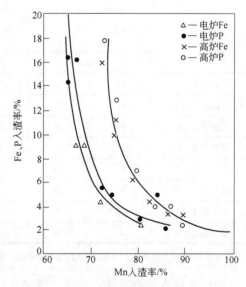

图 6 - 16 铁、磷入渣率与锰入渣率的关系

高炉冶炼富锰渣的优点是：高炉冶炼温度容易控制，选择性还原效果好。其缺点是：由于炉缸温度低，炉渣中夹有高磷、高铁的铁珠，因而富锰渣的质量低；对矿石和焦炭的粒度要求严格；有较多的焦炭灰分进入炉渣，相对降低了富锰渣中的锰含量。冶炼 SiO_2 含量小于 20%，Mn 含量大于 44% 的富锰渣时，高炉操作困难，需在电炉中进行。

A 富锰渣的用途

富锰渣由于具有锰含量高、铁含量低、磷含量低的特点，是冶炼锰系铁合金的重要原料，广泛地用于生产锰系铁合金的各品种。

（1）生产锰硅合金。在电炉或高炉中生产锰硅合金时，通过加入富锰渣调整入炉含锰炉料的锰铁比和磷锰比。例如生产 FeMn68Si18 时，锰铁比要求大于 6.5，磷锰比要求在 0.004 以下。一般富锰渣 SiO_2 含量较高，达到 30% 甚至更高，在生产锰硅合金和高硅锰硅合金时可少加甚至不加硅石。在锰硅合金生产中，富锰渣在入炉锰原料的配比中占 30% 左右，在高硅锰硅合金生产中占 70% 以上，有时达 100%。

（2）生产电炉锰铁和中低碳锰铁。在生产电炉锰铁和中低碳锰铁时，如果入炉锰原料的锰铁比或磷锰比达不到生产要求，可选用富锰渣进行调整。生产电炉锰铁和中低碳锰铁的富锰渣 SiO_2 含量要低，以减少石灰的加入量和渣量。一般富锰渣在生产电炉锰铁和中低碳锰铁时，在入炉锰原料的配加量以不超过 30% 为宜。

（3）生产金属锰。电硅热法生产金属锰时必须全部使用高质量的富锰渣作还原剂。生产金属锰所用富锰渣的要求是：$w(Mn) \geqslant 40\%$，$w(Fe) \leqslant 0.9\%$，$w(P) \leqslant 0.02\%$。

（4）生产高炉锰铁。生产高炉锰铁时，如果含锰原料的锰铁比或磷锰比达不到要求，可配加一定量的富锰渣使产品达到要求，并要求富锰渣中 SiO_2 含量很低。

B　富锰渣的牌号

富锰渣是生产锰系铁合金的中间产品，可以作为商品，也可以企业自用。富锰渣的牌号及化学成分见表 6-21。

表 6-21　富锰渣的牌号及化学成分　　　　　　　　　　　（%）

牌　号	化　学　成　分						
	Mn	SiO_2		Fe	P	S	
		I	II			I	II
	$\geqslant$			$\leqslant$			
富锰渣 1	46	22	22	0.40	0.017	0.8	0.50
富锰渣 2-A	44	24	24	0.46	0.017	0.9	0.50
富锰渣 2-B	46	24	24	0.50	0.020	0.9	0.50
富锰渣 2-C	43	24	24	0.30	0.020	0.9	0.50
富锰渣 3-A	43	24	24	0.60	0.020	0.9	0.50
富锰渣 3-B	43	24	24	0.70	0.020	0.9	0.50
富锰渣 4-A	42	25	25	0.60	0.020	1.0	0.50
富锰渣 4-B	40	26	26	0.90	0.020	1.0	0.50

注：富锰渣的 I 组 SiO_2、I 组 S 用于冶炼金属锰；富锰渣的 II 组 SiO_2、II 组 S 用于冶炼高硅锰硅合金。

冶炼富锰渣的要求是：使铁、磷充分还原进入副产铁，并限制锰的还原。其控制手段是：

（1）把冶炼温度控制在较低水平，限制锰的还原。

（2）控制碳质还原剂的配入量，限制锰的还原。

（3）采用酸性渣限制锰的还原。因为在低碱度条件下，MnO 与 SiO_2 结合，使 MnO 的活度降低，抑制锰的还原。

C　富锰渣冶炼的基本原理

高炉或电炉中冶炼富锰渣是通过控制用碳量、供热制度和造渣制度，对锰矿石中锰、铁、磷等氧化物进行选择性还原，在确保铁、磷等元素充分还原的基础上，抑制锰元素的还原。也就是说，在高炉或电炉的还原性气氛下使锰与铁、磷分离，使更易于还原的铁和磷等氧化物优先还原而沉积在高炉或电炉炉缸底部；较难还原的锰元素则从高价氧化物还原成低价氧化物（即 $MnO_2 \rightarrow Mn_2O_3 \rightarrow Mn_3O_4 \rightarrow MnO$），并以低价氧化锰的形式进入熔渣中而成为低铁、低磷的富锰渣，浮于被还原的金属上面。基于锰与铁、磷等元素的还原温度不同，利用选择性还原理论使锰矿石中的锰与铁、磷等元素在高炉或电炉中分离。如果使用不同的用碳量和温度，则产品的成分和品质也不同，见表 6-22。

表 6-22　锰矿石在不同用碳量和温度下进行选择性还原所得到的产品

冶炼温度/℃	用　碳　量	氧化物	还原开始温度/℃	产　品
1300	碳仅够还原 FeO 和 P_2O_5	FeO P_2O_5	约 685 约 763	富锰渣和高锰、高磷生铁
1500	碳完成以上反应，还够还原 MnO	MnO	约 1400	高碳锰铁
1700	碳完成以上反应，还够还原 SiO_2	SiO_2	约 1650	锰硅合金
2000	碳完成以上反应，还够还原 Al_2O_3	Al_2O_3	约 2000	锰硅铝合金

在高炉或电炉中，上部的 CO 和 H_2 能比较容易地将锰矿中的高价氧化物 MnO_2、Mn_2O_3、Mn_3O_4、Fe_2O_3 还原成低价氧化物 MnO 和 FeO。但 MnO 和 FeO 进一步还原成金属则必须用碳直接还原，而且需要消耗一定的热量，尤其是 MnO 还原成金属锰时需要较高的温度，还原反应如下：

$$MnO + C \xrightarrow{1370℃} Mn + CO \qquad\qquad \Delta H^{\ominus} = 279470 J/mol$$

$$FeO + C \xrightarrow{685℃} Fe + CO \qquad\qquad \Delta H^{\ominus} = 158800 J/mol$$

$$2P_2O_5 + 10C \xrightarrow{763℃} 4P + 10CO \qquad\qquad \Delta H^{\ominus} = 1767250 J/mol$$

由上可知，FeO 和 P_2O_5 的还原温度较低，所需要的热量相对也较少，容易还原。因此，通过控制还原剂用量，并且把冶炼温度控制在 1300℃以下，使铁、磷优先还原出来，而锰以 MnO 形态富集于熔渣中，其产品称为富锰渣。

D　电炉富锰渣的生产

高质量富锰渣（渣中锰含量高、铁和磷的含量都较低、SiO_2 含量较低，渣中不夹杂铁珠）很难在高炉中生产出来，生产金属锰和高硅锰硅合金所需要的优质富锰渣必须用电炉冶炼。

电炉富锰渣的锰含量较高，一般为 44% ~ 46%，铁含量在 1.1% 以下，磷含量在 0.03% 以下，SiO_2 含量小于 24%。

电炉富锰渣的生产方法分为连续法和间断法两种。连续法生产富锰渣基本上是在矿热炉内进行的，矿热炉采用碳质炉衬和自焙电极；料面维持在适当水平位置，随着炉料熔化下沉，应及时补加炉料；出炉按规定时间间隔进行；出炉后，为使炉渣中的铁珠完全沉降，需要在镇静坑或铁水包内镇静一定时间，再放渣浇注。间断法是指在可倾式电弧炉内，待炉内炉料完全熔化后停电，在炉内镇静一段时间，使渣中的铁珠充分沉降，然后出炉放渣浇注。以下介绍还原电炉采用连续法生产电炉富锰渣。

生产富锰渣使用的原料有锰矿、焦炭、木炭、硅石和萤石。

锰矿要求：$w(Mn) \geqslant 18\%$，$w(Mn) + w(Fe) \geqslant 38\%$，$w(Mn)/w(Fe) = 0.5 \sim 2.5$，

$w(\mathrm{Al_2O_3}) \leqslant 12\%$，$w(\mathrm{SiO_2}) + w(\mathrm{Al_2O_3}) \leqslant 35\%$，$w(\mathrm{CaO})/w(\mathrm{SiO_2}) \leqslant 0.3$；粒度为 5 ~ 50mm，小于 5mm 的粉矿比例小于 5%；水分含量小于 8%。锰矿中 $\mathrm{SiO_2}$ 含量要合适。由于冶炼金属锰采用高碱度渣操作，要求富锰渣 $\mathrm{SiO_2}$ 含量越低越好。但 $\mathrm{SiO_2}$ 含量过低时熔渣熔化温度急剧升高，不利于高铁、高磷金属珠的充分沉降。因此在生产实际中，$\mathrm{SiO_2}$ 含量控制在 18% ~ 22%。

用作还原剂的焦炭要求：固定碳含量不小于 75%，灰分含量不大于 14%，粒度为 3 ~ 12mm。

用作熔剂的硅石 $\mathrm{SiO_2}$ 含量不应小于 97%，粒度为 10 ~ 30mm。

为调整炉渣流动性，料批中有时也配加少量萤石，要求 $w(\mathrm{CaF_2}) \geqslant 85\%$，粒度为 10 ~ 40mm。

冶炼采用厚料层埋弧操作，料面高度不超过炉口 500mm。由于料层厚，炉料透气性差，容易出现局部空烧，导致大塌料、喷料、翻渣事故。为防止这些事故的发生，除了要经常扎眼透气外，还需要人工下料助熔，定时消除棚料，不使局部过热空烧。由于采用厚料层埋弧操作，料面温度不高，电极烧结比较困难，常会由于电极烧结不足而发生漏糊或电极软断事故，必须特别注意维护电极。出炉时，开眼要先小后大。炉眼打开后，渣、铁来势很猛，人员必须散开，防止炉眼喷火、喷料伤人。为了防止事故的发生，应正点出炉。为了保证出炉后的渣、铁较好分离，必须先在镇静坑或铁水包内镇静一段时间，使悬浮在渣中的铁珠完全下沉和尚未熔融的炉料完全上浮，然后再进行铸锭，待锭模内的渣完全冷凝后再脱模精整，精整后的富锰渣按牌号分类堆放。

6.7.2.2　高硅锰硅合金的冶炼

A　电炉高硅锰硅合金的生产

高硅锰硅合金是一种半成品，是电硅热法生产金属锰的还原剂，一般在铁合金矿热炉内冶炼，使用石墨电极或炭素电极，以避免自焙电极的电极壳对合金增铁。与商品锰硅合金相比，其硅含量高而杂质（Fe、C、P 等）含量低，化学成分见表 6 - 23。冶炼高硅锰硅合金在温度控制和原料方面都比冶炼普通锰硅合金高。

表 6 - 23　高硅锰硅合金的化学成分　　　　　　　　　　（%）

牌　　号	化 学 成 分				
	Mn	Si	Fe	C	P
	≥		<		
高硅锰合金 1	62	30	1.5	0.050	0.060
高硅锰合金 2	62	29	1.9	0.058	0.060
高硅锰合金 3 - A	63	28	2.4	0.100	0.065
高硅锰合金 3 - B	63	27	2.6	0.100	0.070
高硅锰合金 4 - A	63	27	2.4	0.150	0.070
高硅锰合金 4 - B	63	27	2.8	0.150	0.075

冶炼高硅锰硅合金的主要原料有富锰渣、硅石、焦炭、木炭、烟煤、石灰、白云石、萤石等。

表 6 - 24 列出生产高硅锰硅合金的原料条件。

表 6 - 24 生产高硅锰硅合金的原料条件

原　料	Mn/%	Fe/%	P/%	粒度及其他要求
	≥	≤		
富锰渣 1	46	0.6	0.03	
富锰渣 2	45	0.8	0.03	粒度 30 ~ 40mm，无杂质
富锰渣 3	44	1.1	0.03	
硅　石	$w(SiO_2) \geqslant 99\%$			粒度 15 ~ 30mm，水洗
焦　炭	固定碳含量大于 80%			粒度 8 ~ 15mm，筛除粉末
木　炭[①]	固定碳含量大于 65%			粒度 50mm 左右，去除粉末
石　灰	$w(CaO) \geqslant 90\%$			粒度不大于 50mm，无粉末

①木炭能增加炉料的透气性和电阻，有利于电极深插，但价格昂贵，应尽量少用或不用。可用烟煤代替木炭生产。

高硅锰硅合金冶炼原理与普通锰硅合金相同。从锰硅合金生成的热力学条件可知，硅含量越高，所需的还原反应温度越高，因此，生产高硅锰硅合金应有比生产普通锰硅合金更高的炉温。在所需温度具备的条件下，为了促进硅与锰的还原，还应有良好的动力学条件，包括具有较大的反应区域及物理化学性能良好的炉渣。因此，合乎要求的原料、较高的炉缸温度、物理化学性能良好的炉渣、较大的反应区域是保证高硅锰硅合金冶炼炉况顺行的必要条件。

在冶炼操作方面，应做到"低料面、深电极、满负荷"。加料要求做到"勤、轻、准、匀"，料面控制在炉口平面高度，并保持一定锥度；不冲白火，不无故堆高料面；电极在炉料中的插入深度在 350mm 以上；炉面透气性好，火焰分布均匀，炉料均匀下沉；要按时出炉，出炉后要及时收料，用电后加入适当冷料覆盖红料；用电 30min 后，用钢钎松动炉料，扒掉结渣，动作要求迅速，防止所熔钢钎头对合金增铁。

操作要点如下：

(1) 配料比调整及炉况处理。在原料和设备等条件都适宜的情况下，掌握好配料比是确保炉况顺行的关键，否则炉况难以稳定，产品质量和技术经济指标也没有保证。生产中原料成分、水分含量以及粒度，供电情况，操作条件，出渣量等各种因素的变化，都会对炉况造成不利影响，需要及时改变配料比，供电制度和操作制度也要做出相应的调整，以适应炉况变化。调整配料比的关键是掌握好焦炭用量，原料粒度的合理组合及精料入炉也非常重要。

(2) 炉渣成分控制。炉渣碱度应控制在 $\dfrac{w(CaO) + w(MgO)}{w(SiO_2)} = 0.6 ~ 0.8$。实际操作中炉渣成分的波动范围（质量分数）是：$SiO_2$ 40% ~ 50%，CaO 20% ~ 25%，Al_2O_3 22% ~ 28%，MgO 5% ~ 10%。

(3) 冶炼操作。电炉参数的选择、冶炼操作方法基本上与普通锰硅合金相同。出炉时为了防止增铁，最好不用铁钎捅出铁口。正常情况下，出铁口比较容易用铁钎捅穿，但要防止铁钎熔化而增铁。

出炉时，铁水和炉渣流入铁水包，铁水在炉渣的覆盖下镇静一段时间（15min 左右），再进行浇注。浇注方法采用铁水包下浇注法，即捅开铁水包下部的出铁孔，使铁水注入涂有石灰乳的锭模，浇注过程要做到"低温、细流、慢速"。合金冷却后脱模精整，按产品牌号交库堆存。

B 摇包法生产高硅锰硅合金

摇包法生产高硅锰硅合金的原理为：中锰炉渣出炉后和一定量的硅铁粉（硅 75）一同加入摇包内进行摇包，以改善渣 - 金两相间界面的反应条件（特别是动力学条件）。摇包内产生的波浪使渣、金充分搅拌，高度乳化，借助液态渣的显热和脱硅反应热使硅铁粉充分熔化并脱硅，从而得到 P、C 含量较低的高硅锰硅合金。

操作过程为：中锰电炉出完铁后，将一定数量的液态中锰渣缓慢、匀速地倒入摇包内，同时将一定数量的硅铁粉缓慢加入摇包内，液态渣与硅铁粉同时加完（两者体积之和不大于摇包有效体积的 65%）；启动摇包机摇动摇包，转速为 50 ~ 60r/min，摇动时间为 10 ~ 15min；停止摇动，镇静 15 ~ 30min，扒渣，浇注。

某企业统计近 300 炉的平均成分（质量分数）为：Mn 65.46%，Si 23.25%，C 0.148%，P 0.047%，S 0.0053%。

6.7.3 金属锰的冶炼

电硅热法冶炼金属锰是在镁砖砌衬的三相倾动式电弧炉中以冷装法进行的。电弧炉最好有两个互成 180°的炉门，以便布料和补炉。

冶炼金属锰的原料有富锰渣、高硅锰硅合金、石灰、萤石等。

（1）富锰渣。冶炼不同牌号的金属锰应使用不同牌号的富锰渣，粒度小于 50mm。

（2）高硅锰硅合金。冶炼不同牌号的金属锰应使用不同牌号的高硅锰硅合金，粒度小于 30mm。

（3）石灰。要求石灰中 CaO 含量大于 95%，不得夹有生石灰，硫、磷、铁等杂质含量低，粒度为 10 ~ 50mm。

（4）萤石。要求萤石中 $w(CaF_2) \geqslant 80\%$，粒度小于 50mm。

电硅热法冶炼金属锰的工艺流程大体与冶炼中低碳锰铁相同，其操作要点为：上一炉出炉后进行补炉，为保护炉底，将从料批中抽出的部分石灰加在炉底，然后在三相电极下面加少量高硅锰硅合金引弧，再加入富锰渣和石灰的混合料盖住弧光。待电弧稳定后，立即将剩下的炉料全部加入炉内，呈馒头状，为防止熔化前期因炉渣碱度过高而使金属增碳，石灰在料层中的分布应该自下而上逐渐增多。炉料全部加完后采用较高一级电压，电力加至满负荷。此后，应根据炉料的熔化情况及时推料助熔，以加速熔化和防止局部过热、空烧或冒烟，否则会延长熔炼时间，增加锰的挥发损失，导致电能消耗增加，产品质量下降。待炉料基本化清后或在出炉前，加入少量萤石以稀释炉渣，并加强搅拌以促进脱硫、脱硅反应进行。为加速炉内脱硅反应，可向熔池吹入 300 ~ 400kPa 的压缩空气，以加强熔池的搅拌。

与熔炼中低碳锰铁一样，可通过观察从熔池中取出的试样来判断硅含量，决定出铁时间。当合金 $w(Si) < 1\%$ 时，试样断面具有微细结晶组织，并且发暗；当合金 $w(Si) > 1\%$ 时，断面的晶粒组织不均衡，呈玻璃状。当生产 $w(Si) < 0.5\%$ 的金属锰时，用肉眼判断

硅含量不太准确，需要取样做硅的炉前分析，硅含量合格后立即出炉。

出铁时合金和炉渣同时流入铁水包中，铁水包溢出的炉渣流入渣罐中。浇注采用盖渣浇注法，即将铁水和炉渣同时浇入锭模，冷却后，高碱度炉渣自然粉化，与金属锰分离。

为获得致密的金属，可将液态金属在压力为 46.67 ~ 53.33kPa 的真空下处理 5 ~ 10min。

生产金属锰时，从原料到操作要特别注意不使碳、铁等杂质进入合金，并避免石墨电极直接接触金属液而造成产品增碳。

冶炼金属锰时，炉渣碱度对冶炼过程及技术经济指标有很大的影响。碱度过高时，硅利用率降低，渣量及炉渣熔点偏高，炉渣流动性变差，炉子过热严重，电耗高，锰的挥发损失增加，锰的回收率降低；同时，由于自由氧化钙数量增多，与石墨电极作用生成 CaC_2，合金碳含量有增高趋势。碱度过低时，不利于 MnO 的还原，锰回收率低，合金硅含量不易控制，炉衬侵蚀严重。通常将碱度 $w(CaO)/w(SiO_2)$ 控制在 2.0 ~ 2.2，此时渣中含 MnO 8% ~ 2%。近年来由于炉子参数的改进，炉渣碱度已趋于降低。

电硅热法冶炼金属锰时各元素的分配见表 6 - 25。

金属锰的生产也可采用热装法（兑入液态富锰渣）进行。

表 6 - 25 电硅热法冶炼金属锰的元素分配 (%)

元 素	原 料	入合金	入 渣	挥 发
Mn	富锰渣	50 ~ 60	30 ~ 35	5 ~ 8
	高硅锰硅合金	100		
Fe	富锰渣	90	10	
	高硅锰硅合金	100		
P	所有炉料	40	50	10

复习思考题

6 - 1 叙述锰及其化合物的物理化学性质。

6 - 2 我国锰矿有什么特点，如何处理锰矿石？

6 - 3 高碳锰铁的生产方法有哪几种，各有什么特点？

6 - 4 熔剂法生产高碳锰铁的原理是什么，炉渣碱度如何控制，其生产工艺有何特点？

6 - 5 锰硅合金的冶炼原理是什么，生产中如何操作？

6 - 6 冶炼锰硅合金正常炉况的标志是什么，炉况异常有什么特征，如何处理？

6 - 7 锰硅合金冶炼时，下列情况下电极是上升还是下降？

(1) 焦炭灰分含量高；(2) 焦炭过量；(3) 焦炭粒度小。

6 - 8 叙述电硅热法生产中低碳锰铁使用的原料及要求。冶炼原理及工艺有什么特点？

6 - 9 摇包法、吹氧法生产中低碳锰铁各有什么特点？

6 - 10 电硅热法生产金属锰的原理是什么？

6 - 11 冶炼富锰渣的原理是什么，还原电炉连续法生产富锰渣如何操作？

6 - 12 与普通锰硅合金相比，高硅锰硅合金的冶炼有什么不同，如何操作？

6 - 13 电硅热法生产金属锰如何操作？

7 铬系合金的冶炼

7.1 概述

铬是钢中功能最多、应用最广泛的合金化元素之一。铬具有显著改变钢的抗腐蚀能力和抗氧化能力的作用，并有助于提高其耐磨性和保持其高温强度。在各种不锈钢中，铬是一种必不可少的成分。据统计，不锈钢生产用铬量占炼钢工业总用铬量的70%以上。占铬消耗量第二位的是合金结构钢，这种钢的铬含量通常低于3%。工具钢、高温合金和其他特种合金虽然铬含量很高，但生产的数量较少，所以在消耗铬的总量方面与其他用途相比较少。

世界主要产钢国家中，美国、日本和中国都是本国缺少铬矿产资源的国家，几乎完全依靠进口。在已查明的世界铬矿储量中，南非居首位，占70%以上，是国际市场上铬矿的主要供应国；津巴布韦的铬矿储量占世界铬矿总储量的1.6%，可是它的铬产量在世界上却最高；土耳其、芬兰、巴西、阿尔巴尼亚、印度、伊朗、菲律宾和哈萨克斯坦也是向国际市场供应铬矿的重要国家。地壳中的铬相当丰富，然而由于种种政治、经济方面的原因造成人为的紧张，因此，铬的储备成为值得重视的问题。由于铬能够使钢的许多性能得到改善和提高，尤其是作为不锈钢等材料的合金化元素具有独特的性质，铬的需求量无疑将不断增加。

7.2 铬及其化合物的物理化学性质

7.2.1 铬的主要物理化学性质

铬是元素周期表中VI_B族过渡元素，与铁、锰同属黑色金属元素。铬的主要物理性质如下：

相对原子质量	52.1
熔点	1875℃
沸点	2665℃
密度	7.19g/cm^3
熔化热	20.9kJ/mol
摩尔热容（25℃时）	23.1J/(mol·K)
比电阻（20℃）	$14.1 \times 10^{-6}\Omega \cdot mm^2/m$

铬是银白色带有光泽的金属，常温下在空气中，其表面逐渐氧化形成一层氧化膜而呈钝态，其金属活性不高。在所有的金属中，铬的硬度最大，高纯度的铬有延展性，含有杂质的铬硬且脆。

7.2.2 铬化合物的性质

（1）铬的氧化物。铬与氧形成CrO_3、CrO_2、Cr_2O_3、Cr_3O_4和CrO等氧化物，其中以

Cr_2O_3 最为稳定。

CrO 是碱性氧化物，常温下不稳定，在空气中很快与氧化合成 Cr_2O_3。

CrO_3 是酸性氧化物，为橙红色晶体，熔点为 1670℃，热稳定性差，温度超过其熔点时不但开始气化，而且发生如下分解反应：

$$4CrO_3 \Longrightarrow 2Cr_2O_3 + 3O_2$$

Cr_2O_3 是两性氧化物，为绿色晶体，不溶于水，可作绿色颜料，又称铬绿。Cr_2O_3 的密度为 $5.21g/cm^3$，熔点高达 2265℃。

Cr_2O_3 的生成热为 $\Delta H^\ominus = -1129.5kJ/mol$，是很稳定的氧化物。

（2）铬的碳化物。铬与碳形成 $Cr_{23}C_6$、Cr_7C_3、Cr_3C_2 等碳化物。在有铁存在时，形成 $(Cr, Fe)_{23}C_6$、$(Cr, Fe)_7C_3$、$(Cr, Fe)_3C_2$ 等复合碳化物。Cr - C 状态图如图 7 - 1 所示。

（3）铬的硅化物。铬与硅形成 Cr_2Si、Cr_5Si_3、$CrSi$、$CrSi_2$ 等硅化物，铬的硅化物比铬的碳化物稳定。CrSi 的熔点为 1600℃，$CrSi_2$ 的熔点为 1550℃。由单质生成 1mol 硅化物的生成热为：

CrSi $\Delta H^\ominus = -76.9kJ/mol$

$CrSi_2$ $\Delta H^\ominus = 119.6kJ/mol$

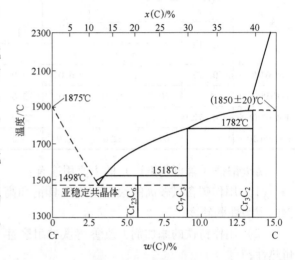

图 7 - 1 Cr - C 状态图

（4）铬的氮化物。铬与氮形成氮化物 CrN 和 Cr_2N。CrN 在 1500℃ 时分解。由单质生成 1mol 氮化物的生成热为：

CrN $\Delta H^\ominus = -124.6kJ/mol$

Cr_2N $\Delta H^\ominus = -105.4kJ/mol$

（5）铬的硫化物。铬与硫生成硫化物 CrS，其熔点为 1565℃。当温度低于 800℃ 时，CrS 分解为 Cr_5S_6 和 Cr。铬与硫的亲和力大于铁与硫的亲和力，液态铬铁中硫的溶解度可达 2%。

（6）铬铁。铬与铁能形成连续固溶体。

含 Cr 60% ~70%、C 6% ~10%、Si 小于 1.5%、S 0.03% 的高碳铬铁，密度约为 $7.0g/cm^3$，熔点为 1500~1650℃。高碳铬铁硬度高但较脆，比较容易破碎，碳含量低的铬铁不易破碎。

含 Cr 65% ~75% 的中碳铬铁，密度约为 $7.2g/cm^3$，熔点为 1361~1600℃。随着碳含量的增加，中碳铬铁的熔点下降。

含 Cr 65% ~75% 的微碳铬铁，密度约为 $7.35g/cm^3$，熔点为 1360~1650℃。随着碳含量的增加，微碳铬铁的熔点下降。

中碳、低碳、微碳铬铁硬而韧，难以破碎。

（7）铬的磷化物。铬与磷形成 Cr_3P、Cr_2P 等磷化物。

7.3 高碳铬铁

7.3.1 高碳铬铁的牌号及用途

高碳铬铁的牌号及化学成分见表 7−1。

表 7−1　高碳铬铁牌号及化学成分（GB/T 5683—2008）　　　　（%）

牌　号	Cr			C	Si		P		S	
	范　围	I	II		I	II	I	II	I	II
	≥				≤					
FeCr67C6. 0	60. 0 ~ 72. 0			6. 0	3. 0		0. 03		0. 04	0. 06
FeCr55C6. 0		60. 0	52. 0	6. 0	3. 0	5. 0	0. 04	0. 06	0. 04	0. 06
FeCr67C9. 5	60. 0 ~ 72. 0			9. 5	3. 0		0. 03		0. 04	0. 06
FeCr55C10. 0		60. 0	52. 0	10. 0	3. 0	5. 0	0. 04	0. 06	0. 04	0. 06

高碳铬铁（含再制铬铁）的主要用途有：

（1）用作碳含量较高的滚珠钢、工具钢和高速钢的合金剂，提高钢的淬透性，增加钢的耐磨性和硬度；

（2）用作铸铁的添加剂，改善铸铁的耐磨性并提高其硬度，同时使铸铁具有良好的耐热性；

（3）用作无渣法生产硅铬合金和中碳、低碳、微碳铬铁的含铬原料；

（4）用作电解法生产金属铬的含铬原料；

（5）用作吹氧法冶炼不锈钢的原料。

7.3.2 高碳铬铁的冶炼工艺与原理

7.3.2.1 概述

高碳铬铁的冶炼方法有高炉法、电炉法、等离子炉法、熔融还原法等。在高炉内只能制得含铬 30% 左右的特种生铁；等离子炉法和熔融还原法属于冶炼高碳铬铁的新工艺，尚未普遍采用。目前，铬含量高的高碳铬铁大都采用熔剂法在矿热炉内冶炼。

7.3.2.2 电炉法冶炼高碳铬铁基本原理

电炉法冶炼高碳铬铁的基本原理是用碳还原铬矿中铬和铁的氧化物。其主要反应有：

$$\frac{2}{3}Cr_2O_3 + 2C = \frac{4}{3}Cr + 2CO \qquad \Delta G^\ominus = 123970 - 81.22T \quad (J/mol) \qquad T_{开} = 1523K$$

$$\frac{2}{3}Cr_2O_3 + \frac{26}{9}C = \frac{4}{9}Cr_3C_2 + 2CO \qquad \Delta G^\ominus = 114410 - 83.50T \quad (J/mol) \qquad T_{开} = 1373K$$

$$\frac{2}{3}Cr_2O_3 + \frac{18}{7}C = \frac{4}{21}Cr_7C_3 + 2CO \qquad \Delta G^\ominus = 115380 - 82.09T \quad (J/mol) \qquad T_{开} = 1403K$$

$$\frac{2}{3}Cr_2O_3 + \frac{54}{23}C = \frac{4}{69}Cr_{23}C_6 + 2CO \qquad \Delta G^\ominus = 118270 - 81.75T \quad (J/mol) \qquad T_{开} = 1448K$$

从以上反应可以看出，碳还原氧化铬生成 Cr_3C_2 的反应开始温度为 1100℃，生成

Cr_7C_3 的反应开始温度为 1130℃，而生成铬的反应开始温度为 1250℃，所以在碳还原铬矿时，得到的是铬的碳化物而不是金属铬。因此，只能得到碳含量较高的高碳铬铁。而且铬铁中碳含量的高低取决于反应温度，生成碳含量高的碳化物比生成碳含量低的碳化物更容易。实际生产中，炉料在加热过程中首先有部分铬矿与焦炭反应生成 Cr_3C_2；随着炉料温度的升高，大部分铬矿与焦炭反应生成 Cr_7C_3；温度进一步升高，Cr_2O_3 对合金起精炼脱碳作用。上述反应为：

$$\frac{14}{5}Cr_3C_2 + \frac{2}{3}Cr_2O_3 \Longrightarrow \frac{4}{3}Cr + \frac{6}{5}Cr_7C_3 + 2CO \qquad \Delta G^\ominus = 130050 - 74.03T \ (J/mol) \quad T_{开} = 1763K$$

$$\frac{1}{3}Cr_{23}C_6 + \frac{2}{3}Cr_2O_3 \Longrightarrow 9Cr + 2CO \qquad\qquad \Delta G^\ominus = 156740 - 28.15T \ (J/mol) \quad T_{开} = 2003K$$

氧化铁还原反应开始温度（$T_{开} = 1184K$）比三氧化二铬还原反应开始温度低，因此铬矿中的氧化铁在较低温度下就可充分地被还原出来，并与碳化铬互溶，组成复合碳化物，降低了合金的熔点；同时，由于铬与铁互相溶解，使还原反应更易进行。

7.3.2.3　高碳铬铁冶炼操作

A　冶炼高碳铬铁的原料

冶炼高碳铬铁的原料有铬矿、焦炭和硅石。

（1）铬矿。要求铬矿中 $w(Cr_2O_3) \geqslant 40\%$，$w(Cr_2O_3)/\sum w(FeO) \geqslant 2.5$，$w(S) < 0.05\%$，$w(P) < 0.07\%$，MgO 和 Al_2O_3 的含量不能过高；粒度为 10～70mm，如是难熔矿，粒度应适当小些。

（2）焦炭。要求焦炭中固定碳含量不小于 84%，灰分含量小于 15%，$w(S) < 0.6\%$，粒度为 3～20mm。

（3）硅石。要求硅石中 $w(SiO_2) \geqslant 97\%$，$w(Al_2O_3) \leqslant 1.0\%$，热稳定性好，不带泥土，粒度为 20～80mm。

B　高碳铬铁冶炼工艺操作

电炉熔剂法生产高碳铬铁采用连续式操作方法。原料按焦炭、硅石、铬矿的顺序进行配料，以利于混合均匀。敞口炉通过给料槽把料加到电极周围，料面呈大锥体形状。封闭炉由料管直接把料加入炉内。无论是敞口炉还是封闭炉，均应随着炉内炉料的下沉而及时补充新料，以保持一定的料面高度。

炉况正常时，三相电流平衡，电极稳定，透气好，无刺火，炉料能均匀下沉；渣铁温度正常，合金和炉渣的成分稳定，并能顺利地从炉内放出；全封闭炉的炉膛压力稳定，炉顶温度在 600～800℃之间；炉气量和炉气成分变化不大，在原料干燥的情况下炉内不产生爆鸣。

出铁次数根据电炉容量大小而定，大电炉每隔 2h 出一次铁，铁与渣同时从出铁口放出。在出铁后期出渣不顺利时，应用圆钢捅炉眼，以帮助排渣。出铁时间为 10min 左右。根据炉衬的冲刷程度确定堵眼深度。炭砖内衬用耐火黏土泥球堵眼，镁砖内衬用一定比例的镁砂粉和耐火黏土泥球堵眼。铁水经扒渣后浇注、粒化，或直接送转炉吹炼。

每炉都应取样分析合金中 Cr、C、Si、S 四种元素的含量，还应定期分析炉渣中主要氧化物 MgO、Al_2O_3、SiO_2、CaO 和 Cr_2O_3 的含量，以检查产品质量和帮助判断炉况。

炉况不正常的特征为：

（1）还原剂不足时，电极下插深，电流波动，负荷送不足，电极消耗快；炉口火焰发暗；合金硅、碳含量低，铁硬、表皮泡多；渣中 Cr_2O_3 含量升高，炉渣黏度增加。

（2）还原剂过剩时，电极下插浅，电流波动，发生刺火、喷渣，电极消耗慢；炉底温度低，出铁口不易打开，炉渣不易排出；合金碳、硅含量升高，渣中 Cr_2O_3 含量降低。

（3）硅石过多时，电极下插深，火焰发暗；渣的流动性好，渣中 SiO_2 含量升高，凝固的炉渣发黑，炉墙侵蚀严重；合金中碳含量升高，合金过热度小，不易从炉内排出。

（4）硅石过少时，电极下插浅，炉口温度高；电极周围有黏稠的炉渣，易翻渣，炉渣黏度大，不易从炉内放出；由于炉温过高，铁水温度高、碳含量下降，渣、铁数量均少。

（5）硅石和焦炭都不足时，炉渣 SiO_2 含量低、很黏稠，含有许多未被还原的铬矿和小金属粒，不易从炉内流出；合金中硅和碳的含量降低。

（6）焦炭不足、硅石过剩时，炉渣温度低、易熔且黏稠，含有大量的 SiO_2、Cr_2O_3、FeO；合金中硅含量下降、碳含量上升；电极下插深，电极消耗增加。

（7）硅石和焦炭过剩时，炉渣易熔，从出铁口排出一些挂渣的焦炭；合金中硅和碳含量都高；电极下插不稳。

（8）焦炭过剩、硅石不足时，电极上抬，出现刺火，焦炭自坩埚里喷出；炉渣熔点高，渣的温度也高，渣中 Cr_2O_3 含量低，炉渣黏稠，不易从炉内放出。

合金中的铬含量取决于铬矿中 $w(Cr_2O_3)/\sum w(FeO)$ 和铬的回收率。合金中的碳含量主要与铬矿的物理性能有关。当铬矿熔化性好、粒度小时，化料速度快，炉温低，合金碳含量高；反之，若矿石难熔、粒度大，则化料速度慢，炉温高。由于块矿中 Cr_2O_3 对铬的碳化物有精炼作用，合金碳含量低，合金中的硅含量则低。生产中合金硅含量在 0.1% ~ 5% 之间波动。合金中的硫有 80% 左右来自焦炭，因此要降低合金硫含量，必须采用低硫焦炭。

高碳铬铁冶炼过程中，熔剂的用量直接影响炉渣的成分。由于炉渣的成分决定炉渣的熔点，炉渣的熔点又决定炉内的温度，因而选择和控制炉渣的成分是冶炼铬铁的一个重要问题。合适的炉渣成分能使炉内达到足够的温度，保证还原反应顺利进行和还原产物顺利排出。

高碳铬铁的熔点高达 1500℃ 以上，为了保证有高的反应速度，使生成的合金顺利地从炉内放出，实现渣铁分离，必须将炉温控制在铬铁熔点以上的 1650 ~ 1700℃，因此，炉渣的熔点也应控制在此范围内。否则，若炉渣的熔点偏低，炉内温度也低，出炉时虽然炉渣能顺利流出，但铁水由于过热度小而不能畅流，会出现出渣多、出铁少的现象，严重时只出渣、不出铁；若渣的熔点偏高，炉内温度也高，炉渣由于熔点高、过热度不够而不能畅流，但铁水能畅流，就会出现出渣少、出铁多的现象，严重时只出铁、不出渣。

当铬矿中的 Cr_2O_3 和 FeO 被还原后，剩下的主要氧化物为 MgO 和 Al_2O_3。这两种氧化物的熔点都很高，必须加熔剂（硅石）降低其熔点，才能从炉内流出。因此，熔剂的用量直接影响炉渣的成分。硅石的加入量是根据 $Al_2O_3 - MgO - SiO_2$ 三元系相图（见图 7-2）确定的。由于炉渣中 $w(MgO)/w(Al_2O_3)$ 的值在 1 左右，可以通过 SiO_2 顶点画一条垂直于底边的线，线上的各点就代表炉渣的熔点，它随着 SiO_2 含量的增加而下降。当 $w(MgO)/w(Al_2O_3)$ 的值发生变化时对炉渣的熔点影响不大，这是由于等熔线基本上平行于底线。

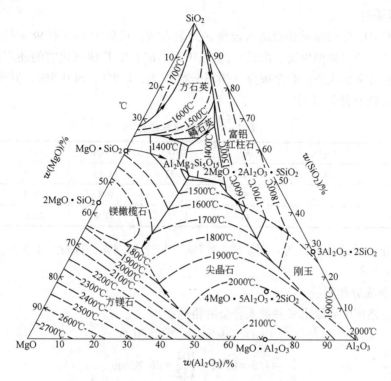

图 7 - 2 Al_2O_3 - MgO - SiO_2 三元系相图

查三元相图时，必须把炉渣中 Al_2O_3、SiO_2、MgO 的含量之和换算为 100%。例如，一个渣样的成分（质量分数）为：SiO_2 36%，MgO 35%，Al_2O_3 22%，Cr_2O_3 3%，FeO 1%，CaO 3%；把三元成分之和换算为 100% 时，渣样的成分（质量分数）变为：SiO_2 38.7%，Al_2O_3 23.7%，MgO 37.6%。由图 7 - 2 查得炉渣熔点为 1630℃。

炉渣中 Al_2O_3 含量对炉渣黏度有影响，若渣中 Al_2O_3 含量过高，则炉渣黏度增加，不利于排渣。但 Al_2O_3 能增加炉渣的电阻率，有利于电极深插，所以需要有一定的 Al_2O_3 含量。通常冶炼碳含量低的 FeCr55C6.0 时，渣中 Al_2O_3 含量应控制得高些；冶炼碳含量高的 FeCr55C10.0 时，渣中 Al_2O_3 含量可以通过使用不同 Al_2O_3 含量的铬矿来调节。

炉渣成分的选择因使用的原料以及产品中碳、硅含量要求的不同而不同。国内某厂生产碳含量为 6% ~ 10% 的高碳铬铁，其渣的主要成分（质量分数）控制为：MgO 38% ~ 42%，Al_2O_3 17% ~ 21%，SiO_2 28% ~ 32%，Cr_2O_3 含量在 5% 以下。

熔炼 1t 含铬 66% 左右的高碳铬铁的原料消耗及铬的回收率为：

铬矿（$w(Cr_2O_3)$ = 45%）	1880 ~ 2250kg
焦炭	410 ~ 520kg
硅石	85 ~ 520kg
铬的回收率	92% ~ 95%

7.3.2.4 高碳铬铁的配料计算

高碳铬铁的配料计算是计算焦炭和熔剂的配入量，而熔剂的配入量则根据所选炉渣成分而定。

A　计算条件

铬矿中 Cr_2O_3 有 95% 被还原进入合金，其余入渣；铬矿中 FeO 有 98% 被还原进入合金，其余入渣；炉口烧损焦炭、出铁口跑焦 10%，矿石中其他氧化物的还原用碳由电极补充；焦炭灰分全部入渣；合金成分（质量分数）为：C 9%，Si 0.5%，其余为铬和铁。原料化学成分列于表 7 - 2 中。

表 7 - 2　原料化学成分　　　　　　　　　　（%）

名　称	Cr_2O_3	FeO	MgO	Al_2O_3	SiO_2	CaO
铬　矿	41.3	13.02	19.32	12.18	11.45	1.5
硅　石	0.5	0.4	0.8	97.8	0.03
焦炭灰分		7.44	1.72	30.9	45.8	4.3

焦炭成分（质量分数）为：固定碳 83.7%，灰分 14.8%，挥发分 1.5%。

B　配料计算

（1）合金成分和用量。

从 100kg 铬矿中还原出来并进入合金的铬为：

$$Cr_2O_3 + 3C \longrightarrow 2Cr + 3CO$$

$$41.3 \times 0.95 \times \frac{104}{152} = 26.85 kg$$

从 100kg 铬矿中还原出来并进入合金的铁为：

$$FeO + C \longrightarrow Fe + CO$$

$$13.02 \times 0.98 \times 56/72 = 9.92 kg$$

合金中铬和铁占合金总量的百分比为：$(1 - 9\% - 0.5\%) \times 100\% = 90.5\%$

合金用量为：$(26.85 + 9.92)/0.905 = 40.63 kg$

由此得合金成分和用量为：

元　素	用量/kg	成分/%
Cr	26.85	66.1
Fe	9.92	24.4
C	3.66	9
Si	0.2	0.5
共　计	40.63	100

（2）焦炭需要量计算。

还原 Cr_2O_3 所需碳量为：$26.85 \times 3 \times 12/104 = 9.29 kg$

还原 FeO 所需碳量为：　$9.92 \times 12/56 = 2.13 kg$

还原 SiO_2 所需碳量为：　$0.2 \times 24/28 = 0.17 kg$

合金增碳所需碳量为：　$40.63 \times 0.09 = 3.66 kg$

折算成干焦炭量为：　　$15.25/(0.837 \times 0.9) = 20.24 kg$

（3）硅石配入量计算。

自然炉渣成分和质量如表 7 - 3 所示。

表 7 – 3 自然炉渣成分和质量

氧化物	来自矿石/kg	来自焦炭/kg	共计/kg	成分/%
MgO	$100 \times 0.1932 = 19.32$	$20.24 \times 0.148 \times 0.172 = 0.52$	19.84	40.11
Al_2O_3	$100 \times 0.1218 = 12.18$	$20.24 \times 0.148 \times 0.309 = 0.93$	13.11	26.51
SiO_2	$100 \times 0.1143 - 0.2 \times 66/28 = 10.96$	$20.24 \times 0.148 \times 0.458 = 1.37$	12.33	24.93
CaO	$100 \times 0.015 = 1.5$	$20.24 \times 0.148 \times 0.043 = 0.13$	1.63	3.30
Cr_2O_3	$100 \times 0.413 \times 0.05 = 2.07$		2.07	4.18
FeO	$100 \times 0.1302 \times 0.02 = 0.26$	$20.24 \times 0.148 \times 0.0744 = 0.22$	0.48	0.97
总计	46.29	3.71	49.46	100.00

渣中 MgO、Al_2O_3、SiO_2 的总量为：$19.84 + 13.11 + 12.33 = 45.28$kg

折算成 MgO、Al_2O_3、SiO_2 三元渣系时的相应成分为：

      MgO   19.84/45.28 = 44%

      Al_2O_3 13.11/45.28 = 29%

      SiO_2 12.33/45.28 = 27%

从有关的 MgO – Al_2O_3 – SiO_2 三元系相图查得，此渣的熔点在 1750℃ 左右，超过冶炼需要的温度。而生产实践表明，三元渣的熔点选择以 1700℃ 左右为宜。由于渣中还有 FeO、CaO、Cr_2O_3 等氧化物，炉渣实际熔点为 1650℃。若渣中 MgO 和 Al_2O_3 的比例不变，渣中 SiO_2 的含量应为 34%，渣中 MgO 和 Al_2O_3 的总量为 66%。

如按上述炉渣成分，此时三元渣的总量为：$(19.84 + 13.11)/0.66 = 49.92$kg

渣中 SiO_2 量为：$49.92 \times 0.34 = 16.97$kg

配加硅石量为：$(16.97 - 12.33)/0.978 = 4.74$kg

（4）炉料组成。

炉料组成为：铬矿 100kg，焦炭 20.24kg，硅石 4.74kg。

7.4 硅铬合金

7.4.1 硅铬合金的牌号及用途

硅铬合金的牌号及化学成分见表 7 – 4。

表 7 – 4 硅铬合金的牌号及化学成分（GB/T 4009—2008） （%）

牌 号	化 学 成 分					
	Si	Cr	C	P		S
				I	II	
	≥			≤		
FeCr30Si40 – A	40.0	30.0	0.02	0.02	0.04	0.01
FeCr30Si40 – B	40.0	30.0	0.04	0.02	0.04	0.01
FeCr30Si40 – C	40.0	30.0	0.06	0.02	0.04	0.01
FeCr30Si40 – D	40.0	30.0	0.10	0.02	0.04	0.01
FeCr32Si35	35.0	32.0	1.0	0.02	0.04	0.01

硅铬合金 90% 以上用作电硅热法冶炼中碳、低碳、微碳铬铁的还原剂。此外，硅铬合金还作为炼钢的脱氧剂与合金剂。随着氧气炼钢的发展，用硅铬合金还原钢渣中的铬和补加不足的铬量得到了日益广泛的应用。据统计，平均 1t 钢消耗硅铬合金 0.5kg 左右。

7.4.2　硅铬合金的性质

硅铬合金系铬、铁的硅化物，是含有足够硅量的铬铁。

关于液态硅铬合金的结构和性质，有人研究了 Fe – Cr – Si 三元系中的个别几部分，当合金中的铁含量为 15% 和 25% 时，发现有硅化物（Cr，Fe）Si$_2$ 和（Cr，Fe）Si 存在。含硅 50% 的硅铬铁合金由（Cr，Fe）Si$_2$ 组成；含硅 40% 的由（Cr，Fe）Si$_2$ 和（Cr，Fe）Si 组成；含硅 30% 的由（Cr，Fe）Si 和（Cr，Fe）$_3$Si$_2$ 组成；含硅 20% 的由（Cr，Fe）$_3$Si$_2$ 和 α – 固溶体组成。

铬的硅化物比其碳化物稳定，因此当 Fe – Cr – Si 合金中的硅含量增高时，碳含量下降，见图 7 – 3。

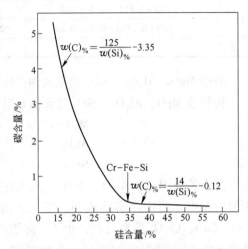

$$w(C)_\% = \frac{125}{w(Si)_\%} - 3.35$$

$$w(C)_\% = \frac{14}{w(Si)_\%} - 0.12$$

图 7 – 3　硅铬铁合金中硅含量与碳含量的关系（(1690 ± 40)℃）

7.4.3　硅铬合金的冶炼工艺及原理

硅铬合金的冶炼方法有一步法和二步法两种。一步法又称有渣法，二步法又称无渣法。一步法是将铬矿、硅石和焦炭一起加入炉内，冶炼硅铬合金。二步法的第一步是将铬矿和焦炭加入一台电炉内，冶炼出高碳铬铁；第二步是将高碳铬铁破碎（或已被粒化），把它与硅石、焦炭一起加入另一台电炉内，冶炼硅铬合金。目前，我国在工业生产中常采用二步法冶炼硅铬合金。

7.4.3.1　一步法冶炼硅铬合金

A　原料及其要求

一步法冶炼硅铬合金使用的原料为铬矿、硅石和焦炭。对硅石和焦炭的要求与用于冶炼硅铁的硅石和焦炭的要求基本相同。铬矿要求使用难还原的高 Al$_2$O$_3$ 矿，不宜使用高 FeO 矿，粒度适当大些。

B　冶炼原理

一步法冶炼硅铬合金是用碳同时还原铬矿中的三氧化二铬和硅石中的二氧化硅。电炉内的主要反应有还原反应和精炼脱碳反应两部分。还原反应与冶炼高碳铬铁和硅铁的还原反应差不多，所不同的是，一步法冶炼硅铬合金使用了难还原铬矿，铬矿的粒度也较大，从而确保了 Cr$_2$O$_3$ 和 SiO$_2$ 的还原在温度相差不多的条件下同时进行。

铬和铁被还原出来后生成铬和铁的碳化物，它们很快就被同时还原出的硅破坏，变成硅化物，其反应为：

$$Cr_7C_3 + 10Si = 7CrSi + 3SiC$$

一步法冶炼的硅铬合金的碳含量比二步法要低，原因在于炉渣中含有大量的 SiO$_2$，它能氧化精炼合金中的碳和析出的碳化硅。此外，铬矿中的氧化物（Cr_2O_3、FeO）也能氧化精炼合金中的碳和析出碳化硅。

C 冶炼操作

一步法冶炼硅铬合金采用连续式操作方法。

炉况正常的主要特征是：电极深而稳地插在炉料中，负荷稳定，每炉的炉渣和合金成分及重量波动不大。

还原剂的配入量要准确，它不仅影响电极插入深度和炉内温度，而且还影响炉渣和合金成分。还原剂过剩，则炉中 SiO_2 含量低，SiC 含量升高，炉渣变黏，不易从炉内排出；电极插得不深，有大量刺火现象，电极周围冒白烟；炉料消耗慢，料面中心发黑，如处理不及时，炉内积渣越来越多，就会造成炉口翻渣。还原剂不足，则炉渣 SiO_2 含量升高，合金中硅含量下降，炉料烧结；由于电极下插深而使负荷下降，出现刺火，形成大量炉渣，然后料面开始翻渣。必须每炉分析渣中 SiC 含量，帮助判断炉子用碳量是否恰当。配料称量误差不能超过1%，每班分析一次焦炭水分含量。

一步法冶炼硅铬合金必须选择合适的渣型。合理的炉渣成分对发挥炉渣的脱碳作用十分重要，另外，炉渣成分对合金成分及炉内温度也有影响。在选择渣型时应考虑以下三点：

（1）SiO_2 含量必须大于45%。若 SiO_2 含量低于45%，就不能有效地破坏 SiC 和保证精炼合金中的碳含量。渣中 SiO_2 与合金中 Si 的质量分数之比应等于或略大于1。SiO_2 含量对炉渣黏度也有影响，炉渣黏度随 SiO_2 含量的增加而变小，在 $w(SiO_2) \approx 50\%$ 时达到最小值。炉渣黏度低，则流动性好，这不仅有利于精炼脱碳，而且有利于渣铁分离和提高金属回收率。

（2）$w(MgO)/w(Al_2O_3)$ 的值应为 1.0~1.25。炉渣中 $w(MgO)/w(Al_2O_3)$ 的值过高，则会导致炉渣与合金过热，合金中硅含量下降；$w(MgO)/w(Al_2O_3)$ 值过低，则炉渣便呈泡沫状并发稠。

（3）SiC 含量应控制在 3%~5%。若 SiC 的含量过高（超过5%），则炉渣变稠。

冶炼过程中不仅应控制合理的炉渣成分，而且应设法使炉渣顺利地从炉内排出，以确保电极深插。

硅铬合金中的碳主要是以 SiC 的形式存在于合金中。为了去除 SiC，合金出炉后应在铁水包内静置 1.5~2h，以利于 SiC 上浮。而且，随着铁水温度的下降，碳在合金中的溶解度降低，可以减少合金中的 SiC 数量。除静置外，还可采用摇包降碳。

硅铬合金炉渣（特别是从铁水包内扒出的炉渣）中含有不少合金，应予以回收利用，以提高技术经济指标。

7.4.3.2 二步法冶炼硅铬合金

A 原料及其要求

二步法冶炼硅铬合金使用的原料有高碳铬铁（再制铬铁）、硅石、焦炭和钢屑。高碳铬铁的成分应符合国家标准，粒度不能太大，采用 12500kV·A 电炉时，要求高碳铬铁的粒度小于 20mm；采用 3000kV·A 电炉时，要求高碳铬铁的粒度小于 13mm。对硅石、焦炭和钢屑的要求与冶炼硅铁的基本相同。

B 冶炼原理

二步法冶炼硅铬合金是在有高碳铬铁存在的条件下，由碳还原硅石中的 SiO_2，被还原出来的硅破坏铬的碳化物，排除合金中的碳而制取硅铬合金。其冶炼过程与冶炼硅45的过程基本相同。

炉内主要反应是碳还原二氧化硅，被还原出来的硅与碳化物发生反应。

当合金硅含量较低时，则有：

$$Cr_7C_3 + 7Si = 7CrSi + 3C$$

硅破坏碳化物析出石墨。

当合金硅含量较高时，则有：

$$Cr_7C_3 + 10Si = 7CrSi + 3SiC$$

C　冶炼操作

配料按焦炭、高碳铬铁、钢屑、硅石的顺序进行，以利于混合均匀。配料应准确，称量误差在 ±1.5kg 以内。

硅铬合金冶炼操作与硅铁相同，加料时坚持勤加、少加，随时把料准确地加到料面下沉的地方。为了保持料面有良好的透气性，应经常进行扎眼，出铁后进行捣炉。由于硅铬合金原料中有高碳铬铁，炉料导电性增加，电极不易控制，因此要控制料面低。如果料面过高，则会导致高温区上移，产生炉底上涨现象。一般 9000 ~ 12000kV·A 的电炉，料面控制在低于炉口 500mm 左右；3000kV·A 的电炉，料面控制在低于 200mm 左右。

炉况正常时，电流稳定，电极深而稳地插入炉料中；炉口冒火均匀，呈橘黄色火焰；化料快，炉料均匀下沉，刺火、塌料现象少；合金成分稳定，排渣顺利，出铁快。

炉况不正常的主要特征是：还原剂不足时，电流不稳，负荷送不足，初期电极能下插，但当未还原的 SiO_2 积存得越来越多时，由于导电性增强，电极反而插不下，出铁时电极勉强下插，即产生翻渣现象；捣炉时块料多，严重拉丝，料面火焰短而白；出铁时铁水流量小，合金成分波动，碳含量高、硅含量低。还原剂过剩时，电极插入深度浅，电极周围刺火、塌料多，弧光响声大；捣炉时料层松软、无块料，火焰呈蓝色；炉眼难开，炉底上涨，铁水流量小。发现不正常炉况时，应及时进行处理。

电炉要定期进行排渣处理，每月 3 ~ 4 次。如出现炉眼排渣不顺利、电极周围出现翻渣现象时，就要及时处理。一般是采用加石灰、萤石的方法，将炉内积渣洗出。

硅铬合金熔炼需要控制的是铬、硅、碳三种元素的含量。合金中的铬、硅含量取决于炉料的配比，正常情况下波动不大，易于控制。合金中的碳含量随硅含量的升高而下降，但硅含量越高，则单位硅的能耗越高，操作也越困难。因此，生产上要求在保证合金碳含量符合要求的前提下，尽量降低合金的硅含量。

合金的碳含量不仅与硅含量有关，而且与操作有关。冶炼时如果操作不当，则铬的复合碳化物没有完全被破坏就进入合金，这时即使合金的硅含量高，它的碳含量也达不到要求。为了能使铬的复合碳化物得到彻底破坏，要求高碳铬铁的粒度要小，原料混合要均匀，这样能增加硅与高碳铬铁的接触机会，有利于铬的复合碳化物在进入熔池时被破坏。大块高碳铬铁容易引起电流波动，使电极在炉料中的插入深度减小。生产实践表明，采用大块铬铁冶炼，出炉时硅铬合金碳含量高达 1% 以上；而改用粒度小于 20mm 的高碳铬铁冶炼，硅铬合金碳含量可降至 0.06% 左右。

电极应有足够的插入深度。电极深而稳地插入料层，不但能保证炉料在下降过程中有较大的行程，使铬的复合碳化物得到破坏，而且由于坩埚扩大，炉温高，从而使炉渣能顺利排出，合金有较高的出炉温度，有利于出铁后进一步降碳。

因此，选择合理的电气制度，采用合格的原料，积极处理好炉况以保证铬的复合碳化物在炉内熔炼过程中被彻底破坏，是二步法冶炼硅铬合金的关键。

由于合金过热度高及部分碳化物还没有被彻底破坏，合金中仍溶解了大量的 SiC 和存在少量碳化铬，碳含量在 0.1% 左右，如不处理则不能满足冶炼微碳铬铁的需要。因此，合金在出炉以后一般要进行炉外脱碳处理。常用的方法是镇静脱碳和摇包脱碳。

镇静脱碳是向合金面上加入微碳铬铁渣保温，使合金在铁水包中镇静。随着温度的降低，SiC 析出并上浮到上面的渣中，合金的碳含量下降。但是，由于镇静脱碳法 SiC 上浮速度慢，其没等上浮完全合金就已开始冷凝，因而脱碳效果不够理想；而且铁水黏包较多，合金表面层碳含量高，精整时需去掉表层，金属损失较大。因此，目前一般已不采用镇静脱碳这一方法。

摇包脱碳是当前较理想的脱碳方法。摇包由铁水包和传动机构组成，铁水包放在摇架上，摇动时做偏心圆运动。包中的液态硅铬合金受离心力作用，在远心处产生高峰，此高峰又在包内回转，形成如图 7-4 所示的海浪波上下翻腾，因而可起激烈的搅拌作用。海浪波的形成与曲轴的偏心距和摇动速度有关。

通常将摇包内液体能够出现海浪波的速度称为临界速度，也就是要求控制的速度。如果摇动速度大于临界速度，则海浪波随着转数的增多逐步消失，液体受到离心力作用被甩到桶壁形成抛物线波面，不再有混合作用；如果摇动速度低于临界速度，则液体不产生海浪波，同样没有混合作用。因此，控制旋转速度、保证出现海浪波是正确使用摇包的关键。临界速度一般通过实际操作选定。

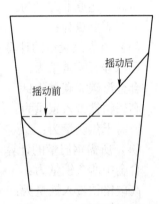

图 7-4　包内液体摇动前
和摇动后的状态

使用摇包脱碳，首先在合金液面上加渣料，摇动时液态的炉渣与合金在包内上下翻腾、剧烈混合，合金中的小颗粒 SiC 被迅速吸附去除。渣料由 70% 微碳铬铁渣粉与 30% 萤石粉组成，渣料的加入量为合金总量的 6% 左右。如摇包的转速为 50~57r/min，摇动时间为 10~15min，处理后合金的碳含量可以降到 0.02% 以下，脱碳效率在 90% 以上。

D　配料计算

a　计算条件

硅石中硅的回收率为 95%；高碳铬铁中铬的回收率为 94%，硅、铁全部入合金；焦炭在炉口处烧损 10%；钢屑中的铁全部入合金。

原料化学成分如表 7-5 所示。

硅铬合金成分（质量分数）为：Cr 32%，Si 47%，C 0.5%，Fe 20%。

b　配料计算

所有炉料按冶炼 100kg 硅铬进行计算。

（1）所需高碳铬铁量的计算。

表 7 – 5   原料化学成分   （％）

名　称	化学成分					
	SiO_2	Cr	Si	C	$C_{固}$	Fe
硅　石	97					
高碳铬铁		65	2	8		24
焦　炭					84	
钢　屑						95

所需高碳铬铁量为：

$$100 \times 0.32/(0.94 \times 0.65) = 52.4kg$$

（2）所需硅石量的计算。

合金需硅量为：　　　　　$100 \times 0.47 = 47kg$

高碳铬铁带入的硅量为：$52.4 \times 0.02 = 1.05kg$

需硅石还原的硅量为：　$47 - 1.05 = 45.95kg$

硅石需要量为：　　　　$45.95 \times 60/(0.97 \times 0.95 \times 28) = 107kg$

（3）所需焦炭量的计算。

还原硅石需碳量为：　　$107 \times 0.97 \times 24/60 = 41.52kg$

合金渗碳需碳量为：　　$100 \times 0.005 = 0.5kg$

高碳铬铁带入碳量为：　$52.4 \times 0.08 = 4.2kg$

所需干焦炭量为：　　　$(41.52 + 0.5 - 4.2)/(0.84 \times 0.9) = 50.03kg$

（4）所需钢屑量的计算。

合金中所含铁量为：　　$100 \times 0.2 = 20kg$

高碳铬铁带入铁量为：　$52.4 \times 0.24 = 12.58kg$

需配加钢屑量为：　　　$(20 - 12.58)/0.95 = 7.81kg$

c　炉料组成

折合成以 100kg 硅石为基础的料批组成为：

硅石　　　　　　　　100kg

高碳铬铁　　　　　　$100/107 \times 52.4 = 48.97kg$

焦炭　　　　　　　　$100/107 \times 50.03 = 46.76kg$

钢屑　　　　　　　　$100/107 \times 7.81 = 7.30kg$

生产 1t 含 Cr 35％、Si 42％的硅铬合金，各项消耗大致为：

硅石　　　　　　　　　910 ~ 980kg

高碳铬铁（含 Cr 66％）　550 ~ 570kg

焦炭　　　　　　　　　410 ~ 450kg

钢屑　　　　　　　　　40 ~ 80kg

电耗　　　　　　　　　4800 ~ 5100kW · h

7.5   中低碳铬铁

7.5.1   中低碳铬铁的牌号及用途

中低碳铬铁的牌号及化学成分见表 7 – 6。

中低碳铬铁用于生产中低碳结构钢、铬钢、合金结构钢。铬钢常用于制造齿轮、齿轮轴等。铬锰硅钢常用于制造高压风机的叶片、阀等。

表7－6   中低碳铬铁的牌号及化学成分（GB/T 5683—2008）   （％）

类别	牌 号	化 学 成 分									
		Cr			C	Si		P		S	
		范 围	I	II		I	II	I	II	I	II
			≥			≤					
低碳	FeCr65C0.25	60.0~70.0			0.25	1.5		0.03		0.025	
	FeCr55C0.25		60.0	52.0	0.25	2.0	3.0	0.04	0.06	0.03	0.05
	FeCr65C0.50	60.0~70.0			0.50	1.5		0.03		0.025	
	FeCr55C0.50		60.0	52.0	0.50	2.0	3.0	0.04	0.06	0.03	0.05
中碳	FeCr65C1.0	60.0~70.0			1.0	1.5		0.03		0.025	
	FeCr55C1.0		60.0	52.0	1.0	2.5	3.0	0.04	0.06	0.03	0.05
	FeCr65C2.0	60.0~70.0			2.0	1.5		0.03		0.025	
	FeCr55C2.0		60.0	52.0	2.0	2.5	3.0	0.04	0.06	0.03	0.05
	FeCr65C4.0	60.0~70.0			4.0	1.5		0.03		0.025	
	FeCr55C4.0		60.0	52.0	4.0	2.5	3.0	0.04	0.06	0.03	0.05

7.5.2   中低碳铬铁冶炼方法

中低碳铬铁的冶炼方法主要有高碳铬铁精炼法和电硅热法两种。

高碳铬铁精炼法又分为用铬矿精炼高碳铬铁和用氧气精炼高碳铬铁。用铬矿精炼高碳铬铁时，精炼炉渣具有较大的黏度和较高的熔点，冶炼过程温度必须是较高的，因此电耗高、炉衬寿命短，碳含量也不易降下来。用氧气吹炼高碳铬铁具有较大的优越性，如生产率高、成本低、回收率高等。

目前传统的生产方法还是电硅热法。电硅热法就是在电炉内造碱性炉渣的条件下，用硅铬合金中的硅还原铬矿中铬和铁的氧化物，从而制得中低碳铬铁。电硅热法冶炼中低碳铬铁对设备和原料的要求及熔炼操作工艺，基本上与电硅热法冶炼微碳铬铁相同，只是中低碳铬铁的碳含量比微碳铬铁高，因而可以使用固定式电炉和自焙电极，作为还原剂使用的硅合金的碳含量也可以相应高一些；此外，熔炼操作也不像微碳铬铁要求得那样严格。

7.5.3   氧气吹炼中低碳铬铁

7.5.3.1   吹炼方式

氧气吹炼中低碳铬铁使用的设备是转炉，故称为转炉法。按供氧方式不同，吹氧可分为侧吹、顶吹、底吹和顶底复吹四种。我国采用的是顶吹转炉法。

铬铁顶吹转炉的结构要求与炼钢转炉相同，炉衬用镁砖砌筑，炉体有倾动机构。竖直的氧枪有升降机构和水冷系统。

7.5.3.2   吹炼原理

吹氧法是将氧气直接吹入液态高碳铬铁中，使其脱碳而制得中低碳铬铁。

高碳铬铁中的主要元素有铬、铁、硅、碳，它们都能被氧化。氧气吹炼高碳铬铁的主要任务是脱碳保铬。当氧气吹入液态高碳铬铁后，由于铬和铁的含量占合金总量的90%以上，所以首先氧化的是铬和铁，其反应为：

$$\frac{4}{3}Cr + O_2 = \frac{2}{3}Cr_2O_3$$

$$2Fe + O_2 = 2FeO$$

然后，这些氧化物将合金中的硅氧化。由于铬、铁、硅被氧化，熔池温度迅速提高，脱碳反应迅速发展，其主要反应为：

$$\frac{1}{6}Cr_{23}C_6 + \frac{1}{3}Cr_2O_3 = \frac{9}{2}Cr + CO$$

而且温度越高，越有利于脱碳反应，并能抑制铬的氧化反应，合金中的碳含量可以降得越低。在常压下，吹炼含碳2%的产品，终点温度为1765℃；吹炼含碳1%的产品，终点温度为1944℃；吹炼含碳0.5%的产品，终点温度为2150℃。

7.5.3.3 原料

氧气顶吹炼制中低碳铬铁的原料有高碳铬铁、铬矿、石灰和硅铬合金。

兑入转炉的高碳铬铁液要求温度高，通常在1450~1600℃之间。铁水铬含量要高于60%，硅含量不超过1.5%，硫含量小于0.036%。铬矿用作造渣材料，要求铬矿中的SiO_2含量要低，MgO、Al_2O_3含量可适当高些，炉渣黏度不能过大。石灰也是作为造渣材料，其要求与电硅热法的相同。硅铬合金用于吹炼后期还原高铬炉渣，一般可用破碎后筛下的硅铬合金粉末。

7.5.3.4 吹炼操作

吹炼操作包括装入制度、温度制度、供氧制度、造渣制度和终点控制等。

(1) 装入制度。铁水装入量对吹炼过程和技术经济指标都有影响，装入量的多少主要考虑炉子的炉容比。炉子容积（V）与装入量（t）之比，即V/t，称为炉容比。炉容比过小会导致严重喷溅，也不利于设备和氧枪的维护；炉容比过大，则生产能力未充分发挥，各种损耗相对增加，金属回收率降低，由于装入量小而使熔池变浅，炉底侵蚀加剧。因此，选择合适的炉容比很重要，一般V/t=0.7~0.8较为合适。

(2) 温度制度。元素氧化放热使熔池的温度随着吹炼的进行而自然升高，但放出的热量除了满足脱碳反应要求外，还有一定的富余。特别是吹炼低碳铬铁时，因铬的大量氧化，使吹炼终点的温度高于吹炼需要的温度，造成炉衬寿命大大降低。因此，吹炼低碳产品时要进行温度控制。影响终点温度的因素很多，主要有铁水的成分、兑入铁水的温度、炉与炉间隔时间、供氧制度、加入硅质合金量和返回料量等。操作中必须根据不同产品的要求和炉子的特点控制好温度制度，前期不过低，后期不过高，最终使铁水温度正好达到合金脱碳所需要的温度。

(3) 供氧制度。供氧强度、供氧压力、喷枪形状和位置构成供氧制度。供氧制度直接影响吹炼温度、元素氧化速度、吹炼时间、终点碳含量、喷嘴和炉衬寿命。因此，供氧制度是氧气转炉操作的中心环节。喷嘴类型与供氧制度关系密切，我国目前主要采用拉瓦尔型和三孔喷嘴。拉瓦尔型喷嘴穿透力强，三孔喷嘴反应面积大。合理的供氧制度能保证得到合适的穿透深度和反应面积，提高炉龄和喷嘴寿命，缩短吹炼时间。

（4）造渣制度。吹炼过程中部分铬、铁、硅氧化形成炉渣，特别是在吹炼初期，由于硅的优先氧化生成大量 SiO_2，会严重侵蚀碱性炉衬。这时需加入石灰、镁砂和铬矿造渣，以减轻 SiO_2 的侵蚀。造渣的另一个目的是为了调整炉渣的性质。在吹炼过程中，由于铬的大量氧化，形成高 Cr_2O_3 炉渣，这种渣熔点高、黏度大，给供氧和 CO 气泡的逸出造成困难，而且易产生喷溅。此时需加入渣料调整渣的性质，以改善炉况和便于出铁时还原渣中的 Cr_2O_3。

（5）终点控制。终点控制主要是指对合金碳含量的控制。一般根据经验判断终点的碳含量，判断的方法是：

1）观察炉中火焰和火花。当碳含量降到接近 1% 时，炉口火焰收缩，火星不炸。

2）吹炼后期炉内渣增加，渣中 Cr_2O_3 含量提高，高压气流搅动渣层和 CO 逸出渣层时发出"嘟嘟"的响声。

3）由铁水装入量和氧气累计消耗量推算终点碳含量。标态下，吹炼 FeCr55C2.0 耗氧 $100 \sim 120 m^3/t$，吹炼 FeCr55C1.0 耗氧 $130 \sim 140 m^3/t$，吹炼 FeCr55C0.50 耗氧 $150 \sim 170 m^3/t$。

4）取样看试样断口。断口出现结晶，随着碳含量的降低，结晶越发明显，断口越来越亮。

顶吹氧气转炉吹炼的工艺流程如图 7-5 所示。

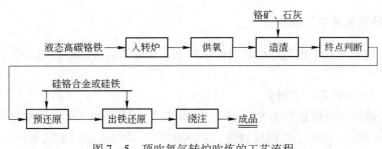

图 7-5 顶吹氧气转炉吹炼的工艺流程

首先将液态高碳铬铁扒渣、称量后兑入转炉，然后摇直炉体，降下已通过高压水冷却的氧枪进行吹炼，喷嘴距离液面 $400 \sim 600 mm$。铁水装入量少、铁液层薄时，氧枪位置应高些；铁水装入量多、铁液层厚时，氧枪位置应低些。

吹炼开始时铁水温度较低，硅、铬等元素首先被氧化。由于放热反应使熔池温度迅速提高，脱碳反应随即大量进行，约持续 10min 左右，脱碳速度达到峰值。

由于冶炼初期元素大量被氧化，形成 SiO_2 含量较高的自然炉渣，因而吹炼约 4min 时要加入造渣料，以保护炉衬和为以后加还原剂还原氧化铬创造条件。脱碳反应产生大量的 CO 气体，使火焰由暗红色逐渐变淡、较长且明亮。随着铬铁液中碳含量的降低，脱碳速度减慢，铬大量被氧化，炉口火焰收缩。此时应控制终点，待判断碳含量合格后即停吹出铁。

出铁前，若炉渣流动性差，可向炉内加入少量的硅铬合金进行预还原，降低渣中的 Cr_2O_3 含量和炉渣碱度，增加渣的流动性，一般加入量为总加入量的 5%。出铁时，要同时向用镁砖砌衬的铁水包中加入硅铬合金（也有加硅 75 的），以还原渣中铬，使终渣中

Cr_2O_3 含量控制在 27% 以下，$w(CaO)/w(SiO_2) \approx 0.5$，这样的炉渣可返回生产高碳铬铁。

在浇注前先调整好梅花形流槽孔，浇注时要快而稳。铁锭厚度小于 60mm，浇注 30min 后脱模，经破碎精整入库。

为了提高经济效益，应减少吹炼中的吹损，提高铬的回收率，延长炉衬寿命。吹损主要是由元素氧化入渣、元素随烟尘逸出、渣中夹铁和机械喷溅造成的。其中元素氧化入渣损失是主要的，但又是不可避免的，只能在正常操作条件下通过正确地控制终点、不过吹来尽量减少铬的氧化损失。喷溅主要是由于炉内 CO 气泡在逸出过程中产生强大的推动力，把渣和金属喷出炉外，因此操作中必须控制合适的装入制度、温度制度、供氧制度和造渣制度，以避免喷溅。

由于吹氧冶炼中低碳铬铁温度高，而且渣液和铁液在高压氧气流和脱碳反应产生的大量 CO 气体的作用下，在熔池内发生激烈的循环与搅拌，对炉墙产生强烈的冲刷，使炉墙侵蚀严重，炉龄短。为了延长炉龄，除提高耐火材料质量和砌筑质量外，还应设法减轻高温和机械冲刷对炉衬的侵蚀，这可通过对炉墙挂渣来实现。在开吹约 3min 时，将铬矿、石灰和镁砂按一定比例加入炉内造高熔点炉渣，这样的炉渣在吹炼时由于气流的冲击作用黏在炉墙上，从而减少了高温渣液对炉衬的直接冲刷作用。造渣料的配比为：铬矿 60～100kg/t，石灰 40～70kg/t，镁砂 0～12kg/t。

7.5.4　电硅热法冶炼中低碳铬铁

电硅热法就是在电炉内造碱性炉渣的条件下，用硅铬合金的硅还原铬矿中铬和铁的氧化物。

7.5.4.1　冶炼设备及原材料

电硅热法冶炼中低碳铬铁是在固定式三相电弧炉内进行的，可以使用自焙电极，炉衬用镁砖砌筑（干砌）。由于冶炼温度较高（达 1650℃），炉衬寿命一般较短（45～60 天）。

电炉功率一般采用 2000～3500kV·A。3600kV·A 固定式三相电弧炉的炉壳直径为 $\phi5.2m$，高 2.5m；炉膛直径（底部）为 $\phi2.7m$，深 1.3m；电极直径为 $\phi450mm$。

冶炼中低碳铬铁的原料有铬矿、硅铬合金和石灰。铬矿应是干燥、纯净的块矿或精矿粉，其 Cr_2O_3 含量越高越好，杂质（Al_2O_3、MgO、SiO_2）含量越低越好，铬矿中磷含量不应大于 0.03%，粒度小于 60mm。硅铬合金应经破碎，粒度小于 30mm，且不带渣子。石灰应是新烧好的，其 CaO 含量不少于 85%。石灰中 CaO 含量越低，则杂质 SiO_2、Al_2O_3 的含量越高，导致用来调整碱度的石灰加入量也越多，而真正的有效 CaO 含量就越低。

7.5.4.2　炉内反应

用电硅热法冶炼中低碳铬铁的主要反应为：

$$2Cr_2O_3 + 3Si = 4Cr + 3SiO_2$$
$$2FeO + Si = 2Fe + SiO_2$$

这两个反应的基础是：硅能与氧化合生成比铬和铁的氧化物更为稳定的化合物 SiO_2。

用硅还原铬和铁氧化物的过程与用碳还原的过程有区别。用碳还原时，生成的一氧化碳可以从反应中逸出，因而用碳还原氧化物的反应常进行得很完全，并能保证被还原的元素有较高的回收率。用硅还原铬和铁的氧化物时，反应生成的 SiO_2 聚集于炉渣中，使进一步还原发生困难，如不采取措施，则还原时只能将矿石中 40% ~ 50% 的 Cr_2O_3 还原出来，而后反应就要停止进行；若再增加还原剂的数量，则合金中的硅含量要高出规定标准，造成废品，而且炉渣中的 Cr_2O_3 含量还是很高。为提高铬的回收率，需向炉渣中加入熔剂石灰。石灰中的 CaO 能与 SiO_2 化合生成稳定的硅酸盐 $CaO \cdot SiO_2$、$2CaO \cdot SiO_2$，其中以 $2CaO \cdot SiO_2$ 最为稳定，这样才能把渣中 Cr_2O_3 进一步还原出来。

一般炉渣碱度 $w(CaO)/w(SiO_2) = 1.6 ~ 1.8$。冶炼中低碳铬铁的炉渣中含有 MgO，它是由铬矿和炉衬带入的，氧化镁与氧化钙的作用相同，所以炉渣碱度也可用 $\dfrac{w(CaO) + w(MgO)}{w(SiO_2)}$ 来表示。冶炼中低碳铬铁时 $\dfrac{w(CaO) + w(MgO)}{w(SiO_2)}$ 一般等于 1.8 ~ 2.0，这样就使铬矿中的 Cr_2O_3 最大限度地从矿石中还原出来。如碱度再提高就不合理了，不但不能大幅降低炉渣中的 Cr_2O_3 含量，而且由于渣量增加，炉渣中铬的总量及熔化炉渣消耗的电能也增加。

炉渣与金属之比（渣铁比）为 3.0 ~ 3.5。

7.5.4.3 操作工艺

中低碳铬铁生产特点是：采用间歇式作业，各冶炼期有其不同的电气制度。在熔化期内，还原反应在高温区已开始进行，但周围炉温较低，大部分固体料仍在熔化，故可用较高的电压，这时炉子的功率较大。炉料化完后的精炼期就不需要大功率了，如继续长弧高压操作，则热损失增加，恶化操作条件，有损炉衬，故应采用较低的二次电压。一般熔化期电压为 178V，精炼期电压为 156V。

电硅热法冶炼中低碳铬铁所用的还原剂为硅铬合金，硅铬合金中的铬在冶炼过程中进入中低碳铬铁。

为了防止弧光侵蚀炉底和适宜送电，采用留铁操作，炉底铁量以厚 150 ~ 200mm 为宜。留铁生产具有如下优点：

(1) 使炉渣和炉底隔开，避免炉渣侵蚀炉底；

(2) 保持炉衬恒温，避免炉衬由于经常下冷料形成急冷而引起破坏；

(3) 防止高温弧光损坏炉底。

但留铁量应适当，太多或太少都不利。留铁量太多，会引起翻渣和塌料，影响产品质量；留铁量太少，会使炉底遭受高温、机械冲刷及化学侵蚀，从而缩短炉衬的使用时间。

中低碳铬铁冶炼的主要环节是堵出铁口、补炉、加料和熔化、精炼等。出铁后应立即用镁砂堵出铁口，并检查炉衬的侵蚀情况。炉衬是在 1650 ~ 1700℃ 的高温下工作，同时受渣铁的化学侵蚀及搅动时的机械冲刷；此外，炉况不正常及出铁口使用不合理等都会引起炉龄缩短。生产实践证明，提高筑炉质量、制定合理的操作工艺、使用合理的二次电压、控制适宜的碱度和温度、保持均衡的留铁量、合理地使用和维护出铁口，均可以延长炉衬寿命。

当发现炉墙（主要是渣线）侵蚀严重时，应及时从料批中抽出部分石灰或用镁砂进行补炉，补好炉衬后方可引弧送电。冶炼中碳铬铁可采用快负荷操作，一般送电后 3 ~ 5min 便可满负荷操作。冶炼低碳铬铁一般采用慢负荷操作，送电后 15min 方可满负荷操作。为促进化料，冶炼中低碳铬铁的熔化期要给足负荷，以便提高炉缸温度，精炼期负荷可稍小一点。

　　加料有两种方法：一种是混合加料法，即将铬矿、石灰和硅铬合金一次性混合加入炉内；另一种是分批加料法，即将一炉炉料混合后分几次加入炉内。前者是目前广泛应用的方法，其特点是：送电后将混合料一次性缓慢地加入炉内，分布要微呈盆形，电极周围适当多加些，大面适当少加些。如果夏季雨水较多，原料潮湿，可将料先下到炉子周围进行烘烤，等干燥后用耙子缓缓推入炉内。为加速熔化和充分利用热量，根据化料情况，可用耙子将四周的料逐渐推入炉内高温区。从送电到炉料化完的这段时间称为熔化期。

　　精炼期是指炉内料化完后到出铁前，此阶段发生还原反应，此期间应进行充分搅拌，以促进还原反应的进行。精炼期必须保持一定的精炼时间，太长会使金属增碳，并浪费电能；太短则还原反应进行得不彻底，金属回收率低。

　　出铁前应在三相电极的中间取样，判断硅含量。硅含量低时，应补加硅铬进行调硅；硅量高时，应酌情加铬矿进行脱硅处理。待成分合格后即可出铁。判断硅含量的方法如下：

　　（1）试样断面呈灰白色，断面晶粒很小（柱状结晶），铁样较坚韧，说明金属硅含量小于3%，可以出铁。

　　（2）试样断面呈灰黑色，断面晶粒增加很多，铁样坚韧、不易打碎，说明硅含量太低，应补加还原剂进行调硅。但加硅铬后应进行搅拌，并经一定精炼期之后方可出铁。

　　（3）试样断面呈白色，铁样质地较脆、易于打碎，说明硅含量太高，不能出铁，应进行精炼，必要时可加入一定量的铬矿进行脱硅，待成分合格方可出铁。

　　出铁前应准备好铁水包、渣罐、小车、锭模等，卷扬机应正常运转。成分合格后，立即打开出铁口，停电出铁。出铁口有时难开，可使用烧穿器或氧气烧开出铁口。正确使用和维护出铁口是延长炉子寿命的关键之一。出铁口开的高度应适当，如开得太高，则铁水出不来，大量的铁水存在炉内，造成翻渣，严重时会造成漏炉事故；如出铁口开得太低，则会把炉内的铁水都放出来，铁水包装不下，造成炉前事故，且使炉底下降，炉龄显著缩短。最好是根据炉底的深度开口，先出渣，后出铁水，每炉都按料批的大小均匀出铁。出铁口堵的深度也应适当，太深则造成开眼困难；太浅则出铁口外移，侵蚀出铁口两侧，使炉衬寿命变短，还易跑眼。

　　出铁后将渣铁放入特制的渣铁分离器（即分渣模）里分离，渣铁分离后，合金浇注在锭模里或用铸铁机浇注，然后吊往精整台冷却并除掉表面灰尘和夹渣，破碎后每块质量小于15kg，按品种牌号放入指定的库号，并将化学成分和物理形态不合格的产品回炉重新熔炼。在熔炼低碳铬铁（$w(C) \leqslant 0.25$）时，对增碳问题应适当注意。原材料要清洁、干净，不准带碳，特别是硅铬合金的碳含量要低；硅铬合金严禁带渣，因渣中碳含量较高。

　　7.5.4.4　配料计算

　　A　原料成分

　　铬矿的成分（质量分数）为：Cr_2O_3 45%，FeO 23%，SiO_2 5%，Al_2O_3 13%，CaO 2%，MgO 8%，C 0.03%。

　　硅铬合金的成分（质量分数）为：Cr 28%，Si 48%，Fe 23%，C 0.5%，P 0.02%。

　　石灰的成分（质量分数）为：FeO 0.5%，SiO_2 1%，Al_2O_3 5%，CaO 80%，MgO 1%，

C 0.03%。

B 计算条件

（1）以 100kg 铬矿为基础进行计算。

（2）铬矿中 Cr_2O_3 有 75% 被还原，有 25% 进入炉渣（其中有 15% 以 Cr_2O_3 形状存在，有 10% 呈金属粒）。

（3）硅铬合金中硅的利用率为 80%（其中进入合金 3%），7% 以 Si 和 SiO 形式挥发，13% 进入炉渣，90% 氧化为 SiO_2。铁和铬各入合金 95%，入渣 5%。

（4）原料中磷有 50% 入合金，25% 入渣，25% 挥发。

C 配料计算

（1）还原 100kg 铬矿需要的硅量。

还原 Cr_2O_3 需要的硅量为：$2Cr_2O_3 + 3Si \Longrightarrow 4Cr + 3SiO_2$
$$45 \times 0.85 \times 84/304 = 10.57kg$$

还原 FeO 需要的硅量为：$2FeO + Si \Longrightarrow 2Fe + SiO_2$
$$23 \times 0.95 \times 28/114 = 5.37kg$$

合计：$\qquad 10.57 + 5.37 = 15.94kg$

折合成硅铬合金量为：
$$15.94/(0.48 \times 0.80 \times 0.9) = 46kg$$

（2）由 40kg 硅铬合金带入金属中的各元素的重量。

Cr：$40 \times 0.28 \times 0.95 = 10.64kg$

Fe：$40 \times 0.23 \times 0.95 = 8.74kg$

（3）由 100kg 铬矿带入金属中的各元素的重量。

Cr：$45 \times 0.75 \times 104/152 = 23.09kg$

Fe：$23 \times 0.90 \times 56/72 = 16.10kg$

（4）生成金属的重量及成分。

元 素	重量/kg	合金成分/%
Cr	10.64 + 23.09 = 33.73	57.02
Fe	8.74 + 16.10 = 24.84	41.99
Si	40 × 0.48 × 0.03 = 0.58	0.99
合 计	59.15	100

（5）应加入石灰量。

从铬矿带入的 SiO_2 量为：$\qquad 100 \times 0.05 = 5kg$

硅铬氧化生成的 SiO_2 量为：$\qquad 40 \times 0.48 \times 0.90 \times 60/28 = 37kg$

合计：$\qquad 5 + 37 = 42kg$

渣（碱度为 1.6）中应有的 CaO（石灰）量为：$42 \times 1.6 = 67kg$

应加入的石灰量为：$\qquad 67/0.80 = 84kg$

（6）炉料组成。

炉料组成为：铬矿 100kg，石灰 84kg，硅铬合金 46kg。

D 单位消耗

项目	消耗数量
铬矿	1500～1600kg/t
硅铬合金	620～640kg/t
石灰	1350～1500kg/t
镁砖	38～40kg/t
电极糊	40～42kg/t
电耗	2000～2200kW·h/t

7.6 微碳铬铁

7.6.1 微碳铬铁的牌号及用途

微碳铬铁的牌号及成分见表7-7。

表7-7 微碳铬铁的牌号及化学成分（GB/T 5683—2008） （%）

牌 号	Cr			C	Si		P		S	
	范围	I	II		I	II	I	II	I	II
		≥			≤					
FeCr65C0.03	60.0～70.0			0.03	1.0		0.03		0.025	
FeCr55C0.03		60.0	52.0	0.03	1.5	2.0	0.03	0.04	0.03	
FeCr65C0.06	60.0～70.0			0.06	1.0		0.03		0.025	
FeCr55C0.06		60.0	52.0	0.06	1.5	2.0	0.04	0.06	0.03	
FeCr65C0.10	60.0～70.0			0.10	1.0		0.03		0.025	
FeCr55C0.10		60.0	52.0	0.10	1.5	2.0	0.04	0.06	0.03	
FeCr69C0.15	60.0～70.0			0.15	1.0		0.03		0.025	
FeCr55C0.15		60.0	52.0	0.15	1.5	2.0	0.04	0.06	0.03	

铬主要用于提高钢的抗氧化性和耐腐蚀性，使钢的表面在氧化气氛中形成一层附着性很强的氧化薄膜，随后停止氧化或减慢氧化速度。微碳铬铁主要用于生产不锈钢、耐酸钢和耐热钢。

微碳铬铁的冶炼方法有电硅热法、热兑法等。

7.6.2 电硅热法冶炼微碳铬铁

7.6.2.1 冶炼设备及原料

电硅热法冶炼微碳铬铁所用的设备为电弧炉，它分为敞口式和有盖式两种，功率多在5000kV·A以下，并带有有载调节电压装置，以满足不同操作时期的需要。炉衬用镁砖砌筑，采用石墨电极。

电硅热法冶炼微碳铬铁的主要原料有铬矿、硅铬合金和石灰，有的也配加萤石和铁鳞。铬矿应是干燥、洁净的块矿或精矿，粒度小于50mm，$w(Cr_2O_3) > 40\%$，$w(Cr_2O_3)/\sum w(FeO) > 2.0$，$w(P) \leqslant 0.03\%$。冶炼碳含量为0.06%的微碳铬铁时，硅铬合金碳含量应小于0.06%；冶炼碳含量为0.03%的微碳铬铁时，硅铬合金碳含量应小于0.03%。硅铬合金不得夹渣，粒度不超过 15mm，小于 1mm 的碎末应筛去。石灰要求 CaO 含量大于 85%，磷含量小于 0.02%。应使用新烧的石灰，粒度为 10~50mm。

7.6.2.2 冶炼原理

电硅热法冶炼微碳铬铁是将铬矿、硅铬合金和石灰加入电弧炉内，主要依靠电热使炉料熔化，硅铬合金中的硅还原铬矿中的 Cr_2O_3 而制得微碳铬铁。炉内主要反应为：

$$2Cr_2O_3 + 3Si === 4Cr + 3SiO_2$$
$$2FeO + Si === 2Fe + SiO_2$$

这两个反应的基础是：硅能与氧化合生成比铬和铁的氧化物更稳定的化合物 SiO_2。

由于反应过程中 SiO_2 不断生成，渣中 SiO_2 的含量越来越大，使 Cr_2O_3 的进一步还原发生困难，如不采取措施，则只能将矿石中40%~50%的 Cr_2O_3 还原出来，因此需加入熔剂石灰进行调渣。石灰中的 CaO 与 SiO_2 生成稳定的硅酸盐 $CaO \cdot SiO_2$ 和 $2CaO \cdot SiO_2$，反应结果是降低了渣中自由 SiO_2 的含量，从而有利于还原反应的进行，大大提高了冶炼中铬的回收率。

7.6.2.3 冶炼操作

电硅热法冶炼微碳铬铁采用间歇式作业方法。整个熔炼过程分为引弧和加料、熔化、精炼和出铁四个时期。

（1）引弧和加料。引弧和加料是整个冶炼工序的开始，引弧方式、炉料加入炉内的顺序及布料对合金质量和熔炼时间有很大的影响。按硅铬合金加入炉内的方式不同，可分为如下两种操作方式：

1）集中加硅铬法。引弧后，铬矿和石灰首先加入炉内，待熔化后将硅铬合金集中一次加完，然后进行精炼。集中加硅铬法增碳机会少，质量易于保证；但热损失大，熔炼时间长，炉子生产效率低。这种加料方法主要用来冶炼碳含量小于 0.03% 的微碳铬铁。

2）硅铬堆底法。硅铬堆底法根据引弧方式和炉料加入炉内的顺序不同，又分为回渣引弧、石灰铺底硅铬引弧、铬矿铺底硅铬引弧等操作方法。回渣引弧法合金不易增碳，但工艺繁琐；石灰铺底硅铬引弧法工艺简单，但合金易增碳；铬矿铺底硅铬引弧法克服了前述两者的缺点，而且兼有两者的优点。铬矿铺底硅铬引弧操作工艺为：先在炉底平铺料批中 1/3~1/2 的铬矿（炉龄前期少铺，后期多铺），再将料批中 2/3~4/5 的硅铬合金均匀加在铬矿中，然后在三相电极下面各加少量铬精矿粉，下插电极引弧。引弧后，再把铬矿、石灰的混合料加入炉内，高温区应多加，炉心料应扒平。

引弧和加料时采用高电压、小电流，以避免跳闸和增碳。

（2）熔化。从送电到炉料化完的这段时间称为熔化期，它是整个熔炼过程中时间最长、耗电最多的时期。为了加速炉料熔化，应推料助熔，即及时将炉膛边沿炉料推向电极周围或炉心。

铬矿铺底硅铬引弧法由于硅铬合金大部分加在炉底，还原反应在熔化初期即开始进行。反应所放出的热量大部分被用来熔化炉料，而且反应生成的 SiO_2 又降低了炉渣的熔点，因而能加速炉料的熔化，缩短熔炼时间，降低电耗。

熔化期随炉料的逐渐熔化，炉底出现了熔池，电流趋向于稳定，负荷自然增加，5min 后，即可满负荷操作。

（3）精炼。从炉料基本熔清到合金成分合格出铁的这段时间称为精炼期。精炼初期应将炉墙四周未熔化的炉料推向炉心，然后上抬三相电极，加入余下的硅铬合金，边加、边用铁耙搅拌，加完后下插电极继续送电。

精炼期是控制合金成分的最后阶段，应及时取样判断合金硅含量，确定出铁时间。一般来说，硅含量高，则试样很脆，断面晶粒很小；随着硅含量的降低，试样的韧性增高，断面晶粒增多。操作中经常根据试样冷凝时间及表面形状判断硅含量，若倒在样模中的液体试样冷凝缓慢，冷却后表面发亮、没有皱纹，则合金硅含量高，需继续精炼；若液体试样立即冷凝，凝固后表面发暗、有皱纹，则合金硅含量低。

取样判断合金硅含量不仅可以确定出铁时间，而且也可据此判断硅铬合金用量和炉渣碱度控制是否恰当。若炉料化清后合金硅含量就很低，说明料批中硅铬合金用量太少，这不但使渣中跑铬量高，而且由于铬含量低，合金质量下降。此时应追加硅铬合金，下一炉料批中的硅铬用量也应适当增加。若经多次取样合金中的硅含量仍然高，说明渣碱度过低或硅铬合金用量太多。此时应向炉内适当补加石灰，提高碱度，或者加块矿进行搅拌，使合金中的硅脱除；下一炉料批中的石灰用量应适当增加，硅铬合金用量应适当减少。

（4）出铁。合金硅含量合格后即应出铁。

液态微碳铬铁中的气体约占合金体积的 30%，为了减少合金中的气体含量，微碳铬铁多采用带渣浇注或真空处理后浇注。带渣浇注是将合金和炉渣同时注入锭模，渣的密度小，盖在合金上，使合金冷却减慢，利于去除气体；由于高碱度渣易粉化，渣铁分离易进行。真空处理后浇注是将盛有液态合金的铁水包放进真空室中密封后用真空泵抽气，真空度为 $10.6 \sim 13.3$ kPa，处理时间一般为 $7 \sim 8$ min。

微碳铬铁硬而韧、不易打碎，因而合金锭的厚度不宜太大，一般小于 60mm。

微碳铬铁熔炼时，炉衬侵蚀后应及时进行补炉，补炉材料为镁砂、卤水和废镁砖块等。操作时要求高温、快速、薄补。

微碳铬铁的炉龄主要取决于炉底耐火材料的损坏情况。炉底长期处于高温状态，尤其在采用铬矿铺底硅铬引弧法时，通电后即发生还原反应，生成的低碱度炉渣侵蚀炉底，缩短了炉底寿命。而炉底由于其位置的特殊性，无法进行补炉，主要靠提高耐火材料的砌筑厚度和留铁操作来延长炉龄。

电硅热法冶炼微碳铬铁要重视炉渣碱度的控制。若碱度过低，则熔渣中的 Cr_2O_3 不能被充分还原，低碱度炉渣加速对炉衬的侵蚀。若炉渣碱度过高，则炉渣黏度增大，因为还原反应是在炉渣－合金界面上的扩散反应，所以反应的动力学条件变差，因此渣中氧化铬含量下降的幅度随碱度的增加而减小；另外，由于总渣量增加，损失于渣中的铬总量不但未减少，反而增加，熔化炉料需要的电能也随之增加。因此，炉渣碱度既不能过低，也不能过高。实际冶炼中将渣中的 $w(CaO)/w(SiO_2)$ 值控制在 $1.6 \sim 1.8$，或控制 $\dfrac{w(CaO)+w(MgO)}{w(SiO_2)} = 2.0 \sim 2.2$ 较合适。

微碳铬铁冶炼中，降低铬铁中的碳含量、提高产品品级率是重要任务。原料和电极是铬铁中碳的来源，电硅热法冶炼微碳铬铁本身没有有效的脱碳手段，只能靠降低原料碳含量、在冶炼过程中设法减少电极对合金增碳的方法来降低铬铁中的碳含量。

硅铬合金中的碳以铬的复合碳化物和 SiC 的形式存在。碳在熔炼过程中直接进入合金，按如下反应对合金增碳：

$$29Cr + 6SiC \Longrightarrow Cr_{23}C_6 + 6CrSi$$

虽然硅铬合金碳含量很少，但碳大部分进入铬铁，因而硅铬合金碳含量与铬铁碳含量有直接关系，而且影响较大。一般使用什么样碳含量的硅铬合金，基本上就可以炼得什么样碳含量的微碳铬铁。因此，采取措施降低硅铬合金的碳含量、防止运输和使用中含碳杂质的混入很重要。

电极对合金增碳比较复杂，也很重要。当操作不当时，电极接触合金，碳直接溶于合金。若电极接触熔渣或从电极工作端辐射出的碳粒子进入熔渣，也会使合金增碳，反应为：

$$CaO + 3C \Longrightarrow CaC_2 + CO$$

反应生成的 CaC_2 与合金中的铬发生反应：

$$3CaC_2 + 14Cr \Longrightarrow 2Cr_7C_3 + 3Ca$$

Cr_7C_3 存在于合金中使铬铁增碳。

可见，电极对合金增碳与电极质量、渣中 CaO 含量和电气制度有关；而在电极质量正常、操作工艺一定的情况下，电气制度则是影响电极对合金增碳，从而影响产品质量的重要因素。因此，电硅热法冶炼微碳铬铁时必须选择合适的电气制度，一般采用较高的二次电压进行冶炼，因为电压高，则弧光长，电极直接接触合金和熔渣以及电极工作端辐射出的碳粒子进入熔渣的机会少。但当采用高电压时，热能的利用率较低，因此在冶炼过程中应根据情况改换电压。

熔化初期，炉温较低，炉料的导电性较差，电极的弧光埋在没有熔化的炉料中，此时使用较高的电压能加速炉料熔化。炉料基本化清后进入精炼期，精炼期炉渣较多，炉料的导电性增强，电极的弧光随着炉温的升高而拉长，并且外露，如继续使用高电压，则热能的利用率低，电弧对炉墙的侵蚀也更加严重，故精炼期使用较低电压较为合适。

如某厂使用 3000kV·A 倾动电炉冶炼微碳铬铁，熔化初期使用 278V 的电压；待炉料熔化 60% 左右时，使用 228V 的电压；炉料熔化至 85%~90% 时，加入剩余硅铬合金，炉内平静后，使用 192V 的电压进行精炼。

7.6.2.4 配料计算

A 计算条件

（1）铬矿中的 Cr_2O_3 有 83% 还原进入合金，7% 以 Cr 的形式入渣，10% 以 Cr_2O_3 的形式入渣。

（2）铬矿中的 FeO 有 90% 还原进入合金，5% 以 Fe 形式入渣，5% 以 FeO 的形式入渣。

（3）硅铬合金中的硅有 78% 起还原作用，2% 入合金，20% 被空气氧化（其中 5% 以 SiO 的形式挥发，15% 以 SiO_2 的形式入渣）。

（4）硅铬合金中的 Cr 和 Fe 有 95% 入合金，5% 入炉渣。

（5）炉渣碱度为 1.8。

（6）碳、硫、磷不做计算。

B 原料成分

原料成分（配加铁鳞和萤石）见表 7-8。为了简单起见，各种原料中含量少的组分均忽略不计，人为地凑成 100%。

表 7 - 8　原料成分　　　　　　　　　　　　　　　　（%）

名称	Cr$_2$O$_3$	FeO	SiO$_2$	CaO	Al$_2$O$_3$	MgO	CaF$_2$	Cr	Si	Fe	H$_2$O	CO$_2$
铬矿	46.2	12.8	9.0	4.0	10.5	17.5						
硅铬								36	46	18		
石灰			1.0	90.0	6.0							3.0
铁鳞		90.0										
萤石			10.0		3.0		84.0					3.0

C　配料计算

以 100kg 铬矿为计算基础。

（1）硅铬合金用量计算。

还原铬矿中 Cr$_2$O$_3$ 的需硅量为：$100 \times 0.462 \times 0.9 \times 84/304 = 11.49$kg

还原铬矿中 FeO 的需硅量为：$100 \times 0.128 \times 0.95 \times 28/144 = 2.36$kg

还原铁鳞中 FeO（以 100kg 铬矿配加 6kg 铁鳞计）的需硅量为：

$$6 \times 0.9 \times 0.95 \times 28/144 = 0.998\text{kg}$$

共需纯硅量为：　　　　$11.49 + 2.36 + 0.998 = 14.85$kg

折合硅铬合金用量为：$14.85/(0.46 \times 0.78) = 41.39$kg

（2）合金用量及成分。

从硅铬合金中带入的金属量为：

Cr：$41.39 \times 0.36 \times 0.95 = 14.16$kg

Fe：$41.39 \times 0.18 \times 0.95 = 7.08$kg

Si：$41.39 \times 0.46 \times 0.02 = 0.38$kg

从铬矿中还原进入合金的金属量为：

Cr：$100 \times 0.462 \times 0.83 \times 104/152 = 26.24$kg

Fe：$100 \times 0.128 \times 0.9 \times 56/72 = 8.96$kg

铁鳞中 FeO 还原入合金的金属量为：

Fe：$6 \times 0.9 \times 0.95 \times 56/72 = 3.99$kg

合金用量及成分见表 7 - 9。

表 7 - 9　合金用量及成分

元　素	合金用量/kg	成分/%
Cr	14.16 + 26.24 = 40.4	66.44
Fe	7.08 + 8.96 + 3.99 = 20.03	32.94
Si	0.38	0.62
共　计	60.81	100.0

（3）石灰用量。

硅铬合金中硅氧化得到的 SiO$_2$ 量为：$41.39 \times 46\% \times 93\% \times 60/28 = 37.94$kg

铬矿带入的 SiO$_2$ 量为：$100 \times 9\% = 9$kg

萤石（以 100kg 铬矿配加萤石 3kg 计）带入的 SiO$_2$ 量为：$3 \times 0.1 = 0.3$kg

共带入的 SiO_2 量为：　　　$37.94 + 9 + 0.3 = 47.24kg$

需纯 CaO 量为：　　　　　$1.8 × 47.24 = 85.03kg$

原料带入的 CaO 量为：$100 × 0.04 = 4kg$

需补加的 CaO 量为：　　$85.03 - 4 = 81.03kg$

需石灰量为：　　　　　　　$81.03/(0.9 - 1.8 × 0.01) = 91.87kg$

（4）料批组成。

料批组成为：铬矿 100kg，硅铬合金 41.39kg，石灰 91.87kg，铁鳞 6kg，萤石 3kg。

7.6.3　热兑法冶炼微碳铬铁

7.6.3.1　冶炼原理

热兑法（即波伦法）冶炼微碳铬铁工艺是将预先熔化的铬矿－石灰熔体和硅铬合金在炉外铁水包中进行热兑操作，从而制得微碳铬铁。这种工艺的实质也是硅热过程，只是脱硅反应在炉外进行。

1938 年，法国人波伦不用电炉，仅在炉外包中以硅质还原剂还原铬矿，加入熔剂石灰造渣，生产出低碳铬铁，此法后来命名为波伦法。当时生产的产品含碳 0.04% ~ 0.10%。热兑法发展到今天已成为生产低微碳铬铁的一种主要方法。

7.6.3.2　热兑工艺

热兑工艺按对熔渣中 Cr_2O_3 分阶段还原的次数，可分为一步热兑法、二步热兑法、三步热兑法；按动力的搅拌方式，可分为倒包法、摇包法、气体搅拌法；按所用还原剂的形态，可分为固－液热兑、半固（液）－液热兑、液－液热兑。

A　操作方法

a　一步热兑工艺

图 7－6 所示为较典型的固态硅铬－铬矿、石灰熔体一步热兑工艺流程。该操作的主要程序是：

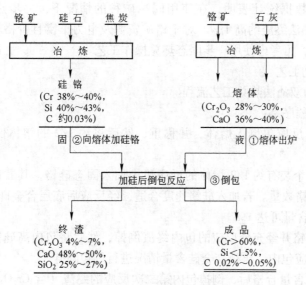

图 7－6　一步热兑工艺流程

（1）用两台电炉分别生产硅铬合金和铬矿、石灰熔体；

（2）硅铬铸锭，经破碎入热兑料仓备用；

（3）熔体出炉直接倒入反应包，并过磅称出熔体重量；

（4）按熔体重量称出所需硅铬加入量，视反应情况缓慢地向熔体中加入硅铬，直至加完为止；

（5）视实际情况，将已加完硅铬的熔体倒入另一只反应包，并来回倒包数次，然后取样判断硅含量，产品硅含量合格后回渣、浇注。

一步热兑工艺有以下特点：

（1）与其他热兑工艺操作相比，由于没有中间渣、中间硅铬数量上的协调及操作环节上的调度协调问题，工艺简单，整个操作程序控制方便，一般情况下只需一台行车就可完成整个热兑工艺操作。对于吊运设备及热兑场地有限的厂家，这种简单的工艺有利于生产率的提高。

（2）由于使用固态硅铬，只需考虑硅铬与熔体数量上的配合即可，不需强求硅铬电炉与化渣电炉在出铁、出渣时间及运输调度上的配合，并可外购硅铬进行生产。由于使用固态硅铬，有利于选用碳含量更低的硅铬，以提高硅铬综合使用效益。

（3）合金硅含量波动相对偏大。从理论上来讲，可通过增加倒包次数或并炉操作加以控制，但对使用固态硅铬而言，大多会影响当炉的铬回收率，过多的倒包还会使产品氮含量升高。

（4）相对于其他热兑工艺操作，终渣 Cr_2O_3 含量偏高。据有关报道及实际生产数据统计，终渣 Cr_2O_3 含量范围一般为：

化渣电炉功率	终渣 Cr_2O_3 含量范围
3500kV·A	6% ~7%
5000kV·A	5% ~6%
6000kV·A	4.5% ~5%

国内有关厂家数据统计表明，在使用同一矿种的情况下，一步热兑法终渣的平均 Cr_2O_3 含量比电硅热法终渣约高1%。对于铬矿资源及电力丰富且价格较低的地区，为求高产获得较高效益，可考虑使用一步固态热兑操作工艺。

b 双渣法热兑工艺

图7-7所示为双渣法热兑工艺流程。

该操作的主要程序是：

（1）从电炉向反应包倒入熔体，并称重，然后将约1/2的熔体倒入另一个反应包待用。

（2）向其中一个装有约1/2熔体的反应包内加入固态硅铬，其数量为全部出炉熔体完全反应所需的硅铬数量。若加入硅铬速度合适，经反应后底层合金硅含量在12%左右，反应后终渣 Cr_2O_3 含量可达1%。

（3）将已加硅铬并经充分反应的包内终渣倒掉，然后将包内高硅铁水缓慢倒入装有另一部分熔体的反应包内，再视合金硅含量情况进行倒包降硅。

（4）待铁水硅含量合格后，倒掉包内第二次反应的终渣（含 Cr_2O_3 3% ~6%），然后将铁水浇注。

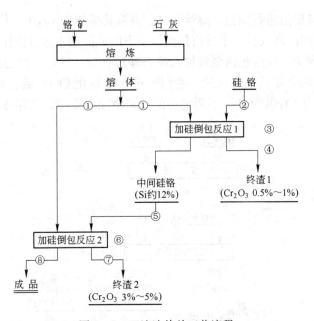

图 7 - 7 双渣法热兑工艺流程

①—熔体倒入反应包1、2；②—加硅铬（固）；③，⑥—倒包反应；④，⑦—倒渣；
⑤—加入中间硅铬；⑧—成品浇注

双渣法热兑工艺的特点为：

（1）该工艺操作对熔体分两次贫化。第一次贫化时，由于硅铬过量，可达到有效贫化熔体 Cr_2O_3 的目的，所得高硅铁水再与另一部分熔体进行热兑反应。虽然出现二次反应和中间硅铬，但不存在中间渣，故可认为是一步热兑工艺的深化操作。其他工艺特点与前述一步热兑工艺相似。

（2）该工艺操作从理论上来讲可以将终渣 Cr_2O_3 含量平均降至 1.5% ~ 2%，不但有利于铬回收率的提高，而且有利于延长反应包寿命（因为第二个反应包倒入熔体后，要等待第一个反应包热兑结束才能进行加硅操作，对反应包起到挂渣补衬的作用）。

（3）该工艺还适合在如下特定条件下操作：有较大功率的化渣电炉，而行车起吊能力较小，可将一炉熔体先后倒入两个反应包内，再按双渣法操作，达到工艺配套的目的。

双渣法热兑工艺在与一步热兑工艺操作条件相差不大的情况下，将熔体分两次贫化，从而获得了较高的铬回收率，对于大功率化渣电炉可收到较好的预期效果。值得注意的是，在熔体总量少于 8t 且没有一套快速热兑操作配合的条件下，该工艺效果不一定理想。

c 二步热兑工艺

二步热兑工艺的操作方式较多，下面介绍瑞典特罗尔赫坦厂、美国斯梯本维勒厂、日本昭和电工所采用的具有各自特点的工艺操作。

（1）瑞典特罗尔赫坦厂二步热兑工艺及特点。图 7 - 8 所示为该厂二步热兑工艺流程，其属于较典型的波伦法工艺，操作程序如下：

1）石灰、铬矿分别预热至 600℃、200℃入炉。

2）熔体出炉兑入反应包后经称量，缓慢加入固态中间硅铬（加入量为出炉熔体反应所需全部硅用量的 60% 左右）。

3）加完中间硅铬后进行倒包，继续脱硅，并贫化熔体中 Cr_2O_3。待包内反应平静后，将经初步贫化的中间渣倒入另一个反应包内，余下的成品铁水进行浇注。

4）向装有中间渣的反应包内缓慢加入液态硅铬合金，进行二次还原，硅铬加入量为还原出炉熔体所需的全部硅铬加入量。经倒包进一步贫化 Cr_2O_3 后，得到含硅 25% 左右的中间硅铬，倒去低 Cr_2O_3 终渣，然后将中间硅铬浇注、冷却、破碎备用。

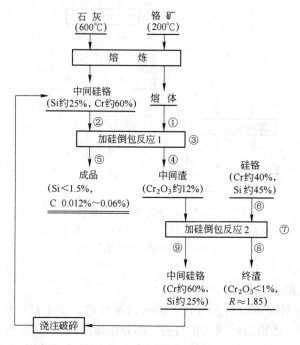

图 7-8　瑞典特罗尔赫坦厂二步热兑工艺流程

①—熔体倒入反应包；②—加固态中间硅铬；③，⑦—倒包反应；④—中间倒渣；
⑤—成品浇注；⑥—向中间渣加入硅铬；⑧—倒中渣；⑨—中间硅铬浇注

瑞典特罗尔赫坦厂二步热兑工艺的特点为：

1）采用热料入炉，可降低产品电耗。

2）终渣碱度为 1.8～1.9，通过二次热兑反应，可使终渣 Cr_2O_3 含量降至 1% 以下，与一步热兑法相比，理论铬的回收率可提高 6%～10%。

3）各操作环节之间要求有较好的相互配合，每炉熔体在数量上要相对稳定，因此会给冶炼过程的控制带来一定难度。此外，还要有足够的吊运设备与之相配合。

该工艺是使用较早、比较典型的热兑工艺，考虑了降低电耗、提高铬回收率等措施，收到了与理论相符的效果，但各操作环节的相互配合显得较为复杂。

（2）美国斯梯本维勒厂二步热兑工艺及特点。该厂工艺操作程序与瑞典特罗尔赫坦厂二步热兑工艺基本相似，不同之处在于第二次反应过程所产生的中间硅铬通过保温，以液态形式留给下一炉第一次热兑时使用。

美国斯梯本维勒厂采用两台化渣电炉和两台硅铬电炉配合生产，化渣电炉每 2h 左右出一次渣，两台炉交替出渣，故能较好地利用液态硅铬和液态中间硅铬的热能，保证整个操作程序有较高的温度水平。该厂入炉原料除铬矿经 170℃ 烘干外，还强调入炉石灰粒度仅为米粒大小,故成渣速度快,化渣电耗仅为 945kW·h/t。由于在工艺操作上采用以终渣对中间硅铬进行保温,可利用终渣对反应包衬的挂渣作用延长反应包的使用寿命,同时使废渣中金属颗粒充分下沉至金属层中,因而对提高铬的回收率和硅的利用率均有一定作用。该工艺铬的回收率可高达 89%~93%。

美国斯梯本维勒厂二步热兑工艺尽管比上述二步热兑操作更为复杂,但对于具有较高生产能力的厂家,使用全液态配套热兑在工艺上更为合理。

(3) 日本昭和电工所二步热兑工艺及特点。图 7-9 所示为该所二步热兑工艺流程,其操作过程如下:

1) 熔体从炉内倒入反应包,称重,并算出所需硅铬加入量。

2) 向熔体缓慢加入液态中间硅铬,并显示出中间硅铬加入数量,待中间硅铬加完后,再根据需要补加固态硅铬。中间硅铬和固态硅铬中硅的数量总和为计算需要的硅量。

3) 通过跷跷式倒包脱硅至铁水硅含量符合标准。

4) 将已经反应的初贫渣倒入另一个反应包内,然后将硅含量已达标准的铁水进行浇注(采用特殊结构的反应包操作时,可不需先倒渣,而是在铁水浇注过程中将初贫渣留在反应包内)。

5) 再对初贫渣进行称重,并按需要加入固态硅 75,进行跷跷式倒包,得到中间硅铬和 Cr_2O_3 含量小于 2% 的终渣。中间硅铬在反应包内留渣保温,至下一炉出炉时热兑使用。

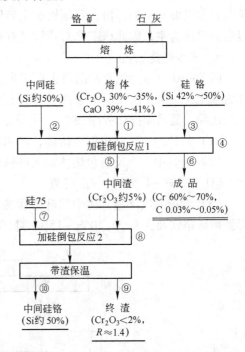

图 7-9　日本昭和电工所二步热兑工艺流程
①—熔体倒入反应包 1;②—加入中间硅铬;
③—补加硅铬;④,⑧—跷跷式倒包反应;
⑤—将中间渣倒入反应包 2;⑥—成品厚锭浇注;
⑦—向中间渣加硅 75;⑨—倒终渣;
⑩—中间硅铬给下炉热兑使用

日本昭和电工所二步热兑工艺的特点为:

1) 在熔体成分控制方面与其他热兑工艺有所不同,该工艺采用较高的铬矿与石灰配比操作,熔体含 Cr_2O_3 30%~35%、CaO 39%~41%,熔点较高,以配合低碱度终渣操作。

2) 中间硅铬硅含量控制在 50%,与正常使用的硅铬相近,便于熔体对硅质还原剂需要量的计算和中间硅铬用量与正常硅铬用量的相互调整。在第一步热兑操作中,其控制方法与一步热兑工艺相似,得到合格的含 Cr_2O_3 约 5% 的初贫渣(相当于一步终渣)。因第一步热兑所采用的中间硅铬呈液态,所以有更充裕的反应热量为第二步热兑加入大量固态硅 75 进一步贫化创造条件。

3) 在初贫渣含 Cr_2O_3 5% 左右的情况下,采用硅含量高的硅 75 作还原剂,能以较少的固态还原剂得到硅含量高达 50% 的中间硅铬。在终渣碱度为 1.4 的情况下,可有效地将终渣 Cr_2O_3 含量降低至小于 2%。

4) 由于采用低碱度终渣操作,可减少石灰用量及每吨产品所需要的熔体数量,有利于降低产品电耗。同时，低碱度终渣流动性好、不易冷凝，对中间硅铬保温和金属颗粒下沉有利。由于每吨产品消耗的熔体量少，终渣 Cr_2O_3 含量低，渣中金属颗粒回收好，故铬的回收率可高达94%，产品电耗为 1700 ~ 1800kW·h/t。

日本昭和电工所二步热兑工艺操作简单、可靠、计量方便、准确。热兑工艺设备与一步热兑法相近，可满足电硅热法设备改造成热兑工艺布局的条件要求。该工艺由于具有电耗低、铬回收率高、能得到低碳优质产品、高能耗硅75和硅铬可以依靠进口等特点，很符合日本资源短缺的国情。我国铬矿主要依靠进口，而且电能紧张，国内生产微碳铬铁仍以电硅热法为主，因此该工艺对我国具有较好的借鉴作用。

d　三步热兑工艺

图7-10所示为俄罗斯谢洛夫厂三步热兑工艺流程。由图可知，该工艺是以双渣法操作为基础，在第二次反应中采用选择性还原，然后用硅75对高铬铁比的初贫渣中 Cr_2O_3 进行还原。其简单操作程序如下：

（1）从炉内向反应包倒入熔体，经称量后，将一部分熔体倒入另一个反应包内。

（2）向其中一个反应包熔体加入硅铬合金，反应后得到含 Si 8% ~ 12% 的中间硅铬及含 Cr_2O_3 0.3% ~ 1.5% 的一次终渣。

（3）倒掉一次终渣，将中间硅铬缓慢倒入已装好部分熔体的反应包内，反应结束后得到微碳铬铁及含 Cr_2O_3 10% ~ 15% 的初贫渣。

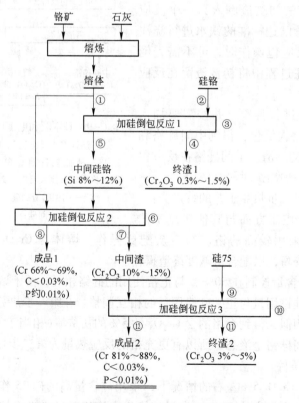

图 7-10　俄罗斯谢洛夫厂三步热兑工艺流程

①—熔体倒入反应包1、2；②—向熔体加硅铬；③，⑥，⑩—倒包反应；④，⑪—倒掉终渣；
⑤—中间硅铬倒入熔体2；⑦—中间渣倒入反应包；⑧，⑫—成品浇注；⑨—各中间渣加入硅75

（4）将初贫渣倒入前一个反应包，再根据其数量加入固态硅75，对初贫渣进一步还原，得到高铬、低磷微碳铬铁及含 Cr_2O_3 4% ~5% 的二次终渣。

三步热兑工艺虽然是在与双渣法操作基本相似的情况下，再以硅75对初贫渣进一步贫化的工艺操作，但在前后反应时熔体分配比例及硅铬使用数量有所不同。双渣法前后反应熔体数量比例基本上为1：1，而三步法热兑时熔体分配比例应根据所用铬矿及硅铬的铬铁比而定，既要保证微碳铬铁铬含量达到标准，又要尽量使一次初贫渣有较高的 Cr_2O_3 含量，以保证得到一定数量的高铬、低磷微碳铬铁。一般来说，二次反应时所需的熔体数量比一次反应时多。三步热兑法硅铬实际加入量应扣除硅75的含硅折合量。

三步热兑工艺的特点为：

（1）该工艺可同时得到两种产品：一种是铬含量比正常工艺略低，但符合质量标准要求的微碳铬铁；另一种是高铬、低磷微碳铬铁，其理论铬含量高达87%，可代替金属铬使用，有较高的经济效益。

（2）该工艺依据选择性还原以及磷与铬易生成稳定化合物的原理，只需合理调整好前后期还原剂使用比例，便可得到高铬、低磷微碳铬铁，对整个工艺操作没有增加多大的难度。

（3）该工艺尽管有三次热兑反应过程，但从工艺流程来看，属于一炉一循环操作，不涉及下一炉的相互配合问题。

B 热兑工艺的动力搅拌方式

热兑工艺在很大程度上取决于熔体加入硅质还原剂后硅对 Cr_2O_3 的还原效果。为了强化熔体与硅质还原剂的接触，在各种热兑操作中采用倒包、跷跷式搅拌、摇包、底部吹氩等强化反应的动力搅拌方式。在不同的条件下，动力搅拌方式的效果有所不同。

向静止的熔体中加入含 Si 40% ~42% 的固态硅铬作还原剂，与其他热兑操作相比，其热力学条件、动力学条件均较差。但当加入的硅铬与熔体发生反应后，不是由于动力学条件差而影响硅铬加入，而是反应过程的熔体搅动过分剧烈，所以只能放慢硅铬的加入速度，避免喷翻现象的发生。

由于硅对 FeO、Cr_2O_3 的还原反应是放热反应，使反应过程中熔体温度不断上升，而且随着 SiO_2 的大量生成，熔体黏度明显下降。加入的硅铬自上而下运动，硅铬在熔体中下沉越深，硅对 FeO、Cr_2O_3 的还原作用越大，放出的热量越多。升温熔体沿硅铬下落区域上浮，使熔体产生由硅铬下落区域向反应包包壁扩散、下沉的强烈回流，并带动刚加入和未反应完的硅铬颗粒均匀分散至整个熔体层。

在硅铬粒度和加入速度合适以及前期熔体温度足够高、厚度合理的条件下，反应过程的自身搅拌足以保证70% ~90% 的 Cr_2O_3 在整个硅铬加入过程中被还原，而不需要外加动力搅拌。在熔体直接加冷硅铬的生产中，硅铬加完后，经 1~2 次倒包，铁水平均硅含量可在 0.3% 左右，终渣 Cr_2O_3 含量可达3%；一般情况下，经 2~3 次倒包，铁水平均硅含量约为 0.7%，终渣平均 Cr_2O_3 含量可达 4.5% 左右。为了强化渣中 Cr_2O_3 的还原效果，或由于硅铬粒度过大、加入速度过快等使下层铁水硅含量偏高，一般应进行加硅铬过程的强制动力搅拌。

表 7-10 所示为几台 1500kV·A 精炼电炉在相近的试验条件下，采用不同动力搅拌方式所得到的合金硅含量及终渣 Cr_2O_3 含量的平均数据。由表 7-10 可知，反应包底部用

透气砖吹氩的搅拌效果最好，而摇包的搅拌效果较差。

表 7 – 10　不同动力搅拌方式的合金硅含量及终渣 Cr_2O_3 含量

搅拌方式	摇包	倒包	吹氩
合金平均硅含量/%	0.41	0.95	1.35
终渣平均 Cr_2O_3 含量/%	8.724	7.64	6.35
折合相等硅含量的终渣 Cr_2O_3 含量/%	8.406	7.623	6.529

倒包是热兑工艺操作中应用最普遍的搅拌方式，无需附加特殊设备，操作简单，一般通过两次倒包便可达到工艺要求。其不足之处是热损失大，并易使铁水增氮。

吹氩搅拌是在反应包下部装有透气砖，在装入液态渣铁前先通氩气，倒入渣铁后利用氩气通过渣铁层时的自身压力及体积突然增大对渣铁起搅拌作用。在相同的动力作用时间内，氩气的动力搅拌作用最强。其不足之处是不但要有一套供氩设备，而且操作时间长，透气砖寿命短，带氩取样、回渣、浇注操作不便。值得注意的是，尽管吹氩理论上对熔体温度影响不大，但在某一操作环节失调造成吹氩时间过长时，铁水会被氩气流喷吹成大量铁珠混杂在渣中，严重影响成品的回收率，对小功率电炉更为明显。

摇包搅拌与我国硅铬生产时炉外精炼所用摇炉设备的运动方式基本相似。当摇速在 60r/mim 以下时，渣 – 铁界面由平面接触转换成波浪形的波面接触，动力搅拌作用效果不明显；而当高速摇动时，虽能强化搅拌效果，但会造成渣铁外喷。该操作需要有一套专用摇包机械传动装置，但整个操作比吹氩简单。

跷跷式搅拌是利用包体反复运动强化渣、铁相互之间的搅拌，由于受反复运动高度限制，其搅拌效果略差于倒包，采用连体反应包时，可以控制铁水增氮和降低搅拌过程的热损失。

在一步热兑法中，无论采用何种动力搅拌形式，都很难取代以提高金属硅含量来降低终渣 Cr_2O_3 含量的作用，除对合金氮含量有严格要求的情况以外，采用倒包方式（包括跷跷式搅拌形式）更有利于操作的简化。

C　硅质还原剂的选择

在热兑工艺中所使用的硅质还原剂以硅铬合金为主，辅以硅 75。硅铬合金通常包括液体、机械破碎小块、水淬小粒三种形态，而硅 75 则以机械破碎小块形态使用。

硅铬合金与硅 75 相比，由于硅含量低，而且铬含量一般高达 30% 以上，因而就硅质还原剂本身的冶炼特性或对热兑工艺产量、电耗、回收率等指标的影响而言，都宜选用硅铬合金。硅 75 则具有硅含量高的特点，对流程长的工艺，在后期熔渣 Cr_2O_3 含量低的具体条件下，作为强化 Cr_2O_3 还原的工艺效果。表 7 – 11 所示为根据国外某厂生产有关数据整理而成的使用不同种类、形态还原剂时终渣的平均 Cr_2O_3 含量。

表 7 – 11　使用不同种类、形态硅质还原剂时终渣的平均 Cr_2O_3 含量

还原剂种类	硅 75		固态硅铬		水淬硅铬	液态硅铬
还原剂粒度/mm	0~50	5~50	0~50	5~50	0~7	0~7
还原剂硅含量/%	80.64	80.5	50.94	51.8	50	50~51
终渣 Cr_2O_3 含量/%	3.62	3.1	5.5	5.45	4.0	5.53

从表 7 – 11 中数据可以看出，使用硅 75 作还原剂，可得到 Cr_2O_3 含量较低的终渣；

而使用含 Si 50% 的硅铬作还原剂,以液态或机械破碎小块的形态使用时,其终渣平均 Cr_2O_3 含量相近,这可能是由于使用液态硅铬时具有较好的动力学条件,而使用固态硅铬时与其在渣层具有较好分散度的动力学条件有关;使用水淬硅铬作还原剂,可得到较低的终渣 Cr_2O_3 含量,其原因尚待进一步分析。

根据数据分析,使用上述还原剂时硅利用率由高到低的顺序是:水淬硅铬,机械破碎硅铬,机械破碎硅 75。

采用液态硅铬有较充裕的反应放热,有利于热兑过程各个环节热量平衡之间的衔接,特别是对于化渣电炉功率不大而热兑操作流程较长的二步热兑、三步热兑工艺,显得更加重要。采用液态硅铬能有效利用其物理潜热,对提高产量、加入程序控制、降低电耗、避免硅铬在破碎过程中损失等有实际意义。但液态硅铬在加入速度和加入程序控制、各操作环节协调以及为保证产品碳含量较低而对铁水包内上部碳含量高的液态硅铬进行处理等方面,则不如使用固态硅铬灵活、有效。

7.7 真空法微碳铬铁

7.7.1 真空法微碳铬铁的牌号及用途

真空法微碳铬铁按铬、碳及杂质含量的不同分为 6 个牌号,其化学成分见表 7 - 12。

表 7 - 12 真空法微碳铬铁的牌号及化学成分 (GB/T 5683—2008) (%)

牌 号	化 学 成 分								
	Cr		C	Si		P		S	
范围	I	II		I	II	I	II	I	II
	≥					≤			
ZKFeCr65C0.010	65.0		0.010	1.0	2.0	0.025	0.030	0.03	
ZKFeCr65C0.020	65.0		0.020	1.0	2.0	0.025	0.030	0.03	
ZKFeCr65C0.010	65.0		0.010	1.0	2.0	0.025	0.035	0.04	
ZKFeCr65C0.030	65.0		0.030	1.0	2.0	0.025	0.035	0.04	
ZKFeCr65C0.050	65.0		0.050	1.0	2.0	0.025	0.035	0.04	
ZKFeCr65C0.100	65.0		0.100	1.0	2.0	0.025	0.035		

真空固态微碳铬铁用于生产原子能工业、化学工业及航空工业所需的超低碳不锈钢、高铬不锈钢、耐热钢及高强耐腐蚀性钢的合金材料。

7.7.2 真空法微碳铬铁冶炼原理

真空固态脱碳法冶炼微碳铬铁是将高碳铬铁磨碎成粉,配入适当的氧化剂,经混料、压型、干燥和真空冶炼等工序制得微碳铬铁。

在 1250 ~ 1450℃ 的真空炉内,铬和铁的碳化物能与氧化物中的氧反应,主要按下式进行:

$$5Cr_2O_3 + 14Cr_7C_3 = 27Cr_4C + 15CO_{(g)}$$

$$Cr_{23}C_6 + 2Cr_2O_3 = 27Cr + 6CO_{(g)}$$

反应产物 CO 被不断抽出，因此反应可在较低的温度下开始，并在固态下完成脱碳反应，得到碳含量很低的铬铁。

氧化剂可使用铬或铁的氧化物，也可使用高品位的铬矿或铁矿。目前大多使用经氧化焙烧后的高碳铬铁，高碳铬铁粉末在其焙烧过程中，碳被部分氧化除去，并且生成部分铬和铁的氧化物。

7.7.3 真空法微碳铬铁冶炼的原料

真空法微碳铬铁冶炼的主要原料是高碳铬铁。对高碳铬铁的要求是：$w(\mathrm{Cr}) > 65\%$，$w(\mathrm{Si}) < 1.0\%$，$w(\mathrm{C}) = 7\% \sim 9\%$，$w(\mathrm{P}) < 0.03\%$。高碳铬铁经颚式破碎机破碎到 20mm 以下后，再进入球磨机粉磨，粉磨后的粒度及粒度组成见表 7-13。

表 7-13 粉磨后高碳铬铁的粒度及粒度组成

粒度/mm	>0.841	0.841~0.420	0.420~0.250	0.250~0.177	0.177~0.149	0.149~0.125	0.125~0.105	0.105~0.094	0.094~0.074	<0.074
粒度组成/%	0.12	0.77	4.60	3.88	6.42	13.20	16.00	4.60	3.80	46.61

粉磨后的高碳铬铁进入回转窑进行氧化焙烧，焙烧时的主要反应为：

$$2\mathrm{Cr}_7\mathrm{C}_3 + \frac{27}{2}\mathrm{O}_2 =\!\!=\!\!= 7\mathrm{Cr}_2\mathrm{O}_3 + 6\mathrm{CO}$$

焙烧温度为 850~1000℃。焙烧后高碳铬铁的碳含量为 5% ~6%，氧含量为 10% 左右。冷却后需再次球磨以磨碎烧结块。

根据焙烧料碳含量和氧含量配入适量未经焙烧的高碳铬铁粉，控制氧碳原子比。氧碳原子比对产品的质量有很大影响，比值太低则影响脱碳，比值太高又会增加产品的夹杂含量。为使脱碳反应彻底，一般配入氧量稍有过剩，通常控制在 1.05 ~1.15。

将配有适量铬铁粉的焙烧料经干混，再配入适量的黏结剂进行湿混后，用压力机压制成圆柱体或砖块状，立放在托盘上，送入以硅碳棒为加热元件的电热干燥窑内进行干燥。用水玻璃作黏结剂时，团块的干燥温度控制在 400℃，干燥时间约为 20h。

7.7.4 真空法微碳铬铁冶炼设备

真空冶炼用的设备为真空电阻炉，简称真空炉。其形状像一个横卧的圆筒，炉体构造如图 7-11 所示。炉衬用高铝砖砌筑，炉壳采用双层水冷，横向装有多支水平放置的石墨棒作加热元件，两端用水冷夹通过导电铜管、铜排与变压器相连。为了满足真空冶炼的需要，变压器应具有较多的电压级并能进行有载调压。电炉具有真空抽气设备和充氮装置。

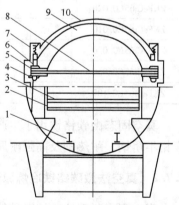

图 7-11 真空炉炉体构造

1—升降车轨道；2—炉料托盘；
3—托盘耐火砖；4—导电管及铜瓦；
5—石墨套；6—压紧偏心轮；
7—压紧弹簧；8—石墨棒；
9—炉衬耐火砖；10—炉壳

7.7.5 真空法微碳铬铁冶炼操作

真空法微碳铬铁冶炼是间歇性操作。冶炼一炉所需的时间称为冶炼周期，一个冶炼周期又分为预抽检漏、冶炼和冷却三个阶段。

装有干燥好的铬铁团块的托盘用升降台装入真空炉内，封好炉门后进行预抽检漏。正常情况下，30min 内当真空炉装入料后的漏气率达到规定值（一般不大于 6.7kPa·L/s）、炉内压力小于 66Pa 时，便可送电进行熔炼。

从炉内送电升温到冶炼终止称为冶炼阶段。此阶段的任务是使炉料在真空和高温条件下进行脱碳，脱碳结束后即可停电降温，并停止炉内抽气。冶炼时间一般为 30 ~ 35h。

高温出炉将使产品氧化和损坏炉衬，因此冶炼完毕后，应待产品在真空状态下自然冷却到 400℃ 左右时方可出炉。出炉前炉内压力一般不超过 2.7kPa，如果在冶炼或冷却过程中炉内发生漏水现象，由于水在高温下分解，形成大量可燃性气体，导致出炉前炉内压力较高，为安全起见，出炉前应抽出炉内可燃气体。冷却时间通常为 48h。

当炉内温度达到 1000℃ 左右时，脱碳反应便开始进行。真空脱碳要考虑以下两个主要因素：

（1）温度。温度越高，反应速度越快；但当炉料温度高于或等于炉料的熔点时，炉料就会产生熔化现象，熔体会封闭反应产物 CO 的出路，使反应中断。因此，冶炼过程中温度应始终控制在铬铁的熔点以下，适宜的冶炼温度是 1250 ~ 1450℃。

（2）压力。真空炉抽气系统的能力应保证炉料脱碳反应过程中有较低的压力，以加速脱碳反应的进行。

图 7 - 12 所示为某厂真空固态脱碳法生产微碳铬铁的温度 - 压力关系曲线。从图中可看出，温度制度分为快速升温阶段和保温阶段。在快速升温阶段时，在较短的时间（一般 8 ~ 10h）内使温度达到 1300 ~ 1400℃，然后使温度保持在 1400 ~ 1450℃；末期由于炉料中碳含量极低，适当提高温度，但不应超过 1500℃，否则不但会使铬的挥发损失明显增加，而且不利于以后的脱碳。

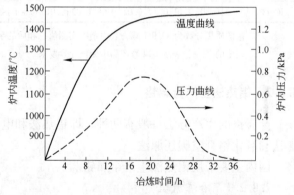

图 7 - 12 某厂真空固态脱碳法生产微碳铬铁的
温度 - 压力关系曲线（6000kV·A 真空炉）

由压力曲线的变化不难看出，升温阶段的脱碳反应由弱到强，当温度达 1300 ~ 1400℃ 时，反应已非常显著。末期炉内压力降到 66Pa 以下，当料底温度达到 1300℃ 时，说明反应已基本结束，即可停电冷却。当炉料自然冷却到 400℃ 时，即可出炉。熔炼终点通常按以下几点来判断：

（1）料面有明显的收缩，当料面温度达到 1450 ~ 1500℃ 时，料底温度达到 1300℃ 以上；

（2）预抽前和熔炼后真空度均在 66Pa 以下；

（3）在正常情况下，每炉熔炼时间和电能消耗大致相同；

（4）根据管道测量结果，漏气率不变时，炉气中 CO 含量有所减少，氧含量相应有所增加。

某厂 6000kV·A 真空炉，每炉装料量为 28t 左右，所炼得的真空法微碳铬铁的孔隙率为 28% ~ 30%，密度为 5000 ~ 5500kg/m³。每熔炼 1t（按含 Cr50% 计）真空法微碳铬铁消耗高碳铬铁约 1.1t，电耗为 3000 ~ 4000kW·h，铬的总回收率为 91% ~ 92%。

7.8　金属铬

7.8.1　金属铬的牌号及用途

金属铬按铬及杂质含量的不同分为 5 个牌号，其化学成分见表 7 - 14。

金属铬用于生产高温合金、电热合金、精度合金等。

表 7 - 14　金属铬的牌号及化学成分（GB/T 3211—2008）　　　　（%）

牌　号	化　学　成　分																
	Cr	Fe	Si	Al	Cu	C	S	P	Pb	Sn	Sb	Bi	As	N		H	O
														I	II		
	≥	≤															
JCr99.2	99.2	0.25	0.25	0.10	0.003	0.01	0.01	0.005	0.0005	0.0005	0.0008	0.0005	0.001	0.01		0.005	0.20
JCr99 - A	99.0	0.30	0.25	0.30	0.005	0.01	0.01	0.005	0.0005	0.001	0.001	0.0005	0.001	0.02	0.03	0.005	0.30
JCr99 - B	99.0	0.40	0.30	0.30	0.01	0.02	0.02	0.01	0.0005	0.001	0.001	0.001	0.001	0.05		0.01	0.50
JCr98.5	98.5	0.50	0.40	0.50	0.01	0.03	0.02	0.01	0.0005	0.001	0.001	0.001	0.001	0.05		0.01	0.50
JCr98	98.0	0.80	0.40	0.80	0.02	0.05	0.03	0.01	0.001	0.001	0.001	0.001	0.001	—			

注：1. 铬的质量分数为 99.9% 减去表中杂质实测值总和后的余量，其他未测杂质元素含量按 0.1% 计。

　　2. 表中的“—”表示该牌号产品中无该元素要求。

7.8.2　铝热法生产金属铬

金属铬的生产方法一般有两种，即铝热法和电解法。除此之外，还有电硅热法、电铝热法和氧化铬真空碳还原法。

国内主要采用铝热法生产金属铬。

7.8.2.1　冶炼原理

铝热法冶炼金属铬是用铝还原三氧化二铬，其主要反应为：

$$Cr_2O_3 + 2Al = 2Cr + Al_2O_3 \qquad \Delta H^\ominus = -544.3 kJ/mol$$

$$单位炉料反应热（或发热值）= \Delta H^\ominus / (M_{Cr_2O_3} + 2M_{Al}) = 544300/206 = 2642 kJ$$

由于还原反应生成主要含 Al_2O_3、熔点高的炉渣，氧化铬铝热还原自发反应所放出的热量不足以使渣铁分离完全，因此必须加入发热剂来补充不足的热量。一般来讲，单位炉料反应热应控制在 3150kJ。可作为金属铬冶炼发热剂的有氯酸钾、硝石、重铬酸钠、铬酐等，通常用硝石或氯酸钾。硝石、氯酸钾与铝的反应为：

$$6NaNO_3 + 10Al = 5Al_2O_3 + 3Na_2O + 3N_2 \qquad \Delta H^\ominus = -7131.6 kJ/mol$$

$$KClO_3 + 2Al = Al_2O_3 + KCl \qquad \Delta H^\ominus = -1791.7 kJ/mol$$

7.8.2.2 冶炼设备与原料

冶炼金属铬用的设备为可拆卸的熔炼炉，或称筒式炉。

冶炼金属铬用的原料有氧化铬、铝粒、硝石（或氯酸钾）。要求氧化铬 $w(Cr_2O_3) \geq$ 94%，$w(S) \leq 0.01\%$，$w(As) \leq 0.00054\%$，$w(SiO_2) < 0.60\%$，$w(Fe_2O_3) < 0.20\%$，$w(Cr^{6+}) < 2\%$，粒度小于 3mm。要求铝粒 $w(Al) > 98.5\%$，1~3mm 的粒级比例应小于 10%。要求硝石 $w(NaNO_3) > 98.5\%$，$w(SiO_2) < 0.005\%$，$w(S) < 0.002\%$，水分含量为 2%，不得受潮结块。如用氯酸钾，要求氯酸钾 $w(KClO_3) \geq 99.5\%$，氯化物含量不大于 0.025%，溴酸盐含量不大于 0.07%，硫酸盐含量不大于 0.03%，$w(Fe) \leq 0.005\%$，$w(Al) \leq 0.005\%$，水不溶物含量不大于 0.1%，水分含量不大于 0.1%，无结块。

7.8.2.3 配料及热量计算

A 计算条件

氧化铬的成分（质量分数）为：Cr_2O_3 97.00%，Fe_2O_3 0.15%，SiO_2 0.10%。

氧化铬还原时各元素的还原率为：

$$Cr_2O_3 \rightarrow Cr \qquad 92\%$$
$$SiO_2 \rightarrow Si \qquad 70\%$$
$$Fe_2O_3 \rightarrow Fe \qquad 99\%$$

铝粒含 Al 99%。

B 配料及热量计算

以 100kg 三氧化二铬为基础进行计算。

（1）还原各种氧化物需要的铝量。

还原 Cr_2O_3 的需铝量为： $100 \times 0.97 \times 0.92 \times 54/152 = 31.70$kg

还原 Fe_2O_3 的需铝量为： $100 \times 0.0015 \times 0.99 \times 54/160 = 0.05$kg

还原 SiO_2 的需铝量为： $100 \times 0.001 \times 0.7 \times 108/180 = 0.04$kg

共需铝量为： $(31.70 + 0.05 + 0.04)/0.99 = 32.11$kg

（2）冶炼过程中反应放出的热量。

冶炼主要反应为：
$$Cr_2O_3 + 2Al = Al_2O_3 + 2Cr \qquad \Delta H^\ominus = -546\text{kJ/mol}$$
$$Fe_2O_3 + 2Al = 2Fe + Al_2O_3 \qquad \Delta H^\ominus = -860.16\text{kJ/mol}$$
$$3SiO_2 + 4Al = 3Si + 2Al_2O_3 \qquad \Delta H^\ominus = -711.48\text{kJ/mol}$$

还原 Cr_2O_3 产生的热量为：$546000 \times 100 \times 0.97 \times 0.92/152 = 320559.47$kJ

还原 Fe_2O_3 产生的热量为：$860160 \times 100 \times 0.0015 \times 0.99/160 = 798.34$kJ

还原 SiO_2 产生的热量为：$711480 \times 100 \times 0.001 \times 0.7/180 = 276.69$kJ

单位炉料反应热为：$\dfrac{320559.47 + 798.34 + 276.69}{100 + 32.11} = 2434.6$kJ

若冶炼时单位炉料反应热控制为 3150kJ/kg，则不足热量为：$3150 - 2434.6 = 715.4$kJ/kg

如采用硝石作发热剂，硝石与铝反应的热效应为 7131.6kJ/mol，硝石中含 $NaNO_3$ 98%，则 1kg 硝石被铝还原产生的热量为：

$$\frac{7131.6 \times 1000}{6 \times 85} \times 0.98 = 13703.9\text{kJ}$$

还原 1kg 硝石的需铝量为：$\dfrac{1 \times 0.98 \times 27 \times 10}{85 \times 6 \times 0.99} = 0.52\text{kg}$

设应加硝石 $x$kg，则：

$$\frac{321634.50 + 13703.9x}{100 + 32.11 + 0.52x} = 3150$$

解得 $x = 6.9\text{kg}$。

因此，硝石消耗铝量为：$6.9 \times 0.52 = 3.59\text{kg}$

（3）炉料配比。

炉料配比为：三氧化二铬 100kg，铝粒 32.11kg，硝石 6.9kg。

7.8.2.4　冶炼操作

铝热法生产金属铬的冶炼操作分为炉料准备、炉料混合、筑炉、冶炼和精整五部分。

（1）炉料准备。冶炼金属铬的炉料主要有三氧化二铬、铝粒和发热剂。这些炉料在冶炼前都应细碎筛分，取样全面分析。

（2）炉料混合。根据配料计算算出各种物料的用量以后，应准确地配料并充分混合好。混料时应特别注意，不要将切削物或铁钉等物件放入混料机，以免产生火花而引起自燃反应。混好的炉料应立即进行冶炼，储存时间不能过长。这是因为发热剂易吸潮，如硝石吸潮后会与铝进行反应，降低炉料发热量，对反应不利。当班混合的炉料最好当班冶炼。

（3）筑炉。冶炼金属铬用的熔炉一般采用圆锥形炉筒，上口直径比下口直径略小，炉衬材料为镁砖。现在采用金属铬渣粉碎后加卤水打结炉衬或用金属铬热炉渣筑造炉衬。炉底缝隙处用渣粉堵实，在其上面放厚 50mm 的干渣踩实，炉壁缝隙处用耐火泥（60%）、铬渣（40%）与卤水拌和的混合泥堵严。出渣口需按湿渣（用卤水作黏合剂）、干渣、湿渣的顺序堵实。

（4）冶炼。将混合好的炉料储存在料仓中，通过螺旋运输机或皮带运输机送到熔炼室，用摆动式溜槽把炉料均匀布在熔炉内。开始时向炉筒底部装 2～3 批（每批 100kg）炉料作为底料，在炉中心加入引火剂（由硝石、铝粒及镁屑组成）0.3～0.5kg。点火后炉料开始反应，反应快结束时，通过摆动溜槽进料。进料时应摆动溜槽，控制进料速度，使炉料均匀分布在熔融物表面，加料以不露出液面为准。加料完毕后，冷却至室温。

（5）精整。金属锭冷却至室温后进行喷砂，清除表面的炉渣与氧化皮。待金属锭呈现出金属本色时，就可用落锤砸开进行精整、称重、取样和包装入库。

7.8.2.5　氧化铬的制取

氧化铬是冶炼金属铬的主要原料。它是采用化学冶金的方法从铬铁矿中制取出来的。

A　铬铁矿的氧化焙烧

铬铁矿的氧化焙烧是将铬矿中的不溶性氧化铬氧化成可溶性铬酸盐，从而使铬与矿石中的脉石分开。焙烧好坏的标志是转化率，转化率即指焙烧熟料中可溶性铬与全部铬量之比。

铬铁矿氧化焙烧是在有纯碱存在的条件下进行的。工业上都是把磨得很细的铬铁矿与纯碱、白云石（或石灰石）混合均匀后进行氧化焙烧，生成的熟料为铬酸钠。

此外，炉料中含有大量的杂质，如 Al_2O_3、SiO_2、CaO 等，Al_2O_3、SiO_2 分别与纯碱

（Na_2CO_3）作用生成铝酸钠和硅酸钠，CaO 与铬矿反应生成铬酸钙。以上被称为副反应的三个反应是生产中不希望发生的，其原因是：

（1）消耗纯碱量多，从而增加附加剂用量；

（2）熟料结块透气性不好，特别是硅酸盐的生成会黏结炉料，致使转化率下降；

（3）不利于浸出，特别是铝酸盐和硅酸盐的生成不易过滤。

氧化焙烧是在温度为 1100～1150℃、三相（固相为铬矿，液相为纯碱，气相为空气中氧）共存条件下进行的，参与反应的铬铁矿、纯碱和氧构成的固 - 液 - 气多相系统，其反应速度取决于相与相之间表面的大小，因而在焙烧前要把铬铁矿和白云石磨碎至 0.082mm（180 目）以下。

铬铁矿的颗粒被含有纯碱的熔融物所润湿，能大大增加其反应速度，但也会造成炉料烧结并黏附在炉壁上而逐渐形成大块，影响氧与铬铁矿颗粒的充分接触，不利于铬酸钠生成反应的进行。为此，必须往炉料中加入某种惰性附加物，其加入量以能使液相在炉料中的固态颗粒表面形成一层很薄的薄膜为度。在这种情况下，尽管有熔融物存在，炉料仍然干燥、松散并有良好的透气性。

当用石灰石作惰性附加物时，易生成难溶的铬酸钙，它在焙烧温度下不能完全分解而部分留于残渣中，从而增加了铬的损失；当用白云石作附加物时，残留在焙烧窑中的铬酸钙量要比用石灰石时少得多，并且炉料不易烧结。因此，一般多用白云石作附加物。

焙烧炉料的组成主要有铬矿、白云石和纯碱。配料以 100kg 铬矿为基础，纯碱用量按下式计算：

$$纯碱用量 = 1.4 \times 100 \times 铬矿中 Cr_2O_3 含量$$

式中，1.4 是根据化学反应方程式计算得到的。实际上采用的纯碱量为理论量的 100%～110%。惰性附加物的用量由固定炉料中的 Cr_2O_3 含量来计算。下面举例说明。

设铬矿含 Cr_2O_3 50%，纯碱用量为理论量的 107%，炉料含 Cr_2O_3 13.5%，则纯碱与惰性附加物的用量计算如下：

$$纯碱用量 = 1.4 \times 100 \times 0.5 \times 1.07 = 75kg$$

设惰性附加物用量为 $x$kg，则可列出下式：

$$\frac{100 \times 0.5}{100 + 75 + x} = 13.5\%$$

解得 $x = 195$kg。

必须指出，凡是经过配料计算得到的炉料组成，其混合料的成分必须在下列范围内：

铬 矿	纯 碱	惰性附加物
12%～16%	18%～22%	48%～56%

混合料成分需经过试验后确定。

氧化焙烧一般在回转窑中进行，生产是连续性的。送入炉中的空气不但用于燃料（重油）的燃烧，而且还要满足铬铁矿的氧化反应所需。炉料经过的烧成带温度应保持在 1000～1150℃ 之间，废气温度为 500～600℃。

影响焙烧转化率的主要因素有矿石的粒度及成分、炉料配比、焙烧温度、焙烧时间、焙烧操作和窑内气氛等。矿石粒度越细，反应越完全。但当原料杂质含量高时，副反应的速度也快且完全。矿石的杂质，特别是氧化亚铁和二氧化硅含量高时，氧化亚铁被氧化成

Fe_2O_3 而放出大量的热，使炉料过热而烧结，会降低转化率。因此，要求铬矿中 Cr_2O_3 含量越高越好，$w(Cr_2O_3)/w(FeO) \geq 2.5 \sim 3.0$，$w(SiO_2) \leq 2.0\%$，$w(Al_2O_3)$ 越低越好。炉料在 $1000 \sim 1150 ℃$ 的温度下煅烧 $1.5 \sim 2.0h$。温度低或时间短则反应不完全，但当温度超过 $1200℃$ 时会使炉料熔化烧结。为使反应完全，风量的控制不仅要保证燃料充分燃烧，而且还要保证窑内有足够的氧化气氛。

焙烧好的炉料送下一工序浸出。

B　铬酸钠的浸出

浸出是把焙烧后熟料中的可溶性铬溶浸于水中。焙烧后，熟料中一般含有 $15\% \sim 30\%$ 的铬酸钠、$1.0\% \sim 3.0\%$ 的铬酸钙以及其他可溶性杂质，如铝酸钠、亚铁酸钠、铬酸镁等。

浸出温度要保持在 $90℃$ 以上，低温对浸出不利。在一般情况下，从回转窑经冷却后出来的熟料一般温度都较高，所以浸出温度不必考虑。

在浸出过程中，不但要求可溶性铬尽量多地浸出到溶液中去，还要使溶液中的铬酸钠浓度大于 $200g/L$，所以当液固比大时，可相应减少洗液量；当液固比小时，溶液浓度增大，为得到最大的浸出率又必须增大液量。因此，为了满足既能获得较大浸出率，又能达到一定浓度的要求，一般都采用逆流洗涤方法。

熟料经三次逆流洗涤、两次热水洗涤，一般浸泡 $12h$ 后便可用真空抽走，要求残渣内可溶性铬（以 Cr_2O_3 存在）的含量小于 0.8%。

C　氢氧化铬法制取氧化铬

由含有铬酸钠的浸出液制取三氧化二铬有两种方法，即重铬酸钠法和氢氧化铬法。后者比前者要优越得多，所以这里只介绍用氢氧化铬法制取三氧化二铬。

向铬酸钠浸出液中加入硫黄或硫化碱还原铬酸钠溶液，$+6$ 价铬还原成 $+3$ 价铬而呈氢氧化铬沉淀，然后将其煅烧、脱水即制得氧化铬。

a　工艺流程

氢氧化铬法制取 Cr_2O_3 的工艺流程如图 $7-13$ 所示。

b　反应原理

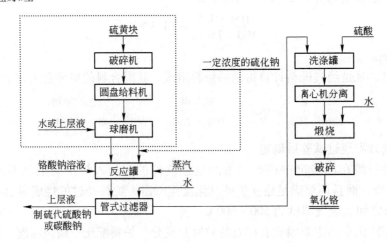

图 7-13　氢氧化铬法制取 Cr_2O_3 的工艺流程

用硫化钠或硫黄还原铬酸钠溶液时，其反应分别为：

$$8Na_2CrO_4 + 6Na_2S + 23H_2O = 8Cr(OH)_{3(s)} + 3Na_2S_2O_3 + 22NaOH$$

$$4Na_2CrO_4 + 6S + 7H_2O = 4Cr(OH)_{3(s)} + 3Na_2S_2O_3 + 2NaOH$$

中间副反应为：

$$18NaOH + 9S = 6Na_2S + 3Na_2SO_3 + 9H_2O$$

$$3Na_2SO_3 + 3S = 3Na_2S_2O_3$$

$$8Na_2CrO_4 + 6Na_2S + nH_2O = 4Cr_2O_3 \cdot nH_2O + 3Na_2S_2O_3 + 22NaOH$$

氢氧化铬的溶度积很小，晶核形成速度较快，是一个十分容易形成胶体的物质。如果反应条件控制不好，则产生的氢氧化铬颗粒小，甚至呈胶状。因此，能否生产出颗粒大、水分少、胶体少、易过滤和易洗涤的氢氧化铬是关键。现将有关影响因素说明如下：

（1）反应速度。适当的反应速度是控制晶粒大小的手段。氢氧化铬的特点是晶核形成速度快，而晶体生长速度较慢，因而容易形成胶体。这样，在采用硫化钠生产时，需把反应时间延长至 160 ~ 190min，即硫化钠溶液在铬酸钠溶液加热时要缓慢加入。同样，加硫黄时也需在铬酸钠溶液加热时分批加入。

（2）反应温度。氢氧化铬的反应首先是硫与 +6 价铬发生氧化还原作用，产生 +3 价铬后与氢氧根结合形成氢氧化铬沉淀。+3 价铬的离子带有电荷，且水分子是极性分子，也同样带有电荷，这样就形成了水合离子。在反应过程中，特别是在反应较快、温度较低的情况下，离子所吸附的水容易进入生成物，使氢氧化铬水分含量高、体积庞大。因此，在其他条件严格控制的场合下，氢氧化铬中的水分和胶体数量及颗粒大小就取决于反应温度。在操作过程中，首先要将铬酸钠溶液加温到 90℃ 以上，并使反应温度始终保持在 95℃ 以上。

（3）反应浓度。产生氢氧化铬沉淀的反应是一个均相沉淀过程，沉淀的速度取决于 +6 价铬还原 +3 价铬的过程，而此过程的快慢取决于 +3 价铬的浓度。实践表明，当铬酸钠浓度大于 600g/L 或小于 100g/L 时，还原反应都易出现胶体。因此，一般要求铬酸钠浓度为 250 ~ 350g/L，不得小于 200g/L。

（4）反应碱度。对于硫黄来说，先发生如下反应：

$$18NaOH + 9S = 6Na_2S + 3Na_2SO_3 + 9H_2O$$

$$3Na_2SO_3 + 3S = 3Na_2S_2O_3$$

根据化学平衡条件，为了使反应能够开始，需要有一个起始碱性环境。采用硫化钠反应时，同样是碱性低会产生大量胶体，这是由于在 +6 价铬还原至 +3 价铬的沉淀过程中，铬形成氧化铬的水合物。其水合物的多少除与温度、浓度、速度有关外，还与反应碱度有密切关系，即需要有一定的碱度。

硫黄的加入量可按如下反应式计算：

$$4Na_2CrO_4 + 6S + 7H_2O = 4Cr(OH)_3 + 3Na_2S_2O_3 + 2NaOH$$

$$W = 0.3CV$$

式中　W——硫黄加入量，g；

　　　C——浸出液浓度，g/L；

　　　V——浸出液体积，L。

同理，可算出硫化钠的加入量为铬酸钠量的 0.25 ~ 0.30 倍。

　　c　洗涤

　　对于反应好的氢氧化铬，可借助管式过滤器使之与上层液分开，然后用逆流洗涤（用温水）4 ~ 8 次，直至洗液内硫代硫酸钠浓度小于 1g/L。为了使氢氧化铬容易沉降及有利于煅烧，在洗涤完毕后继续加硫酸进行中和，再洗涤一遍。一般控制溶液内 pH≈7，当 pH 值过大时，即硫酸量少，会造成氢氧化铬表面吸附的碱离子不能全部中和而影响沉降；当 pH 值过小时，即硫酸量多，会生成硫酸铬，不但使铬的损失增加，而且使设备受到酸性破坏。

　　沉淀物用离心机分离，最终得到含水 25% ~ 30% 的氢氧化铬。

　　d　煅烧

　　经过洗涤分离后的氢氧化铬虽然已是 +3 价铬，但不能直接用于冶炼，还要经过高温煅烧，以脱除水分和残硫等杂质，这个过程由回转窑经直接火焰逆流煅烧来完成。

　　氢氧化铬由窑尾入窑，先经过干燥带脱除物理水，接着进入转化带脱除化合水后转化成氧化铬，反应为：

$$2Cr(OH)_3 \Longrightarrow Cr_2O_3 + 3H_2O$$

这个反应在 400℃ 左右时就开始，至 600 ~ 700℃ 时已进行得很完全。在此温度下，转化的氧化铬呈灰绿色，密度增大，粒度变小。当进入温度达 1250 ~ 1350℃ 的高温带时，发生重结晶过程，这时可以达到脱除硫、铅和砷等杂质的作用。

　　在回转窑内煅烧氢氧化铬时，由于氢氧化铬与火焰直接接触，随烟气带走的较多，使窑头回收率降低。因此，除了从根本上增大氢氧化铬的粒度外，还要采取混合部分回收氧化铬及增大窑尾下料量这两项措施来提高窑头回收率。但若下料量太大，则窑内水蒸气和分解出来的气体多，窑头抽力太小，严重时会熄火，甚至产生大批生料，使回收率下降。因此，下料量一般控制在 1.5 ~ 2.0t/h。

复 习 思 考 题

7-1　试述铬铁的牌号及用途。

7-2　我国铬矿有什么特点，如何合理利用？

7-3　碳素铬铁冶炼使用何种原料，其冶炼原理、冶炼特点及操作工艺如何？

7-4　硅铬合金冶炼使用何种原料，其冶炼原理、冶炼特点及操作工艺如何？

7-5　电炉法冶炼碳素铬铁时为什么要选择渣型，如何选择？

7-6　生产碳素铬铁如何获得低碳产品？

7-7　微碳铬铁电硅热法冶炼原理是什么，对原料有何要求，操作工艺如何？

7-8　摇包法、热兑法、吹氧法冶炼中低碳铬铁使用的原料及要求如何？简述其冶炼原理及工艺特点。

7-9　简述真空固体脱碳法生产微碳铬铁的生产过程。氧碳原子比大小对产品质量有何影响？

7-10　已知某厂生产碳素铬铁的炉渣成分（质量分数）为：SiO_2 30%，Al_2O_3 15%，MgO 37%，此渣熔点、黏度（1600℃）为多少？并说明此渣是否合适。

8 钼铁的冶炼

8.1 钼铁的牌号及用途

钼是生产合金钢的合金元素之一。钼加入钢中能降低钢的共晶分解温度,扩大钢的淬火温度范围,从而影响钢的淬火深度,提高钢的淬透性、耐磨性。钼与其他元素(如铬、镍、钒等)配合使用,可使钢具有均匀的细晶组织,提高其强度、弹性极限等性能。钼广泛用于炼制结构钢、不锈钢、耐热钢、工具钢等钢种。

钼应用在合金铸铁中会使灰口铁晶粒变细,改进灰口铁在高温下的性能,提高其强度和耐磨性。

我国钼铁的牌号及化学成分见表 8 - 1。

表 8 - 1 钼铁的牌号及化学成分(GB/T 3649—2008) (%)

牌 号	化 学 成 分							
	Mo	Si	S	P	C	Cu	Sb	Sn
		≤						
FeMo70	65.0~75.0	2.0	0.08	0.05	0.10	0.5		
FeMo60 - A	60.0~65.0	1.0	0.08	0.04	0.10	0.5	0.04	0.04
FeMo60 - B	60.0~65.0	1.5	0.10	0.05	0.10	0.5	0.05	0.06
FeMo60 - C	60.0~65.0	2.0	0.15	0.05	0.15	1.0	0.08	0.08
FeMo55 - A	55.0~60.0	1.0	0.10	0.08	0.15	0.5	0.05	0.06
FeMo55 - B	55.0~60.0	1.5	0.15	0.10	0.20	0.5	0.08	0.08

炼钢及铸铁使用的钼元素添加剂除钼铁外,还有氧化钼压块、钼酸钙等。氧化钼压块按钼及杂质含量不同分为 6 个牌号,见表 8 - 2。

表 8 - 2 氧化钼压块牌号及化学成分(YB/T 5129—2012) (%)

牌 号	化学成分(质量分数)							
	Mo	S		Cu	P	C	Sn	Sb
		I	II					
	≥			≤				
YMo60	60.0	0.10		0.50	0.05	0.10	0.05	0.04
YMo57	57.0	0.10		0.50	0.05	0.10	0.05	0.04
YMo55 - A	55.0	0.10	0.15	0.25	0.04	0.10	0.05	0.04
YMo55 - B	55.0	0.10	0.15	0.40	0.04	0.10	0.05	0.04
YMo52 - A	52.0	0.10	0.15	0.25	0.05	0.15	0.07	0.06
YMo52 - B	52.0	0.15	0.25	0.50	0.05	0.15	0.07	0.06

续表 8 - 2

牌　号	化学成分（质量分数）							
	Mo	S		Cu	P	C	Sn	Sb
		I	II					
	≥	≤						
YMo50	50.0	0.15	0.25	0.50	0.05	0.15	0.07	0.06
YMo48	48.0	0.25	0.30	0.80	0.07	0.15	0.07	0.06

钼通常以钼铁、氧化钼块及钼酸钙形式加入钢中。钼以氧化钼形式加入钢中既简化了钼铁的生产工艺，又降低了原材料及动力消耗，很受国内外重视。

8.2　钼及其化合物的物理化学性质

钼的主要物理化学性质如下：

相对原子质量	95.94
密度	10220kg/m³
熔点	2600℃
沸点	5500℃
熔化热	7.37kJ/mol
蒸发热	536.3kJ/mol

钼可以与很多物质形成化合物，但与氢不起作用。

在空气中，钼于400℃以下是稳定的，当温度高于400℃时会被氧化，高于600℃时生成三氧化钼。

三氧化钼（MoO_3）是稳定的氧化物，具有明显的酸性，呈白色，加热时变成草绿色或淡黄色，密度为 4390～4500kg/m³，熔点为795℃，沸点为1155℃。当温度高于650℃时，MoO_3 显著升华。MoO_3 微溶于水，能溶于苛性碱、苏打、氨的溶液中而生成钼酸盐。

二氧化钼（MoO_2）是紫褐色粉末，并有金属光泽。当温度高于100℃时，MoO_2 显著升华。其密度为6340kg/m³。MoO_2 不溶于水、碱性水溶液，也不溶于硫酸、盐酸等酸。

钼与铁可以任何比例形成合金，如钼化铁（FeMo）、六钼化七铁（Fe_7Mo_6）等。当合金中 Mo 含量大于50%时，其熔点迅速升高，所以冶炼钼铁时合金不能从炉内流出。Fe－Mo 状态图如图 8－1 所示。

钼与碳可生成 Mo_2C 和 MoC 两种化合物。Mo－C 状态图如图 8－2 所示。钼的

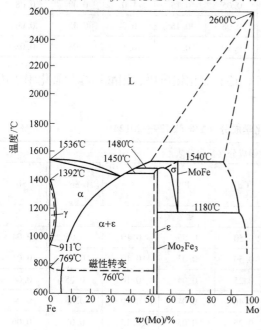

图 8－1　Fe－Mo 状态图

碳化物是不稳定的，在有氧化钼存在时碳化钼易分解，反应为：

$$3Mo_2C + MoO_3 = 7Mo + 3CO_{(g)}$$

Mo_2C 和 MoC 的熔点分别为 $2380℃$ 和 $2570℃$。碳在钼中的溶解度不超过 0.3%。

钼与硅可生成三种化合物，即 Mo_3Si，Mo_5Si_3 和 $MoSi_2$。$Mo-Si$ 状态图如图 8-3 所示。钼的硅化物对酸很稳定，在空气中轻微地氧化。

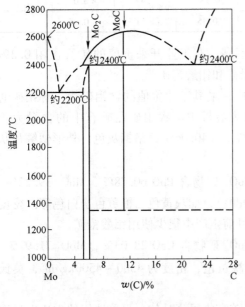

图 8-2 Mo-C 状态图   图 8-3 Mo-Si 状态图

钼与硫可生成硫化物，即 MoS_2，Mo_2S_3 和 MoS_3，其中 MoS_2 是主要的硫化物。MoS_2 样似石墨，质软，具有金属光泽，密度为 $4700kg/m^3$。当温度高于 $500℃$ 时，MoS_2 很容易氧化成 MoO_3。

8.3 钼矿及其处理

8.3.1 钼矿

目前世界已探明钼矿储量（以钼计）为 $600\sim980$ 万吨，主要分布在美国、加拿大、智利、俄罗斯和中国。

我国钼矿资源非常丰富，主要分布在东北、西北、中南和华南地区。我国钼精矿主要矿区的钼精矿化学成分见表 8-3。

表 8-3 我国钼精矿主要矿区的钼精矿化学成分   （%）

产　地	化　学　成　分						
	Mo	SiO$_2$	Cu	Pb	CaO	P	水分
辽宁锦西	45.61	9.96	<0.05	0.067	2.58		3.10
	45.69	9.69	<0.05	0.060	2.50		2.43

产 地	化 学 成 分						
	Mo	SiO₂	Cu	Pb	CaO	P	水分
陕西金堆城	45. 35	12. 47	0. 202	0. 043	1. 180	0. 013	4. 5
	46. 83	11. 07	0. 169	0. 079	1. 16	0. 014	6. 0
湖南宝山	47. 51	5. 37	0. 125	0. 187	1. 49	<0. 05	
	47. 35	4. 80	0. 130	0. 35	1. 51	<0. 05	

自然界中含钼矿物有 20 多种，钼含量都不高，有工业开采价值的矿石含钼 0.2%（有时更低）。常见的含钼矿物有辉钼矿、钼酸铅矿和钼酸钙矿等。

辉钼矿中钼以 MoS_2 形式存在，它是分布较广，最具工业价值的含钼矿物。辉钼矿通常存在于伟晶岩脉，石英脉，深成热液矿脉和接触带中。辉钼矿在矿石中的含量大于 0.2% 时就有开采价值。纯 MoS_2 矿物含 Mo 59.9%，S 40.06%，呈钢灰色，外形似鳞片状石墨，密度为 $4700 \sim 5000kg/m^3$，莫氏硬度为 1。

钼酸铅矿中钼以 $PbMoO_4$ 形式存在，纯 $PbMoO_4$ 矿物含 PbO 60.78%，MoO_3 39.22%。钼酸铅矿常存在于铅矿产地氧化区内，它有各种颜色，如灰黄色、橙黄色、白色等。密度为 $6700 \sim 7000kg/m^3$，莫氏硬度为 3，有光泽。目前生产中很少使用钼酸铅矿。

钼酸钙矿中钼以 $CaMoO_4$ 形式存在，纯 $CaMoO_4$ 矿物含 CaO 28.03%，MoO_3 71.97%。$CaMoO_4$ 是辉钼矿氧化生成的一种次生矿物，呈淡黄色，密度为 $4300 \sim 4500kg/m^3$，莫氏硬度为 3.5。

开采出的钼矿钼含量较低，因此必须经过选矿富集提高品位。目前选钼的方法有浮选法和重选法，浮选法用得较多。我国钼精矿的牌号及化学成分见表 8 - 4。

表 8 - 4　我国钼精矿的牌号及化学成分 （YS/T 235—2007）　　　（%）

牌 号	化 学 成 分									
	Mo（≥）	杂质 （≤）								
		SiO₂	As	Sn	P	Cu	WO₃	Pb	CaO	Bi
KMo - 57	57. 00	2. 0	0. 01	0. 01	0. 01	0. 10	0. 05	0. 10	0. 50	0. 05
KMo - 53	53. 00	6. 5	0. 01	0. 01	0. 01	0. 15	0. 05	0. 10	1. 50	0. 05
KMo - 51	51. 00	8. 0	0. 01	0. 02	0. 01	0. 20	0. 10	0. 10	1. 80	0. 05
KMo - 49	49. 00	9. 0	0. 01	0. 02	0. 02	0. 22	0. 15	0. 10	2. 20	0. 05
KMo - 47	47. 00	9. 0	0. 01	0. 02	0. 02	0. 25	—	0. 15	2. 70	0. 05

辉钼矿是一种硫化物，硫含量太高，会影响钼合金的质量。因此，常用氧化焙烧的办法对其进行处理，使其变成氧化物后方可用于冶炼钼铁。

8.3.2　钼精矿氧化焙烧

8.3.2.1　焙烧设备

钼精矿焙烧一般在多层焙烧炉中进行，我国焙烧钼精矿一般采用 8 ~ 12 层多层焙烧炉，8 层焙烧炉的结构如图 8 - 4 所示。

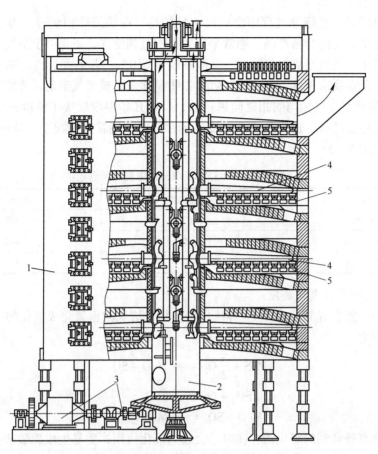

图 8 - 4　8 层焙烧炉的结构

1—外壳；2—主轴（旋转竖轴）；3—传动机构；4—耙臂；5—耙齿

焙烧炉外壳用钢板制成，内衬用黏土耐火砖砌筑。炉子中心装有电动机，通过减速机带动旋转的中心轴。耙臂固定在主轴上，主轴与耙臂都是中空结构，工作时通风冷却。炉子各层设有 4~8 个操作炉门。炉子单层设有一个靠近主轴的中间下料口，双层边缘设有8 个靠近炉墙的下料口，第 2~7 层每层设有一个废气出口，第 1 层炉拱设有 1 个加料口和 1 个返回品口，第 8 层炉底设有一个熟钼矿出口，第 6~8 层装有 6~12 个煤气烧嘴。

炉子主轴转动带动耙臂上的耙齿运动，耙齿起到拔料和搅拌炉料的作用。炉料由上一层落到下一层，逐一下落，最后焙烧好的炉料排出炉外。

8 层焙烧炉的外径为 $\phi6034mm$，内径为 $\phi5034mm$，高度为 6700mm，炉子中心轴转速为 0.75r/min 或 0.95r/min。

8.3.2.2　焙烧原理

钼精矿焙烧的目的是把钼的硫化物转变为氧化物，也就是将 MoS_2 及其他硫化物氧化脱硫。在焙烧过程中将发生下述反应。

A　MoS_2 的氧化反应

MoS_2 的氧化反应为：

$$MoS_2 + \frac{7}{2}O_2 = MoO_3 + 2SO_2$$

此反应为放热反应，在焙烧过程中会放出大量的热。在焙烧辉钼矿时，为了使其完全氧化，获得硫含量很低的合格产品，通常采用大量的过剩空气。正是由于空气过剩量大，燃烧热被废气带走，使得焙烧温度降低，一般不超过650℃。若温度过高，则会使部分氧化钼烧结成块，降低反应速度，甚至使三氧化钼明显挥发而被废气带走，造成钼的损失。

MoS_2 的氧化是在气相与固相之间进行的，反应开始温度取决于粒度的大小，颗粒越小，反应开始温度越低，进行反应的速度也越快。在不同粒度情况下，MoS_2 的反应开始温度与燃点见表 8 - 5。

表 8 - 5　MoS_2 的反应开始温度与燃点

粒度/mm	反应开始温度/℃	燃点/℃
<0.063	207	365
0.09 ~ 0.127	230	465
0.2 ~ 0.35	300	510

B　其他硫化物的氧化反应

钼精矿中一般含有 Fe、Cu、Pb 等硫化物，其在焙烧时也氧化成氧化物，并部分生成硫酸盐，反应为：

$$MeS + \frac{3}{2}O_2 \rightleftharpoons MeO + SO_2$$
$$2SO_2 + O_2 \rightleftharpoons 2SO_3$$
$$MeO + SO_3 \rightleftharpoons MeSO_4$$

特别是在有铁和铜的氧化物存在时，会起到催化作用，更易生成硫酸盐。因此，焙烧后熟钼矿中的硫主要以硫酸盐形式存在。会增加焙烧后熟钼矿中的硫含量。

C　三氧化钼与其他氧化物的反应

在焙烧条件下，许多金属氧化物会与三氧化钼反应生成钼酸盐。

（1）生成钼酸铜。在 300 ~ 800℃ 范围内，钼酸铜生成反应为：

$$CuO + MoO_3 \rightleftharpoons CuMoO_4$$

钼酸铜在820℃时会分解，在840℃时会全部熔化。$CuMoO_4$ 与 MoO_3 混合在一起会生成低熔点（560℃）的共晶体，因此在焙烧过程中会使炉料严重焙烧，影响产品质量。所以，生钼精矿中铜含量应小于 0.5%。

（2）生成钼酸钙。在 400℃ 以上时，氧化钙或碳酸钙与三氧化钼作用，生成钼酸钙，反应为：

$$CaO + MoO_3 \rightleftharpoons CaMoO_4$$
$$CaCO_3 + MoO_3 \rightleftharpoons CaMoO_4 + CO_2$$

反应生成的 $CaMoO_4$ 对焙烧过程影响不大。

但是在焙烧条件下，由于有氧化硫存在，氧化钙会与氧化硫发生如下反应：

$$CaO + SO_3 \rightleftharpoons CaSO_4$$

生成难分解的 $CaSO_4$，造成焙烧后的钼矿硫含量过高，因此要求钼矿中 CaO 含量小于 2.5%。

（3）生成钼酸铁。在 300 ~ 800℃ 时，钼酸铁生成反应为：

$$FeO + MoO_3 \Longrightarrow FeMoO_4$$

反应中的 FeO 是生精矿中铁硫化物在氧化时生成的中间产物,虽然 FeO 在氧化性气氛中不稳定,但有 MoO_3 存在时却能与其反应生成 $FeMoO_4$。钼酸铁的熔化温度为 850℃。

(4)生成钼酸铅。焙烧过程中,温度过高(高于 700℃)时会发生钼酸铅生成反应:

$$PbO + MoO_3 \Longrightarrow PbMoO_4$$

所以,为避免熟钼矿中铅含量超标,应严格控制原料中的铅含量。

D 辉钼矿与三氧化钼的二次反应

钼精矿在焙烧过程中,由于温度控制不当(过高),会造成烧结成块,结块内部由于缺少空气,使 MoS_2 与 MoO_3 发生二次反应,反应式为:

$$MoS_2 + 6MoO_3 \Longrightarrow 7MoO_2 + 2SO_2$$

温度高于 600℃以上时,该反应进行的速度很快,导致低价氧化钼的出现,甚至可能保留 MoS_2 核心。

造成钼矿烧结的原因有:局部产生高温,发生熔化而形成低熔点化合物;浮选后精矿中残留浮选剂,如钾、钠等易熔物质。所以,在焙烧过程中应尽量创造充分的氧化性气氛,严格控制温度,以防烧结现象发生。

8.3.2.3 焙烧工艺

钼精矿焙烧可以在多层焙烧炉、单膛炉、回转窑、沸腾焙烧炉中进行,由于多层焙烧炉易准确控制炉温和炉内气氛,采用多层焙烧炉的较多。多层焙烧炉焙烧钼精矿的工艺流程如图 8-5 所示。

A 烘炉

开始加料前首先要进行烘炉。烘炉的目的是使炉内耐火砖衬均匀受热,防止膨胀不均而造成砖衬损坏脱落,同时要达到生钼矿开始氧化的温度。开始烘炉的煤气消耗量应控制在

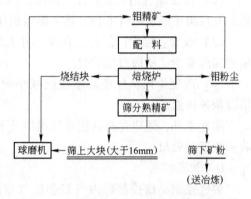

图 8-5 多层焙烧炉焙烧钼精矿的工艺流程

$100 \sim 300 m^3/h$,温升控制在 5℃/h,经 4~6 昼夜,当第 3 层达到 350℃、第 4 层达到 450℃时方可加料。如采用电除尘设备除尘,还需待电除尘器出口温度达到 180~200℃后才能向炉内加料,以防止烟气温度低于 SO_2 的露点而腐蚀损坏除尘设备。在烘炉时若温升过急或不均,容易造成砖衬破损,甚至使炉壳变形。

B 加料

当烘炉温度达到要求后,开始加料。加入炉内的料需经配料、混合,由于多层焙烧炉是连续作业,先后加入炉内的炉料钼含量差值应小于 1%,这样可使炉况及焙烧后熟钼矿的钼含量稳定。返回品(指清炉后的烧结大块经球磨的粉碎物)加入量可根据炉况而定,一般不超过 30%。加料速度一般控制在 750~900kg/h。

C 炉温控制

焙烧炉炉温控制在焙烧过程中非常关键。根据生产实践经验,8 层焙烧炉各层温度范围及精矿硫含量见表 8-6。

在焙烧炉中,第 1 层是预热区;第 2~5 层是主要的脱硫区,以硫化物的燃烧反应为

表 8 – 6　8 层焙烧炉各层温度范围及精矿硫含量

炉子层次	温度范围/℃	硫含量/%	炉子层次	温度范围/℃	硫含量/%
1	300 ~ 350	27 ~ 29	5	600 ~ 650	4 ~ 15
2	400 ~ 450	25 ~ 27	6	600 ~ 680	0.3 ~ 2
3	500 ~ 550	21 ~ 25	7	620 ~ 650	0.3 ~ 0.07
4	550 ~ 600	16 ~ 21	8	400 ~ 500	0.07 ~ 0.05

热源；第 6 ~ 8 层是去除残硫区，以煤气焙烧为热源。各层炉温按规范控制可稍有不同。但炉温过低，会使焙烧速度减慢，熟钼矿硫含量过高；炉温过高，会使三氧化钼过分挥发，钼的损失增加，而且会产生焙烧结块，加速耙齿磨损等。因此，在焙烧过程中应注意温度控制。

一般采取以下几种措施调整各层温度：

（1）调整钼精矿及返回品加入量。生钼精矿在焙烧时发生放热反应，加入量多可使上几层的温度升高，反之则降低。返回品在焙烧时不放热，加入量多可使上几层的温度下降，反之则升高。

（2）改变煤气消耗量。在某层增加或减少煤气消耗量时，可使该层的炉温升高或降低，并且由于燃烧废气上行，还会影响到相邻上层的炉温变化。

（3）改变各层炉门的开启程度。开大或关小操作炉门可使通过炉门进入炉内的空气量增加或减少，从而改变炉温。

（4）改变炉内负压值。增加或减小炉内负压值可使炉子吸入的空气量增加或减少，借以调整炉温。

除此之外，还应保持各层废气出口及下料口通畅，这样，采用上述方法调整炉温才能收到预期的效果。

D　炉气控制

炉气控制是指控制炉内气氛和废气量。为了使 MoS_2 完全氧化并具有一定的反应速度，应将炉内气氛控制在氧化性气氛范围内。但若采用大量的过剩空气，则会增加废气量，使废气带走的 SO_2 总量增加，且废气中的 SO_2 含量降低（0.85% ~ 1.5%），同时会使废气带走的热量增加。改变炉尾吸力、开闭操作炉门、增减煤气消耗量、改变加料量等，都可以改变炉内气氛。因此，调整焙烧炉炉温与炉气是相互关联的，必须协调考虑。

E　焙烧

多层焙烧炉焙烧钼精矿的过程一般分为干燥预热、氧化燃烧、加热固化和分散烧成四个阶段。

（1）干燥预热段。炉料加入焙烧炉后首先落入第 1 层，此层为炉料的干燥预热段。干燥预热段的作用是蒸发去掉生钼矿中的水分和油分，防止炉料结块及油分燃烧造成炉料局部或全部过热而烧结。因此，该段炉温应控制在 350℃ 以下。

（2）氧化燃烧段。炉料下降至第 2 层以下开始氧化燃烧，第 2 ~ 5 层为氧化燃烧段。炉况正常时，第 2、3 层内炉料呈暗红色，在耙齿的拨动下处于运动状态，取出矿样冷却后呈深褐色，有 SO_2 气味。第 4 层内钼精矿氧化反应激烈，炉料呈鲜红色，处于流动状态，取出矿样冷却后呈浅褐色，有强烈的 SO_2 气味。第 5 层开始出现少量的炉料黏结现象，此时应注意及时清除耙臂、耙齿上黏结的炉料，以便于耙料与拨料正常进行，保证炉料与氧的接触面积，利于燃烧反应。炉料在氧化燃烧时必须严格控制炉温，不能过高，否则会出现废气口及下料口严重堵塞，下料与排出烟气困难等现象，对炉况及精矿脱硫极为不利。

（3）加热固化段。固化是焙烧钼精矿特有的现象，在8层焙烧炉中固化段应控制在第6层，这样对氧化脱硫较为有利。控制好固化所在层对稳定炉况及最终得到硫含量低的熟钼矿非常关键。开始固化时，炉料会凝聚成小颗粒，黏结耙臂、耙齿。取出固化炉料样可以看出，细小的矿粒互相黏结在一起，呈半熔融状态，此时炉料硫含量在0.8%左右。如果固化带上移到第5层或下移到第7层，就会发生炉料烧结、第7层料层过厚现象，会严重影响精矿的氧化脱硫。

（4）分散烧成段。经固化后的炉料下降到第7层，开始分散开来，此时炉料在炉内呈暗红色，取出的炉料样冷却后呈黄绿色，在此层，操作者必须随时清理黏结在耙臂、耙齿上的炉料，必要时把积聚在下料口处的黏结炉料用推耙推到第8层，以防炉料堆积而堵塞下料口。料层过厚也会阻碍进一步去除残硫。在第8层炉料分散成为1~3mm的细小颗粒，耙齿拨动炉料时不再出现黏结现象，但此时仍要及时清理耙齿间黏附的炉料，使炉料与炉气有良好的接触条件，进一步烧除残硫至最后烧成。

烧成出炉后的熟钼矿还要经过筛分处理，以达到冶炼所需的粒度。筛上大块和烧结大块要经破碎、球磨，连同硫含量不合格的熟钼矿一起作为返回品再次入炉焙烧。

8.4 钼铁冶炼工艺

8.4.1 钼铁冶炼方法

钼的氧化物稳定性不大，很容易被碳、硅和铝还原，因此，钼铁主要采用炉外金属热法和电炉碳热法生产。

电炉碳热法是将钼精矿（MoS_2）或氧化钼与碳质还原剂等原料置于碳质炉衬的电炉中，直接冶炼钼铁。这种方法由于生产的钼铁碳含量高、电耗大、钼回收率低，较少采用。

硅热法生产钼铁的实质是用硅代替碳作氧化钼的还原剂，反应放出的热量大，足以使冶炼顺利进行，因此不需外加热源。硅热法生产钼铁的工艺设备简单、经济，并且产品碳含量低于0.10%的钼铁只能采用此法，因此它是国内外广泛应用的钼铁生产方法。

8.4.2 钼铁冶炼原理

钼铁冶炼一般采用碳、铝、硅等作还原剂。用碳还原氧化钼时按下式进行反应：

$$\frac{2}{3}MoO_3 + 2C = \frac{2}{3}Mo + 2CO \qquad \Delta G^{\ominus} = 208108.24 - 309.74T \quad (J/mol)$$

$$\frac{2}{3}MoO_3 + \frac{7}{3}C = \frac{1}{3}Mo_2C + 2CO \qquad \Delta G^{\ominus} = 214992.18 - 316.10T \quad (J/mol)$$

$$MoO_2 + \frac{5}{2}C = \frac{1}{2}Mo_2C + 2CO \qquad \Delta G^{\ominus} = 344573.64 - 365.8T \quad (J/mol)$$

$$MoO_2 + 2C = Mo + 2CO \qquad \Delta G^{\ominus} = 335781.36 - 355.75T \quad (J/mol)$$

氧化钼还原反应自由能变化与温度的关系见图 8 - 6。用碳还原氧化钼时，钼铁合金碳含量较高。

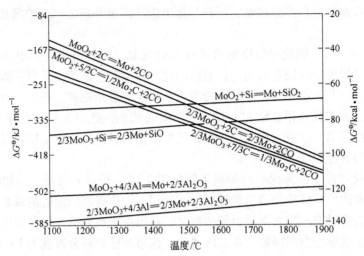

图 8 - 6 氧化钼还原反应自由能变化与温度的关系

用硅还原氧化钼时按下式进行反应：

$$\frac{2}{3}MoO_3 + Si \Longrightarrow \frac{2}{3}Mo + SiO_2 \qquad \Delta G^\ominus = -469507.75 + 65.52T \quad (J/mol)$$

$$MoO_2 + Si \Longrightarrow Mo + SiO_2 \qquad \Delta G^\ominus = -342773.31 + 19.51T \quad (J/mol)$$

从反应自由能变化可以看出，上述反应向右进行的趋势很大。

用铝还原氧化钼时按下式进行反应：

$$\frac{2}{3}MoO_3 + \frac{4}{3}Al \Longrightarrow \frac{2}{3}Mo + \frac{2}{3}Al_2O_3 \qquad \Delta G^\ominus = -645478.95 + 51.16T \quad (J/mol)$$

$$MoO_2 + \frac{4}{3}Al \Longrightarrow Mo + \frac{2}{3}Al_2O_3 \qquad \Delta G^\ominus = -518744.52 + 5.15T \quad (J/mol)$$

从反应自由能变化可以看出，上述反应向右进行的趋势更大。

在钼铁冶炼过程中，除钼氧化物被还原外，还进行铁氧化物的还原反应。氧化铁约有42%被还原成铁，其余还原成氧化亚铁，进入渣中，对炉渣有稀释作用。

采用硅热法冶炼钼铁时，金属和炉渣同时在炉料中形成，并按其密度不同而分层。由于反应在很短的时间内完成，此后熔体温度开始快速降低，所以炉渣应有较好的流动性，以免金属被夹带混入渣中。为此，可将氧化铁和氧化铝加进炉渣，氧化铝入渣可代替部分硅作还原剂，提高热量，从而提高熔体温度，延缓熔体降温。此外，氧化铝取代炉渣中的部分二氧化硅还可降低炉渣的黏度，增加炉渣的流动性。

8.4.3 硅热法冶炼钼铁

8.4.3.1 冶炼原料

硅热法冶炼钼铁的炉料组成为：熟钼精矿、硅铁粉、铝粒、铁矿或铁鳞、钢屑、萤石和硝石。

（1）熟钼精矿。熟钼精矿是冶炼钼铁的主要原料。对熟钼精矿的要求是品位高且稳定，杂质含量低，粒度适宜。一般熟钼精矿的成分为：$w(Mo)=48.5\%\sim52\%$，$w(S)<0.065\%$，$w(P)<0.023\%$，$w(Cu)<0.3\%$，$w(SiO_2)=8\%\sim14\%$，$w(Pb)=0.2\%\sim0.5\%$，$w(FeO)=3\%\sim5\%$，$w(CaO)=2\%\sim4.5\%$。其粒度小于20mm，$10\sim20$mm部分占总量的20%。

（2）硅铁粉。硅铁粉是冶炼中的主要还原剂，也是钼铁合金中铁的主要来源之一。用其还原氧化钼和氧化铁等氧化物。常用的是硅75，使用前要经过破碎和球磨磨细，粒度要求为$1\sim1.8$mm粒级比例不超过1%，$0.5\sim1$mm粒级比例不超过10%，其余部分粒度在0.5mm以下。粒度过大易造成钼铁硅含量增加。

（3）铝粒。铝粒作为冶炼的还原剂使用，同时也会增加单位炉料的发热量。要求铝粒铝含量大于90%，铜含量小于1%，粒度小于3mm，3mm以上粒级比例不得超过10%。粒度过小，则易燃易爆，在生产时不安全；粒度过大，则不利于反应进行。

（4）铁矿或铁鳞。铁矿或铁鳞在冶炼中起氧化剂作用，也是合金中铁的来源之一。对铁矿的化学成分要求为：$w(Fe)>60\%$，$w(S)>0.05\%$，$w(P)<0.05\%$，$w(C)<0.30\%$，杂质总含量小于6.0%。铁矿在使用前要经300℃以上烘烤，使水分含量降至1%以下，粒度应小于3mm。铁鳞是轧钢或锻造时回收的氧化铁皮，其成分要求与铁矿基本相同，使用前必须加热干燥以去除水分和油污。

（5）钢屑。钢屑是合金中铁的主要来源。一般使用碳素钢钢屑，要求其成分为：$w(Fe)>98\%$，$w(S)<0.045\%$，$w(P)<0.030\%$，$w(C)<0.30\%$，$w(Cu)<0.1\%$。钢屑在使用前必须经破碎，其长度小于50mm，并加热干燥以去除水分和油污。

（6）萤石。萤石作为熔剂加入炉内，它能稀释炉渣，增加炉渣的流动性。要求萤石中$w(CaF_2)>90\%$，$w(S)<0.05\%$，$w(P)<0.05\%$。其在入炉前要进行破碎，粒度小于20mm，并加热干燥以去除水分。

炉料中萤石配加量取决于炉渣性质和熟钼精矿的SiO_2含量。炉渣中SiO_2含量高，则炉料熔点高、粒度大，会夹带金属液滴。因此，加入萤石会改善炉渣的熔点、粒度，提高流动性。生产中按熟钼精矿的SiO_2含量调整萤石配加量，见表8-7。

表8-7　熟钼精矿SiO_2含量不同时的萤石配加量

熟钼精矿的SiO_2含量/%	萤石配加量/kg
5	$1\sim2$
$5\sim9$	$2\sim3$
>9	$3\sim5$

（7）硝石。硝石即硝酸钠，作为补充发热剂使用。当熟钼精矿中钼含量较低（小于5.2%）时，每批料配加$2\sim3$kg硝石，要求其$w(NaNO_3)\geqslant99\%$。

8.4.3.2　冶炼工艺

A　配料与混合

冶炼钼铁的配料与混合系统如图8-7所示，该系统由料仓、称量车、混合机、聚料斗等组成。

配料时应严格按照配料计算结果组成料批，称量时按熟钼精矿、硝石、铝粒、铁矿或

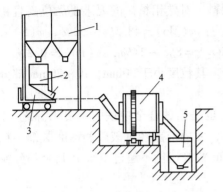

图 8-7　冶炼钼铁的配料与混合系统

1—料仓；2—配料料斗；3—带磅秤的称量车；
4—混合机；5—聚料斗

铁鳞、硅铁粉、钢屑、萤石的顺序称量。将每 10 批称量好的炉料装入混合机内混合 5～10min，然后倒入聚料斗内待用。

配料操作应注意称量顺序正确、称量精度准确，同时要注意加强炉料干燥，以免水分等影响炉料的准确配比。

B　熔炉与装料

硅热法冶炼钼铁用的熔炉如图 8-8 所示。炉壳用 10mm 厚的钢板焊成无底圆筒形，内衬黏土砖，在距炉壳下缘 100mm 处设有直径为 $\phi100\sim120mm$ 的出渣口。

某厂 4t 批料量的钼铁熔炉尺寸如图 8-9 所示。其参数为：$D=1700\sim1800mm$，$H=700\sim800mm$，$h=1200\sim1300mm$，$H+h=2000mm$，$K=H/D=0.47$。

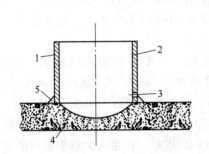

图 8-8　硅热法冶炼钼铁用的熔炉

1—焊制圆筒；2—黏土砖内衬；3—出渣口；4—收容钼铁的
砂质凹坑；5—外部砂子填充物

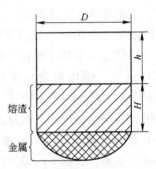

图 8-9　某厂 4t 批料量的
钼铁熔炉尺寸

熔炉安装在砂基上，筒内砂基做成半球形凹坑（砂窝），凹坑表面铺一层 50mm 厚的新湿砂，摆正炉筒后将砂窝捣实。炉筒与砂子接触处，从内部用新砂捣实 200mm；外部也用砂子捣实，高度不低于 300mm。砂窝表面要踩实、光滑，渣口用湿砂里外堵好、烘干，严防砂窝和渣口潮湿而造成翻渣、跑渣等事故。

在安置炉筒前要检查内衬侵蚀情况，当下部侵蚀至厚度小于 50mm 时，要及时修补；当大部分内衬厚度都小于 50mm 或炉壳变色时，要重新更换内衬。

砂窝干燥后，将炉料装入炉内，为减少炉料分层，装料时将聚料斗在炉筒表面摇动，第一斗装在中心，以免破坏砂窝，炉料全部装完后弄平炉料表面，并在上面做一个不大的凹坑，在凹坑中放入点火混合物。

C　熔炼

硅热法冶炼钼铁的点火混合物组成是：铝粒 8kg，硝酸钠 7kg。

点火混合物装好后，用钢钎在上面扎几个眼，并摇晃使点火混合物深入到炉料中。然后在点火混合物中间放入 50g 引火剂（镁屑），安装好烟罩，打开排烟机，点燃引火剂，开始熔炼。这种方法称为上部点火法。

熔炼反应过程正常的特点是：反应激烈，放出大量浅褐色烟气；熔炼结束快，反应终点明显；炉渣取样时呈丝状，渣的表面带有光泽，断面呈玻璃状，颜色为黑绿色或亮黑色。

熔炼过程出现异常的原因及处理方法如下：

（1）其他现象正常，但大量喷溅。这是由于炉料潮湿或单位发热量过高以及砂窝过湿引起的。此现象容易导致漏炉，或使合金硅含量偏高。如果是炉料发热量高，就要减少铝粒，增加硅铁配加量；如果是潮湿，就要解决炉料和砂窝的烘干问题。

（2）反应过于激烈，大量喷溅，持续时间很短，反应结束快，烟气明亮，炉渣黏稠、呈蓝绿色，取样冷却后易碎，断面有亮星并呈银白色。这是还原剂过多的表现，会导致合金硅含量高、钼含量低。这就需要减少还原剂配入量（一般每批料减少 $0.4 \sim 1kg$）。

（3）反应平稳，反应过程间断，烟气呈深褐色且上升缓慢，反应时间长，结束不明显，拨炉后钼铁锭表层渣面出现气泡并有冒火现象，在未冷却的钼铁锭中取出钼铁样，冷却后表面挂黑色渣，硬且断面不整齐，呈灰色。这是还原剂不足的表现，会导致合金钼含量较高（62% ~ 64%）、硅含量较低（不超过0.05%），且钼铁锭分层，冷却时极易生锈，精整困难，炉渣中金属颗粒过多、钼含量高。处理时可增加还原剂量（一般每批料增加 $0.2 \sim 0.6kg$）。

（4）反应进行缓慢，时间长，无明显正常烟气。这是由炉料热量不足所致，会使合金钼含量高（63%左右）、硅含量高（1%以上），钼铁锭严重分层或偏析。这时要检查炉料粒度、成分和氧含量，再根据具体情况做调整配料比处理。

D 出渣、取样与合金精整

熔炼结束后镇静 $30 \sim 50min$，使渣中金属颗粒充分下沉，以保证渣中钼含量在0.18% ~ 0.35%以下。然后打开渣口放渣，取渣样分析，当钼含量高于0.35%时，炉渣要返回熔炼，贫渣可弃去或综合利用。正常炉渣的成分范围见表8-8。

表8-8 正常炉渣的成分范围 （%）

CaO	MgO	Al$_2$O$_3$	SiO$_2$	FeO	Mo
2.70 ~ 3.62	1.14 ~ 1.66	12.79 ~ 14.01	58.88 ~ 61.32	16.67 ~ 20.13	0.01 ~ 0.25

放渣后取下炉筒，使合金在砂窝中自然冷却 $4 \sim 6h$，用特制夹具夹出合金，吊至精整台精整。钼铁合金锭底部烧结的砂层要刮掉，锭上部的渣盖要用耙子推掉。为了使表面结渣清理干净，防止精整损失，在合金锭表面铺一层（25kg）硝石，炽热的锭面使硝石熔化，硝石烧熔炉渣，再用压缩空气把熔渣吹掉。之后将合金锭送入水箱中，用水急冷 $25 \sim 30min$。水冷时间不宜过长，在中心还红热时即终止水冷。在自然降温时，借助锭自身的余热烘干残余水分。

在精整前要取样分析。取样方法是：将金属锭半径三等分，在等分线上取三个金属柱，由这三个金属柱按自中心柱向边柱的顺序分别均匀取 4、3、2 个试样，共计9个试样，每个试样200g，然后混匀，要保证平均试样与个别试样之间的钼含量偏差不超过±3%，混匀后进行成分分析。

合格的钼铁合金具有细致的结晶结构，断口呈阴暗色。硫含量高时，断口会出现发光的层状结构。硅含量高时，用手摩擦后会在手上留下一层有光泽的金属颗粒。钼含量低时，晶粒组织会很粗大。分析合格后的钼铁合金锭要破碎至 40～50mm 粒度，进行包装储运。

8.5　硅热法冶炼钼铁的配料计算

8.5.1　计算条件

（1）以 100kg 熟钼精矿为计算基础。

（2）原料的化学成分（质量分数）。

1）熟钼精矿：Mo 50%，SiO_2 11%，FeO 2.5%，Al_2O_3 1.5%，CaO 2.5%，MgO 2.6%，S 0.05%，P 0.02%。

2）硅铁：Si 76%，Fe 21.5%，Al 2%。

3）铁矿：Fe_2O_3 80%，FeO 14%，SiO_2 2%，S 0.02%，P 0.07%。

4）铝粒：Al 99%，Cu 小于 1.0%。

5）钢屑：Fe 98.7%，S 0.04%，P 0.04%，C 0.3%。

6）萤石：CaF_2 85%，SiO_2 9%，Al_2O_3 3%，FeO 1.5%，MgO 0.1%。

（3）熟钼精矿中钼以 100% 还原计，其他氧化物还原不予考虑。

（4）铁矿中 Fe_2O_3 有 58% 还原为 FeO，42% 还原为 Fe。

（5）单位炉料发热量按 2100kJ/kg 计算。

（6）根据生产经验，每批料按铁矿 20kg、硝石 3kg、萤石 3kg、铝粒 6kg 计算。

（7）炼制的钼铁含钼 60%，除 Mo 和 Fe 外的其他杂质总量为 2kg。

8.5.2　料批组成计算

（1）硅铁加入量。

1）计算参加反应的氧量。

① 100kg 熟钼精矿放出氧量为：

$$MoO_3 =\!\!=\!\!= Mo + \frac{3}{2}O_2$$

$$100 \times 0.50 \times 48/96 = 25kg$$

② 20kg 铁矿放出氧量为：

$$Fe_2O_3 =\!\!=\!\!= 2FeO + \frac{1}{2}O_2$$

$$20 \times 0.8 \times 16/160 = 1.6kg$$

$$FeO =\!\!=\!\!= Fe + \frac{1}{2}O_2$$

$$[(20 \times 0.8 - 1.6) + 20 \times 14\% + 100 \times 2.5\%] \times 42\% \times 16/72 = 1.839kg$$

③ 硝石放出的氧量（$NaNO_3$ 的供氧系数取 0.37）为：$3 \times 0.37 = 1.11kg$

每批炉料放出的总氧量为：$25 + 1.6 + 1.839 + 1.11 = 29.549kg$

2）根据参加反应的氧量计算还原剂数量。

① 铝粒结合氧的数量为：$2Al + \frac{3}{2}O_2 =\!\!=\!\!= Al_2O_3$

$$6 \times 48 \times 99\% / 54 = 5.28 \text{kg}$$

② 硅铁中硅与铝结合的需氧量。铝粒结合氧后剩余氧量为：29.549 - 5.28 = 24.269kg，剩余的氧由硅铁中的硅与铝来结合。

氧化 1kg 硅的需氧量为：$Si + O_2 =\!=\!= SiO_2$

$$1 \times 32/28 = 1.143 \text{kg}$$

氧化 1kg 铝的需氧量为：$2Al + \dfrac{3}{2}O_2 =\!=\!= Al_2O_3$

$$1 \times 48/54 = 0.889 \text{kg}$$

氧化 1kg 硅铁中硅与铝的需氧量为：$1.143 \times 0.76 + 0.889 \times 0.02 = 0.886 \text{kg}$

③ 每批料需加硅铁量为：$24.269/0.886 = 27.39 \text{kg}$

考虑到硅铁被空气中氧所氧化的量约为总硅铁量的 1%，并有 1% 的硅铁转入合金，故需硅铁量为：$27.39 \times 1.02 = 27.94 \text{kg}$。

（2）钢屑加入量。

1）合金重量。

100kg 熟钼精矿可生产出含 Mo 60% 的钼铁量为：$100 \times 50\% / 60\% = 83.3 \text{kg}$

2）钢屑加入量。

如果合金中杂质总量为 2kg，则需铁量为：$83.3 - (50 + 2) = 31.3 \text{kg}$。

由硅铁带入的铁量为：$27.94 \times 21.5\% = 6 \text{kg}$

由铁矿带入的铁量（铁矿含铁66.8%）为：$20 \times 66.8\% \times 42\% = 5.6 \text{kg}$

由熟钼精矿带入的铁量为：$100 \times 2.5\% \times 42\% = 1.05 \text{kg}$

则每批料需加钢屑量为：$(31.3 - 6 - 5.6 - 1.05)/0.987 = 18.90 \text{kg}$

（3）料批组成。

料批组成为：熟钼精矿100kg，铝粒6kg，铁矿20kg，硝石3kg，硅铁27.94kg，钢屑18.90kg，萤石3kg，合计178.84kg。

8.5.3 热量计算

（1）用铝还原 MoO_3 的放热量。

$$MoO_3 + 2Al =\!=\!= Mo + Al_2O_3 \qquad \Delta H^\ominus = -931.98 \text{kJ/mol}$$

铝粒加入量为6kg，消耗 MoO_3 量为：$\dfrac{144 \times 6}{54} \times 0.99 = 15.84 \text{kg}$

用铝还原 MoO_3 的放热量为：$\dfrac{15.84}{144} \times 931980 = 102518 \text{kJ}$

（2）用硅还原 MoO_3 的放热量。

$$2MoO_3 + 3Si =\!=\!= 2Mo + 3SiO_2 \qquad \Delta H^\ominus = -1107.96 \text{kJ/mol}$$

100kg 熟钼精矿中 MoO_3 总量为：$\dfrac{50 \times 144}{96} = 75 \text{kg}$

去除被铝还原部分，其余 MoO_3 被硅还原，其放热量为：$\dfrac{(75 - 15.84) \times 1107960}{288} = 227593 \text{kJ}$

（3）用硅还原铁矿的放热量。

用硅还原 Fe_2O_3 的放热量为：

$$2Fe_2O_3 + Si \Longrightarrow 4FeO + SiO_2 \qquad \Delta H^\ominus = -310.8kJ/mol$$

$$\frac{(20 \times 0.8) \times 310800}{320} = 15540kJ$$

用硅还原 FeO 的反应热效应为：

$$2FeO + Si \Longrightarrow 2Fe + SiO_2 \qquad \Delta H^\ominus = -341.04kJ/mol$$

炉料中形成 FeO 的总量为：$(20 \times 0.8 - 1.6) + 20 \times 14\% + 100 \times 2.5\% = 19.7kg$

其中有 42% 还原成铁，放热量为：$\dfrac{19.7 \times 42\%}{144} \times 341040 = 19596kJ$

（4）硅还原硝石的放热量

硝石中含 $NaNO_3$ 98% ，则硅还原硝石的放热量为：

$$4NaNO_3 + 4Si \Longrightarrow 2Na_2SiO_3 + 2SiO_2 + 2NO + N_2 \qquad \Delta H^\ominus = -1837.08kJ/mol$$

$$\frac{3 \times 0.98 \times 1837080}{340} = 15885kJ$$

（5）炉料总放热量。

炉料总放热量为：

$$102518 + 227593 + 15540 + 19596 + 15885 = 381132kJ$$

单位炉料放热量为：$\dfrac{381132}{178.84} = 2131.1kJ/kg$

复 习 思 考 题

8 - 1　钢中添加钼元素可以提高哪些性能？

8 - 2　钼有哪些主要的物理化学性质？

8 - 3　钼矿在冶炼前为什么要进行焙烧，采用的设备有哪些？

8 - 4　钼铁冶炼主要采用哪几种方法，各有何特点？

8 - 5　简述硅热法冶炼钼铁工艺。

9 钛铁的冶炼

9.1 钛铁的牌号及用途

9.1.1 钛铁的牌号和化学成分

钛铁中除含钛、铁外，还含有铝、硅、磷、碳、硫、铜、锰等。钛铁的牌号及化学成分见表9-1。

表 9-1 钛铁的牌号及化学成分（GB/T 3282—2006）　　　　（%）

牌　号	化　学　成　分							
	Ti	C	Si	P	S	Al	Mn	Cu
		≤						
FeTi30 - A	25.0 ~ 35.0	0.10	4.5	0.05	0.03	8.0	2.5	0.20
FeTi30 - B	25.0 ~ 35.0	0.15	5.0	0.06	0.04	8.5	2.5	0.20
FeTi40 - A	35.0 ~ 45.0	0.10	3.5	0.05	0.03	9.0	2.5	0.20
FeTi40 - B	35.0 ~ 45.0	0.15	4.0	0.07	0.04	9.5	2.5	0.20
FeTi70 - A	65.0 ~ 75.0	0.10	0.50	0.04	0.03	3.0	1.0	0.20
FeTi70 - B	65.0 ~ 75.0	0.20	4.0	0.06	0.03	5.0	1.0	0.20
FeTi70 - C	65.0 ~ 75.0	0.30	5.0	0.08	0.04	7.0	1.0	0.20

钛铁在冶金生产中用途广泛，可作脱氧剂、合金添加剂和脱氮剂。钛的脱氧能力仅次于铝，钛脱氧产物熔点较低，易聚集上浮，有利于减少钢锭上部的偏析，提高钢锭回收率。在普通低合金中加入0.12%~0.20%的钛，可固定氮和硫并生成碳化钛，从而提高钢的强度。在合金结构钢中加入0.03%~0.10%的钛，可使钢材获得良好的综合力学性能。在高铬不锈钢中加入0.8%的钛，钛与碳结合成稳定化合物，能减少晶间腐蚀，提高钢的焊接性和抗腐蚀性。钛与钢中氮结合成稳定的不溶于钢液的TiN，因此钛铁可作为炼钢的脱氮剂。另外，钛铁也是钛钙型电焊条的涂料之一。

目前，钛越来越多地应用于尖端工业材料，如用于飞机和导弹结构部件的高强度合金、燃气轮机叶片等高温高强度合金、时效硬化高温合金、高温铸造合金等，成为重要的战略资源。

9.1.2 钛及其化合物的物理化学性质

纯钛是银灰色、有金属光泽的金属，受热时具有良好的延展性，其粉末呈深灰色。钛有两个同素异晶体，即 α-Ti（密排六方晶体）和 β-Ti（体心立方晶体），其转化温度为882.5℃。钛的主要物理化学性质如下：

相对原子质量　　　　　　　　　47.9

密　度　　　　　　　　　　　　4500kg/m³

熔　点	1668℃
沸　点	3260℃
熔化热	7.37kJ/mol
升华热	130.01kJ/mol

　　钛与铁形成 $TiFe_2$ 和 TiFe 两种化合物，其中只有 TiFe 稳定，而 $TiFe_2$ 仅存在于固态合金中。图 9-1 为 Fe-Ti 状态图。

　　钛与碳形成稳定碳化物 TiC，其熔点为3150℃，具有金属光泽。图 9-2 为 Ti-C 状态图。

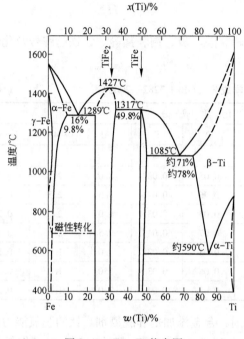

图 9-1　Fe-Ti 状态图

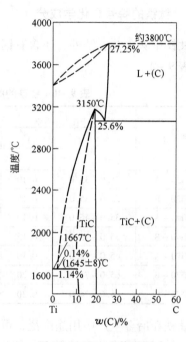

图 9-2　Ti-C 状态图

　　钛与硅生成硅化物 Ti_5Si_3、TiSi、$TiSi_2$，其中 Ti_5Si_3 是最稳定的化合物，熔点为 2120℃。图 9-3 为 Ti-Si 状态图。

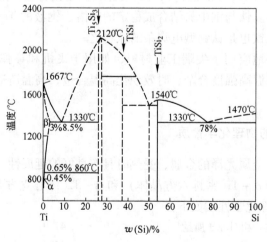

图 9-3　Ti-Si 状态图

钛与铝生成化合物 TiAl 和 TiAl$_3$，两者都是不稳定化合物，仅存在于固体中。

钛与氧形成氧化物 TiO$_2$、Ti$_2$O$_3$、TiO，钛的氧化物比较稳定。一氧化钛为碱性氧化物，二氧化钛为两性氧化物。

钛与氮只生成 TiN（含 N 22.7%），为密排六方晶体，密度为 5200kg/m^3，熔点为 3030℃。

9.2 冶炼钛铁的原料

9.2.1 含钛矿物

钛在自然界中分布较广，在地壳中含量为 0.56%，居第九位，仅次于氧、硅、铝、铁、钙、钠、钾和镁。按结构金属排列，钛仅次于铝、铁、镁，占第四位，比常见的铜、铅、锌金属储量之和还多。因此，就储量而言，钛不是稀有金属，而是储量十分丰富的元素。现已发现 TiO$_2$ 含量大于 1% 的含钛矿物有 140 余种，工业上最重要的含钛矿物主要有以下几种：

（1）钛铁矿。其分子式为 FeO·TiO$_2$，TiO$_2$ 含量小于 53%，密度为 4560~5240kg/m^3，莫氏硬度为 5~6，呈褐色或黑褐色，具有金属光泽。

（2）金红石。其分子式为 TiO$_2$，TiO$_2$ 含量达 90%~98%，密度为 4200kg/m^3，莫氏硬度为 6~6.5，呈红色。

（3）白钛石。其分子式为 TiO$_2$·nH$_2$O，含 TiO$_2$ 66%~79%，密度为 3860~4000kg/m^3，莫氏硬度为 5~6，呈深褐色至白色。

（4）黄钛石。其分子式为 TiO$_2$(Al$_2$O$_3$)·nH$_2$O，含 TiO$_2$ 80%~95%，密度为 2500~3000kg/m^3，呈浅黄色。

（5）榍石。其分子式为 CaO·SiO$_2$·TiO$_2$，含 TiO$_2$ 34%~42%，密度为 3400~3600kg/m^3，莫氏硬度为 5~6，呈黄色至黑色。

（6）钙钛矿。其分子式为 CaO$_2$·TiO$_2$，含 TiO$_2$ 58%~59%，密度为 4000kg/m^3，莫氏硬度为 5~6，呈各种颜色。

我国钛矿主要在广东、广西、海南、云南和四川攀枝花开采生产，主要产品是钛铁矿精矿，也有少量金红石精矿。经过磁选的钛铁矿 w(TiO$_2$) = 48%~51%，$\sum w$(Fe) = 32%~38%，w(FeO) < 33%，w(SiO)$_2$ < 1.5%，w(P) < 0.04%，w(S) < 0.04%，w(C) < 0.04%，w(H$_2$O) < 2.0%，粒度组成要求 0.124~0.297mm 的粒级比例大于 80%。

上述精矿在回转窑内焙烧（预热），窑长 12m，外径为 ϕ1.5m，内径为 ϕ1.0m，斜度为 3°15′。窑内高温带控制在 750~850℃。焙烧的目的是去除钛精矿中的有机杂质和水分，矿石中如存在硫化铁，也可通过焙烧去除。由于硫化铁焙烧放热，可以利用其热量来提高炉料的单位热效应，预热温度每升高 100℃，单位热效应就增加 125kJ/kg。焙烧时要求钛精矿的粒度越细越好。出料温度一般为 550~600℃，焙烧后的钛精矿有 1%~2% 的 FeO 被氧化为 Fe$_2$O$_3$，同时矿粒结构也发生变化，利于还原。

合格的钛精矿进入料仓后，为了得到均衡的技术经济指标，需进行混矿，将几个批号的钛精矿均匀混合，然后取样化验。

9.2.2 铁矿

生产钛铁时，铁矿作为钛铁合金成分的调整剂，可使铝热法反应过程的单位热效应提高，也便于调整合金中铁和钛的比例。一般宜用富铁矿，其成分是：$\sum w(Fe) > 64\%$，$w(FeO) < 10\%$，$w(SiO_2) < 7\%$，$w(P) < 0.02\%$，$w(S) < 0.05\%$，$w(C) < 0.1\%$，粒度应小于200mm。

将满足上述要求的铁矿石破碎至40mm，吊放在铁矿焙烧平车上，均匀铺开，厚度不超过200mm。然后把铁矿随同平车送入燃烧室内，在900~1100℃的温度下进行焙烧，焙烧时间不少于3h，以烘干水分，使铁的低价氧化物转化为高价氧化物，提高其发热量，降低炉料中铁矿配入量及渣铁比。焙烧好的铁矿用行车吊至球磨机磨碎成粉末，粒度要求小于1mm。

9.2.3 硅铁

使用硅75时，Si和Ti形成化合物，可阻止铝进入合金中，提高铝的利用率。硅铁经破碎后在球磨机中加工成粉，其化学成分是：$w(Si) = 72\% \sim 80\%$，$w(Mn) < 0.5\%$，$w(C) < 0.5\%$，$w(P) < 0.04\%$，$w(S) < 0.02\%$；厚度不超过100mm，小于20mm的粒级比例大于80%，经加工用于配料的粒度小于1mm。

9.2.4 铝粒

生产钛铁的铝粒，铝含量越高越好。一般采用A3牌号，其成分为：$w(Al) > 98\%$，$w(Fe) < 1.1\%$，$w(Si) < 0.02\%$，$w(Cu) < 0.05\%$；粒度组成为：0~0.10mm的粒级占10%，0.1~2.0mm的粒级所占比例不小于80%，2.0~5.0mm的粒级占10%。

9.2.5 石灰

石灰作为熔剂配入炉料，以改善炉渣的流动性，阻止TiO和Al_2O_3的结合，有利于提高钛的回收率。冶炼时采用新烧石灰，$w(CaO)_{有效} \geqslant 85\%$，$w(C) < 1.0\%$，$w(SiO_2) < 2\%$，经加工后的粒度小于2mm。

9.3 钛铁冶炼原理

9.3.1 用碳还原

在电炉中用碳还原钛精矿只能得到碳含量很高的钛合金。碳与钛生成稳定的TiC，碳化钛的熔点很高，必须在2000℃的高温下才能进行冶炼。由于高碳钛合金碳含量高，其只能作为还原剂和除气剂。

在电炉中TiO_2用碳还原的反应是：

$$TiO_2 + 2C = Ti + 2CO \qquad \Delta G^{\ominus} = 683035 - 348.3T \quad (J/mol)$$
$$TiO_2 + 3C = TiC + 2CO \qquad \Delta G^{\ominus} = 444386 - 336.8T \quad (J/mol)$$

从以上反应的$\Delta G^{\ominus}$来看，生成TiC的反应较容易进行。

9.3.2 用硅还原

TiO_2 用硅还原的反应为：

$$TiO_2 + Si = Ti + SiO_2 \qquad \Delta G^\ominus = 8499 + 26.5T \quad (J/mol)$$

由于硅与氧的亲和力小于钛与氧的亲和力，用硅还原 TiO_2 不易进行。若在碳还原 TiO_2 时加入硅，钛与硅化合形成钛的硅化物，即硅钛合金（$w(Ti) = 20\% \sim 25\%$，$w(Si) = 20\% \sim 25\%$，$w(C) < 1\%$），可降低合金中的碳；但硅钛合金用量少，一般不冶炼。

9.3.3 用铝还原

生产钛铁普遍采用铝热法，其主要反应是：

$$TiO_2 + \frac{4}{3}Al = Ti + \frac{2}{3}Al_2O_3 \qquad \Delta G^\ominus = -167472 + 12.1T \quad (J/mol)$$

TiO_2 有一部分还原成 TiO，反应为：

$$2TiO_2 + \frac{4}{3}Al = 2TiO + \frac{2}{3}Al_2O_3 \qquad \Delta G^\ominus = -452655 + 14.36T \quad (J/mol)$$

只有当合金中铝含量高、渣中 TiO 含量也高时，TiO 的还原才能实现，反应为：

$$2TiO + \frac{4}{3}Al = 2Ti + \frac{2}{3}Al_2O_3 \qquad \Delta G^\ominus = -1178588 + 9.92T \quad (J/mol)$$

TiO 是强碱性的，只有在含 CaO 足够多的渣中，CaO 和 Al_2O_3 结合才有利于提高 TiO 的活度，使 TiO 还原成 Ti，其反应为：

$$TiO_2 + \frac{4}{3}Al + \frac{2}{3}CaO = Ti + \frac{2}{3}(CaO \cdot Al_2O_3) \qquad \Delta G^\ominus = -190813 + 12.14T \quad (J/mol)$$

反应得到低熔点、反应能力强的炉渣，它有利于金属颗粒下沉。用铝热法冶炼钛铁时，钛的回收率一般为 $65\% \sim 75\%$。实践表明，当石灰消耗量为铝量的 20% 左右时，钛的回收率最高。

铝热法还原时，TiO_2、FeO、SiO_2、MnO 等的单位反应热效应如下：

$$TiO_2 + \frac{4}{3}Al = Ti + \frac{2}{3}Al_2O_3 \qquad\qquad 1720.7kJ/kg$$

$$SiO_2 + \frac{4}{3}Al = Si + \frac{2}{3}Al_2O_3 \qquad\qquad 2545.5kJ/kg$$

$$2FeO + \frac{4}{3}Al = 2Fe + \frac{2}{3}Al_2O_3 \qquad\qquad 3207kJ/kg$$

$$\frac{2}{3}Fe_2O_3 + \frac{4}{3}Al = \frac{4}{3}Fe + \frac{2}{3}Al_2O_3 \qquad 4015kJ/kg$$

$$3MnO + 2Al = 3Mn + Al_2O_3 \qquad\qquad 1921.7kJ/kg$$

$$3TiO_2 + 2Al = 3TiO + Al_2O_3 \qquad\qquad 2105.9kJ/kg$$

为使钛铁冶炼过程正常进行，反应的单位热效应必须达到 $2554 \sim 2500kJ/kg$ 以上。

铁的氧化物几乎完全被还原（99%），二氧化硅还原 90%，MnO 还原 $75\% \sim 80\%$，

TiO_2 和 TiO 的还原率大致相同。渣中 Ti 以低价氧化物形态存在，很难还原。炉料预热可为反应提供足够的热量，利于还原反应的进行，所以应尽可能将钛精矿焙烧至 500℃ 后冶炼。实践表明，每升高 100℃，可提高单位热效应近 125kJ/kg。

9.4 铝热法冶炼钛铁

铝热法冶炼钛铁的工艺流程如图 9 - 4 所示。

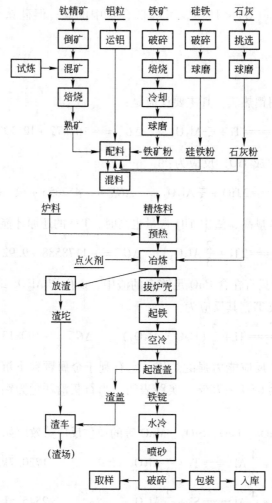

图 9 - 4 铝热法冶炼钛铁的工艺流程

9.4.1 冶炼钛铁的配料计算

100kg 钛精矿和相应配加的其他原料重量之和为一批料的重量。

9.4.1.1 配料计算的依据

(1) 原料中各氧化物的还原率为：

TiO ⟶ Ti	77%
TiO_2 ⟶ TiO	23%

$$SiO_2 \longrightarrow Si \qquad 90\%$$
$$Fe_2O_3 \longrightarrow Fe \qquad 99\%$$
$$Fe_2O_3 \longrightarrow FeO \qquad 10\%$$
$$FeO \longrightarrow Fe \qquad 99\%$$

（2）设制取含 Ti 31% 、Si 4.3% 、Al 7.0% 的钛铁合金。

（3）实际配铝量在主料中为理论需铝量的 103% ~106% ，在精炼料中为理论需铝量的 70% ~80% 。

（4）石灰配入量为铝粒配入量的 20% ~22% 。

（5）炉料的单位热效应为 2512 ~2596kJ/kg 。

9.4.1.2　原料的化学成分

原料的化学成分见表 9 - 2 。

表 9 - 2　原料的化学成分　　（%）

原料名称	化 学 成 分							
	TiO$_2$	TFe	FeO	SiO$_2$	Fe	Al	Si	CaO$_{有效}$
钛精矿	50.44	33.08	33.19	1.45				
铁 矿		65.54	16.44	3.80				
铝 粒					1.12	97.70	0.16	
硅 铁					20.45		74.55	
石 灰				1.07				87.40

9.4.1.3　计算过程

（1） Fe_2O_3 量的计算。

铁矿中的 Fe_2O_3 量为：$(65.54 - 16.44 \times 56/72) \times 160/112 = 75.36$ kg

钛精矿中的 Fe_2O_3 含量为：$(33.08 - 33.19 \times 56/72) \times 160/112 = 10.38$ kg

（2）钛铁组成计算。

TiO_2 还原成 Ti 的量为：$50.44 \times 77\% \times 48/80 = 23.30$ kg

钛铁量为：　　　　$23.30/31\% = 75.16$ kg

合金中的硅量为：　$75.16 \times 4.3\% = 3.23$ kg

合金中的铝量为：　$75.16 \times 7\% = 5.26$ kg

合金中锰含量及其他元素含量之和设为 3% ，则锰及其他元素的质量为：

$$75.16 \times 3\% = 2.25 \text{kg}$$

合金中应含铁：　$75.16 - (23.30 + 3.23 + 5.26 + 2.25) = 41.12$ kg

（3）铁矿配入量计算。

由钛精矿进入合金中的铁量为：$33.08 \times 99\% = 32.75$ kg

应加入的铁量为：　　$41.12 - 32.75 = 8.37$ kg

应加入的铁矿量为：　$8.37/65.54\% = 12.77$ kg

炉料中加入的铁矿量通过热量平衡计算来决定更为合理，但通常是依据矿的种类、化学成分、粒度等，先设一铁矿配入量，再经热平衡加以验算。此例中设主料配入铁矿 5.5kg，其余 7.27kg 配入精炼料中。

（4）主料中各氧化物还原时所需铝量。

$$3TiO + 2Al \Longrightarrow Al_2O_3 + 3Ti$$

$$50.44 \times 77\% \times 108/240 = 17.48kg$$

$$3TiO_2 + 2Al \Longrightarrow Al_2O_3 + 3TiO$$

$$50.44 \times 23\% \times 54/240 = 2.61kg$$

$$Fe_2O_3 + 2Al \Longrightarrow Al_2O_3 + 2Fe$$

$$(10.38 + 5.5 \times 75.16\%) \times 99\% \times 54/160 = 4.85kg \quad (按\ 23.30/31\% = 75.16\ 计算)$$

$$3FeO + 2Al \Longrightarrow Al_2O_3 + 3Fe$$

$$(33.19 + 5.5 \times 16.44\%) \times 99\% \times 54/216 = 8.44kg$$

$$3SiO_2 + 4Al \Longrightarrow 2Al_2O_3 + 3Si$$

$$(1.45 + 5.5 \times 3.80\%) \times 90\% \times 108/180 = 0.90kg$$

总需铝量为：$17.48 + 2.61 + 4.85 + 8.44 + 0.90 = 34.28kg$。

（5）主料中铝粒配入量。

取主料中实际配铝量为理论需铝量的103%，即：

$$(34.28 + 5.26) \times 103\% = 40.73kg$$

折合成铝粒量为：$40.73/97.70 = 41.69kg$

（6）主料中石灰配入量。

取主料中石灰配入量为铝粒配入量的22%，即：

$$41.69 \times 22\% = 9.17kg$$

（7）主料中硅铁配入量。

合金中硅量为3.23kg。由钛精矿和铁矿还原的硅量为：

$$(1.45 + 5.5 \times 3.80\%) \times 90\% \times 84/180 = 0.70kg$$

由铝粒带入的硅量为：$41.69 \times 0.16\% = 0.07kg$

由石灰带入的硅量为：$9.17 \times 1.07\% \times 90\% \times 28/60 = 0.04kg$

由硅铁带入的硅量为：$3.23 - (0.70 + 0.07 + 0.04) = 2.42kg$

折合成硅铁量为：$2.42/74.55\% = 3.2kg$

硅铁在主料和精炼料中的比例应控制在4:3~5:4范围内。此例中硅铁在主料中配入1.8kg，在精炼料中配入1.4kg，这样的比例可以减少合金中硅的偏析。

（8）精炼料中各氧化物还原所需铝量。

Fe_2O_3 还原成 Fe，按反应式 $Fe_2O_3 + 2Al = Al_2O_3 + 2Fe$ 计算所需铝量为：

$$7.27 \times 75.16\% \times 99\% \times 54/160 = 1.83kg$$

FeO 还原成 Fe，按反应式 $2Al + 3FeO = Al_2O_3 + 3Fe$ 计算所需铝量为：

$$7.27 \times 16.44\% \times 99\% \times 54/216 = 0.30kg$$

由于精炼料中铁的氧化物可以部分被硅还原，且炉料刚反应完毕时渣中有残存的还原剂，故精炼料的配铝量仅为理论需铝量的70%~80%，在此例中取75%，则精炼料中铝粒配入量为：

$$(1.83 + 0.30) \times 75\%/97.70\% = 1.64kg$$

（9）精炼料中石灰配入量。

为改善炉渣的流动性，在精炼料中加入较多的石灰，通常加入1kg石灰。

（10）配料比。

计算得到的钛铁配料比见表9-3。

表9-3 钛铁配料比

原 料	钛精矿	铝 粒	铁 矿	硅 铁	石 灰
主料/kg	100	41.69	5.5	1.8	9.17
精炼料/kg		1.64	7.27	1.4	1.0

（11）炉料单位热效应验算。

炉料的总质量为：

$$100 + 41.69 + 5.5 + 1.8 + 9.17 = 158.16kg$$

1）收入的化学热。

$$TiO_2 \longrightarrow Ti \quad 411 \times (17.48 + 38.84) \times 4.1868 = 96914.037kJ$$
$$TiO_2 \longrightarrow TiO \quad 503 \times (2.61 + 11.60) \times 4.1868 = 29925.697kJ$$
$$Fe_2O_3 \longrightarrow Fe \quad 959 \times (4.35 + 12.90) \times 4.1868 = 69261.186kJ$$
$$FeO \longrightarrow Fe \quad 766 \times (8.44 + 33.75) \times 4.1868 = 135307.076kJ$$
$$SiO_2 \longrightarrow Si \quad 608 \times (0.86 + 1.427) \times 4.1868 = 5821.729kJ$$

还原炉料中氧化物收入的化学热为337229.73kJ

未计在内的化学反应热占5%，则收入的化学热共计：

$$337229.73 \times 105\% = 354091.22kJ$$

炉料单位化学热效应为：354091.22/155.2 = 2281.52kJ/kg

2）收入的物理热。

炉料每预热100℃，单位物理热效应增加30kcal（125.6kJ）。

综上，炉料单位热效应为：

$$2281.52 + 125.6 \times 200/100 = 2532.72kJ$$

由经验可知，该单位热效应是可行的（假定炉料预热到200℃）。

9.4.1.4 通过试炼调整配比

反应过程中不能对产品成分做调整，正确的配比和操作条件与产品质量有很大关系，在配料计算基础上，还需对配比做一定调整。

通过试炼观察反应情况及渣铁分离状态，并对钛铁和炉渣进行分析，将称量值和理论计算值进行比较，作为调整配比的依据。

从小炉试炼规律可预计出大炉生产结果。小炉出铁量比大炉低3~4kg/批，合金钛含量比大炉低0.5%~1.0%，铝含量稍高于大炉，而Si、S、P、C的含量与大炉相当。如小炉试炼与预计的大炉生产结果相差太远，则应从原料、操作、取样等方面找出原因，排除上述原因后再考虑调整配比，直至得到较好的预期结果后，方可投入大炉生产。

调整配比是钛铁生产中十分重要的工作，而且是经常性工作。调整配比依据各方面综合情况进行，主要依据是：

（1）根据原料变化调整配比。在生产中铝锭牌号经常变化，由A3铝变为A2铝时，减少铝粒0.1kg；变为A1、A0、A00铝时，减少铝粒0.2kg，同时需增加硅铁0.1kg，反之则相反。

硅铁中的硅含量每增加2%，需要减少硅铁0.1kg。

（2）根据反应情况、炉渣质量、铁锭质量及合金成分调整配比。反应过热、炉料喷出多时，应减少铁矿和铝粒配入量，如铁矿减少0.3kg、铝粒减少0.1kg，或降低预热温度；反应过慢，则应增加铁矿配入量和升高预热温度。

如炉渣流动性好，则在流渣槽下沿能结成冰瘤状渣柱，其含 TiO_2 13%~15%，SiO_2、FeO 含量均不高；如 SiO_2、FeO 含量高，渣稀，则说明还原剂不足，应增加配铝量。

铁皮面颜色深，渣铁不易分离，则说明还原剂不足，应增加还原剂。正常铁锭的表面呈浅灰色，渣盖与铁锭上表面有较大空隙，渣壳厚15mm左右，易分离。

如合金成分中 $w(Si)/w(Ti)$ 值高，则应减少精炼料中的硅铁量；$w(Al)/w(Ti)$ 值高时，应减少主料中的配铝量。

9.4.2 冶炼操作过程

9.4.2.1 冶炼用炉

冶炼钛铁使用由4个铸铁片组成的上口小、下口大的圆筒形熔炉。炉子用两片铁壳包成，用销子连接，接缝用耐火泥和渣片堵好。冶炼前把炉子放在镁砂基上，底部用细砂砌成锅状砂窝，炉上有渣口，用铸铁槽连接，如图9-5所示。出渣口用润湿的镁砂塞紧。

9.4.2.2 配料

按料批配料，要求准确，误差应小于0.1%。先熟悉炉料情况，按炉料顺序混料，主料按照钛精矿、硅铁、铁矿、石灰、铝粒的顺序配料，防止红热精矿与铝粉直接接触，避免事故发生。配料、混料要准确，精炼料也要按比例配好。精炼料的作用在于使渣中的金属球最大限度地沉入金属中，这是由于精炼料放出的热量可以加热炉渣，使其保持较好的流动性，利于金属球下沉，便于渣铁分离。因此，精炼料对提高铁量和促进渣铁分离有重要作用。

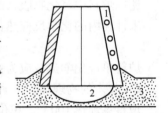

图9-5 冶炼钛铁用
熔炉示意图
1—圆形炉筒；2—收容金属的
砂质凹坑；3—砂基

主料分三次配混，其他炉料一次配混。配好的炉料在混料机中混合10min以上，使之均匀、无分层，然后倒入料斗并测温，再吊至料架上准备冶炼。

9.4.2.3 冶炼工艺

钛铁生产的根本任务是把炉料炼成合金产品。

冶炼前用吊车将熔炉吊至平整好的炉基上，先将熔炉炉筒与砂基连接处用镁砂塞紧，然后做砂窝，砂窝下部为粗镁砂，踏实后在上面撒一层细镁砂。砂窝最深处不应大于450mm，砂窝要铺实。渣槽与渣口的连接要严密，并向渣坑倾斜，以利于放出残渣。

铝热法冶炼钛铁采用下部点火法。将料架加料口对正炉子中心，加底料1~1.5批后扣上烟罩。全部炉料配好后点火冶炼，点火前启动排风机，点火剂由镁屑和氯酸钾组成，用红火激发点火剂，使底料反应。加料要慢，熔池扩大时再提高加料速度。加料过快时，底料未达反应温度而处于熔融态，积存在砂窝表面或将炉渣排挤至四周。适宜的加料速度应使反应迅速而均匀。反应后期应控制加料速度，防止反应过快而引起喷溅或爆炸。在液面未超过镁砂窝之前要防止翻渣，保证铁锭表面平滑、不夹渣。冶炼时边加料、边观察，保证反应液面各处都有一层薄料，加入料后液面发红，边反应、边加料。

在正常情况下，加 81 批料需 12~15min，每批主料以 100kg 钛精矿为计算依据，其他料由配料计算确定。

主料反应完毕后，加入由铝粉、铁矿石、硅铁、石灰组成的精炼料（又称副料或沉淀剂）。精炼料的加入要及时、均匀且集中。加入精炼料的目的是提高炉渣温度，且精炼料反应生成铁滴，铁滴从上到下经过渣层时能将悬浮在渣层中的钛铁金属珠带入熔池。按81 批料计算，每批料中含铝粒 2.2kg、铁矿 9kg、硅铁约 1.9kg、石灰 1kg，用混料机混匀，在 3~4min 内加入炉中。

精炼料反应完毕后加入 20~30kg 石灰，以保护渣面使之缓凝，利于铁粒沉降。镇静 5~8min 后开渣口放出 2/3 炉渣，留下 1/3 炉渣保护铁锭。放出的炉渣经流槽流入渣罐或渣坑，可进行水淬作为水泥材料。炉内的炉渣和铁经 14h 冷却后拔去炉壳，再经 6h 冷却后起铁；空冷 1~2h，同时起渣盖；然后放入水箱中水冷；最后清除锭底渣，送去精整。

9.4.2.4 精整

精整是将铁锭周围表面的渣清理干净并破碎成块。其工艺流程是：先将铁锭吊到喷砂小车上，将小车连同铁锭一起送到喷砂室内，将门关严。喷砂工作由两人进行，先给风、后给砂，铁丸打在渣上呈红色火花，打在金属上呈金黄色火花。喷砂合格的铁锭吊至包装料架上，去掉围铁钢筋，铁锭即自行破裂，取样后再破碎成块，输入料仓中。经过筛分、磁选，把块和粉分开，分装分销。

钛铁有化学成分的偏析现象，锭上部 Ti、Si、Al 含量高，锭下部其含量则低，锭的各散热面上 C 含量较高。所以，必须取准试样，掌握真正的代表成分。取样办法是：采用四柱十二点法以得到其代表成分，即先将铁锭半径四等分，每等份的中心线算一柱，再将中心线三等分，以每等份的中心作一点，然后每一点按其所代表的那一部分铁的重量来取相应缩小的重量，各取样点如图 9-6 所示。此法不能用于偏析程度很大的钛铁取样分析。

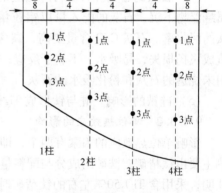

图 9-6 钛铁取样部位
r—钛铁锭半径

9.4.2.5 钛铁冶炼中的不正常现象

（1）湿炉料掺杂在料中，冶炼反应激烈，发生沸腾现象，炉气逸出不均匀，喷出大量炉料。镁砂填料水分含量过高时，也会出现此现象。

（2）炉料混合不均，冶炼进行也不均匀。

（3）形成冷行程（即冶炼温度过低），反应缓慢，冶炼时间长。还原剂不足、发热量低或炉料预热温度不够会导致形成冶炼的冷行程，铁锭底部黏渣较多，渣中铁粒多或铁锭熔合不好，较松散或夹渣。

（4）单位配热量较高或预热温度高，加料速度快，反应激烈，炉渣搅动，造成喷渣，铁锭坚硬、不易破碎、铝含量偏高，产量降低。

欲避免不正常行程，必须正确地分析炉料成分，精心准备炉料，并做好设备维护工作。

9.4.3　钛铁冶炼指标的影响因素

冶炼1t钛铁需要钛精矿（按含 TiO_2 50% 计）1.119t、铝粒（按含 Al 100% 计）0.47t、铁矿（$\sum w(Fe) > 64\%$）0.14t、硅铁（硅75）0.042t，总回收率达74.5%。

9.4.3.1　原材料质量的影响

（1）铝粒的影响。增加合金铝含量可使钛的回收率增加，但若铝含量过高，则钛铁的品级率低，渣中 Al_2O_3 含量高。一般以理论配铝的103%～106%作为适宜配铝量，大于106%时合金增铝量显著，过低时则反应不完全。铝粒以0.6～1.5mm的粒度为宜，粒度小于0.1mm时，燃烧会增加飞扬损失；粒度过粗时，反应差，氧化物和铝的接触面小。采用硅含量高的铝粒效果好，因为硅化合物的形成能阻止钛铝化合物的形成。

（2）钛精矿的影响。钛精矿品位高，则冶炼效果好，合金中钛含量高，出铁量多。钛精矿以含 TiO_2 48%～51%为宜。使用 $w(FeO)/w(Fe_2O_3)$ 值高的钛精矿能获得好的技术经济指标。钛精矿粒度过细或过粗都会使合金铝含量高，以0.124～0.150mm为宜。

（3）铁矿的影响。为保证合适的反应速度和单位热效应，要有足够的铁，使还原的钛及其他成分溶于其中。

铁矿加入不足，则热量不足，渣的流动性差，渣中有 Ti、Al、Si 含量较高的金属球，渣铁不易分离，出铁量少；铁矿配多，则 TiO_2 生成 TiO，合金中钛含量低。

（4）石灰的影响。石灰可降低渣的熔点，增加渣的流动性，提高反应动力，并使金属悬浮物下沉。石灰的配入量以铝粒量的20%～22%为宜，这样可促使 TiO 还原，提高钛的回收率。石灰 CaO 含量要高，碳含量不可太高，粒度在2mm左右。粒度过细，则易造成飞扬损失，易吸水，不利于反应；粒度过粗，则使混料不均，反应速度下降。不宜使用未烧透的石灰和粉化吸水的石灰。

（5）硅铁的影响。硅与钛形成 Ti_5Si_3，可阻止铝化合物的形成及铝进入合金。

9.4.3.2　单位热效应的影响

影响单位热效应的因素有两个，即炉料的化学反应热和炉料带入的物理热。化学反应热主要由钛精矿、铁矿的成分与配料量决定，物理热主要由钛精矿的预热温度决定。实践证明，采用含 TiO_2 50% 左右的钛精矿时，炉料应加热到180～200℃，冬季以不超过250℃为宜。料温过低，则钛的还原率不高，将产生钛含量低、铝含量高的合金。

9.4.3.3　加料速度及精炼料的影响

控制适当的加料速度可增加出铁量，使热量集中，铁粒沉降好。

加料过快时易喷渣，合金钛含量低、铝含量高；加料过慢时热量不集中，热损失大，出铁量低。81批料一般加料时间为12～15min。要均匀加料，防止加料幅度变化太大或因停止加料造成锭侧面不平、出现深沟或夹渣。

精炼料是铁矿、铝粒、硅铁等，其反应放热，提高了渣的流动性，使 Si、Ti、Al 含量较高且密度小的金属珠容易从渣中沉降，提高钛的回收率，增加出铁量。精炼料应有足够的反应热，并应尽量预热。

9.4.3.4　炉壳形状和尺寸的影响

炉子高径比（H/D）为0.85左右比较合适。高径比过大，则炉壳细高，增加了渣层厚度，使金属珠沉降困难，渣中金属增加，出铁量降低；高径比过小，则炉壳粗矮，加入炉内的炉料不能很好地覆盖液面，使热损失增加，造成渣铁分离不好。

9.4.4 应用铝热法冶炼钛铁的实例

以 100kg 经过氧化焙烧的钛铁矿为基础计算炉料。炉料预热到 180～200℃，即将焙烧后温度达 500℃ 的精矿直接送去混料。预热温度高于 250℃ 时，会使部分氧化铁变为高价氧化铁，因而补加铝粒量增多。反应温度太高时，TiO_2 还原情况恶化。反应时加入 CaO 可代替 TiO 与 Al_2O_3 生成化合物，提高钛的还原度。石灰配加量以铝粒量的 20% 为宜。

100kg 钛精矿中有 77% Ti、90% Si、90% Mn、70% S 进入金属，有 23% Ti（其中以 TiO、Ti_2O_3 形式存在渣中者各占一半）、10% Si、1% Fe、10% Mn、100% Zn 和 30% S 挥发掉。铝粒中全部杂质（Zn 和 Al_2O_3 除外）以及硅铁中的铁和硅全部进入合金。不足的铁从铁的精炼料转入合金，精炼料里配加的石灰量为铝粒量的 20%。

物料平衡计算结果见表 9-4。

表 9-4 物料平衡计算结果

收入项	质量/kg	支出项	质量/kg
合　金	70.14	钛精矿	100
炉　渣	90.34	铝　粒	45.63
挥　发	0.92	铁　矿	6.05
其　他	0.08	石　灰	8.91
		硅　铁	0.89
总收入	161.48kg	总支出	161.48kg

计算反应的单位热效应，依据如下铝还原氧化物的发热量：

$TiO_2 \longrightarrow Ti$	2495kJ/kg	$Fe_3O_4 \longrightarrow FeO$	1085.56kJ/kg
$TiO_2 \longrightarrow TiO$	2583kJ/kg	$Fe_2O_3 \longrightarrow Fe$	5359kJ/kg
$TiO_2 \longrightarrow Ti_2O_3$	1842kJ/kg	$Fe_2O_3 \longrightarrow FeO$	1758.5kJ/kg
$FeO \longrightarrow Fe$	4003kJ/kg	$SiO_2 \longrightarrow Si$	4073kJ/kg
$Fe_3O_4 \longrightarrow Fe$	4815kJ/kg	$MnO \longrightarrow Mn$	2407kJ/kg。

冶炼过程的温度约为 1950℃，用于加热合金的热量占 29.2%，用于加热炉渣的热量占 52.5%，热损失为 18.3%。

将称量好的混合炉料装入料斗，再用螺旋给料机将炉料加入熔炼炉内，操作步骤如下：

（1）炉子砌筑与准备。熔炼炉由可拆卸的铸铁圆筒组成，放在用耐火砖砌衬的小车上。在车上将 10%～15% 的钛铁块熔化，形成一固定炉底。冶炼前用涂料（由 15kg 镁砂、9kg 黏土粉、1.5kg 玻璃及 50kg 水组成）将炉底、炉壁涂盖。炉筒下部有时用镁砖砌衬，有的工厂用打结的炉筒炼钛铁，用湿镁砂在炉筒间打结。炉壳用 5～7mm 厚的锅炉钢板制成，打结层厚度为 200～300mm。

（2）点火及熔炼。炉筒准备好后，安放在点火室内或排烟罩下的熔炼场地上。采用下部点火法熔炼，先将 100~150kg 炉料加到炉底，再加 50~75kg 硝石和 100~150kg 镁屑点火物，或用电点火器点火。每批炉料由 42.5~45.4kg 铝粒、10.5kg 石灰、0.95~1.85kg 硅75 与 100kg 精矿组成，每炉炼 38 批料。

反应开始后，以 300kg/(m²·min) 的速度均匀加料，使液面覆盖一薄层炉料，此时热损失最小。加料不可过快，以免炉料和熔体溅出。每 5t 精矿的正常熔炼时间为 15~18min。

若熔炼过快，当料中水分过多时，炉中翻腾。熔炼过慢是由炉料加热温度不够和还原剂不足造成的。遇到以上情况时应停止冶炼。

熔炼结束后，将发热混合物（即精炼料）加在熔体表面上。其组成为：铁矿 300kg、铝粒 56~67kg，硅铁 10~20kg，石灰 100kg。加精炼料的作用是使炉渣黏度降低，渣中小铁滴沉降，并带入钛铁小颗粒，提高合金中钛的回收率。

生产中，排放合金法冶炼钛铁的效果很好。其步骤是：在倾动式铁水包中熔炼（包衬形式与熔炉相同），冶炼结束后立即往模内浇注，模底是低碳钛铁积块。开始时先浇渣，渣厚 300mm 左右，静置 1.5min，形成足够厚的渣衬时再倒入余下的熔体。

如果配用金属钛废料，则应加热到 300~400℃ 后加点火混合物，使熔化生成的渣覆盖其上，以防止氧化。加入金属钛废料时，应计算出含钛废料熔化并溶于铁锭中所需的热量，该热量不得超过铁锭从熔体温度冷却到开始结晶温度所放出的热量。重熔金属钛废料可使合金中钛的含量提高到 35%~40%，1t 合金耗铝量可降低 50~80kg。用此法还可生产中间合金（Cr-Ti 合金、V-Al-Ti 合金等），用作钛合金和高合金钢的合金添加剂。

9.5　低铝钛铁、中钛铁及高钛铁的生产

9.5.1　低铝钛铁的生产

铝含量小于 4%、硅含量小于 10% 的普通钛铁称为低铝钛铁。冶炼低铝钛铁所用的原料和设备与冶炼普通钛铁相同，只是要控制铝的配入量和配热量。由于增加了硅铁的配入量，减少了铝的配入量，单位配热量不足，一般采用提高预热温度或添加补热剂的方法来提高单位炉料的配热量。低铝钛铁能冶炼出残铝含量小于 0.05% 的不锈钢。

冶炼低铝钛铁时应注意以下几点：

（1）准确配铝。要根据原料化学成分，准确掌握生产条件下各元素的实际回收率，使理论配料的铝量与生产实际用量尽量接近。一般随着配入铝量的增加，合金中钛、铁含量增加，提高了钛的回收率；但配铝量过多会降低反应的单位热效应，使炉渣变稠，合金中铝含量增加。当主料的配铝量为理论值的 101%~103% 时，冶炼效果最佳。精炼料中的配铝量应取理论值的 70%~80%，合金中铝含量小于 4%。

（2）提高热值。低铝钛铁配铝量少，冶炼时二氧化钛得不到充分还原，从而降低了钛的回收率，生产指标受到影响。为此，应调整生产中配料，相应加入发热剂，增加热值至 2554~2638kJ/kg（普通钛铁的热值为 2512~2596kJ/kg）。这样可改善热力学条件，使还原反应充分，提高合金中钛量，减少未参加反应而进入合金的铝量。

（3）控制铝粒的粒度。铝粒的粒度影响化学反应速度和铝的利用率。铝粒过粗，则

化学反应接触面积变小，铝未反应完就进入合金，使铝耗增加，合金中铝含量升高；铝粒过细，则冶炼中因燃烧和飞扬损失也使铝耗增加，利用率降低；同时，过细的铝粒中氧化铝量增加，炉渣黏度大，反应速度降低。粒度合适的铝粒数量要大于90%。

某厂生产低铝钛铁的配料为：铝粒 37.2~41.7kg，钛矿 100kg，铁矿 3~6kg，硅铁 4~8kg，石灰 8.5kg。

产品成分（质量分数）为：$w(Ti) = 26\% ~ 29\%$，$w(Si) = 7.6\% ~ 9.6\%$，$w(Al) = 2.7\% ~ 3.57\%$，$w(P) < 0.05\%$，$w(S) < 0.03\%$，$w(Mn) = 1.38\% ~ 1.62\%$。

炉渣成分（质量分数）为：$w(TiO_2) = 15.97\%$，$w(Al_2O_3) = 67.31\%$，$w(CaO) = 8.41\%$，$w(MnO) = 0.56\%$，$w(FeO) = 2.35\%$，$w(SiO_2) = 1.8\%$。

冶炼回收率一般为68%，单位配热量较高时钛的回收率可达71%。

9.5.2　中钛铁的生产

中钛铁即指含钛40%的钛铁。

9.5.2.1　原料要求

在原料中配加过量的 TiO_2，可得到钛含量高、铝含量低的合金和 TiO_2 含量高的炉渣。冶炼中钛铁的原料需求如下：

(1) 钛精矿：TiO_2 51%，TFe 34%，FeO 34%，粒度组成中 0.15~0.3mm 的粒级比例大于60%。

(2) 高钛渣：TiO_2 89.05，TFe 5%，粒度小于 0.3mm。

(3) 铝粒：Al 97%，0.1~0.2mm 的粒级比例大于80%。

(4) 铁矿：TFe 57.0%，FeO 2.4%，粒度小于 1mm。

(5) 发热剂：$w(KClO_3) > 99.5\%$，粒度不大于 3mm。

冶炼设备包括炉外法用的炉体、配料及混料工具、起重设备等。

9.5.2.2　冶炼方法

中钛铁冶炼要增加高钛渣的配入量，将高钛渣和钛精矿混匀，在 400~500℃ 下焙烧，要经常翻动，温度不能过高。出炉后按配比、配料顺序混料，混合料入炉温度为 100~230℃，单位热效应为 2931~3140kJ/kg。采用下部点火法，按要求加料，反应结束后10min 放渣，加入石灰粉保温。

每次投料总量为11000kg，平均产钛铁3800kg。

钛铁成分（质量分数）为：Ti 38%~40%，Al 8%~9%，Si 3.0%，P 0.021%~0.025%，S 0.034%~0.06%。

炉渣成分（质量分数）为：TiO_2 16.30%~18.60%，Al_2O_3 72.3%~78%，CaO 6%~7%，SiO_2 0.2%~0.7%，FeO 0.4%~3.0%。

原料单耗为：钛精矿 1062.1kg，高钛渣 572kg，铝粒 771kg，硅铁（硅75）粉 24.5kg，铁矿粉 245kg，氯酸钾 164kg。

钛的回收率为64.1%。

9.5.3　高钛铁的生产

冶炼含钛70%以上的高钛铁，采用杂质含量低的金红石、铝粒、氯酸钾、石灰等为原料，配热量要求达到2700kJ/kg。

熔炉采用镁砖等耐高温材料砌筑炉衬，用镁砂做砂窝。熔炼操作采用上部点火法，将配好并混合均匀的炉料全部装入熔炉内，然后加入点火剂，用红火点燃使其反应。采用上部点火法熔炼时，热量集中，10批料大约1min熔炼完毕，熔炼时冒出较大的火焰，所以料批不宜过多，一般以20批料以下的批量为宜。

产品成分(质量分数)为：Ti 71.76%，Al 4.18%，Si 5.05%，P 0.01%，S 0.067%，C 0.039%，Mn 0.0267%，Cu 0.013%。钛的回收率一般可达到73%，最高可达到78.76%。

高钛铁冶炼影响钛回收率的因素有：

(1) 随着单位配热量的提高，钛的回收率提高。但当配热量达到3140kJ/kg以后，钛的回收率反而下降。

(2) 在单位配热量一定的情况下，随着石灰配入量的增加，钛的回收率提高。但过多地配入石灰会使渣的熔点、反应温度以及钛的回收率降低。

(3) 上部点火时钛的回收率可达到73%以上，下部点火时钛的回收率为65%~70%。

(4) 铝粒的粒度越细，钛的回收率越高。粒度大的铝粒除使钛的回收率降低外，合金铝含量也有所提高。

9.6　电炉法冶炼钛铁及雾化法制取铝粒

9.6.1　电炉法冶炼钛铁

在电炉中用铝作还原剂生产钛铁，即用电－铝热法代替炉外铝热法生产钛铁，是铝热法的发展方向。在电炉中用碳还原部分钛精矿可以降低耗铝量，对金属无明显增碳，钛的回收率达73%~74%，合金中的碳含量小于0.1%。与铝热法相比，电炉法冶炼钛铁具有以下优点：

(1) 用电产生的热比金属氧化产生的热便宜很多；

(2) 金属氧化放热后产生大量的Al_2O_3，结果使渣量增加，金属回收率下降；

(3) 用电炉冶炼时可用碳作还原剂，只还原部分易还原的氧化物，从而可以节约大量的铝；

(4) 在电炉中冶炼钛铁可用廉价的铝屑代替铝粒，并且可以增加含钛废料的重熔量。

有些工厂用可拆卸牵引式炉缸的电炉冶炼钛铁。

电炉法冶炼钛铁的工艺过程是：将冶炼所需的钛屑全部加在炉底，其上再加点火料。炉子通电将点火料点燃，生成的炉渣可防止钛烧损。电炉给满负荷后加入石灰，再逐渐加入基本炉料，料熔后加入精炼料。在炉内镇静5~10min后放渣，合金留在炉内全冷，冶炼过程需要20h以上。电炉法冶炼钛铁的炉料组成如表9-5所示。

炉料矿石部分的钛精矿如用25%~100%钙钛矿精矿来代替，并加入精矿量12.5%~50%的铁矿，可炼得标准钛铁。钙钛矿精矿应加热到873~973℃，使料温不低于573℃。当钛精矿被取代25%时，经济效益最高，钛的回收率可达77%，平均钛含量为27.5%~45%，可大量生产高品位钛铁。使用钙钛矿精矿在电炉中冶炼，可得到含Ti38%~45%的

表 9 - 5 电炉法冶炼钛铁的炉料组成 （kg）

炉 料	炉 料 组 成			
	点火料	加热料	基本炉料	沉降用精炼料
钛精矿	150		1500	
钛 屑	600			
铝 屑	300		650	120
铁 矿			500	
铁 鳞	600			300
石 灰	60	200	130	25
硅铁(硅70)			60	

钛铁，钛的回收率达 68% ~ 70%（使用沉降剂）。

某铁合金厂采用二步熔炼法冶炼钛铁，按精矿总量的 50% 加入钙钛矿精矿进行熔化，然后将电炉停电，加入钛精矿与铝一起熔化。这样炼制的钛铁，钛含量为 37.5% ~ 40.0%，耗铝量为 380kg/t，钛的回收率达 71%。

在电炉里还可以用铝粉将钛渣还原出半成品（铝钛铁）并得到优质的水泥原料，或用硅铁、铝粉还原出半成品（硅钛合金）。钛铁在熔炼炉熔完后，将 70% 的渣倒入钛渣还原电炉，在加入硅石、石灰的同时加入铝粉进行还原，结果得到硅钛铁和高 Al_2O_3 结块。

此外，某企业冶炼高钛铁时采用感应炉冶炼钛铁，即采用感应炉重熔金属钛铁废料和金属铁的钛铁生产方法。该方法在熔炼结束后用电加热炉渣，保持一定温度，使金属颗粒从渣中完全下沉到金属中。此种做法可提高钛的回收率 8%，耗铝量降低 70kg/t。

工业性生产钛铁的成分（质量分数）为：Ti 25% ~ 31%，Si 3.3% ~ 5.0%，P 0.02% ~ 0.03%，并含有大量的 O_2、N_2 和 H_2。

炉渣平均成分（质量分数）为：TiO_2 11.7% ~ 13.3%，SiO_2 小于 0.5%，CaO 10% ~ 14%，MgO 3% ~ 4%，FeO 0.8% ~ 2.0%，Al_2O_3 70% ~ 74%。渣铁比为 1.3。

冶炼 1t 钛铁消耗 980 ~ 1000kg 钛精矿（含 42% TiO_2）、420kg 铝屑、70kg 铁矿、45kg 金属钛废料及 100kg 石灰。将烧损计算在内，钛的总利用率为 66% ~ 68%。

9.6.2 雾化法制取铝粒

铝粒是铝热法重要的还原剂和发热剂，其制取方法有雾化法、振动法等，我国多采用竖喷或卧喷的雾化法。采用铝含量大于 99.5% ~ 99.7% 的铝锭喷制铝粒，其中杂质含量应小于 0.3% ~ 0.5%。

卧式喷铝工艺是常用的方法，主要分为熔化、雾化和筛分三个步骤。熔化步骤的设备包括熔化用的加热炉、熔锅炉（用含铬铸铁制成），每锅可盛铝 800 ~ 850kg；雾化步骤的设备包括压缩空气系统的喷嘴、喷管和雾化器以及设有地面漏斗的雾化间；筛分步骤的设备有铝粒平车、筛分机等。此外，还设有天车、电葫芦等设备。

将成分化验合格的铝锭吊至烘台上烘干，然后加至熔锅炉中熔化，液面低于锅上缘 50 ~ 80mm，以利于提温和安全操作。全熔后除去金属表面渣子，温度合适时雾化。

雾化过程为：先盖紧小锅盖，装好锅上喷铝管，安装雾化器和安全罩，接好压缩空气管。向锅内通入压缩空气，增加锅内压力，使铝液沿管流出。当铝液由喷嘴流出时，立即加压使铝液雾化。根据粒度大小调整雾化器，发现喷出火花时应立即关闭阀门；否则会使废品增加，而且火花进入雾化器易造成危险。每锅雾化时间为 35～40min。

雾化后清扫雾化室，铝粒经雾化室漏斗流至筛分间，按冶炼要求对铝粒进行筛分，大于 5mm 者返回重熔、再行喷制，成品则装袋或装罐送至用户。

复 习 思 考 题

9–1 钛铁的牌号及用途是什么？
9–2 钛及其化合物的物理化学性质如何？
9–3 冶炼钛铁对原料有什么要求？
9–4 试述铝热法生产钛铁的冶炼原理及冶炼工艺操作。
9–5 影响钛铁冶炼指标的因素是什么？
9–6 低铝钛铁、中钛铁、高钛铁的冶炼特点是什么？
9–7 试述电炉法冶炼钛铁的特点。

10 钒铁的冶炼

10.1 钒铁的牌号及用途

我国钒铁的牌号及化学成分见表 10-1。

表 10-1 钒铁的牌号及化学成分（GB/T 4139—2004） （%）

牌 号	化 学 成 分						
	V	C	Si	P	S	Al	Mn
		≤					
FeV40-A	38.0~45.0	0.60	2.0	0.08	0.06	1.5	—
FeV40-B	38.0~45.0	0.80	3.0	0.15	0.10	2.0	—
FeV50-A	48.0~55.0	0.40	2.0	0.06	0.04	1.5	—
FeV50-B	48.0~55.0	0.60	2.5	0.10	0.05	2.0	—
FeV60-A	58.0~65.0	0.40	2.0	0.06	0.04	1.5	—
FeV60-B	58.0~65.0	0.60	2.5	0.10	0.05	2.0	—
FeV80-A	78.0~82.0	0.15	1.5	0.05	0.04	1.5	0.50
FeV80-B	78.0~82.0	0.20	1.5	0.06	0.05	2.0	0.50

钒是一种相当重要的金属元素，在冶金、化工、机械等行业中有着广泛的用途，有85%~90%的钒用于钢铁生产中。钒铁是炼钢重要的合金剂之一，钢中加入0.16%~0.20%的钒可显著改善钢的性质，提高钢的强度、韧性、耐磨性、承受冲击负荷的能力和抗腐蚀性能力等。由于钒能与钢中的碳生成稳定的碳化物，可以细化钢的组织和晶粒，提高钢的硬度和耐磨性。在碳素钢中，钒能改善钢的抗拉强度和耐热性；在碳含量低的结构钢中，钒可提高钢的抗拉强度而不会明显降低其韧性；在低合金工具钢中，钒可提高钢的耐磨强度；另外，钒在弹簧钢、轴承钢中都有广泛的应用。

钒也用于铸铁的合金化。由于钒与碳形成碳化钒而限制石墨化，促进珠光体的形成。添加0.1%~0.5%的钒可使铸铁中渗碳体稳定，提高铸铁件的硬度、抗拉强度和耐磨度。

钒铝合金是生产航空航天器所需的特别耐热的钛合金中间合金，其用量日益增长。

钒还应用于化学工业，作为氧化催化剂，用于油漆和陶瓷的颜料，也用于彩电屏幕的荧光物质和节能荧光管、高性能电池等。

10.2 钒及其化合物的物理化学性质

钒是一种银白色的金属，纯钒具有很高的强度和可塑性，少量的杂质可使钒变脆。室温下，钒在空气中是稳定的。钒的主要物理化学性质如下：

相对原子质量　　　　　　　　50.59
密度　　　　　　　　　　　　6100kg/m³

熔点	1900℃
沸点	3450℃
摩尔热容（25℃时）	25.1J/（mol·K）

钒与铁可完全互溶，生成连续固溶体，含钒30%的合金熔点最低，为1448℃；含钒38%的标准合金，熔化温度约为1450℃。

钒与碳生成VC、V_2C、V_4C_3、V_5C、V_2C_3等碳化物，其中VC最稳定，其熔点为2800℃。

钒与硅生成V_3Si、V_5Si_3、VSi_2等硅化物，其中V_5Si_3最稳定。

钒与铝生成金属键化合物V_5Al_8、VAl和VAl_{11}等。25℃时铝在钒中的溶解度为25%，在2170℃时为35.3%。

钒与氮生成VN和V_3N，VN的熔点为2050℃。

钒与氧生成一系列氧化物，如VO、V_2O_3、VO_2、V_2O_5、V_2O_4等，其性质见表10-2，其中V_2O_5最稳定。

表10-2 钒氧化物的性质

氧化物	颜 色	密度/kg·m^{-3}	熔点/℃	生成热/kJ·mol^{-1}	酸碱性
VO	浅绿色	5230		443.8	碱 性
V_2O_3	黑色	4840	2000	1256.0	弱碱性
VO_2	深蓝色	4260	1967	715.9	中 性
V_2O_5	橙黄色	3320	675	1561.7	酸 性
V_2O_4	蓝色	4300	1545	736.4	中 性

10.3 含钒矿物和钒矿

各元素在地壳中蕴藏量的排序中，钒占第17位，含量为0.07%。

钒在自然界中的分布极为分散，很少有单一的矿体，而是与其他矿物形成共生矿或复合矿，多以氧化物或硫化物形态存在，或以钒酸盐、磷酸盐、硅酸盐等形态存在。品位高的钒矿很少，在70多种已知的含钒矿物中，只有少数构成有开采价值的矿体。表10-3列出了几种较重要的含钒矿物。

表10-3 几种较重要的含钒矿物

矿 物	化学组成	结 晶	密度/kg·m^{-3}	颜 色
绿硫钒矿	V_2S_5	单 斜	2800	深绿色至黑色
钒铅锌矿	（Pb,Zn）O·V_2O_5·H_2O	菱 形	6200	红棕色至黑色
钒铜铅矿	（Cu,Pb）O·V_2O_5·H_2O	菱 形	5500~6200	橄榄绿色至黑色
钒铅矿	Pb_5（VO_4）$_3$Cl	六 方	6800~7100	黄褐色至橙红色
钾钒铀矿	K_2O·2UO_3·V_2O_5·（1~3）H_2O	四 方	4500	黄 色
钒云母	2K_2O·2Al_2O_3 （Mg,Fe）·3V_2O_5·10SiO_2·4K_2O	单 斜	2800~2900	深橄榄色至绿褐色

绿硫钒矿是一种稀有矿物，以V_2S_5形态存在，与自然硫、含碳物质、石英等共生，

富矿钒含量为 6% ~12% 。钒铅锌矿是铅、锌等的水合钒酸盐矿物，产生于铅锌硫化物的氧化带中，原矿含 V_2O_5 3% 左右，主要产地为中国西南地区、南非和利比亚。钾钒铀矿是一种钾、铀的钒酸络盐，含 V_2O_5 20.16% ，主要产于美国等。钒云母是白云母型的铝硅酸盐，富矿中含 V_2O_5 21% ~29% ，主要产于美国和澳大利亚。

除上述矿物外，钒钛磁铁矿、钒钛铁矿及某些铁矿是钒储量很大的矿物，也是提钒的重要矿物。钒钛磁铁矿中钒以尖晶石（$FeO \cdot V_2O_3$）状态存在，精矿中含钒 0.2% ~1.5% 。我国钒矿资源丰富，钒钛磁铁矿储量大，攀枝花是我国最大的钒钛磁铁矿产地，承德也是我国重要的钒钛磁铁矿产地。

10.4 五氧化二钒的制取

含钒矿物虽然很多，但其钒含量都不高，伴生元素多；再加上钒本身又是很活泼的元素，不易还原，直接用钒矿生产钒铁较困难。一般是先制取五氧化二钒，再用五氧化二钒生产钒铁和其他钒制品。五氧化二钒的牌号及化学成分见表 10-4。

表 10-4　五氧化二钒的牌号及化学成分（YB/T 5304—2006）　　（%）

适用范围	牌号	化 学 成 分								物理状态
		V_2O_5	Si	Fe	P	S	As	NaO + K_2O	V_2O_4	
		≥	≤							
冶 金	V_2O_5 99	99.0	0.15	0.20	0.30	0.01	0.01	1.0		片 状
	V_2O_5 98	98.0	0.25	0.30	0.50	0.03	0.02	1.5		片 状
化 工	V_2O_5 97	97.0	0.25	0.30	0.50	0.10	0.02	1.0	2.5	粉 状

五氧化二钒的提取方法有以钒矿为原料的直接提取法和以钒渣为原料的间接提取法，两种方法的生产工艺基本是相同的。

直接提取法的工艺流程是：先将钒精矿粉碎，同碱性附加剂混合，在焙烧炉内氧化焙烧，使钒转化成为可溶性的钒酸盐；然后浸出（水浸、碱浸或酸浸），钒转入溶液与无用组分分离；最后再从溶液中析出 V_2O_5。从钾钒铀矿中提钒就是其中一例，其工艺流程如图 10-1 所示。

有些含钒矿物钒含量太低（如钒钛磁铁矿等），钒作为伴生元素存在于其中（钒钛磁铁矿含钒 0.005% ~1.8%），虽然也可采用直接提钒工艺，但生产能力受限、化工原料消耗多、不经济，故采用间接提钒法。间接提钒法是先将矿石进行预处理，采用火法冶炼

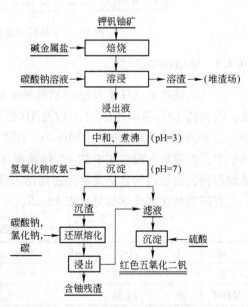

图 10-1　从钾钒铀矿直接提钒的工艺流程

工艺对矿石进行熔炼富集处理，使钒富集于渣中（钒渣）；再以钒渣为原料，经过与直接提钒法相同的湿法化工处理过程制取五氧化二钒。从钒钛磁铁矿间接提钒的工艺流程见

图 10 - 2，我国和大多数其他国家都是采用这种方法从钒钛磁铁矿（或钒铁矿）中提钒的。

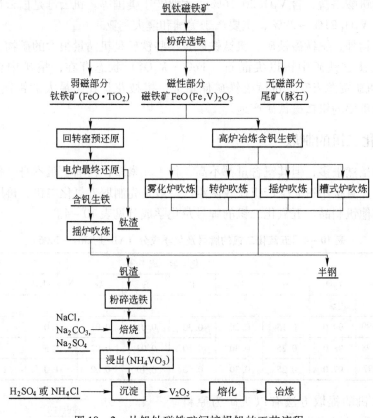

图 10 - 2　从钒钛磁铁矿间接提钒的工艺流程

10.4.1　钒渣的制备

钒钛磁铁矿由钛铁矿和磁铁矿两种矿物构成。钒钛磁铁矿直接在高炉中冶炼比较困难，因为高 TiO_2 渣中 TiC、TiN 以及 Ti(C,N) 等高熔点物质含量高，使高炉渣非常黏稠，TiO_2 对炉渣熔化性的影响见图 10 - 3。因此，需经过磁选使钒富集在钒精矿中（在钒钛磁铁矿中，钒可取代磁铁矿中的 +3 价铁离子而存在于其中），得到的钛铁矿可作为冶炼钛铁的原料，而磁性的含钒铁矿经过烧结入高炉冶炼。

我国钒精矿的化学成分见表 10 - 5。

表 10 - 5　我国钒精矿的化学成分　　　　　　　　　　（%）

产地	Fe	FeO	V_2O_5	TiO_2	MnO	SiO_2	Al_2O_3	CaO	P	S
承德	60.5	27.44	0.75	8.01		2.89	3.5	0.31	0.01	0.085
攀枝花	55.7	24.06	0.64	15.10	0.37	1.41	2.84	0.39	0.011	0.023

高炉冶炼时，含钒铁矿中 80% 以上的钒进入铁水，从而得到含钒生铁，其化学成分见表 10 - 6。将含钒铁水兑入转炉、雾化炉、槽式炉、摇炉内用空气吹炼，铁水中的钒与硅、锰、钛等杂质一并氧化进入渣中，即得到钒渣，其化学成分见表 10 - 7。

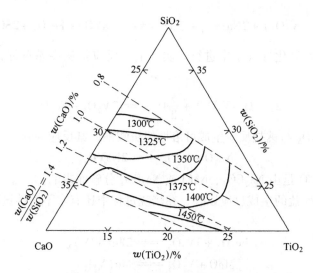

图 10-3 TiO$_2$ 对炉渣熔化性的影响

表 10-6 含钒生铁的化学成分 （%）

产地	V	Si	Mn	Ti	P	S	C
承德	0.4 ~ 0.52	0.3 ~ 0.5	0.2	0.2 ~ 0.5	< 0.06	< 0.1	4
攀枝花	0.35 ~ 0.45	0.2 ~ 0.3	0.25 ~ 0.3	0.2 ~ 0.3		< 0.1	4

表 10-7 钒渣的化学成分 （%）

产地	V$_2$O$_5$	FeO	SiO$_2$	CaO	MgO	MnO	TiO$_2$	Cr$_2$O$_3$	P	金属铁
承德	17.8	37.9	23.7	0.44	0.97	3.24	9.71	1.79	0.016	13.28
攀枝花	16.8	45.2	13.45	0.6 ~ 0.8	1.41	6.57	10.54	1.23	0.027	19.9

在吹炼开始阶段，钒与硅、锰、钛几乎完全氧化入渣，而磷和铁氧化得很少，吹炼过程中钒的回收率可达 85% ~ 90%。为了得到高的钒氧化率，吹炼温度不能超过 1400℃，否则将引起碳的激烈氧化而使钒的氧化受阻，必要时要加冷却剂（废钢）、蒸汽等。另外，铁液中的硅含量宜低，因吹炼时硅先于钒氧化，硅氧化升温后又促使碳氧化，从而延迟了钒的氧化。因此，生铁中硅含量越高，渣中钒含量越低。

钒渣的主要矿物组分是尖晶石，另外还有橄榄石、偏硅酸盐等，其大致的体积分数为：尖晶石 60%，铁橄榄石 35%，偏硅酸盐 5%。

10.4.2 钒渣的焙烧

钒渣中尖晶石是不溶性三价化合物，必须将其转化为可溶性的五价化合物才能达到提取的目的，因此，需对钒渣加碱金属盐进行焙烧。常用的钠盐附加剂有 NaCl、Na$_2$CO$_3$ 和 Na$_2$SO$_4$。在焙烧过程中的主要反应为：

$$2(FeO \cdot V_2O_3) + 4NaCl + \frac{7}{2}O_2 = 4NaVO_3 + Fe_2O_3 + 2Cl_{2(g)}$$

$$2(FeO \cdot V_2O_3) + 2Na_2CO_3 + \frac{3}{2}O_2 = 4NaVO_3 + Fe_2O_3 + 2CO$$

$$2(FeO \cdot V_2O_3) + 2Na_2SO_4 + \frac{3}{2}O_2 = 4NaVO_3 + Fe_2O_3 + 2SO_2$$

焙烧反应必须在氧化性气氛中进行。实际上，反应是从尖晶石首先被氧化破坏开始的，其反应为：

$$2(FeO \cdot V_2O_3) + \frac{5}{2}O_2 = 2V_2O_5 + Fe_2O_3$$

反应生成的 V_2O_5 与钠盐反应生成可溶性的钒酸钠，其反应为：

$$Na_2O + V_2O_5 = 2NaVO_3$$

反应式中，Na_2O 是由 Na_2CO_3、$NaCl$ 或 Na_2SO_4 分解而来的。

除了水溶性钒酸盐的生成反应以外，在焙烧过程中还有水不溶性钒酸盐的生成反应发生，如：

$$Fe_2O_3 + 3V_2O_5 = 2Fe(VO_3)_3$$
$$MnO + V_2O_5 = Mn(VO_3)_2$$
$$CaO + V_2O_5 = Ca(VO_3)_2$$

由于钒渣中其他成分很多，焙烧过程中的杂质副反应很复杂，如硅酸盐的分解及磷酸盐、铝酸盐、铬酸盐、硅酸盐的生成等。

对于不同性质的钒渣应选择不同的附加剂及其配入量，这对提高转化率和保证正常生产具有重要意义。钠盐附加剂中，食盐（$NaCl$）熔点低、不易分解，不利于提高烧成温度；但食盐碱性弱，反应缓和，焙烧过程中硅、磷、铝等杂质反应少，炉料不易玻璃化。因此，食盐适宜作为焙烧 SiO_2、P_2O_5、Al_2O_3、Cr_2O_3 含量高及熔点低、不耐烧的钒渣的附加剂。纯碱（Na_2CO_3）的熔点比食盐高，碱性强，反应激烈，可用作焙烧熔点高、耐高温、杂质含量少的钒渣的附加剂，特别是对 CaO 含量高的钒渣，效果更为明显。但用纯碱焙烧时，杂质的转化也比用食盐时多。用复合附加剂焙烧的效果比用单一附加剂好。

除附加剂外，钒渣成分及其粒度、焙烧温度、焙烧时间以及焙烧炉中氧的浓度也影响钒的转化率。钒渣中金属铁在焙烧过程中会激烈氧化而放热，容易使焙烧料局部烧结，影响钒的转化率。因此，在焙烧前需进行磁选，使钒渣中金属铁含量不超过5%。

为使钒渣中尖晶石能充分地参与焙烧过程中的化学反应，除要求混料均匀外，还需将钒渣用球磨机磨细，粒度小于0.125mm的粒级应占80%以上。配料要准确、均匀，水分含量应合适，附加剂配入量要按工艺要求。对钒（V_2O_5）含量超过15%的钒渣，Na_2CO_3 配入量为13%左右，$NaCl$ 配入量为70%左右。

工业生产使用的氧化钠化焙烧钒渣的方法，有的使用回转窑焙烧，有的使用多层炉焙烧。

图 10-4 为回转窑焙烧示意图。回转窑直径为 $\phi2.3 \sim 2.5m$，长 40m，窑身倾斜2%～4%，转速为 0.4～1.08r/min，用重油、天然气或煤气作燃料。炉料在窑内停留 2.5h 左右，焙烧总的回收率为95%左右。

回转窑分为预热区、烧成区和冷却区。

（1）预热区。混合好的炉料经下料管加入窑内，随窑体旋转而向前移动，进入预热区。在预热区内，首先脱除炉料中的水分，然后预热炉料，在预热过程中有些物相部分被氧化和开始分解。预热区温度为 354～654℃，长度为 10～15m，调节尾气可控制预热区

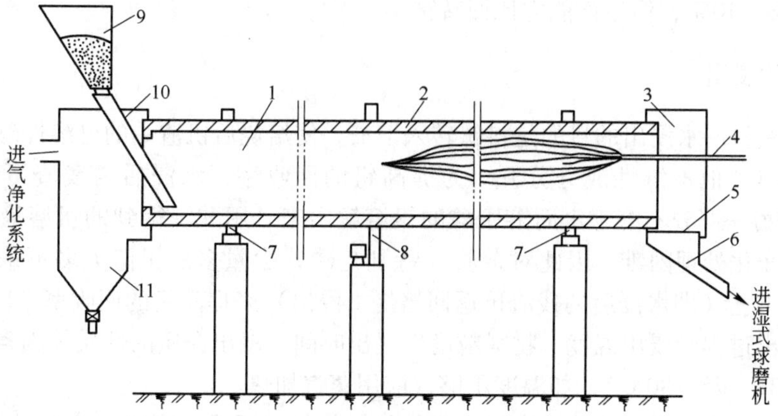

图 10-4　回转窑焙烧示意图

1—窑身；2—耐火砖衬；3—窑头；4—燃烧嘴；5—条栅；6—排料斗；7—托轮；
8—传动齿轮；9—料仓；10—下料管；11—灰箱

的长度。生产正常时从窑尾排出的尾气温度为 404~504℃。

（2）烧成区。经预热的炉料向前移动进入烧成区，炉料被加热至工艺规定的温度。焙烧温度由含钒原料的性质与焙烧料的组成决定。烧成区长度为 15~20m，温度为 800~900℃，钒的氧化与钠化在这一区域内完成。

（3）冷却区。焙烧炉料离开烧成区后，进入冷却区开始冷却，冷却区长度为 5~8m，焙烧熟料从窑内排出的温度为 250~500℃。焙烧熟料出窑后筛去大块，经斜管进入湿式球磨机，到下一工序。

在焙烧过程中，操作人员应通过高温计与操作观察严格控制焙烧温度及窑内的热分布区域，这样才能得到高的钒转化率和保持生产正常进行。为了保持焙烧过程有良好的氧化性气氛，要及时调节进风量，使火焰明亮、气流顺行。排出的废气中含氧 8%~12%，废气经过气体净化装置除尘和吸收有害气体后排入大气。

图 10-5 为多层炉焙烧示意图。多层炉直径约为 φ6m，一般为 10 层，中心有带耙臂、耙齿的立轴，立轴带动耙子转动而使炉料按规定的方向移动。焙烧时用煤气、天然气作燃料，可获得 1200℃的高温气体。混合料从炉顶加入第 1 层，经耙子耙动，炉料沿图 10-5 中虚线所表示的途径流动。自上而下，1~3 层为脱水预热区；4~7 层为烧成区，焙烧温度为 800~850℃；8~10 层为冷却区，焙烧熟料出炉温度为 500℃。由于多层焙烧炉在焙烧过程中对炉料搅动，有利于炉料与空气的接触，焙烧效果较好，焙烧转化率比

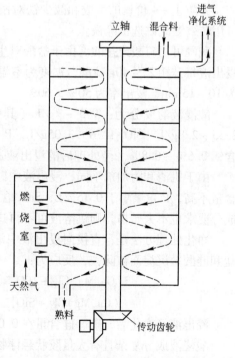

图 10-5　多层炉焙烧示意图

回转窑高 5% ~10%，但生产能力比回转窑小。

10.4.3 钒的浸出

焙烧后熟料用水浸出的目的是将钒转入溶液，使焙烧后钒渣中的可溶性碱金属钒酸盐溶解出来，与其他不溶性成分分开。为提高钒的回收率，水浸后的残渣可用稀酸浸出（酸浸），使另一部分不溶于水而溶于酸的钒溶解出来。用酸浸得到的钒溶液往往含有大量杂质，其净化处理困难，因此对杂质（特别是磷）含量多的钒渣大多不采用酸浸，而用二次焙烧工艺（即水浸后的残渣再返回焙烧、浸出）来提高钒的回收率。

钒的浸出过程受浸出温度、物料粒度、浸出时间、浸出介质的性质等因素影响。浸出水的温度要高（75~80℃），如温度不够，应用蒸汽加热。

焙烧熟料的水浸是在湿式球磨机中进行的，熟料在湿式球磨机中直接进行急冷热浸，机内的液固比控制在（2.5~3.0）:1，料浆粒度要求在 0.175mm（80 目）左右。从湿式球磨机排出的料浆用砂泵送入浓缩机内沉淀，为保证机内温度，浓缩机外部要保温。料浆中的固体颗粒在浓缩机内慢慢沉降，澄清的溶液由上部溢出至溶液储存槽中，然后送往沉淀工序。增稠的料浆由浓缩机底部排出口连续排出，至真空内滤式转鼓过滤机中进行过滤和洗涤。

钒的浸出液成分为：V 13~15g/L（其中 V^{2+} 约 0.05g/L），SiO_2 0.3~0.5g/L，Fe 0.22g/L，Cr 0.2~0.3g/L，P 小于 0.1g/L，Na^+ 约 20g/L，pH = 8~9.5。

整个浸出过程为 15~20min，钒的浸出率可达 96%~98%。水浸后的残渣含钒 0.8%~1.5%，其中水溶性钒的含量为 0.08%~0.12%，该渣可直接进行酸浸或返回第二次焙烧。

为防止 +4 价钒的生成和减少铁对浸出液的污染，水浸后的残渣在酸浸前要先除铁，可用转鼓湿式磁选机除铁。

酸浸可用硫酸或盐酸。由于盐酸对生产环境不好，设备防腐也困难，因此多用硫酸。浸出液每升用 25~40g 硫酸，温度为室温，浸出液的液固比为（1.1~1.5）:1，浸出时间为 10~15min，浸出率为 50%~60%。

酸浸液的成分为：V 5~7g/L（其中 V^{2+} 0.05~0.08g/L），Fe 1.35~2.5g/L，Mn 2.55~2.8g/L，SiO_2 1.76~3.05g/L，P 0.1~0.4g/L，H_2SO_4 20~25g/L。酸浸后的尾渣含钒 0.6%~0.8%。经处理后的浸出液送往沉淀工序。

由于钒渣和附加剂不同，浸出液中硅、磷等杂质的含量也不同。如果浸出液中磷、硅含量不高，P 含量小于 0.15g/L，SiO_2 含量小于 0.6g/L，而且对沉淀析出的五氧化二钒的成分要求也不太严格，则钒溶液可不再进行净化处理，否则应对浸出液进行净化处理。

净化处理方法是：直接向浸出液中添加 $CaCl_2$ 或 $MgCl_2$，使 P、Si 生成不溶性的磷酸盐和硅酸盐沉淀而被除去，反应为：

$$3(Ca,Mg)Cl_2 + 2PO_4^{3-} = (Ca,Mg)_3(PO_4)_{2(s)} + 6Cl^-$$

$$(Ca,Mg)Cl_2 + SiO_3^{2-} = (Ca,Mg)SiO_{3(s)} + 2Cl^-$$

浸出液经净化后，磷、硅含量在 0.05g/L 以下。

酸浸液成分复杂且有大量胶状悬浮物，澄清很慢，给以后的沉淀工序造成很大困难。将酸浸液直接用蒸汽加热至 75~80℃，溶液中的胶状物即可迅速聚集沉淀，溶液中 60%

的磷和40%的铁也随之沉淀下来。待澄清后由底部流排出沉淀物,澄清液流入溶液储存槽中,然后进行沉淀。

悬浮物是水浸过程中产生的悬浮在溶液中分散度很大、不易沉降的细小固体颗粒。由于它的沉降速度很慢,生产中很难随残渣及时排出,这样浸出液中的悬浮物就会越来越多,浸出液很难澄清。可向未澄清的悬浮液中加入一定量的 $MgCl_2$、$CaCl_2$ 等电解质,促使悬浮物聚集沉降。

10.4.4　五氧化二钒浸出液沉淀及熔化铸片

10.4.4.1　五氧化二钒的水解沉淀

五氧化二钒水解沉淀法是析出工业五氧化二钒的方法。将用酸酸化的碱金属钒酸盐水溶液加热,可沉淀出红色的水合五氧化二钒,沉淀反应为:

$$Na_3(VO_3)_2 + H_2SO_4 + H_2O \longrightarrow (V_2O_5 \cdot xH_2O)_{(s)} + Na_2SO_4$$

此反应式是示意性的表达式,五氧化二钒的水解沉淀过程很复杂,有许多中间反应过程和中间反应产物。

影响五氧化二钒水解沉淀的因素有钒的浓度、酸度和温度。此外,溶液中的 Si、Cr、Na_2SO_4、NaCl 含量及沉淀操作方法也有影响。

五氧化二钒水解沉淀是在沉淀罐中进行的。沉淀操作过程为:首先打开沉淀罐进料阀门,将该罐处理料量的1/4用泵计量送入沉淀罐中,开动机械搅拌器,打开加酸管一次计量加入该罐沉淀所需的全部酸。打开蒸汽阀门通入蒸汽直接加热,与此同时,剩余的3/4溶液连续送入沉淀罐中,蒸汽压力不小于0.25MPa。沉淀液沸腾后取样分析游离酸,游离酸要求控制在含 H_2SO_4 3g/L 左右,如果酸度不够或过多,要及时补酸或补液给予调整。整个沉淀过程都要保持在沸腾状态下进行,应根据上层溶液的颜色变化,不时取样分析上层液的钒含量。当上层液中钒的含量小于 0.1g/L 时,沉淀结束。每罐沉淀时间为 40~90min。

沉淀结束后马上关闭蒸汽,打开出料阀,用耐酸泵送入过滤器中过滤。如沉淀好的料浆在沉淀罐中放置时间太长,则沉淀物水分含量增大,过滤性能变差,沉淀物中硫含量增高。

一般采用过滤机进行过滤,过滤后五氧化二钒的化学成分(%)为:

V_2O_5	SiO_2	P	Na_2O	S
80~90	0.2~0.3	0.01~0.06	2.3~8.5	0.5~1.5

废液成分(g/L)为:

V	H_2SO_4	Na_2SO_4	NaCl	SiO_2	Cr^{6+}
0.07~0.1	2.5~3.5	20~25	10~15	0.1~0.3	0.2~0.3

如果五氧化二钒沉淀物硫含量过高,可用水洗脱硫,水洗温度为80℃左右,洗涤液含钒 0.05g/L。

当原液钒含量保持在 10~17g/L 时,钒的沉淀回收率可达98.5%以上。

五氧化二钒水解沉淀可以用 H_2SO_4,也可以用 HCl。用 HCl 沉淀时,钒的沉淀速度快,五氧化二钒品位高、杂质少。例如,原液含 V 18.88g/L、SiO_2 0.2g/L、pH=9,分别用 H_2SO_4 和 HCl 沉淀,得到的五氧化二钒成分(%)为:

	V$_2$O$_5$	Si	Fe	S	Na$_2$O
HCl 沉淀	95.47	0.006	0.018	0.18	3.75
H$_2$SO$_4$ 沉淀	88.21	0.046	0.02	1.08	6.10

一次把酸加准是确保沉淀顺利进行的一个主要环节，中途补酸或补液都会延长沉淀时间，而且沉淀物性能不好。五氧化二钒水解沉淀的耗酸量与钒溶液的钒含量和碱度有关，沉淀的加酸量采用下式计算：

$$加酸量(L) = \frac{溶液体积(m^3) \times 钒质量浓度(kg/m^3) \times K_{H^+}}{硫酸密度(g/L) \times 硫酸质量分数(\%)}$$

式中，K_{H^+}为加酸系数，与溶液的 pH 值有关，其经验值为：

pH   7.0 ~ 8.5   8.5 ~ 9.5   9.5 ~ 10.5

K_{H^+} 1.0 ~ 1.1   1.1 ~ 1.3   1.3 ~ 1.8

10.4.4.2 五氧化二钒的铵盐沉淀

五氧化二钒的铵盐沉淀是将浸出工序送来的合格钒溶液加入一定量的硫酸及铵盐，并加热使溶液中的钒以多钒酸铵的形式析出，经洗涤、固液分离，制得合格的多钒酸铵。

每罐溶液体积为 14 ~ 15m^3，根据含钒溶液（一次渣或二次渣）钒含量、pH 值等确定硫酸和硫酸铵的加入量。

硫酸加入量计算公式为：

$$硫酸加入量(L) = \frac{溶液体积(m^3) \times 钒质量浓度(kg/m^3) \times K_{H^+}}{硫酸密度(g/L) \times 硫酸质量分数(\%)}$$

式中，K_{H^+}为加酸系数，与溶液的 pH 值有关，其取值范围如下：

一次渣溶液   pH = 9 ~ 9.5 K_{H^+} = 0.8 ~ 0.9

二次渣溶液   pH = 9 ~ 9.5 K_{H^+} = 0.9 ~ 0.95

如果 pH 值超过 10，应先用酸调整 pH 值至上述范围内，再计算硫酸加入量。

硫酸铵加入量计算公式为：

$$硫酸铵加入量(kg) = 溶液体积(m^3) \times 钒质量浓度(kg/m^3) \times K_{NH_4^+}$$

式中，$K_{NH_4^+}$为加铵盐系数，一般取 1 ~ 1.25。

为了保证产品质量，对于一次渣溶液采用二次加酸法进行操作。当计量罐中溶液倒入沉淀罐中 2m^3 左右时开启搅拌，将计量罐中溶液全部倒入沉淀罐中。先缓慢加入部分酸，将 pH 值调至 6 ~ 7，加入计量的 (NH$_4$)$_2$SO$_4$ 溶液，然后加入计量余下的硫酸，升温沉淀。加完酸后控制溶液 pH = 2.5 ~ 3，沉淀用蒸汽加热，压力不小于 0.3MPa，溶液处于沸腾，用风或蒸汽搅拌。当一次渣溶液的上层液钒含量小于 0.07g/L（二次渣溶液小于 0.065g/L）时，沉淀完毕，静置 15 ~ 20min，往压滤机输出上层液，沉淀物送洗涤罐，用常温、液固比 (2 ~ 3):1 洗涤两次。洗涤后的沉淀物送去过滤，滤饼即为多钒酸铵，含 V$_2$O$_5$ 98% 以上。

影响沉淀的因素有钒的浓度、酸度、温度及沉淀的操作方法等。

10.4.4.3 五氧化二钒的熔化铸片

红色五氧化二钒含有大量的水分、氨等，密度也较小，因而必须将水分烘干，脱去氨，并熔铸成密度较大的深灰色五氧化二钒薄片。

红色五氧化二钒的烘干和熔化是在反射炉内进行的。用加料斗从炉顶加料口分批加到炉床上，用重油或煤气作燃料，炉内要保持氧化性气氛，防止生成低价钒而不易熔化。为此，要打开反射炉炉门。炉膛温度控制在 900~1000℃，若温度过高，则五氧化二钒挥发损失大。熔化了的五氧化二钒由出口自动连续流出，在水冷旋转的圆盘上铸成厚度为 5mm 左右的薄片。

在炉内熔化过程中，多钒酸铵分解反应为：

$$(NH_4)_2V_6O_{16} \xrightarrow{加热} 2NH_{3(g)} + 3V_2O_5 + H_2O$$

熔化过程中，部分五氧化二钒分解成低价氧化物，反应为：

$$V_2O_5 == V_2O_4 + \frac{1}{2}O_{2(g)}$$

同时，V_2O_5 还与料中的 Na_2SO_4（沉淀上层液带入的）发生反应生成钒酸盐：

$$Na_2SO_4 + V_2O_5 == 2NaVO_3 + SO_{2(g)} + \frac{1}{2}O_2$$

可见，五氧化二钒熔化时不仅能脱水、脱氨，还能脱去部分硫。熔化温度越高，脱硫效果越好。

熔化后的五氧化二钒呈深灰色，断面有结晶光泽，化学成分（质量分数）为：

V_2O_5	P	S	Fe	Si	Ag	Na_2O	K_2O
99.18%	0.0071%	0.004%	0.098%	0.094%	<0.015%	0.63%	0.11%

10.5　钒铁冶炼原理

钒铁可以用碳、硅或铝还原五氧化二钒制得。

用碳还原五氧化二钒的反应为：

$$\frac{1}{5}V_2O_5 + C == \frac{2}{5}V + CO \qquad \Delta G^\ominus = 208700 - 171.95T \quad (J/mol)$$

$$\frac{1}{5}V_2O_5 + \frac{7}{5}C == \frac{2}{5}VC + CO \qquad \Delta G^\ominus = 150250 - 160.6T \quad (J/mol)$$

用碳作还原剂还原五氧化二钒，因先生成 VC，所以只能生成高碳钒铁（C4%~6%），在高温、真空状态下可生产出低碳钒铁，但工艺复杂。高碳钒铁对多数合金钢都无法使用，因此大部分钒铁的生产是用硅或铝作还原剂来还原五氧化二钒。

用硅还原钒氧化物的反应为：

$$\frac{2}{5}V_2O_5 + Si == \frac{4}{5}V + SiO_2 \qquad \Delta G^\ominus = -326026 + 75.2T \quad (J/mol) \qquad (1)$$

$$\frac{2}{3}V_2O_3 + Si == \frac{4}{3}V + SiO_2 \qquad \Delta G^\ominus = -105038 + 54.8T \quad (J/mol) \qquad (2)$$

$$2VO + Si == 2V + SiO_2 \qquad \Delta G^\ominus = -25414 + 50.5T \quad (J/mol) \qquad (3)$$

$$V_2O_5 + Si == V_2O_3 + SiO_2 \qquad \Delta G^\ominus = -646023 + 101.53T \quad (J/mol) \qquad (4)$$

钒的高价氧化物在还原成金属的过程中易生成低价氧化物，钒的低价氧化物为 V_2O_3、VO。在冶炼温度下，反应（2）、（3）的 $\Delta G^\ominus$ 值为正值，反应难以实现。在同样的温度条件下，反应（4）的 $\Delta G^{\ominus}$ 负值要比反应（1）大，说明用 Si 还原 V_2O_5 生成 V_2O_3 比生成 V 容易进行；根据多价元素的氧化物逐级还原的原理，也说明在用 Si 还原 V_2O_5 时，V_2O_3 的生成是必然的。此外，在高温下，V_2O_3 与 SiO_2 生成硅酸盐 $V_2O_3 \cdot SiO_2$，增加了还原 V_2O_3 的难度。为促进还原反应的进行，需要在炉料中配加石灰，生成稳定的硅酸钙（$CaO \cdot SiO_2$），提高 V_2O_3、VO 的活度，其反应为：

$$\frac{2}{5}V_2O_5 + Si + 2CaO = \frac{4}{5}V + 2CaO \cdot SiO_2 \qquad \Delta G^{\ominus} = -472248 + 75.18T \quad (J/mol)$$

$$\frac{2}{3}V_2O_3 + Si + 2CaO = \frac{4}{3}V + 2CaO \cdot SiO_2 \qquad \Delta G^{\ominus} = -251408 + 54.72T \quad (J/mol)$$

$$2VO + Si + 2CaO = 2V + 2CaO \cdot SiO_2 \qquad \Delta G^{\ominus} = -41070 + 12.03T \quad (J/mol)$$

用铝还原钒氧化物的反应为：

$$\frac{2}{5}V_2O_5 + \frac{4}{3}Al = \frac{4}{5}V + \frac{2}{3}Al_2O_3 \qquad \Delta G^{\ominus} = -540097 + 24.8T \quad (J/mol)$$

$$\frac{2}{3}V_2O_3 + \frac{4}{3}Al = \frac{4}{3}V + \frac{2}{3}Al_2O_3 \qquad \Delta G^{\ominus} = -319453 + 63.96T \quad (J/mol)$$

$$2VO + \frac{4}{3}Al = 2V + \frac{2}{3}Al_2O_3 \qquad \Delta G^{\ominus} = -316760 + 65.8T \quad (J/mol)$$

从上述反应的自由能变化来看，铝还原钒氧化物比硅还原钒氧化物更容易进行、还原得更完全，Al_2O_3 具有很高的稳定性。

用碳、硅、铝还原钒氧化物，其部分反应的自由能变化与温度的关系如图 10-6 所示。

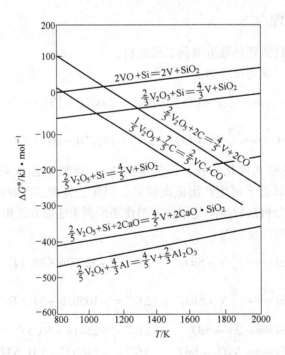

图 10-6　冶炼钒铁反应的自由能变化与温度的关系

10.6 电硅热法生产钒铁

10.6.1 冶炼设备及原料

电硅热法冶炼钒铁通常在小型三相电弧炉内进行，电炉容量为 840 ~ 1800kV · A，使用的原料及对原料的要求如下：

（1）工业五氧化二钒：$w(V_2O_5) > 80\%$，$w(P) < 0.01\%$，$w(S) < 1.0\%$，呈片状，厚度为 3 ~ 6mm，粒度小于 100mm；

（2）硅铁：用硅 75，粒度为 20 ~ 40mm；

（3）铝：$w(Al) > 92\%$，粒度为 30 ~ 50mm；

（4）石灰：$w(CaO)_{有效} > 85\%$，$w(P) < 0.04\%$，粒度为 30 ~ 50mm；

（5）钢屑：$w(Fe) \geq 85\%$，$w(P) < 0.03\%$，$w(Mn) < 0.4\%$，$w(C) < 0.35\%$。

10.6.2 配料计算和各期炉料分配

钒铁冶炼对配料和各期炉料的分配要求严格，这是保证优质、高产、低耗和电炉冶炼顺行的第一关。

10.6.2.1 配料计算

下面以冶炼 1t 含钒 40% 的钒铁为例，做简化计算。

（1）五氧化二钒量计算。

1t 含钒 40% 的钒铁的钒含量为：$1000 \times 40\% = 400kg$，折合纯五氧化二钒量为：
$$400 \times 182/102 = 714kg$$

冶炼时五氧化二钒的回收率按 98% 计算，V_2O_5 品位按 90% 计算，则五氧化二钒需用量为：
$$714/(0.98 \times 0.9) = 810kg$$

（2）硅铁量计算。

根据反应式 $2V_2O_5 + 5Si = 4V + 5SiO_2$，如果按 V_2O_5 全部由硅来还原，则理论耗硅量为：
$$714 \times 5 \times 28/(2 \times 182) = 275kg$$

实践表明，在整个还原过程中，当 V_2O_5 有 80% 用硅还原、20% 用铝还原时，生产效果最好。若硅的烧损量为 20%，硅铁硅含量按 75% 计，则共需要硅铁量为：
$$275 \times 80\% \times 1.2/0.75 = 352kg$$

（3）铝块量计算。

根据反应式 $3V_2O_5 + 10Al = 6V + 5Al_2O_3$，铝的理论消耗量为：
$$714 \times 20\% \times 10 \times 27/(3 \times 182) = 70.6kg$$

若按铝的烧损量为 30%、铝的纯度为 98% 计，则共需铝块量为：
$$70.6 \times 1.3/0.98 = 94kg$$

（4）石灰量计算。

直接参加还原反应的硅量为：$275 \times 80\% \times 1.2 = 264kg$

换算成 SiO_2 量为：$264 \times 60/28 = 566kg$

炉渣碱度按 $w(CaO)/w(SiO_2)=2$ 计算，石灰有效 CaO 含量按 85% 计算，则需石灰量为：

$$566 \times 2/0.85 = 1329kg$$

（5）钢屑量计算。

钒铁中杂质总量按 5% 计算，1t 钒铁中铁含量为：$1000-(400+1000 \times 5\%)=550kg$，硅铁带入铁量为：$352 \times 0.25=88kg$，所以需配入钢屑量为：

$$550-88=462kg$$

（6）料批组成。

料批组成为：五氧化二钒 810kg，硅铁（硅 75）352kg，铝块 94kg，石灰 1329kg，钢屑 462kg。

配料计算完成后，必须对有害杂质 P、S 进行核算，核算时可参考经验数据，即冶炼中 P、S 进入铁水中的量分别为 85%~90%、3%~5%。一般说来，只要所用原材料的杂质含量合乎技术要求，铁水中 P、S 的含量是不会超过允许值的。

10.6.2.2 各期炉料分配

生产实践证明，冶炼各期炉料的最佳分配见表 10-8。

表 10-8 冶炼各期炉料的最佳分配 （%）

名　称	炉料分配		
	第一还原期	第二还原期	精炼期
五氧化二钒	15~18	47~50	35
硅 75	75~80	20~25	
铝　块	35	65	
石　灰	20~25	45~50	30
钢　屑	100		

采用这样的炉料分配，可保证第一、二还原期有充分的还原能力，以达到加快还原速度和降低贫渣中 V_2O_5 含量的目的，同时还有利于杂质硫的去除。

第三还原期（精炼期）是精炼脱硅，为了保证快速脱硅，渣中有足够高的 V_2O_5 含量是必要的，所以留有较多的 V_2O_5 在精炼期加入。

10.6.3 冶炼操作

钒铁冶炼操作分为还原期和精炼期，为了有利于钒的还原，还原期又分为第一还原期和第二还原期。

10.6.3.1 第一还原期

上一炉出铁完毕应迅速扒尽炉渣，以较快的速度用镁砂和卤水（卤水浓度大于 30%）拌和的镁砂浆补炉，补炉要求高温、快补、薄补。加料时先用炉渣或石灰垫炉底，以保护炉底，防止通电时电弧损坏炉底；然后迅速加入全部钢屑（大块废钢加在炉底），送电；随即将上炉精炼期 V_2O_5 含量高的液态精炼渣返回炉内，这时应给满负荷，加快化料速度；再将第一还原期所需的全部 V_2O_5、石灰和 80% 的硅铁混合均匀后以较快速度从炉顶加料口加入，并推到三相电极周围，保持埋弧操作，以提高热效率，加快化料速度。根据炉内温度及化料情况,从炉门加入余下的20%硅铁。操作人员要把炉内四周的炉料推向炉中心,并对熔池不断进行搅拌。硅铁加完后随即加铝块,加铝后炉内反应很激烈,应减小电流,如果过于激烈、向外喷溅时应停电。

经过目测和分析,当炉渣中$w(V_2O_5)<0.35\%$时,视为贫渣,第一还原期即完成,倒出贫渣。

第一还原期贫渣成分为:$w(CaO)\approx55\%$,$w(SiO_2)=25\%\sim28\%$,$w(MgO)=5\%\sim8\%$,$w(Al_2O_3)=5\%\sim10\%$,$w(V_2O_5)<0.35\%$;合金成分为:$w(V)=18\%\sim20\%$,$w(Si)=18\%\sim20\%$,$w(C)<0.3\%$。

10.6.3.2 第二还原期

第一还原期的贫渣出完后即进入第二还原期。从炉顶加料口加入第二还原期的全部V_2O_5和石灰混合料,加料速度视炉内炉料熔化情况和温度而定,其原则是无堆积的冷料和炉温不下降,并及时调整炉渣的碱度($w(CaO)/w(SiO_2)\approx2.0$)和流动性。待全部炉料化清、炉温上升后,搅拌铁水,促进铁水成分均匀和加快脱硅速度,然后取样分析。

此时合金成分要求为:$w(V)=31\%\sim37\%$,$w(Si)=3\%\sim4\%$,$w(C)<0.6\%$,$w(P)<0.08\%$,$w(S)<0.05\%$,合金成分的正常与否是此阶段冶炼的关键。假如合金钒含量低,硅含量也不高,要通过精炼期使合金含钒40%以上是困难的;同样,如果合金中硅含量过高,要在精炼期脱去大量的硅也是困难的。因此,如果合金成分不正常,应及时调整。如果合金成分正常,便可从炉门加入硅铁和铝块进行还原,其操作方法和用电制度与第一还原期基本相同。还原结束后倒出第二还原期贫渣,其成分与第一还原期贫渣大致相同。

10.6.3.3 精炼期

精炼期的目的是脱硅,即用五氧化二钒氧化合金中过量的硅,提高钒含量,使合金成分达到要求。加料方法和供电制度与第二还原期初始阶段相同,混合料是V_2O_5和石灰。待炉料全部化清,用铁耙搅拌后取样分析,当合金成分为$w(V)>40\%$、$w(Si)<2.0\%$、$w(C)<0.75\%$、$w(P)<0.1\%$、$w(S)<0.06\%$时,为一级品。如果成分不符合要求,则需进行附加料处理。当合金中硅含量偏高、精炼渣中V_2O_5含量不高时,可加适量五氧化二钒和石灰进行处理;当合金中磷、碳含量偏高且钒含量比较高时,可加钢屑调整。

所取铁样合格后便可出铁,精炼期结束。先从炉门将精炼渣倒入渣罐,精炼渣成分(质量分数)为:V_2O_5 8%~13%,CaO 45%~50%,SiO_2 23%~25%,MgO 8%~15%,$w(CaO)/w(SiO_2)=1.8\sim2.0$。

出完渣后立即倾炉出铁,同时停电,抬起电极,严防增碳。铁水倒入铁水包后,应立即进行浇注。浇注钒铁的锭模是由立式、上下两节合并而成,中间接触部分用石棉绳垫好,防止跑铁。锭模底下应垫些合金碎块,开始时浇注速度要慢,否则容易将锭模冲坏。合金在锭模内自然冷却15~20h后脱模,若脱模太早,则温度高,合金易氧化。脱模后清除表面渣子,破碎成块,进行包装。

冶炼含钒40%的钒铁的主要原料消耗为:五氧化二钒730~740kg/t(折合成100%的V_2O_5),硅75 380~400kg/t,钢屑390~410kg/t,铝块60~80kg/t,石灰1200~1300kg/t,电耗1500~1600kW·h/t。钒的回收率达97%~98%。

10.6.3.4 影响钒铁冶炼的因素

(1)炉渣碱度。碱度过低,则硅的还原能力下降,还原后期用铝还原时铝还可还原

SiO_2，给钒铁中铝含量的控制带来困难，且合金硅含量偏高。碱度过高，则酸性的 V_2O_5 与 CaO 结合，生成 $2CaO \cdot V_2O_5$，增加了硅还原 V_2O_5 的难度；此外，碱度高时黏度大，对还原反应不利。适宜的碱度为 2.0 ~ 2.2。

（2）温度。保持一定高的炉温对钒铁冶炼是有利的。但由于冶炼中的还原反应为放热反应，且温度过高，V_2O_5 及合金中钒的挥发损失均增大，故冶炼温度不宜过高。合适的冶炼温度为 1600 ~ 1650℃。

（3）炉料。各种原料的品位、杂质含量、粒度均对钒铁冶炼有不同程度的影响。

1）工业五氧化二钒。五氧化二钒的品位越高、杂质越少，对钒铁冶炼越有利。五氧化二钒中最有害的杂质是磷、硫，冶炼过程中磷有 80% ~ 90% 进入合金中，硫以 Na_2SO_4 形态存在，在钒铁冶炼过程中发生如下脱硫反应：

$$2Na_2SO_4 + 2Si + V_2O_5 === 2(Na_2O \cdot SiO_2) + 2SO_{2(g)} + V_2O_3$$

偏硅酸钠（$Na_2O \cdot SiO_2$）是低熔点化合物，熔点为 570℃。它使炉渣变稀，熔池升温困难，冶炼反应难以进行，炉渣不易贫化。此外，炉渣稀导致辐射热量大，炉顶和炉壁寿命降低。

上述反应为吸热反应，使冶炼电耗增加；同时反应有 SO_2 等气体产生，在冶炼过程中易发生起泡现象。

2）石灰。如果石灰未烧透或石灰吸潮消化严重，在冶炼过程中由于发生分解，吸收大量热，所以增加电耗，降低炉温，且易造成炉渣碱度偏低。

（4）跑渣。跑渣是指在冶炼过程中炉膛内炉渣沸腾、上涨，以致从炉门冲出的现象。跑渣严重时会造成人身、设备事故。产生跑渣的原因有：

1）还原时还原剂加入过快，炉内反应过于激烈；

2）炉内炉料反应的发展不平衡，出现堵料现象，以致局部反应过于集中；

3）五氧化二钒中硫含量高、石灰消化等。

为了消除跑渣，除了加强物料管理外，在冶炼过程中，还应注意推料、加还原剂时防止过快，还原反应太激烈时减小电流等事项。

10.6.3.5　第二还原期金属成分不正常的原因及处理

（1）硅含量高。第二还原期铁水硅含量高是最常出现的问题，其产生原因有两个：一是第一还原期配料不准确；二是第一还原期反应不正常。如硅铁还原时，硅铁加入过早、过快或过多，炉渣碱度偏低，硅的反应不充分，加铝还原时渣中 SiO_2 部分被铝还原进入铁水等。

处理方法是：

1）如果铁水钒含量比较高（能保证成品钒含量大于 40%），可减少第二还原期的硅铁用量；如果铁水钒含量不高，可适当补加些五氧化二钒降硅。

2）加铝。加铝还原前要充分发挥硅的还原能力，同时要注意铝将渣中 SiO_2 大量还原的情况出现。

（2）钒含量低。铁水钒含量低的原因主要是配料不准，如五氧化二钒过少或钢屑过多。如果铁水中钒、硅含量都低，则需要同时补加五氧化二钒和硅铁；如果铁水中硅含量偏高，可补加五氧化二钒。

（3）碳、磷含量高。铁水碳、磷含量高主要是由于原料中碳、磷含量高，此时应用钢屑冲淡，但应注意钒的成分。

调整铁水成分补加的物料量一般根据理论计算和炉况分析确定，要注意调整炉渣碱度。

10.6.3.6　调整铁水成分时的物料换算

钒换算成五氧化二钒公式：$w(V) \times 1.78 = w(V_2O_5)$

五氧化二钒换算成钒公式：$w(V_2O_5) \times 0.56 = w(V)$

硅换算成二氧化硅公式：$w(Si) \times 2.14 = w(SiO_2)$

1kg 硅能还原 2.6kg 五氧化二钒，则 1kg 五氧化二钒需用 0.385kg 硅还原。

（1）降低铁水中硅含量的换算。设需降的硅含量用 $w(Si)$ 表示，则：

$$补加的五氧化二钒量 = w(Si) \times 炉中铁水量 \times 2.6/0.9$$

式中　0.9——工业五氧化二钒中 V_2O_5 含量。

$$补加的石灰量 = w(Si) \times 炉中铁水量 \times 2.14 \times 2/0.85$$

式中　2——炉渣碱度；

0.85——石灰中有效 CaO 含量。

（2）提高铁水中钒含量的换算。

设需提高的钒含量用 $w(V)$ 表示，则：

$$补加的五氧化二钒量 = w(V) \times 炉中铁水量 \times 1.78/0.9$$

式中　0.9——工业五氧化二钒中 V_2O_5 含量。

$$补加的石灰量 = 补加的五氧化二钒量 \times 0.9 \times 0.385 \times 2.14 \times 2/0.85$$

式中　0.9——工业五氧化二钒中 V_2O_5 含量；

2——炉渣碱度；

0.85——石灰中有效 CaO 含量。

（3）提高铁水中硅含量的换算。

设需提高的硅含量用 $w(Si)$ 表示，则：

$$补加的硅铁量 = w(Si) \times 炉中铁水量/0.75$$

式中　0.75——硅铁中硅含量。

（4）降低铁水中碳含量的换算。

设铁水中碳含量为 $w(C)$（超过 0.75 的标准），则：

$$补加的钢屑量 \geq [(w(C) - 0.75) \times 炉中铁水量]/(0.75 \times 0.5\%)$$

式中　0.5%——钢屑碳含量。

10.7　铝热法生产钒铁

铝热法生产钒铁虽然是较传统的方法，但到目前为止这种方法仍在西方国家普遍应用。铝热法最突出的优点是产品碳含量低（0.02% ~ 0.06%）、钒含量高（高于 80%），钒铁的纯度是其他方法所达不到的。

10.7.1　原料要求

铝热法冶炼钒铁的主要原料为五氧化二钒、铝粒、钢屑、石灰等，其技术要求如下：

（1）五氧化二钒：$w(V_2O_5) > 93\%$，$w(P) < 0.05\%$，$w(C) < 0.05\%$，$w(S) < 0.035\%$，

粒度为 1~3mm。另外，Na_2O 含量要求尽可能低。因为 Na_2O 被铝还原会增加铝的消耗，而钠成为蒸气，逸出时遇空气又立即氧化成 Na_2O，生成白色浓烟，并带走少量的钒。

（2）铝粒：$w(Al) > 98\%$，$w(Si) < 0.2\%$，粒度小于 3mm。

（3）钢屑：$w(C) < 0.5\%$，$w(P) < 0.015\%$，粒度为 10~15mm。

（4）石灰：$w(CaO)_{有效} > 85\%$，$w(P) < 0.015\%$，粒度为 5mm。

10.7.2　配料计算

以还原 100kg 五氧化二钒（含 V_2O_5 93%）为基础进行计算。

（1）铝粒用量。

根据反应式 $3V_2O_5 + 10Al = 6V + 5Al_2O_3$，铝的理论用量为：
$$100 \times 93\% \times 10 \times 27/(3 \times 182) = 46kg$$

为提高钒的回收率，铝一般过量 2%，若铝粒含铝 98%，则铝粒用量为：
$$46 \times 102\%/0.98 = 47.88kg$$

（2）钢屑用量。

钒的回收率按 85% 计算，100kg 五氧化二钒可冶炼得到含钒 80% 的钒铁量为：
$$100 \times 93\% \times (102/182) \times 0.85/0.8 = 55.4kg$$

钒铁中杂质含量按 5% 计算，则钢屑用量为：
$$55.4 - 55.4 \times 5\% - 100 \times 93\% \times (102/182) \times 0.85 = 8.33kg$$

（3）冷却料用量。

铝还原五氧化二钒放出大量的热量，单位混合料的反应热一般可达到 4500kJ/kg。生产实践证明，铝热法冶炼含钒 75%~80% 的高钒铁时，单位炉料反应热为 3100~3400kJ/kg。为了降低单位炉料反应热，需加冷却剂（石灰、返回渣等）。

因为冶炼用五氧化二钒的实际成分为 $w(V_2O_5) = 93\%~95\%$，并且由于五氧化二钒熔化后有小部分分解成低价氧化物，所以铝还原五氧化二钒的实际单位炉料反应热只有 3768kJ/kg。还原 100kg 五氧化二钒的反应热为：
$$3768 \times (100 + 46) = 550128kJ$$

欲达到 3266kJ/kg 的反应热，炉料质量应为：$1 \times 550128/3266 = 168.44kg$，其中包括 100kg 五氧化二钒、47.88kg 铝粒、8.33kg 钢屑；所以冷却料用量为：
$$168.44 - 100 - 47.88 - 8.33 = 12kg$$

即石灰、返回渣用量各为 6kg。

（4）炉料配比。

炉料配比（kg）如下：

五氧化二钒	铝粒	钢屑	石灰	返回渣
100	47.88	8.33	6	6

10.7.3　冶炼操作

铝热法冶炼高钒铁是在底铺镁砂、内衬镁砖的筒形熔炼炉内进行的。镁砂、炉衬及全部炉料要充分烘干，炉料按配比称量后经混料机充分混合均匀，由料罐加入冶炼炉上方的料仓里。冶炼点火方法有上部点火和下部点火两种。采用上部点火法时，直接把混好的炉料装入炉内，用 BaO_2 和铝粉作引火剂，在炉料上部中央点火冶炼。用这种方法点火冶炼，由于反应激烈、热量集中，炉料喷溅严重，影响钒的回收率，因此一般都采用下部点火法。下部点火冶炼时，首先在炉筒底部镁砂窝装入少量炉料，用点火剂点燃，根据炉内反应情况，逐步从上部将全部炉料在 $10 \sim 15min$ 内加入炉内，加料速度要合适，以使反应平稳，加料速度一般为 $200kg/(m^2 \cdot min)$。冶炼结束后，自然冷却 $15 \sim 20h$ 即可吊走筒炉，吊起铁锭，将合金表面炉渣清除干净，按技术要求破碎后进行包装。

1t 高钒铁消耗五氧化二钒 1.88t、铝粒 0.77t，钒的回收率为 $80\% \sim 90\%$。

铝热法冶炼得到的高钒铁产品成分(%)为：

V	Al	Si	P	S	C	Mn
82	0.88	1.22	0.02	0.025	0.06	0.13

炉渣成分(%)为：

V_2O_5	Al_2O_3	SiO_2	CaO	MgO	C	P	S
3.45	64.7	0.75	15	5.9	0.22	0.02	0.006

铝热法生产钒铁，如果在反应结束时立即加入补热剂，则钒的回收率可达到 94.5%。

用铝热法生产钒铁时渣中钒含量较高，为了回收渣中的钒，可将其返回电炉冶炼。

为了提高钒的回收率，国外对铝热法冶炼钒铁工艺进行了大量的研究，提出了许多新的冶炼工艺。其基本特点是：铝热法与电热法相结合，即首先根据铝热法冶炼原理配好混合料，在电弧炉内进行铝热法冶炼，反应结束后马上下放电极加热炉渣，使炉渣保持熔融状态，再加入还原剂（Al、C 等），将渣中的钒继续还原至贫化。或者，在第一步铝热反应的混合料中配入过剩铝，反应结束后得到贫渣（弃除）和铝含量比较高的铁水，在通电的情况下加精炼料精炼脱铝。采用这种工艺方法，钒的回收率可提高到 95% 以上。

复 习 思 考 题

10-1　钒铁的主要用途有哪些，钒及其化合物的物理化学性质有哪些？

10-2　试述五氧化二钒的制取工艺。

10-3　试述钒铁的冶炼原理。

10-4　电硅热法生产钒铁的冶炼设备、原料、冶炼操作有何特点，影响冶炼指标的因素有哪些？

10-5　铝热法生产钒铁的冶炼设备、原料、冶炼操作有何特点？

10-6　铝热法生产钒铁为何要加入冷却剂？

11 钨铁的冶炼

11.1 钨铁的牌号及用途

钨是生产特殊钢最重要的合金元素之一。钨加入钢中能与其他元素结合成复杂的碳化物，使钢的晶粒细化，因此能提高钢的红硬性、耐磨性和冲击强度。所以，钨是炼制高速工具钢、合金工具钢、合金结构钢、磁性钢、耐热钢和不锈钢的主要合金元素。在熔炼时，钨是以钨铁形式加入钢中的，因此要严格控制钨铁中的杂质含量。

根据国家标准规定，我国钨铁的牌号及化学成分见表 11-1。

表 11-1　钨铁的牌号及化学成分（GB/T 3648—1996）　　　（%）

牌　号	化 学 成 分											
	W	C	P	S	Si	Mn	Cu	As	Bi	Pb	Sb	Sn
		≤										
FeW80 - A	75.0 ~ 85.0	0.10	0.03	0.06	0.5	0.25	0.10	0.06	0.05	0.05	0.05	0.6
FeW80 - B	75.0 ~ 85.0	0.30	0.04	0.07	0.7	0.35	0.12	0.08			0.05	0.08
FeW80 - C	75.0 ~ 85.0	0.40	0.05	0.08	0.7	0.50	0.15	0.10			0.05	0.08
FeW70	≥70.0	0.80	0.06	0.10	1.0	0.60	0.18	0.10			0.05	0.10

11.2 钨及其化合物的物理化学性质

11.2.1 钨的物理化学性质

钨是一种银灰色的金属，其主要物理化学性质是：

相对原子质量	183.85
密度	19300kg/m³
熔点	3410℃
沸点	5930℃
比热容	25.09J/(mol·K)
电阻率	$4.84 \times 10^{-6} \Omega \cdot m$

11.2.2 钨化合物的物理化学性质

钨可以与很多元素反应生成各种化合物，如氧化物、碳化物、硅化物、硫化物、磷化物等。

钨与氧可生成 WO、WO_2、W_2O_5 和 WO_3 等，其中以 WO_3 最稳定。

常温下，钨在空气中是稳定的；在 427℃ 时，钨开始氧化，表面形成一层蓝绿色的氧化薄膜；在更高的温度下，钨便剧烈地氧化成黄色的 WO_3。

WO_3 的密度是 7157kg/m³，熔点是 1473℃，WO_3 在 850℃ 时开始升华。

WO_3 很容易被 H_2、C、Si、Al、Ca、Mg 等还原成金属钨。

钨与氧生成的中间氧化物 W_2O_5 呈深褐色，在 800℃时开始升华，1527℃时沸腾。

钨与氧生成的 WO_2 是褐色粉末，密度是 $11400kg/m^3$，熔点是 $1227 \sim 1327℃$，沸点是 1727℃，在 800℃时开始升华。

钨与碳生成 Fe_2W（W 62.2%）和 Fe_7W_6（W 73.8%）两种金属化合物。它们在高温下都不稳定。Fe – W 状态图如图 11 – 1 所示。钨含量小于 50% 的钨铁合金，其熔点与纯铁接近。随着钨含量的增加（大于 70%），合金的熔点超过 2600℃。工业上生产的钨铁合金（W 74% ~ 78%）熔点约为 2727℃，因此，生产这种铁合金时不可能将液态合金自炉内放出。

钨与碳及一些含碳气体反应生成 WC 及 W_2C。WC 的熔点为 2870℃，密度为 $15500 \sim 15700kg/m^3$；W_2C 的熔点为 2550℃，密度为 $17500kg/m^3$。

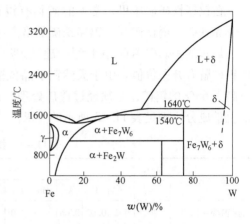

图 11 – 1　Fe – W 状态图

钨与硅生成 WSi_2 和 W_3Si_2 两种硅化物，其熔点分别为 2165℃和 2327℃。钨还可以与硫反应生成 WS、WS_2 等，与磷反应生成 WP、WP_2 等。

11.3　钨矿

钨在地壳中的总含量较少，并且分布极为分散。已知的含钨矿物约有 20 种，大部分都以钨酸盐形式存在。最主要的含钨矿物有钨锰铁矿（钨酸锰矿、钨酸锰铁矿、钨酸铁矿）、钨酸钙矿等。我国钨矿资源主要分布于江西、湖南和广东等省。主要的含钨矿物见表 11 – 2。

表 11 – 2　主要的含钨矿物

矿物	化学式	颜色	WO_3 理论含量/%	密度/kg·m^{-3}	莫氏硬度
黑钨矿	(Fe,Mn)WO$_4$	黑色、褐色或红褐色	62.9	7140 ~ 7540	5 ~ 5.5
钨锰矿	MnO·WO$_3$	褐色	76.6	7140 ~ 7400	4 ~ 4.5
钨铁矿	FeO·WO$_3$	黑色	76.3	7300 ~ 7500	4 ~ 4.5
白钨矿	CaO·WO$_3$	白色、黄色、灰色或浅褐色	80.5	5900 ~ 6100	4.5 ~ 5

黑钨矿 (Fe,Mn)WO$_4$ 是钨酸铁和钨酸锰的同晶型混合物，两者形成连续固溶体，其组成是钨酸铁矿（FeWO$_4$）和钨酸锰矿（MnWO$_4$），它们很少以单一形态存在于矿物中，如 $w(FeWO_4)/w(MnWO_4) \geqslant 4$，称为钨酸铁矿；如 $w(FeWO_4)/w(MnWO_4) \leqslant 0.25$，称为钨酸锰矿；如两种矿物组成介于上述两比值之间，则称为钨酸锰铁矿。黑钨矿在自然界中分布最广，占钨矿开采量的主要部分。黑钨矿铁含量为 3% ~ 23%，MnO 含量为 0.2% ~ 23%。

钨酸钙矿（CaWO$_4$）又称白钨矿，呈浅蓝色及红褐色。密度为 $5900 \sim 6100kg/m^3$，莫氏硬度为 4.5 ~ 5.0，WO_3 含量在 71% ~ 80% 之间。含钼钨酸钙矿（Ca(W,Mo)O$_4$）中含

WO_3 70% ~79%、Mo 6% ~16%，密度为 5800 ~6200kg/m³，莫氏硬度为 4.5，呈灰色及黄铜色。

按矿物组成，钨矿分为钨锰铁矿和钨酸钙矿两类；按矿石形成方式，钨矿分为脉矿型和接触矿型。

在钨锰铁矿矿床里，常见的矿物有锡石、辉钼矿、辉铋矿、自然铋、黄铜矿、砷黄矿、赤铁矿、褐铁矿等。钨锰铁矿晶格内存在钪与铌化合生成的铌酸钪。

最富的钨矿中 WO_3 含量很少超过 5%，通常在 0.5% ~1.2% 之间，含 WO_3 0.2% 以上的钨矿就有开采价值。由于天然钨矿品位极低，又伴生有大量的脉石，欲生产出 WO_3 含量高于 65% 的钨矿，必须经过选矿处理，这样才能获得工业生产需要的钨精矿。钨精矿的化学成分应满足表 11 - 3 所示的要求。

表 11 - 3　钨精矿的技术条件　　　　　　（%）

品　种	WO_3（≥）	杂质（≤）													用途举例
		S	P	As	Mo	Ca	Mn	Cu	Sn	SiO_2	Fe	Sb	Bi	Pb	Zn	
黑钨特 - 1 - 3	70	0.2	0.02	0.06	—	3.0		0.04	0.08	0.08	4.0	—	0.04	0.04	—	
黑钨特 - 1 - 2	70	0.4	0.03	0.08	—	4.0		0.05	0.10	0.10	5.0	—	0.05	0.05	—	优质钨铁
黑钨特 - 1 - 1	68	0.5	0.04	0.10	—	5.0		0.06	0.15	0.15	7.0	—	0.10	0.10	—	
黑钨一级 - 1 类	65	0.7	0.05	0.15	—	5.0		0.13	0.20	7.0						
白钨特 - 1 - 3	72	0.2	0.03	0.02		0.3	0.01	0.01	0.01	1.0		—		0.02	0.02	合金钢（直接炼钢）、优质钨铁
白钨特 - 1 - 2	70	0.3	0.03	0.03		0.4	0.02	0.02	0.02	1.5		—		0.03	0.03	
白钨特 - 1 - 1	70	0.4	0.03	0.03		0.5	0.03	0.03	0.03	2.0		—		0.03	0.03	
白钨一级 - 1 类	65	0.7	0.05	0.15		1.0		0.13	0.20	7.0						

注："—"表示杂质含量不限。

11.4　钨铁冶炼工艺

11.4.1　钨铁冶炼方法

含钨 70% ~80% 的钨铁熔点在 2600℃ 以上，用电炉冶炼时合金呈半熔融状态，不能从炉内流出，一般在生产时采用积块法、炉外法或取铁法等方法冶炼。

（1）积块法。积块法是把钨精矿和还原剂（沥青焦、硅铁）及造渣剂（萤石、镁砂）混匀后加入电炉内冶炼，经过还原造渣后制得钨铁。当炉内积存足够量的钨铁时，即停炉冷却，拆炉取出钨铁，进行破碎、精整。此法优点是设备简单；缺点是生产率低，金属回收率低，成分偏析严重，容易夹渣，电耗高。

（2）炉外法。炉外法是用铝和硅作还原剂还原氧化钨来生产钨铁。铝粉粒度要细，硅铁粉采用硅 75。炉料中铁鳞、铁屑和萤石等都要进行干燥和粉碎处理，同时，炉料要混合均匀以保证接触良好，有利于反应进行完全。

（3）取铁法。取铁法生产钨铁是用沥青焦和硅铁作还原剂，熔炼好的钨铁合金在炉内呈半熔融状态，用挖铁机从炉内挖出来，回收率达 98% ~99%。此法合金中杂质 Si、

C、Mn 含量低，偏析少，工艺是连续生产，因此生产率高，适合大规模生产，是目前较先进的生产方法。

11.4.2 钨铁冶炼原理

WO_3 的生成自由能小于 FeO、MnO、SiO_2、Al_2O_3 的生成自由能，用 C、Si、Al 作还原剂都能使 W 被还原。

用碳还原 WO_3 按下列反应进行：

$$\frac{2}{3}WO_3 + 2C \Longrightarrow \frac{2}{3}W + 2CO \qquad \Delta G^\ominus = 327332.40 - 342.48T \quad (J/mol) \qquad (1)$$

$$\frac{2}{3}WO_3 + \frac{7}{3}C \Longrightarrow \frac{1}{3}W_2C + 2CO \qquad \Delta G^\ominus = 333997.78 - 348.34T \quad (J/mol) \qquad (2)$$

反应（1）和（2）分别在 690℃ 和 686℃ 时开始反应，从中可以看出，生成 W_2C 的趋势比生成纯钨的趋势大。虽然 WO_3 容易被还原，但冶炼温度仍需高达 1800℃ 以上，这是因为钨铁极难熔化，没有高温做保证是不可能获得钨铁合金的。

用硅、铝还原 WO_3 按下列反应进行：

$$\frac{2}{3}WO_3 + Si \Longrightarrow \frac{2}{3}W + SiO_2 \qquad \Delta G^\ominus = -351222.28 + 33.7T \quad (J/mol) \qquad (3)$$

$$\frac{2}{3}WO_3 + \frac{4}{3}Al \Longrightarrow \frac{2}{3}Al_2O_3 + \frac{2}{3}W \qquad \Delta G^\ominus = -527193.48 + 21.02T \quad (J/mol) \qquad (4)$$

从反应（3）和（4）的自由能变化数据可以看出，反应进行得很完全，都是放热反应。用铝还原 WO_3 所放出的热量足以用来进行炉外法冶炼，而用硅和碳还原 WO_3 时只能在电炉内进行冶炼。

图 11-2 所示为冶炼钨铁时某些反应的自由能变化与温度的关系。

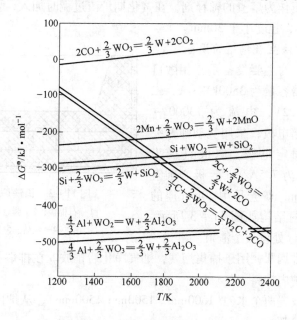

图 11-2　冶炼钨铁时某些反应的自由能变化与温度的关系

在 WO_3 被碳还原的同时，还进行 FeO、MnO 以及 SiO_2 等杂质的还原反应。根据各种物质反应自由能变化与温度之间的关系可知，在钨铁冶炼过程中，WO_3 比较容易还原，FeO 比较难还原，MnO 和 SiO_2 是难还原的。虽然如此，在冶炼温度条件下（高于1800℃），锰和硅仍可大量地被还原进入合金。对它们在钨铁中的含量，国家标准有严格的限制。为了防止锰大量进入合金，通常采用含 WO_3 10% ~25% 的氧化性炉渣精炼合金。

11.4.3　取铁法生产钨铁

11.4.3.1　取铁法生产钨铁的原料

取铁法生产钨铁的主要原料有钨精矿、沥青焦、硅铁、钢屑、硅石和萤石。

（1）钨精矿。钨精矿是炼制钨铁的主要原料，由于各矿区产出的钨精矿杂质含量不同，根据冶炼钨铁的牌号不同，入炉前需混合搭配使用。如生产 FeW75，对混配后钨精矿的杂质含量要求是：$w(S) < 0.47\%$，$w(P) < 0.035\%$，$w(Cu) < 0.07\%$，$w(Sn) < 0.25\%$，$w(As) < 0.20\%$，$w(MnO) < 11\%$。

（2）沥青焦。沥青焦在冶炼过程中起还原剂作用，要求是：$w(S) < 0.70\%$，$w(P) < 0.02\%$，灰分含量小于1%，水分含量小于3%，粒度小于25mm。

（3）硅铁。硅铁在冶炼过程中用作还原剂，一般采用硅75，要求是：$w(Si) > 72\%$，$w(S) < 0.03\%$，$w(P) < 0.03\%$，$w(Mn) < 0.5\%$，粒度小于20mm。

（4）钢屑。钢屑用以增加合金中的铁量，采用普通碳素钢或优质碳素钢钢屑，要求是：$w(C) < 0.8\%$，$w(Mn) < 0.8\%$，$w(S) < 0.04\%$，$w(P) < 0.03\%$，卷曲长度小于250mm，且钢屑中不得混有有色金属或生铁屑，使用前要用磁力吸盘分选。

（5）硅石。硅石在冶炼中起熔剂作用，在精炼期加入，要求是：$w(SiO_2) > 97\%$，$w(P) < 0.01\%$，粒度小于25mm。

（6）萤石。萤石作为熔渣的稀释剂，在贫化期炉渣过稠时加入，要求是：$w(CaF_2) > 85\%$，$w(P) < 0.02\%$，粒度小于30mm。

11.4.3.2　取铁法生产钨铁的设备

取铁法生产钨铁的主要设备是三相敞口式电炉。炉用变压器容量为 3500kV·A，二次电压为 154 ~ 192V，电流为 13000 ~ 10920A。电极为自焙电极，采用气动弹簧夹紧式电极把持器固定电极。电极直径为 ϕ450mm，电流密度为 7.5A/cm²，极心圆直径为 ϕ1100 ~ 1300mm。炉壳是用 20mm 厚的钢板焊接而成，炉衬结构如图 11 - 3 所示。在距熔池底部 130mm 处设一个渣口。

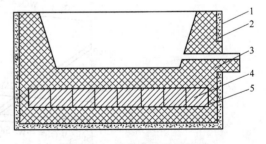

图 11 - 3　钨铁炉的炉衬结构
1—石棉板；2—弹性层；3—镁砖；
4—炭砖；5—底糊

炉子上方设有排烟罩，用于捕集烟气，烟气净化后排放。在排烟罩上方设有料仓，采用螺旋式加料机向炉内加料。

炉子平台两侧设置两个水池（1500mm×1500mm×500mm），从炉内取出的炽热钨铁放入冷却水池内进行冷却。

炉子平台两侧各设置一台挖铁机和磕勺机，挖铁机的作用是从炉内取出钨铁，磕勺机用于震掉黏在勺上的钨铁。

为了提高金属的回收率，回收随烟气带出的钨矿粉尘，在炉后设有烟气净化系统。除尘采用多管除尘器、布袋除尘器或电除尘器，烟气经净化后由烟囱排入大气。

11.4.3.3 取铁法生产钨铁工艺

取铁法生产钨铁采用周期性操作，分为精炼期、取铁期和贫化期，生产工艺流程如图11-4所示。钨铁冶炼过程各阶段的供电制度与加料量见表11-4。

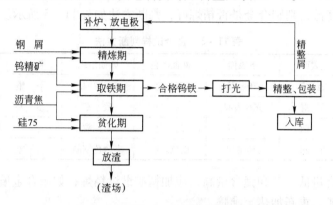

图 11-4 取铁法生产钨铁的工艺流程

表 11-4 钨铁冶炼过程各阶段的供电制度与加料量

冶炼阶段	供电制度		加料量				备注
	电压/V	电流/A	精 矿	沥青焦	硅铁	钢屑	
加 热	170~190	10630				全部	精炼后期加焦炭
精 炼	150~190	13450~10630	2/3(总批量)	1/3			
取 铁	150~170	13450~11850	1/3(总批量)	1/3			
贫 化	150~170	13450~11850		1/3	全部		

A 精炼期

从送电至取铁开始的这段时间称为精炼期。前一炉贫化期用硅铁还原炉渣，在还原氧化钨的同时，氧化铁、氧化锰等部分被还原，部分硅铁直接落入合金中，在熔池内形成一层低钨、高硅、高锰合金，即贫铁。其化学成分（质量分数）是：W 50%~60%，Si 5%~7%，C 0.2%~1.0%，Mn 1.0%~4.0%。

精炼期的目的在于提高合金中钨的含量，去除硅、锰等有害杂质，达到产品标准要求。精炼期加入炉内的钨精矿在熔池内进行的主要化学反应有：

$$2WO_3 + 3Si = 2W + 3SiO_2$$

$$WO_3 + 3Mn = W + 3MnO$$

$$WO_3 + 3C = W + 3CO_{(g)}$$

从精炼期所进行的反应可以看出，结果使合金中锰、硅含量降低，钨含量升高。这一阶段既精炼了合金，也加热了熔池。

精炼期脱除锰、硅的反应开始时速度很快，随着合金中硅、锰含量的降低和钨含量的升高以及合金黏度的增大，反应速度逐渐减慢。为加快合金精炼脱除杂质，炉温要高。

随着精矿的不断加入，炉渣中 WO_3 含量逐渐升高，炉渣的导电性随之增强，开始出现电极露弧现象。继续加入小批精矿，炉渣并未涨起。在这种情况下，稍加热 3～5min 后改换电压，进入精炼末期。

精炼前期，加料速度较快，加料量占精炼总加料量的 3/5。

精炼末期，当电极露弧时可加入适量的沥青焦，这是为了使炉渣起泡，熔池温度升高，合金和炉渣激烈反应，熔池产生强烈沸腾。当沸腾结束后可从炉内取样，观察其硅、锰等杂质含量的高低，判别合金是否精炼好，判断方法如表 11-5 所示。

表 11-5　合金试样判断方法

试　样	上表面	下表面	断面颜色	断面组织	断　口	热时浸入水中
合　格	波纹状	麻　面	钢灰色	柱状结晶	平　整	绿色火焰
硅、锰含量高	平　滑	光滑发亮	白　色	致　密	参　差	平静冒气
钨含量低	下　凹	平　坦	灰　色	粗　粒		
偏　析	凸　起	少量麻点	白色斑纹	夹白色钢晶	参　差	

如果合金钨含量低、硅和锰含量高，应加精矿继续精炼；如果合金偏析，则可加入部分钢屑，少加精矿，重新加热至沸腾。

总之，精炼期精炼的好坏直接影响合金产品的质量。精炼期除应注意炉温、加料速度适宜外，选择适当的炉渣极为重要。从精炼期进行的反应可以看出，强氧化性炉渣对合金的精炼是有利的。钨铁冶炼采用强氧化性泡沫渣精炼合金，炉渣中含 WO_3 20%～25%、FeO 25%～30%。实践证明，这种成分的炉渣可以使电阻增高，保证炉内高温，使精炼合金能够顺利进行。

合金精炼良好、化学成分合格后，即可进入取铁期。

B　取铁期

从取铁开始到取铁结束的这段时间称为取铁期。取铁用挖铁机完成，挖铁机勺子用低碳钢铸成，从熔池内把合金一勺一勺地取出，盛满钨铁的勺子平稳地浸入水池进行冷却。炉子每侧用 10 把勺子轮换冷却和取铁。冷却好的勺子经磕勺机的震动把钨铁从勺子中磕出，装入铁斗内。

取铁量应根据钨精矿中的钨含量和料批数量而定。应在炉内各处均匀取铁，若过多地在一处取铁，会使炉底局部过深；在极心圆外部及炉衬下部取铁，会使金属衬下沉，结果造成炉底烧穿和漏炉。

取铁期仍然是精炼的继续，因此要加入少量的精矿，以保持渣中有足够的 WO_3 和防止炉渣过热，从而限制渣中杂质的还原。当电极露弧时需加入少量的沥青焦，发生如下碳还原氧化物的反应：

$$WO_3 + 3C = W + 3CO$$

$$FeO + C = Fe + CO$$

反应后生成的大量气体使炉渣起泡，从而保证了合适的电极插入深度，减少了热量损失。

取铁过程中应特别注意合金的加热状况和保持合金黏稠易取，加料速度取决于渣子的性质和取出合金的状态。取铁期炉渣的成分（质量分数）大致是：WO_3 11.8%，FeO

25.9%，SiO_2 33.9%，MnO 15.8%，CaO 10.8%，MgO 2.48%，Al_2O_3 2.74%。这一时期应保证合金加热良好，避免炉渣过热，否则会引起合金中 Si 和 Mn 含量增加。

如果炉渣中 WO_3 含量低，则渣面沥青焦反应慢，炉渣平静，渣贫（$w(WO_3) < 7\%$），此时要立即处理，否则合金杂质含量增加，甚至造成次品或废品。

渣子微贫、合金断口正常时，应立即加快加料速度。

渣贫严重、合金断口不正常时，加料后炉渣突然涨起，此时应停止取铁，补加勺头，贫铁或硅铁和勺头混加，再加入足够的精矿，必要时可换高一级电压进行精炼。渣贫的原因大多是精炼进行得不彻底和取铁期加料速度太慢。

若加料速度过快，炉渣过富，则造成温度降低，炉渣表面出现一层黑盖，沥青焦反应也变得缓慢，取出的合金钨含量低、硫含量高，取铁十分困难。这时应停止加料，加入适量沥青焦，保持电极插入深度，加热炉子，必要时可加入碎贫铁或硅铁。

在取铁过程中，尤其是取铁后期，有时出现炉内合金铁含量低或硅含量低、或两者都低的现象。合金铁含量低时，取出的合金表面温度高，取铁困难，每次取出量很少，炉渣不活跃。这种现象在不太严重时，一般持续加热炉子即可。但是长时间加热会使炉渣过热，造成渣中杂质大量还原，影响产品质量，此时应向炉内补加钢屑或废勺子。

合金硅含量低时，温度低且很难提高，取出的合金钨含量低、杂质含量高，炉渣翻动但不沸腾。若向炉内加入少量精矿，则炉温急剧下降，有时会取出未熔化的精矿，这时应减慢加料速度。但如果取铁中期发现合金硅含量低，应向炉内补加硅铁。

在实际生产中，如果同时出现硅、铁含量低的情况，则取铁困难，炉渣不活跃，且 WO_3 含量几乎不降，这时最好加入碎贫铁。

取铁结束前，应减慢加料速度或停止加料，为贫化工作创造条件。

C 贫化期

从取铁结束到放渣的这段时间称为贫化期。贫化期的主要目的是用沥青焦和硅 75 作还原剂，使渣中的 WO_3 彻底还原，并降低 WO_3 含量至 0.5% 以下。贫铁期的主要化学反应为：

$$\frac{2}{3}WO_3 + 2C = \frac{2}{3}W + 2CO$$

$$\frac{2}{3}WO_3 + Si = \frac{2}{3}W + SiO_2$$

用硅还原渣中氧化钨的反应进行得比较彻底。加入硅铁后，炉渣中 SiO_2 含量明显增加，减少了锰的还原，合金中锰含量降低。炉渣贫化前后化学成分的变化见表 11 - 6。

表 11 - 6 炉渣贫化前后化学成分的变化 （%）

炉渣成分	WO_3	FeO	MnO	SiO_2
贫化前	13.35	34.29	26.85	27.10
贫化后	0.35	11.90	28.76	48.40

贫化期分为熔化炉料和还原炉渣两个阶段。首先要将炉料全部熔化，并将炉渣加热到一定温度，一般加热至电极明显露弧，方可进行炉渣还原。

贫化前期，炉渣温度较低，渣中 WO_3 含量较高，应主要采用硅铁还原炉渣，这样有利于硅的氧化和钨的还原，从而使炉温提高。贫化中期，应将硅铁和沥青焦混合加入，将电极埋入渣中 30~60mm，随着温度的升高和反应的进行，碳的反应能力随之增强。贫化后期，主要加入沥青焦，用碳还原炉渣，只有在炉渣上涨时才加入少量的硅铁。

随着反应的继续进行，炉渣中 WO_3 含量不断下降。当炉渣中 WO_3 含量降低到 0.5% 以下时，反应进行缓慢，渣面静止，表面浮着一层沥青焦，从炉中取出的渣样断面呈红褐色、绿色或黄白色且有光泽，这时贫化期结束。经贫化后的炉渣如果过稠，可加入 100kg 萤石稀释，使渣中金属液滴充分沉降，以减少钨的损失。然后打开渣口放渣，如放出的炉渣 WO_3 含量高于 0.5%，可返回炉内重新冶炼。

放渣时功率降低，抬起电极，打开渣口放渣。当炉渣出不来时，停电下放电极，在炉底将渣挤出。炉内残渣厚度不可超过 150mm，渣过多时应拨渣。

D 合金中锰和磷含量的控制

钨铁合金成分对锰、磷含量都有严格的限制，若超出要求范围，则会降低合金的使用价值，甚至造成废品。

（1）合金中锰含量的控制。钨铁中锰含量的控制是通过控制炉渣中 MnO 的还原和加速合金中 Mn 的氧化来实现的。在钨铁冶炼过程中，MnO 易被硅还原，因此必须严格控制钨精矿和原料的锰含量。黑钨矿中 MnO 含量比白钨矿高，而磷含量则相反。为了获得合格的钨铁，混配后的精矿中 MnO 含量不宜大于 10%。通常采用料批中加入部分白钨矿的方法来调整 MnO 含量。但过多的白钨矿是不利的，因为白钨矿磷含量高，同时还会得到导电性好的炉渣，从而破坏炉子的正常冶炼进程。因此，白钨矿配入量不宜大于 20%。当混配精矿中 MnO 含量过高时，可在炉料中配加一定量的硅石，以控制渣中 MnO 的还原。

在贫化期，随着炉渣中 WO_3、FeO 含量的降低和温度的升高，MnO 将被还原。而在精炼期和取铁期，由于采用氧化性富渣操作，渣中 WO_3 和 FeO 含量较高，渣温较低，MnO 还原几乎是不可能的；但当炉渣过热或炉渣贫时，MnO 将被还原。因此，为了控制合金中的锰含量，在精炼期和取铁期采用富渣操作和避免炉渣过热；在贫化期增加硅铁用量，使炉渣中 SiO_2 含量增加，可获得锰、碳含量较低的合金。

（2）合金中磷含量的控制。钨铁冶炼中磷的来源主要是钨铁矿，随炉料入炉的磷约有 80% 进入合金，炉气氧化掉的磷约为 15%，留在炉渣中的磷约为 5%。因此，必须严格控制炉料中的磷含量。在钨铁冶炼过程中，采用强氧化性富渣操作、提高炉温、促使 P_2O_5 挥发、抑制 P_2O_5 还原是控制钨铁磷含量的主要手段。

11.4.4 炉料计算

计算以 100kg 精矿为一批，并做如下假设：钨的回收率为 97.5%；合金含钨 73%；合金除含钨、铁外，其他杂质含量为 2.63%；沥青焦中固定碳含量为 98%；硅铁中含硅 71.21%、铁 27.69%；钢屑含铁 98.7%；每批炉料由取铁勺带入的铁量为 2.81kg（不包括另加勺头）；1t 钨铁消耗电极糊 51.5kg，其中 50% 参加反应，电极糊含固定碳 80%；混配后的钨精矿主要成分（质量分数）为：WO_3 66.20%（按 100% 还原计），FeO 11.50%（按 54% 还原计），MnO 10.20%（按 5.7% 还原计）；被还原的氧化物中的氧有 60% 与碳化合，40% 与硅结合。

按上述假设进行计算，从氧化物中夺取的氧量（氧化物放氧量）见表11-7。

表11-7　氧化物放氧量　　　　　　　　　　　　　　（kg）

氧 化 物	氧 化 物 量	放 氧 量
WO_3	$100 \times 66.20\% = 66.20$	$66.20 \times 48/232 = 13.70$
FeO	$100 \times 11.50\% = 11.50$	$11.50 \times 0.54 \times 16/72 = 1.38$
MnO	$100 \times 10.20\% = 10.20$	$10.20 \times 0.057 \times 16/71 = 0.13$
总　计		15.21

未加钢屑时还原钨精矿的合金成分见表11-8。

表11-8　未加钢屑时还原钨精矿的合金成分

元　素	元素重量/kg	合金成分/%
W	$66.20 \times 0.975 \times 184/232 = 51.19$	$\frac{51.19}{56.47} \times 100\% = 90.65$
Fe	$11.50 \times 0.54 \times 56/72 = 4.83$	$\frac{4.83}{56.47} \times 100\% = 8.55$
Mn	$10.20 \times 0.057 \times 55/71 = 0.45$	$\frac{0.45}{56.47} \times 100\% = 0.80$
总　计	56.47	100

生成含钨73%的合金量为：$51.19/0.73 = 70.12$kg

还原氧化物所需的碳量为：$15.21 \times 12/16 \times 0.60 = 6.85$kg

合金含C 0.20%，则合金增碳量为：$70.12 \times 0.2\% = 0.14$kg

每批料消耗的电极糊量为：$(51.19/0.73) \times (51.5/1000) = 3.61$kg

电极中还原氧化物的碳量为：$3.61 \times 0.8 \times 0.5 = 1.44$kg

全部需碳量为：$6.85 + 0.14 - 1.44 = 5.55$kg

折合成干的基准吨沥青焦量为：$5.55/0.98 = 5.66$kg

还原氧化物所需的硅量为：$15.21 \times \frac{28}{32} \times 0.40 = 5.32$kg

如果合金中含Si 0.4%，则合金增硅量为：$70.12 \times 0.004 = 0.28$kg

全部需硅量为：$5.32 + 0.28 = 5.60$kg

需硅铁量为：$5.60/0.7121 = 7.86$kg

需铁量为：$70.12 \times (1 - 0.0263) - 51.19 = 17.09$kg

由硅铁带入铁量为：$7.86 \times 0.2769 = 2.18$kg

需加钢屑量为：$(17.09 - 4.83 - 2.81 - 2.18)/0.987 = 7.37$kg

经计算得出每批炉料组成为：钨精矿100kg，沥青焦5.66kg，钢屑7.37kg，硅铁7.86kg。

实际生产中每批炉料硅铁的加入量为8～9kg，沥青焦的加入量为6～7kg，它们分别过剩1.78%～14.5%和6.01%～23.67%，这样的过剩量足以弥补硅铁和焦炭在炉口的烧

损和保证 WO_3 被充分还原。

复 习 思 考 题

11-1 钨有哪些主要的物理化学性质?

11-2 钨有哪些主要矿物?

11-3 钨铁冶炼主要有哪几种方法?

11-4 生产中为什么主要采用取铁法生产钨铁,它所使用的原料主要有哪些?

11-5 简述取铁法生产工艺。

12 稀土铁合金的冶炼

12.1 概述

12.1.1 稀土铁合金的应用

随着高新技术的发展，金属产品质量的改进越来越显得重要和迫切。稀土金属及中间合金以其独有的性质成为金属结构材料的添加剂，可提高金属产品的质量，从而减轻了金属制品的重量，提高了其使用的可靠性和耐久性。用热还原法生产的稀土中间合金属于铁合金范畴，主要有稀土硅铁合金、稀土镁硅铁合金等。这些稀土铁合金目前已广泛应用于钢铁、机械制造和军事工业等部门。

钢铁工业采用稀土金属或含有稀土元素的复合铁合金作添加剂。为了合理利用稀土，钢水必须良好脱氧、脱硫后再加入稀土处理。稀土的加入方法有稀土铁合金的钢包冲入法、喷吹法、包芯线喂入法和稀土金属丝、棒的喂入法等。我国稀土处理钢的品种已达60多个，用量最大的稀土处理钢是 16Mn 和 09Mn 低合金钢、装甲钢和渣罐钢，其他还有低硫低合金高强度钢、齿轮钢、弹簧钢、高强度曲轴钢、不锈耐热钢、耐磨钢、电热合金、化工用钢等。

我国的稀土处理铸铁有球墨铸铁、蠕墨铸铁及高强度灰铸铁三大类。根据铁水化学成分和稀土加入量的不同，可获得片状、蠕虫状以及球状石墨形态的铸铁。稀土铁合金最显著的应用是稀土镁硅铁合金作为球化剂，可因地制宜地生产出各种高质量的球墨铸铁。我国目前生产的稀土镁球铁产品有柴油机和汽油机曲轴、铸铁管、轧辊、钢锭模、汽车底盘零件、各种传动齿轮、汽轮机外壳以及抗磨、耐热、耐酸等球墨铸铁。

12.1.2 稀土铁合金的分类

我国的稀土铁合金工业具有产量大、品种多、成本低和综合利用产品多的特点。目前，我国生产的钢铁用稀土铁合金的主要性质和用途如下。

12.1.2.1 稀土硅铁合金

稀土硅铁合金一般含混合轻稀土金属 20%～45%，低品位的稀土硅铁合金用于配制三元以上复合合金，高品位的稀土硅铁合金用作炼钢的添加剂或高强度灰口铸铁的孕育剂。稀土硅铁合金的牌号及化学成分见表 12-1。

表 12-1　稀土硅铁合金的牌号及化学成分（GB/T 4137—2004）　（%）

牌　号	化　学　成　分						
	RE	Ce/RE	Si	Mn	Ca	Ti	Fe
			≤				
195023	21.0～<24.0	≥46	44.0	2.5	5.0	2.0	余量

牌 号	化 学 成 分						Fe
	RE	Ce/RE	Si	Mn	Ca	Ti	
			≤				
195026	24.0 ~ <27.0	≥46	43.0	2.5	5.0	2.0	余量
195029	27.0 ~ <30.0	≥46	42.0	2.0	5.0	2.0	余量
195032	30.0 ~ <33.0	≥46	40.0	2.0	4.0	1.0	余量
195035	33.0 ~ <36.0	≥46	39.0	2.0	4.0	1.0	余量
195038	36.0 ~ <39.0	≥46	38.0	2.0	4.0	1.0	余量
195041	39.0 ~ <42.0	≥46	37.0	2.0	4.0	1.0	余量

此外，富铈和富镧稀土硅铁合金，前者在稀土总量中铈占 70% 以上，是铸铁的优良孕育剂；后者在稀土总量中含有 50% 以上的镧，是良好的蠕化剂。

12.1.2.2　稀土镁硅铁合金

稀土镁硅铁合金一般含混合轻稀土金属 5% ~21% 、金属镁 8% ~13%，用于球墨铸铁、蠕墨铸铁的生产。稀土镁硅铁合金的牌号及化学成分见表 12 – 2。

表 12 – 2　稀土镁硅铁合金的牌号及化学成分（GB/T 4138—2004）　　（%）

牌 号	化 学 成 分								Fe
	RE	Ce/RE	Mg	Ca	Si	Mn	Ti	MgO	
					≤				
195101A	0.5 ~ <2.0	≥46	4.5 ~ <5.5	1.5 ~3.0	45.0	1.0	1.0	1.0	余量
195101B	0.5 ~ <2.0	≥46	5.5 ~ <6.5	1.5 ~3.0	45.0	1.0	1.0	1.0	余量
195101C	0.5 ~ <2.0	≥46	6.5 ~ <7.5	1.0 ~2.5	45.0	1.0	1.0	1.0	余量
195101D	0.5 ~ <2.0	≥46	7.5 ~8.5	1.0 ~2.5	45.0	1.0	1.0	1.0	余量
195103A	2.0 ~ <4.0	≥46	6.0 ~8.0	1.0 ~ <2.0	45.0	1.0	1.0	1.0	余量
195103B	2.0 ~ <4.0	≥46	6.0 ~8.0	2.0 ~3.5	45.0	1.0	1.0	1.0	余量
195103C	2.0 ~ <4.0	≥46	7.0 ~9.0	1.0 ~ <2.0	45.0	1.0	1.0	1.0	余量
195103D	2.0 ~ <4.0	≥46	7.0 ~9.0	2.0 ~3.5	45.0	1.0	1.0	1..0	余量
195105A	4.0 ~ <6.0	≥46	7.0 ~9.0	1.0 ~ <2.0	44.0	2.0	1.0	1.2	余量
195105B	4.0 ~ <6.0	≥46	7.0 ~9.0	2.0 ~3.0	44.0	2.0	1.0	1.2	余量
195107A	6.0 ~ <8.0	≥46	7.0 ~9.0	1.0 ~ <2.0	44.0	2.0	1.0	1.2	余量
195107B	6.0 ~ <8.0	≥46	7.0 ~9.0	2.0 ~3.0	44.0	2.0	1.0	1.2	余量
195107C	6.0 ~ <8.0	≥46	9.0 ~11.0	1.0 ~3.0	44.0	2.0	1.0	1.2	余量
195109	8.0 ~ <10.0	≥46	8.0 ~10.0	1.0 ~3.0	44.0	2.0	1.0	1.2	余量
195118	17.0 ~20.0	≥46	7.0 ~10.0	1.5 ~3.5	42.0	2.0	2.0	1.2	余量

12.1.2.3　多元复合稀土铁合金

根据用户不同的使用要求，用作球化剂、蠕化剂和孕育剂的稀土铁合金在国家标准的基础上适当调整成分，形成了不同的产品，有的已列入专业标准、地方标准或企业标准。

例如，考虑到球化剂合金的密度影响镁的吸收率，已生产出低硅球化剂；考虑到浇注过程中球化衰退的影响，已开发出含钡的复合球化剂等。特别是利用我国南方重稀土资源，已生产出抗球化衰退能力强的钇基重稀土球化剂，其中包括重稀土镁合金、重稀土镁铜合金、重稀土铝合金等。重稀土硅铁合金含钇组混合重稀土金属 60% 以上，用于生产厚断面球铁件或用作长效孕育剂。

至于用电解法制备的混合稀土金属，含混合轻稀土金属 95% 以上，制成丝、棒，可用于连铸喂丝或用作特殊钢的添加剂。

12.1.3　稀土铁合金的组成和性质

稀土铁合金是非均质的，根据显微镜观察和电子探针分析，稀土硅铁合金由硅化稀土、硅铁和夹杂三相组成，稀土镁硅铁合金由硅化稀土、硅铁、硅镁和夹杂四相组成。硅铁相的化学式在 $FeSi_2 \sim Fe_2Si$ 之间，有时溶有较多的锰而生成 $Si - Fe - Mn$ 系化合物。硅化稀土相的化学式在 $RESi_2 \sim RESi_5$ 之间，有时溶有较多的钙而生成 $Si - Ca - RE$ 系化合物。硅镁相的化学式为 Mg_2Si。夹杂相主要有磷化稀土、硅酸钙、炭粒等。各相在合金中以硅铁相为基底存在，硅化稀土除独立存在外，还有相当数量与硅铁相呈固溶体分离结构镶嵌在一起。

由以上分析可知，稀土铁合金中主要元素在各相中的分布为：铁几乎都在硅铁相中；稀土主要在硅化稀土相中，小部分在夹杂相中，当夹杂相中磷含量高时，稀土含量也高；硅主要在硅铁相、硅化稀土相和硅镁相中，小部分在夹杂相中；锰几乎都在硅铁相中；钙集中在硅化稀土相和夹杂相中；镁基本集中在硅镁相中；铝存在于所有相中；磷集中于夹杂相中。

稀土铁合金呈块状，有金属光泽，坚硬而脆，易粉碎。稀土硅铁合金断口呈银灰色，稀土镁硅铁合金断口在银灰色基体上闪烁着蓝色光泽。这两种合金的熔点为 1200 ~ 1260℃，密度为 4500 ~ 4700kg/cm³。

某些稀土硅系合金在空气中会自动粉化，特别是以稀土精矿为原料生产的合金和用碳热还原法生产的合金，粉化倾向更为严重，有的仅在几十分钟内就全部粉化成暗灰色的粉末，装桶的块状合金曾因粉化发生过爆炸。合金粉化时放出 H_2 和少量的 PH_3、AsH_3 气体。

经长期观察发现，合金的粉化与其组成和冷却条件有关。当合金成分处于图 12 - 1 所示的粉化区域 Ⅱ 内，并使其缓慢冷却时，该合金即会在空气中自动粉化。合金粉化的主要原因可能是含易粉化组成的合金缓慢冷却时，稀土硅化物或 ξ 相在晶粒边界析出，析出的化合物被空气中水汽氧化，体积膨胀而使合金粉碎。合金遇水会加速粉化，析出的气体有电石味，由此可以推断，粉化还与合金中夹杂有微量的碳化物或夹杂相有关。

防止合金粉化的措施首先是控制合金的成

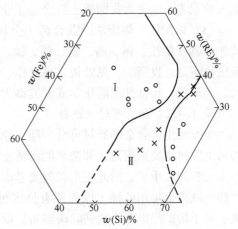

图 12 - 1　稀土硅铁合金粉化区域图
Ⅰ—不粉化区域；Ⅱ—粉化区域

分，例如，提高原料碱度可以有效降低合金中的硅含量，使之处于粉化区域以外。提高出炉温度有利于渣铁分离，可防止合金中混入渣等夹杂物，也利于包中处理。提高冷却速度，如浇注薄锭或进行水淬处理，可以减少成分偏析和细化晶粒，对抑制合金粉化有一定效果。降低原料中有害杂质（特别是磷）的含量至关重要。此外，应使合金适当与空气隔绝，如把合金浸入油中保存或密封包装等。合金粉化前后化学成分变化不大，因此，粉化合金可用于喷吹法或包芯线喂丝法，也可用于配制其他品种的合金，或者重新熔化处理。

12.1.4　稀土铁合金的生产方法

12.1.4.1　稀土铁合金的冶炼工艺

在我国稀土硅铁合金试生产阶段，曾试用过高炉、反射炉、矿热炉和电弧炉等冶炼炉。经过多年的实践对比，证明电弧炉更适合冶炼稀土渣料。目前，国内外稀土硅铁合金的冶炼工艺主要有以下几种：

（1）硅热还原法。硅热还原法以硅为还原剂，在电弧炉内冶炼，主要原料有稀土渣料、硅铁和石灰等。该法优点是：反应速度快，产量大，稀土元素回收率高，电耗相对较小；由于是周期性冶炼，操作方便，可方便地变换冶炼品种，出现问题也容易解决。其缺点是：消耗钢铁工业大量使用的硅铁，冶炼中添加的石灰、萤石等熔剂量大，耗能多，渣量大，污染严重。

也可用金属铝、钙、硅铝合金或碳化钙等作还原剂，在电弧炉内冶炼稀土铝、稀土硅钙等中间合金，但均未投入工业生产。

（2）碳热还原法。碳热还原法以碳为还原剂，在矿热炉内冶炼，主要原料有稀土渣料、硅石、焦炭和钢屑，原料价格比电弧炉工艺低廉。该法优点是：炉温高，元素烧损少，可连续生产，成本较低。其缺点是：耗电量较大，炉底易结硬块，炉况出现问题后不易扭转。国外很大一部分稀土铁合金是用碳热还原法生产的。我国由于原料条件不同，早期采用的稀土富渣稀土品位低，在炉膛内容易形成熔渣或碳化物炉瘤，生产很难长期延续，严重恶化了生产技术经济指标。近年来，随着稀土精矿产量的增加，正在研究采用精矿入炉工艺，这将为我国稀土铁合金工业带来更多的经济效益。

（3）熔配法。熔配法以混合稀土金属、单一稀土金属或稀土硅铁合金为原料，配入其他金属（如镁、钙、铬、铜、锌、钛、镍等），在中频感应炉内熔配成多元复合合金。该法优点是：投资少，见效快，易操作，无污染，元素回收率高。其缺点是成本高，电耗大，产量低，每批产品间化学成分波动大。

12.1.4.2　稀土原料的选择

生产稀土铁合金的原料可分为稀土原料、还原剂和熔剂三大类。我国生产稀土铁合金的稀土原料主要采用白云鄂博矿的富稀土中贫铁矿。该矿是含铁、稀土、铌、锰、磷、氟等多元素的共生矿，因此在选料时要考虑综合利用，以降低生产成本，提高合金质量。生产稀土铁合金可用的稀土原料还有许多种，如富稀土中贫铁矿经高炉除铁制备的稀土富渣、稀土精矿经电弧炉脱铁除磷制备的稀土精矿渣、稀土精矿、稀土氧化物、稀土氢氧化物及稀土碳酸盐等。常用稀土原料的化学成分见表 12－3。稀土氧化物等由于成本较高，仅在有特殊需要时才采用。采用精料是提高冶金企业经济效益的必由之路，使用稀土品位高的精矿是提高我国稀土铁合金产品在国际市场上竞争能力的有效措施。

表 12-3　常用稀土原料的化学成分　　　　　　　　　　　　(%)

成　分	TFe	REO	Nb$_2$O$_3$	P$_2$O$_5$	CaO	SiO$_2$	BaO	MnO	CaF$_2$	ThO$_2$
富稀土中贫铁矿	29.35	9.62	0.144	2.61	3.57	6.03	3.47	0.81	22.26	0.04
稀土富渣	<1	15.30	0.96	0.26	17.32	17.95	6.33	1.52	32.20	0.07
稀土精矿渣	0.27	34.40		0.34	2.80	13.36	8.23	0.15	27.68	
30%稀土精矿	7.32	31.42	0.103	7.68	1.12	0.92	10.60	0.66	23.00	0.13
60%稀土精矿	3.10	58.06	0.0125	5.124	0.95	0.63	7.05	0.29	15.83	0.11

12.1.4.3　安全生产和防护

白云鄂博矿含有钍、钡、氟、磷等共生元素，在火法冶炼过程中，有的会生成有毒性的物质。为了减轻它们的危害，在生产过程中应重视采取安全措施，并力争化害为利。用富稀土中贫铁矿和稀土富渣冶炼时，主要有害物质为四氟化硅和钍尘。四氟化硅从熔池逸出时有强烈的刺激性，可引发人体皮炎和头发脱落，解决办法主要采取除尘和吸尘。

稀土原料和产品的钍含量及其放射线测定见表 12-4。由表中数据可知，用富稀土中贫铁矿、稀土富渣冶炼稀土硅铁合金时，其原料和产品的放射性基本符合国际放射性物质的控制标准。用稀土精矿渣或稀土精矿冶炼时，原料和产品的工业性生产测定数据不多，尚无确切的结论。

表 12-4　稀土原料和产品的钍含量及其放射线测定

原　料	氧化钍含量/%	α 比放/Bq·kg^{-1}	$\alpha + \beta$ 比放/Bq·kg^{-1}
富稀土中贫铁矿	0.047	1.665×10^4	2.183×10^4
稀土富渣	0.069	3.441×10^4	4.440×10^4
30%稀土精矿	0.14	5.180×10^4	6.660×10^4
60%稀土精矿	0.20	7.770×10^4	9.250×10^4
35%稀土硅铁合金	0.19	9.620×10^4	1.073×10^5
31%稀土硅铁合金	0.18	9.620×10^4	1.073×10^5
25%稀土硅铁合金	0.16	7.770×10^4	8.880×10^4
稀土镁硅铁合金	0.051	4.736×10^4	1.221×10^4

12.2　硅热还原法生产稀土硅铁合金

硅热还原法生产稀土硅铁合金是以稀土富渣、稀土精矿渣或稀土精矿为稀土原料，硅铁为还原剂，石灰为熔剂，在电弧炉内以电极和炉料之间的电弧为热源熔化炉料和完成冶炼过程。

12.2.1　硅热还原法冶炼稀土硅铁合金的反应热力学

稀土铁合金冶炼过程中某些氧化物的生成自由能值见图 12-2，可见，稀土氧化物的 $\Delta G^{\ominus}$ 负值较大，比较难还原。火法冶金常用的还原剂主要是碳、硅和铝，从纯物质的热力学角度来考虑，用碳还原稀土氧化物是很难实现的，用硅还原稀土氧化物的反应也是较难进行的。

但在实际冶炼过程中，用硅铁还原稀土氧化物，在一定条件下却能顺利地得到稀土合金。这是因为实际冶炼过程是熔融态还原过程，在合金内除铁和一些主要元素外，还有碳、硅、钙、铝等，这些元素可以影响主要反应的进行，并在冶炼过程中有合金化、造渣和碳氧化等反应存在，有效地改变了主要反应的热力学条件。

12.2.1.1 硅还原稀土氧化物

硅还原稀土氧化物的反应可表示为：

$$\frac{2}{3}(RE_2O_3) + [Si] = \frac{4}{3}[RE] + (SiO_2)$$

$$\Delta G = \Delta G^\ominus + RT \ln\left(\frac{a_{[RE]}^{4/3} a_{(SiO_2)}}{a_{(RE_2O_3)}^{2/3} a_{[Si]}}\right) \quad (12-1)$$

式中 $\Delta G^\ominus$ ——反应的标准自由能变化，kJ/mol；

$a_{[RE]}$ ——合金液中稀土金属的活度；

$a_{(SiO_2)}$ ——熔渣中二氧化硅的活度；

$a_{(RE_2O_3)}$ ——熔渣中稀土氧化物的活度；

$a_{[Si]}$ ——合金液中硅的活度。

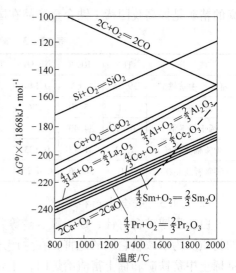

图 12-2 氧化物生成自由能与温度的关系

根据化学反应的最小自由能原理，若使反应向生成稀土金属的方向进行，必须使 $\Delta G < 0$。由自由能的表达式可知，若使 $\Delta G < 0$，增大反应物的活度或减小反应产物的活度是最有效的途径。如图 12-3 所示，由于造渣反应减小了 SiO_2 在熔渣中的活度值，SiO_2 的 $\Delta G - t$ 直线将改变斜率向下倾斜；由于合金化作用减小了 RE 在合金液中的活度值，RE_2O_3 的 $\Delta G - t$ 直线将改变斜率向上倾斜。最终结果使两直线在较低温度 t' 相交，在 t' 以上的温度条件下，用 Si 还原 RE_2O_3 就成为可能。在实际冶炼过程中，还原出的 RE 溶于金属，立即与 Si 形成化合物 $RESi$ 和 $RESi_2$；SiO_2 生成后，立即与渣中 CaO 形成硅酸钙，使体系中 $a_{[RE]}$ 和 $a_{(SiO_2)}$ 减到无穷

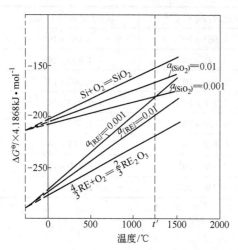

图 12-3 物质活度对 $\Delta G^\ominus$ 的影响

小，还原反应变得易于进行。同理，增大渣相 $a_{(RE_2O_3)}$ 和合金相 $a_{[Si]}$ 也可使两直线按上述方向改变斜率，但这两个活度值的增加常受到原料品位和产品规格的限制。

A 熔渣中稀土氧化物的活度

熔渣中稀土氧化物的活度与其摩尔分数有下列关系：

$$a_{(RE_2O_3)} = \gamma_{(RE_2O_3)} x(RE_2O_3) \quad (12-2)$$

式中 $a_{(RE_2O_3)}$——熔渣中稀土氧化物的活度；

$\gamma_{(RE_2O_3)}$——熔渣中稀土氧化物的活度系数；

$x(RE_2O_3)$——熔渣中稀土氧化物的摩尔分数。

由此可知，提高熔渣中稀土氧化物的活度系数和浓度都可以增大稀土氧化物的活度。研究表明，在不同体系的熔渣中，稀土氧化物的活度有如下相同的规律：

（1）熔渣中稀土氧化物的活度随着稀土氧化物浓度的增加而增加。

（2）当熔渣中氧化钙含量（或碱度）增加时，稀土氧化物的活度系数增大，活度也随之增大，如图 12 - 4 所示。

根据离子理论，熔渣中 RE_2O_3 的活度可用下式表示：

$$a_{(RE_2O_3)} = a^2_{(RE^{3+})}a^3_{(O^{2-})} \qquad (12-3)$$

式中 $a_{(RE_2O_3)}$——熔渣中稀土氧化物的活度；

$a_{(RE^{3+})}$——熔渣中稀土离子的活度；

$a_{(O^{2-})}$——熔渣中氧离子的活度。

可见，熔渣中稀土氧化物的活度与稀土离子和氧离子的活度有关，而稀土离子和氧离子的活度与熔渣中稀土氧化物及氧化钙含量有关。在熔渣中，稀土氧化物和氧化钙将电离成金属阳离子和氧阴离子，因而增加熔渣中稀土氧化物和氧化钙含量都有利于提高稀土氧化物的活度。但在用硅热还原法制取稀土硅铁合金的过程中，稀土氧化物作为主要反应物，在熔渣中的浓度受合金稀土品位所制约，不能随意增加，它所提供的氧阴离子有限。另外，熔渣中所含的两性和酸性氧化物（如 Al_2O_3、SiO_2、P_2O_5 等）将吸收氧阴离子。

（3）当熔渣中氧化钙含量过高时，熔渣的熔点升高、黏度增大，稀土氧化物的活度有降低的趋势。

B 合金液中硅的活度

硅热还原法制取稀土硅铁合金，作为还原剂的硅是由硅铁提供的，硅铁中的硅含量对硅的活度有显著影响。研究表明，在 Fe - Si 二元系中，随着 $x(Si)$ 的增大，a_{Si} 也相应提高，其关系如图 12 - 5 所示。

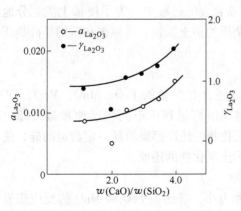

图 12 - 4 　La_2O_3 - CaF_2 - CaO - SiO_2 四
元系中 La_2O_3 的活度变化

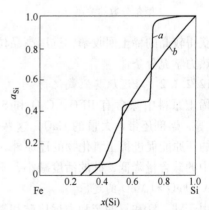

图 12 - 5 　Fe - Si 二元系中硅的活度与硅含量
的关系（以纯 Si 为标准态）
a—固态 Fe - Si，1200℃；b—液态 Fe - Si，1500℃

由图 12 - 5 可见，当 $x(Si) = 0.3$（即 $w(Si) = 17.64\%$）时，a_{Si} 几乎为零，说明 $x(Si) < 0.3$ 的硅铁不能作还原剂。从技术和经济方面考虑，硅热还原法制取稀土硅铁合金采用硅 75 作还原剂较合理。

在研究硅热还原法生产硅钙合金的过程中发现，硅铁中自由硅的含量对硅的活度有较大影响。硅 75 是自由硅和 ξ 相组成的合金，在还原过程中，ξ 相中的硅不参加反应，其分子式为 Si_2Fe_3。因此，还原剂中硅含量高有利于增大硅的活度。

C　熔渣中二氧化硅的活度

在硅热还原法制取稀土硅铁合金的过程中，采用增加熔渣中氧化钙含量的方法来降低 SiO_2 的活度。在 $CaO - SiO_2$ 二元系中，随着 CaO 摩尔分数的增加，SiO_2 的活度急剧减小，如图 12 - 6 所示。

氧化钙能与硅还原稀土氧化物生成的二氧化硅形成多种化合物，如 $CaO \cdot SiO_2$、$2CaO \cdot SiO_2$、$3CaO \cdot SiO_2$ 等，使 SiO_2 的活度减小。在实际生产中，熔渣中配入的石灰几乎可以结合全部 SiO_2，使其活度极小，使硅还原稀土氧化物的反应能够充分进行。

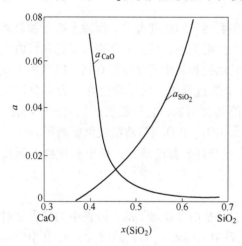

图 12 - 6　$CaO - SiO_2$ 二元系中活度与摩尔分数的关系

D　合金液中稀土的活度

稀土硅铁合金的物相分析结果表明，合金中稀土是以硅化物形态存在的。也就是说，熔渣中稀土氧化物被硅还原为稀土金属后，稀土金属即与合金液中的硅发生合金化反应，生成稀土硅化物，并溶解于合金液中。以铈为例：

$$[Ce] + 2[Si] = CeSi_2$$
$$CeSi_2 = [CeSi_2]$$

稀土硅化物在合金中处于稳定状态，从而降低了合金中稀土的活度。为了使稀土的合金化反应能够充分地进行，也要求合金中有足够的硅含量。

综上所述，可以认为在硅热还原法制取稀土硅铁合金的过程中，为了使稀土能充分地还原并获得较高的稀土回收率，选用高品位、低杂质的稀土原料、还原剂和熔剂是硅热还原法的热力学充分条件。

12.2.1.2　硅还原其他氧化物

稀土原料中除含有 REO、CaO 和 SiO_2 外，还含有少量的 FeO、MnO、MgO、TiO_2、ThO_2 等，熔剂还带入大量的 CaO，这些氧化物在冶炼过程中不同程度地被硅还原。除 CaO 的还原能促进稀土氧化物的还原外，其他氧化物的还原都要消耗一定数量的硅，使合金液中的硅含量降低，硅的活度减小，不利于稀土氧化物的还原。

A　FeO 和 MnO 的还原

由于铁、锰和氧的亲和力远比硅和氧的亲和力小，硅还原 FeO 和 MnO 的反应很容易进行：

$$2FeO + Si = 2Fe + SiO_2 \quad \Delta G^\ominus = -368190 + 38.87T \quad (J/mol)$$
$$2MnO + Si = 2Mn + SiO_2 \quad \Delta G^\ominus = -123090 + 18.79T \quad (J/mol)$$

这两个反应是放热反应，可以自发地进行，生成的铁、锰与硅反应生成硅化物。铁、锰的硅化物在合金中稳定存在，降低了合金中自由硅的含量，不利于稀土氧化物的还原。

B CaO 和 MgO 的还原

CaO 是极其稳定的氧化物，用硅还原 CaO 的反应为：

$$2CaO + Si_{(1)} == 2Ca_{(1)} + SiO_2 \qquad \Delta G^\ominus = 324430 - 112.15T \quad (J/mol)$$

当反应物和生成物都是纯态时，该反应在一般冶炼条件下极难进行。但在硅热法制取稀土硅铁合金的过程中，硅能够还原氧化钙已被实践所证实。据报道，在铁合金生产的反应体系中，氧化钙被硅还原可能有下列反应发生：

$$2CaO + 3Si_{(1)} == 2CaSi_{(1)} + SiO_2 \qquad \Delta G^\ominus = 465190 - 240.54T \quad (J/mol)$$

$$3CaO + 3Si_{(1)} == 2CaSi_{(1)} + CaO \cdot SiO_{2(1)}$$

$$\Delta G^\ominus = 23220 - 111.84T - 0.125 \times 10^{-3}T^2 + 2.68T \lg T \quad (J/mol)$$

氧化镁可以被硅还原，其反应为：

$$3MgO + 2Si_{(1)} == Mg_2Si_{(1)} + MgO \cdot SiO_{2(1)}$$

$$\Delta G^\ominus = 245600 + 48.50T + 1.0 \times 10^{-3}T^2 + 38.124T \lg T \quad (J/mol)$$

在有 CaO 存在的条件下，反应按下式进行：

$$2MgO + CaO + 2Si_{(1)} == Mg_2Si_{(1)} + CaO \cdot SiO_{2(1)}$$

$$\Delta G^\ominus = 186020 + 62.22T + 2.0 \times 10^{-3}T^2 + 43.22T \lg T \quad (J/mol)$$

但由于实际冶炼温度高于镁的沸点（1105℃），被还原出来的镁大部分以气态挥发，仅有小部分存在于合金中。

C TiO₂ 的还原

TiO₂ 的热力学稳定性与 SiO₂ 相近，硅还原 TiO₂ 的反应为：

$$TiO_2 + Si_{(1)} == Ti + SiO_2 \qquad \Delta G^\ominus = -8386 + 21.63T \quad (J/mol)$$

原料中带入的 TiO₂ 常被视为有害物质，因为被还原出来的钛进入合金中，影响稀土硅铁合金在铁中的使用效果。因此，在冶炼过程中应尽可能减少 TiO₂ 的还原。

12.2.2 硅热还原法冶炼稀土硅铁合金的原理

硅热还原法冶炼稀土硅铁合金过程可以根据热力学的基本原理，结合对冶炼过程阶段所取样品进行化学分析和物相分析的结果，定性地推断各阶段化学反应的原理。实践证明，根据此反应原理进行的配料计算与实际相符。

12.2.2.1 炉料熔化期的化学反应

熔化期是指从加料开始至炉料熔化、加入硅铁之前的冶炼阶段，其任务是熔化炉料，形成渣相。使用稀土富渣或稀土精矿渣作原料时，其主要矿物组成有铈钙硅石（3CaO · CeO₂ · 2SiO₂）、枪晶石、萤石、硫化钙和硫化锰等，稀土元素存在于铈钙硅石矿物中。当冶炼温度达到 1150~1180℃ 时，炉料开始熔化。当温度升到 1240~1300℃ 时，熔化的炉渣和石灰发生化学反应，并促使石灰熔化。这时铈钙硅石和枪晶石分解，渣相重新组合，产生铈硅石、硅酸钙和萤石，反应为：

$$3CaO \cdot RE_xO_y \cdot 2SiO_2 + CaO == 2(2CaO \cdot SiO_2) + RE_xO_y$$

$$3CaO \cdot CaF_2 \cdot 2SiO_2 + CaO == 2(2CaO \cdot SiO_2) + CaF_2$$

温度继续升高，在有充足 CaO 存在的条件下也发生如下反应：

$$2CaO \cdot SiO_2 + CaO =\!=\!= 3CaO \cdot SiO_2$$

使用稀土精矿作原料时，稀土元素主要存在于氟碳铈矿和独居石矿物中，在冶炼温度下，稀土矿物将发生分解并参与造渣反应。热分析实验表明，氟碳铈矿的热分解温度在 $400 \sim 600℃$ 范围内。在电弧炉冶炼条件下，有 CaO 和 SiO_2 参加时，独居石等磷酸盐矿物也发生分解，主要反应为：

$$REFCO_3 + CaO + SiO_2 \longrightarrow RE_xO_y + 2CaO \cdot SiO_2 + CaF_2 + CO_2$$

$$REPO_4 + CaO + SiO_2 \longrightarrow RE_xO_y + 2CaO \cdot SiO_2 + P_2O_5$$

生成的 P_2O_5 被硅还原：

$$2P_2O_5 + 5Si =\!=\!= 4P + 5SiO_2$$

12.2.2.2　炉料还原期的化学反应

还原期是指从加入硅铁至合金出炉的冶炼阶段。随着硅铁熔化，在炉内出现了两相，即熔融的渣相和合金相。此时的化学反应由三部分组成，即两相界面上进行的还原反应、渣相中的造渣反应及合金相中的合金化反应。

A　硅还原稀土氧化物

由于熔渣中存在大量游离状态的 RE_xO_y，加入炉内的硅铁熔化后含有大量游离状态的 Si，在熔渣 – 合金相界面发生如下反应：

$$2(RE_xO_y) + y[Si] =\!=\!= 2x[RE] + y(SiO_2)$$

根据物相分析结果，合金中的 RE 以硅化物形态存在，渣中的 SiO_2 以硅酸盐形态存在，说明反应体系中存在如下合金化反应和造渣反应：

$$[RE] + [Si] =\!=\!= [RESi]$$

$$[RESi] + [Si] =\!=\!= [RESi_2]$$

$$(SiO_2) + (CaO) =\!=\!= (CaO \cdot SiO_2)$$

$$(CaO \cdot SiO_2) + (CaO) =\!=\!= (2CaO \cdot SiO_2)$$

$$(2CaO \cdot SiO_2) + (CaO) =\!=\!= (3CaO \cdot SiO_2)$$

稀土硅化物和硅酸钙的生成大大降低了合金中稀土的活度和渣中 SiO_2 的活度，使反应能够顺利地进行，稀土氧化物得到还原，生成稀土硅铁合金。

B　硅钙化合物还原稀土氧化物

由于冶炼过程中加入大量石灰，硅可以还原出大量的钙或生成硅钙化合物。但在用硅铁还原稀土氧化物得到的稀土硅铁合金中，钙含量一般不大于5%。在冶炼稀土硅铁合金的过程中，取样分析硅钙化合物的变化情况，证实被还原出来的钙或硅钙化合物参与了稀土氧化物的还原，有下列反应存在：

$$RE_xO_y + \frac{y}{3}[CaSi] =\!=\!= x[RE] + \frac{y}{3}(CaO \cdot SiO_2)$$

$$[RE] + [Si] =\!=\!= [RESi]$$

因此，渣中 CaO 被硅还原对稀土氧化物的还原是有利的。

12.2.2.3　辅助反应

在冶炼稀土硅铁合金的过程中，电弧炉有大量的烟气逸出，随着炉温的升高，烟气由稀变浓，强化还原期（搅拌时）的烟气更浓；当炉温过高时，还会产生熔体的沸腾现象。这是因为电弧炉采用炭素炉衬和石墨电极，其中的碳也可参与还原反应，例如：

$$（FeO）+ C \Longrightarrow [Fe] + CO_{(g)}$$
$$（MnO）+ C \Longrightarrow [Mn] + CO_{(g)}$$
$$（SiO_2）+ C \Longrightarrow SiO_{(g)} + CO_{(g)}$$

炉渣中含有大量的 CaF_2，还原过程又产生大量的 SiO_2，故有如下反应发生：

$$2（CaF_2）+ 3（SiO_2）\Longrightarrow SiF_{4(g)} + 2（CaO \cdot SiO_2）$$

生成的 SiO_2 与合金中的硅或炉内的碳作用，产生 SiO 白色烟气，反应为：

$$（SiO_2）+ [Si] \Longrightarrow 2SiO_{(g)}$$
$$（SiO_2）+ C \Longrightarrow SiO_{(g)} + CO_{(g)}$$

以上反应产生的气体使熔体沸腾，起到了搅拌作用，使熔融渣相和合金相的接触条件得到改善，也有利于反应物的扩散，改善了还原反应的动力学条件。

总之，根据多年的试验和生产实践可以认为，采用硅热还原法在电弧炉中冶炼稀土硅铁合金的反应，是在大量石灰参与反应的条件下，硅首先将石灰还原成钙，形成硅钙化合物，硅钙化合物再将稀土氧化物还原成稀土金属，也不排除硅直接将稀土氧化物还原成稀土金属的可能性。稀土金属与硅合金化，以硅化物相存在于合金中。这是一个复杂的氧化还原反应过程，可通过控制冶炼工艺条件（如炉料配比、还原温度和时间等）有效地控制合金组成。

12.2.3　电弧炉设备

12.2.3.1　电弧炉的结构

生产实践中采用 5t 或 3t 炼钢电弧炉冶炼稀土硅铁合金，但冶炼工艺操作与炼钢存在本质的差别。我国冶炼稀土硅铁合金的电弧炉采用高架炉台、炉顶上料、炉身倾动、炭素炉衬等结构形式和炉底引弧、渣铁分别出炉、薄锭浇注等工艺技术。图 12-7 为冶炼稀土硅铁合金的设备系统示意图。

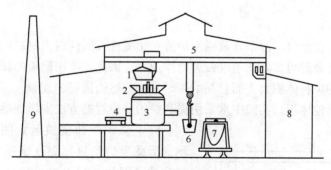

图 12-7　冶炼稀土硅铁合金的设备系统示意图

1—料斗；2—加料孔；3—电炉；4—操作台；5—天车；6—浇包；
7—渣罐；8—铸锭间；9—烟囱

冶炼稀土硅铁合金时，由于固体稀土富渣或稀土精矿的导电性不良，只能采用先起弧、后装料的方式。因此，需在炉盖上设置加料孔，如图 12-8 所示。先将炉料装入料斗进行称量，然后用吊车运至炉顶料仓内储存。电弧炉起弧后，将料仓的闸门打开，炉料通过导料管从炉盖的加料孔加到炉内。加料孔是用两个方形钢结构或铸铁构件的水套砌于炉顶砖中，一个加稀土原料，一个加石灰。为了冷却电极和避免炉盖受热变形而折断电极，炉盖上的电极孔装设电极冷却器，冷却器内通水冷却，可起到冷却电极、减少电极氧化、防止炉气外逸和冷却炉盖中心部位的作用。

12.2.3.2　电弧炉的砌筑

A　炉盖砌筑

砌筑炉盖前，先将炉盖水套圈放在水泥制作的炉盖旋胎上，确定好电极孔和加料孔的位置后，开始砌筑炉盖砖。砌筑炉盖时先沿炉盖水套圈用湿砌法砌一圈拱脚砖，然后砌炉盖的主、副筋。炉盖的主筋沿两个电极孔的共同切线砌筑，其位置接近炉盖中心线。炉盖使用长300mm的电炉专用高铝砖砌筑，砌筑时由边缘向中心砌主筋，再由边缘向炉盖中心砌副筋，副筋与主筋方向垂直。主、副筋砌完后，由中心向边缘砌筑炉盖砖，使它们互成人字形。图12-9为炉盖砌筑示意图。

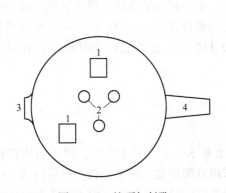

图12-8　炉顶加料孔

1—加料孔；2—电极孔；3—炉门；4—出渣槽

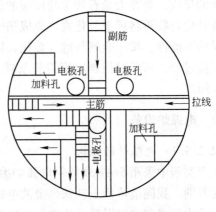

图12-9　炉盖砌筑示意图

B　炉体砌筑

冶炼稀土硅铁合金时，由于含氟稀土炉渣对用碱性或酸性耐火材料砌筑的炉衬有较强的腐蚀性，炉衬寿命较短，降低了电弧炉的作业率，因此需改用耐氟的碳质炉衬。由于冶炼稀土硅铁合金的炉料体积大，而且在冶炼时常出现熔渣沸腾的现象，所以必须增加熔池的深度，以扩大熔池体积。实践中常采用提高炉门槛位置的方法来增加熔池的深度。

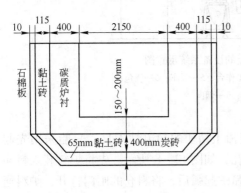

图12-10　5t电弧炉炉体砌筑示意图

5t电弧炉炉体砌筑示意图如图12-10所示。为减少炉子热损失及增强电绝缘性，在炉衬和炉壳间加一层电绝缘性好、导热系数极小的石棉板和黏土砖。炉体的砌筑方法是：在炉底平铺一层10mm厚的石棉板，然后干砌一层65mm厚的黏土砖；其上砌筑一层按炉底形状加工好的400mm厚的炭砖，炭砖之间留60～80mm的间隙，用炒好的电极糊与炭素料的混合料充填缝隙并捣实；在炭砖平面以上砌筑炉墙，沿炉壁圆周湿砌一层10mm厚的石棉板，再砌一层115mm厚的黏土砖，一直砌到炉口。为减小劳动强度，改善作业环境，目前碳质炉衬多采用铁胎放入炉内后灌入炭素料、电极糊、碎电极块，经烧结的方法制成。在灌入碳质材料前，炉门用耐火砖砌筑，出铁口炉眼位置预置钢管或缸瓦管，灌入碳质材料后与炉衬进行整体烧结。表12-5示出捣实用碳质材料的组成。出铁口流槽采用加工好的流槽炭砖砌筑。

表12-5 捣实用碳质材料的组成

原 料	炭素料	电极糊	废电极块
配比/%	50	30	20
粒度/mm	10~50	10~50	10~20

12.2.3.3 炉体的烧结与烘炉

炉体的烧结以柴油或焦炭为燃料。铁胎是一个厚30mm的整铸壳体，在壳体内用油枪喷入柴油或加入焦炭燃烧，以加热铁胎并将热量传入电极糊，使电极糊逐渐熔化。随着电极糊的熔化，碳质材料逐渐下沉，应随时加入碳质材料，直至炉墙处的所有空间灌满碳质材料为止。然后继续加热，使炉墙内侧的电极糊烧结、硬化和部分石墨化。一般用柴油烧结一个炉衬大约需要8h，烧结层厚度为40~50mm。烧结停火20h后，将铁胎吊出，清理和修整好后备用。

碳质炉衬炉体在启用时均需进行烘炉，以保证炉衬的良好烧结和去除炉体内的水分。冶炼稀土硅铁合金的电弧炉采用整体更换炉体的方法，当炉壁损坏到需要更换时，将炉体吊下，把烧结后的备用炉体吊放到工作位置，盖上炉盖，上好三相电极，检查电气设备和机械设备，若运转正常便可开始送电烘炉。合理的烘炉供电制度是保证炉子质量的关键。为了使炉衬各部位均衡升温，送电前应先在炉底铺一层废电极块，其厚度为200~300mm，长度为100~300mm，也可用大块焦炭代替。开始送电时应采用大电压、小电流，以形成较长的电弧柱。根据炉体升温情况加大电流断续烘烤，经过4~5h后停电，扒出废电极块后方可装料冶炼。

12.2.4 硅热法冶炼稀土硅铁合金工艺

12.2.4.1 冶炼工艺流程

硅热法冶炼稀土硅铁合金的工艺流程如图12-11所示。在电弧炉内冶炼稀土硅铁合金是以稀土富渣、稀土精矿渣或稀土精矿等为稀土原料，硅75为还原剂，石灰为熔剂，当炉渣氟含量低时，也可加入萤石作为辅助熔剂。该工艺对原料的要求如下：

（1）稀土原料。为提高稀土的回收率和产量，节省电能，减轻环境污染，要求选用精料。近年来开发出利用白云鄂博或山东微山低品位稀土精矿（REO 30%）直接冶炼稀土硅铁合金的工艺，可采用湿法冶金不宜使用的低品位稀土精矿进行生产。

（2）石灰。要求石灰 $w(CaO) > 85\%$，其余按炼钢用

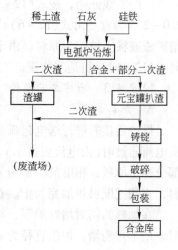

图12-11 硅热法冶炼稀土
硅铁合金工艺流程

材料要求，粒度不大于50mm，严禁石灰粉入炉。

（3）硅铁。按国家标准，硅75的硅含量大于75%，粒度不大于150mm。

12.2.4.2　配料

根据所要生产的稀土硅铁合金的化学成分，以炉料的化学成分为依据，按炉子装入量计算出料批中稀土原料、石灰、硅铁的组成。炉料间的相对配比随合金品位、各原料成分的变化而变化。

根据入炉原料和冶炼产品中稀土平衡的原理，可计算出稀土原料量与硅铁量之比，即：

$$0.835 \times Aw(RE_xO_y)f = Cw(RE)g \qquad (12-4)$$

式（12-4）可写成：

$$A/C = \frac{gw(RE)}{0.835 \times fw(RE_xO_y)} \qquad (12-5)$$

式中　　A——稀土原料量，kg；

C——硅铁量，kg；

$w(RE)$——合金中稀土金属含量，%；

$w(RE_xO_y)$——稀土原料中稀土氧化物含量，%，换算成稀土金属时需乘以0.835；

g——合金率，即产出合金与加入硅铁的质量比，%，可根据经验确定；

f——稀土回收率，%。

根据配料碱度可计算出稀土原料量与石灰量之比：

$$配料碱度 = \frac{Aw(CaO) - 1.47w(F_2) + Bw(CaO)'}{Aw(SiO_2) + Bw(SiO_2)'} \qquad (12-6)$$

式中　　　　　　　　A——稀土原料量，kg；

B——石灰量，kg；

$w(CaO)$，$w(F_2)$，$w(SiO_2)$——分别为CaO、F_2、SiO_2在稀土原料中的含量，%；

$w(CaO)'$，$w(SiO_2)'$——分别为CaO、SiO_2在石灰中的含量，%。

生产实践证明，按式（12-6）表示的配料碱度保持在3.0~3.5，出炉前的终渣碱度以2.0~2.5为宜。由式（12-6）计算的石灰量适用于以稀土富渣为原料的情况。如使用稀土精矿渣或稀土精矿为原料，由于稀土氧化物也是碱性氧化物，当其含量大于30%时，应对式（12-6）进行适当修正。

12.2.4.3　冶炼工艺操作

A　加料熔化

烘炉后接着进行送电起弧和加料。在下放电极起弧时要防止折断电极，当三相电极都有电流通过时（由电流表指示），将稀土原料及石灰经炉顶部两个加料漏斗加入。先放一部分稀土原料，相继放一部分石灰，然后如此交替加料。新炉体的容积小，可分两批加料，直到把配料量加完为止。石灰应尽量加在炉子中心区。

在加料的同时堵好炉眼，堵眼材料用粒度小于5mm的焦粉。炉眼直径约为ϕ100mm时，用干焦粉堵；炉眼直径为ϕ150~200mm时，用湿焦粉堵。

电流一般稳定5min左右，即可将电流增加到变压器的最大允许值，以加速熔化。在熔化过程中要勤推料，不断把炉内四周的未熔料推到炉子中央高温区，要避免炉墙挂料而造成操作困难。

B 还原

当炉料熔化 70% ~80% 时,由炉门加入硅铁。尽量把硅铁加到高温三角区,并压到液面以下,以减少硅铁烧损。加完硅铁待电流平稳后,加大电流至额定值,提高炉温使硅铁快速熔化,但应注意不要造成金属过热。

在升温过程中,要注意观察炉顶逸出炉气的颜色、浓度变化和熔体液面的情况。如果炉气由黄褐色逐渐变成灰白色,最后为蓝色,并观察到电极周围与渣面接触处不断翻滚时,表示硅铁已经熔化完。当渣温达到 1350 ~1400℃ 时,即可停电搅拌。抬起电极,把炉体向流槽方向倾动,使炉门扬气,并从炉门插入气体搅拌管进行搅拌,气体压力为 0.2 ~0.4MPa。以前采用压缩空气搅拌,造成硅的大量氧化烧损;现改用压缩氮气搅拌,明显降低了硅的氧化损失,同时提高了稀土回收率。在搅拌期要保持炉内强烈沸腾而不溢渣。搅拌管的位置要随时变动,不留死角,一般搅拌 8 ~15min 即可。当炉气由浓变稀、由黑变白,熔池沸腾减弱时,表明炉内的反应在当时的温度下已达到平衡,可停止搅拌。取样化验合金中稀土含量,决定是否继续搅拌或出炉,如果样品合格,就准备出炉。为确保渣铁分离,在搅拌后至出炉前采用高电压、中级电流送电 5 ~8min 以提高炉温。

C 出炉

出炉熔体温度要高于 1350℃,出炉前先将炉门槛用石灰或焦粉垫平,倾动炉体趋于水平,停电 3 ~5min,使渣铁很好地分离。打开出铁口,先使大部分炉渣流入渣罐,此时倾炉必须缓慢,以免带出合金。然后将剩余的渣和合金放到由行车吊挂的元宝罐中,出完合金后将罐吊至铸锭跨间。放完合金后把炉子恢复到正常位置,进行下一炉的送电起弧和加料。

把元宝罐吊到扒渣位置处,先使大部分炉渣溢入渣罐,同时用铁管击荡渣流,如见有合金花(蓝色)溅出,立刻回小钩停止溢渣,以避免溢出合金。扒渣一般需 5 ~8min。扒渣后的合金吊到铸锭位置,倾倒在已准备好的铸锭盘内。要使合金缓慢地流入盘中,避免铸锭盘被合金流冲出坑。为减小偏析,要求锭厚小于 150mm。铸后约 15min(视锭厚而定),把合金锭运到指定地点。

D 破碎和包装

破碎前的合金由质检人员取样化验有关成分,按化验结果分级堆放。由于用户使用合金的目的和方法不同,对合金的粒度要求各有差异,需根据用户要求的粒度进行破碎。破碎粒度合格的合金装桶,每桶净重 50kg。装桶合金分批取样化验化学成分,合格者填写合格证装入桶内,不合格者列为废品回炉。

5t 电弧炉以含 REO 15% 的稀土富渣冶炼稀土硅铁合金,每炉可生产合金 1t,冶炼周期为 200 ~245min,炉子作业率为 78% ~85%,产品合格率为 95%,稀土回收率为 60% ~70%,电耗为 4000 ~4700kW·h/t。用含 REO 30% 的稀土精矿冶炼稀土品位大于 30% 的稀土硅铁合金,稀土回收率达 75%;冶炼含稀土 21% ~22% 的合金,稀土回收率达 80%,合金电耗在 3000kW·h/t 以下,比原工艺节省 30%。

12.2.4.4 影响因素

电弧炉硅热还原法生产稀土硅铁合金,多年的科学研究和生产实践证明,配料碱度、渣剂比、还原温度和搅拌强度对合金的稀土品位和回收率有着决定性的影响。这四个影响因素也称为稀土硅铁合金冶炼过程的四要素。

A　配料碱度

用硅铁还原熔渣中的稀土氧化物时，在一定范围内，熔渣碱度和硅铁硅含量越高，还原得越完全。增加熔渣碱度能提高稀土回收率，这是因为有充足的氧化钙是促成稀土矿物分解的关键，增大了熔渣中稀土氧化物的活度；氧化钙又起着与反应产物二氧化硅化合生成硅酸二钙、硅酸三钙，降低二氧化硅活度的作用；同时，被硅还原出来的钙又用于稀土的还原。但若碱度过高，则会降低渣中稀土含量，且使熔渣变黏，影响反应物的扩散，不利于还原反应的进行。

在配料时，加入的石灰量要使二氧化硅都以硅酸二钙和硅酸三钙的形态存在，其中硅酸三钙要占总量的50%或稍多一点，此时炉渣碱度为2.12~2.3。实践表明，当冶炼终渣的碱度在这个范围内时，稀土的回收率最高。在冶炼过程中产生大量的二氧化硅，使熔渣碱度降低，所以配料碱度要高于终渣碱度，究竟高多少则视冶炼过程中硅的消耗量或二氧化硅的生成量而定。有关实验证明，对于每种熔渣都有一个最佳配料碱度，只有选择合适的配料碱度才能得到最高的稀土回收率。

B　渣剂比

入炉的稀土原料和硅铁质量之比称为渣剂比，它是配料计算中的一个重要数据。渣剂比不是常数，应随原料稀土品位及合金稀土品位的变化而进行调整。如果合金稀土品位不变，随着原料稀土品位的降低，渣剂比应提高，即在低品位原料中还原出同样多的稀土要消耗更多的硅铁。如果原料稀土品位不变，随着合金稀土品位的增加，渣剂比也应提高，因为在同样的原料中还原出的稀土越多，消耗的硅铁也就越多。上海冶金研究所试验结果表明，在选定配料碱度为4.0、温度为1200~1300℃、其他操作条件相同时，渣剂比与合金稀土品位和稀土回收率的关系如图12-12所示。可见，冶炼低品位的合金，稀土回收率高；而冶炼高品位的合金，稀土回收率低。

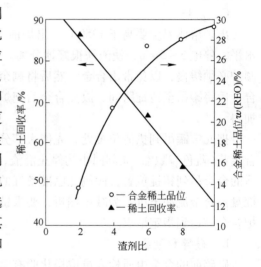

图12-12　渣剂比与合金稀土品位和稀土
回收率的关系

C　还原温度

还原温度对稀土的还原速率具有重大的影响。实践证明，在一定范围内，采用较高的碱度和较低的温度对稀土还原有利。当配料碱度为4.0，温度为1400℃、1325℃及1250℃时，稀土在终渣与合金间的分配比分别为0.06、0.04和0.02，稀土的回收率分别为67.7%、75.8%及85.0%。

硅热法还原稀土氧化物是放热反应，所以提高温度会影响反应进程，使稀土回收率降低。但是工艺条件的选择不仅取决于反应的平衡状态，还要考虑反应速率、生产效率、操作条件及熔渣性质等因素，综合各因素来选择最佳条件是十分必要的。还原温度较高时，熔渣黏度较低，有利于反应离子的扩散，因而合金中稀土含量较快达到峰值。但若温度过高，则合金的氧化速度加快，对控制合金成分造成困难，被氧化的稀土回到渣中，使合金品位降低。一般认为，最适宜的还原温度为 1300~1350℃，出炉温度以 1350~1400℃ 为宜。若将还原温度提高到 1400~1450℃，会出现终渣中稀土含量增高、稀土回收率降低的趋势。

D 搅拌强度

稀土熔渣与液态硅铁的反应属于液 – 液反应，反应物的扩散是反应速度的限制环节。由于两种液相的密度不同，如熔渣的密度为 2600kg/m³，硅铁的密度为 3300kg/m³，且随稀土含量的增加会逐渐增加到 4600kg/m³，在冶炼温度下，熔渣与合金自然会分成明显的两层。因此，在还原过程中进行搅拌可使熔渣与硅铁充分接触，增加了反应物质碰撞和生成物质离开的机会，强化了反应，缩短了冶炼时间。

生产实践中，搅拌强度视炉温的高低灵活掌握。炉温偏低时应强烈搅拌，炉温偏高时搅拌强度可减弱。搅拌过度会增加合金暴露在空气中的机会，反而使硅、稀土等元素氧化，造成稀土回收率降低；如果碱度不够高，则合金中稀土含量下降得更快。所以，需掌握合适的搅拌时间和次数，适当调整压缩气体的流量。

12.2.4.5 生产中常见故障及处理方法

在稀土硅铁合金冶炼过程中经常出现一些故障，有机械设备、电气系统方面的，也有冶炼工艺、冶炼操作方面的。冶炼操作方面常见的一些故障及一般处理方法介绍如下。

A 熔渣在炉内凝固

在冶炼过程中，中途突然停电会使熔渣凝固，再次送电时，因凝固渣的导电性差而不能起弧。此时要用焦粉、废电极块、硅铁或铁块等在电极下面的三角区搭成通路，使之起弧。当三相电极都起弧后，三角区的熔渣逐渐熔化，并逐渐扩大到整个熔池，使冶炼可继续进行。

B 电极折断

在冶炼中加硅铁时碰撞、加料时料块冲击、下放电极速度过快撞击炉料或炉底、电极受潮以及接头螺母处有灰尘引起打弧过热等，都会导致电极折断。

电极折断后，小块电极可用耙子由炉门扒出；大块电极要待炉料熔化后倾动炉体，再从炉门扒出。如较长的电极或整相电极从接头处折断，电极卡在电极孔处，则要停电，用细钢丝绳把电极上端拴住，再用吊车把断电极由电极孔吊出，固定在复活电极架上，把螺丝头旋出，电极以备再用。

C 跑炉

还原期冶炼反应十分激烈，烟气量大，液面迅速上涨，熔渣大量从炉门溢出或喷出炉外的现象称为跑炉。跑炉的产生大多是由不按操作规程操作引起的，如炉温过高、搅拌过迟、粉状硅铁量大且加入较晚、搅拌时压缩气体流量过大、搅拌过于强烈等。

发现有跑炉迹象时，需立刻停电，将炉体向后倾，用压缩气体吹堵炉门，将上涨的熔渣吹向炉内后，并将冷渣、湿焦粉或煤块等投入炉内，使渣面沸腾，排出气体。如已发生跑炉，则要保持好设备，及时用水冷却，把溢出的炉渣重新投入炉内冶炼。

D 出铁口冻结

出炉时常有出铁口打不开的现象，这是由于堵出铁口时没有清净炉渣或焦粉没填满炉眼，致使熔渣浸入后凝固。这时可把炉体向后倾，提高炉眼处温度，用钢钎捶打。仍打不开时，可用氧气烧开，即将点燃的吹氧管对准清理好的炉眼，加大吹氧量，使堵塞物熔化流出，直至烧通。

E   炉衬烧损

冶炼稀土硅铁合金的电弧炉炉衬是用碳质材料烧结而成的。当炉墙与炉底烧损程度不一时，要进行热补炉。

a   热补炉底

经过一段时间冶炼后，在电极起弧处会出现深坑，炉底变薄，使熔池过深。当炉墙尚且完好时，要热补炉底，否则就会影响冶炼的正常进行。

热补炉底之前的最后一炉配料应力求碱度偏低些，出炉时尽量把熔渣出净。热补炉底前需洗炉，5t 容量的炉子是往熔池加入萤石 600 ~ 1200kg，送电熔化后用耙子搅动，使熔融的萤石冲蚀残渣，并倾动炉体 5 ~ 6 次。约 40min 后，将熔体放出炉外，捞出残留在凹坑处的残渣。如残渣取不净，可用废电极头粘出。炉底清净后，待自然冷却到 800 ~ 1200℃时进行热补炉底。

补炉材料的粒度要求小于 100mm。如有沥青，可先在炉底铺一层，然后加入电极糊耙平，在电极糊上面再铺一层电极糊占 60%、炭素料占 40% 的混合料并耙平，最后在最上面盖一层电极糊。

待加入的补炉料黑烟基本冒完、炉底表面出现硬壳时，在电弧区加一层碎电极块，用低压、大电流起弧，烘炉约 2h。烘好后扒出电极块，炉子便可投入生产。

b   热补炉墙

炉墙发生局部损毁时要热补炉墙。把需贴补处用铁铲清理干净，然后把已炒软的料（电极糊 60%、炭素料 40%）用长柄铁钎送到贴补处，再用小长柄铁耙将软料推到贴补处压实即可。

c   热补炉眼

当出铁口炉眼烧损过大，不易堵而易跑眼时，也要进行热补。补眼前先将炉眼周围的炉渣清理干净，用直径为 ϕ150mm、长 800mm 的缸瓦管或铁管，里面填满焦粉，两端用耐火泥封口，放入炉眼内并对好位置。外部用炒软的电极糊填满捣实后，用耐火泥封口。当确定不会漏出电极糊时，将炉体向出铁口侧倾转到便于加料热补的位置，用铁锹将小块电极糊由炉门投到管的周围，直至全部补完。待电极糊熔化、结壳后，将炉体回复到正常位置，除尽管中的耐火泥及焦粉，把炉眼清整好后即可投入使用。

12.3   电弧炉冶炼其他稀土铁合金

12.3.1   硅热还原法冶炼其他稀土铁合金

12.3.1.1   硅热还原法冶炼稀土钙硅铁合金

稀土钙硅铁合金是生产蠕墨铸铁的主要蠕化剂之一，其牌号及化学成分如表 12 - 6 所示。

电弧炉生产稀土钙硅铁合金的工艺与生产稀土硅铁合金基本相同，但有如下特点：

（1）配料碱度高，终渣碱度大于 3；

（2）冶炼温度高于 1450℃；

表 12 – 6　稀土钙硅铁合金的牌号及化学成分

牌　号	$w(RE)/\%$	$w(Ca)/\%$	$w(Si)/\%$	粒度/mm
FeSiCa13RE13	10 ~ 15	10 ~ 15	≤60	3 ~ 25
FeSiCa9RE18	15 ~ 20	8 ~ 10	≤50	3 ~ 25
FeSiCa9RE22	20 ~ 25	8 ~ 10	≤45	3 ~ 25

（3）配成渣中 $w(F) \geqslant 15\%$；

（4）搅拌强度大而时间短，一般不超过 8min，最长不超过 12min；

（5）还原剂硅铁中硅的含量大于 75%。

为了避免产生废品，强搅拌 6 ~ 12min 后送电取样，化验稀土和钙含量，如钙含量达到要求，立刻组织出炉。

12.3.1.2　硅热还原法冶炼稀土镁硅铁合金

电弧炉冶炼镁硅铁合金是分两步进行的，先冶炼出相应成分的稀土硅铁合金，然后进行炉外配镁。炉外配镁有两种方法，即冲镁法和压镁法。冲镁法是用合金液把镁冲化，然后铸锭。压镁法是把镁锭压入合金液中熔化后铸锭。相比较而言，压镁法镁的烧损率低，合金中氧化镁夹杂少。

配镁过程中，镁的烧损率随合金温度的高低而变化。合金的温度越高，镁的烧损率越大。所以配镁的合金温度要适当，既要使镁锭全部熔化，保证配镁后的合金具有一定的流动性，又要使镁的烧损率降到最低限度。

镁的烧损还与合金中的铁含量有关，合金铁含量越高，镁的烧损率越大。因为铁与镁不互溶，若合金铁含量高，则合金中的游离硅优先与铁结合形成 FeSi 或 $FeSi_2$，就没有充分的游离硅与镁结合生成 $MgSi_2$，从而使镁的气化烧损率加大。合金中稀土、镁、钙、铁都与硅形成化合物，硅含量高又超标，所以必须控制好合金中的铁含量，这样才能使镁的烧损减少。

12.3.1.3　硅一步法冶炼稀土镁硅铁合金

在电弧炉内用硅热还原法直接制取稀土镁硅铁合金，是以稀土富渣为稀土原料、白云石为镁原料，以硅铁、硅钙为还原剂。将称量好的炉料混匀后一次性加入电弧炉，调节电压和电流进行熔化和还原，还原结束后出炉注入锭模中。该法优点是以白云石（$CaCO_3 \cdot MgCO_3$）为镁原料，这在金属镁短缺的情况下更具特殊的意义。

A　冶炼温度

合金中镁含量与冶炼温度有关。在一定的温度范围内，温度越高，合金中镁含量越高，如表 12 – 7 所示。

表 12 – 7　冶炼温度对合金中镁含量的影响

冶炼温度/℃	1350 ~ 1400	1500 ~ 1550	1600 ~ 1650
合金中镁含量/%	1.34	3.38	5.15

B　配料碱度

这里所说的配料碱度是指 $w(CaO)$ 与 $w(MgO)$ 之和占稀土渣与白云石总量的百分数，配料碱度与合金中镁含量的关系如图 12 – 13 所示。

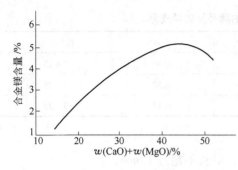

图 12 – 13　配料碱度与合金中镁含量的关系

当配料碱度超过45%时，合金中镁含量有下降趋势。这可能是由于熔渣的黏度增高，还原剂与熔渣接触不良，使还原效率降低。

C　硅含量

还原剂硅铁、硅钙中的硅含量，对合金中镁含量有直接影响。由表12 – 8可见，合金中镁含量随还原剂中硅含量的增加而增加，这是符合热力学原理的。

D　镁在合金、熔渣、气相间的分配

根据工业性试验的物料平衡统计，镁在各相的分配比例是：合金相20%~25%，渣相30%~35%，气相40%~50%。由此可知，镁的还原率很高，但回收率不高。这是因为镁的蒸气压很高，还原的镁大部分进入气相。如果在熔体上面有一定厚度的料层吸附逸出的镁，使渣中氧化镁含量增加，则可提高合金中镁含量。

表 12 – 8　硅含量对合金中镁含量的影响　　　　　　　　　　（%）

还原剂硅含量	95	90	85	80
合金中镁含量	4.2	4.15	3.23	2.65

电弧炉硅一步法制取稀土镁硅铁合金工业试验获得的合金成分为：$w(\mathrm{RE}) \approx 12\%$，$w(\mathrm{Mg}) = 3\% \sim 5\%$，$w(\mathrm{Si}) = 50\% \sim 55\%$，$w(\mathrm{Ca}) + w(\mathrm{Mg}) > 10\%$，Fe 余量。

12.3.2　铝热还原法冶炼稀土中间合金

与硅相比，金属铝具有更强的还原能力。铝与稀土可形成多种金属间化合物，其中$\mathrm{Al_2RE}$比较稳定，约在1458℃时熔化。用铝作还原剂可冶炼含稀土40%~60%、铝20%~55%的中间合金，这种合金有效元素组分高、杂质含量少，成本低于电解法生产的同类产品，能满足炼钢和炼铝、镁等有色金属合金的需要。可使用稀土氧化物、稀土氢氧化物、稀土精矿渣等作为稀土原料，以工业用粗铝或采用部分硅铝、硅铁为还原剂，配入适量的石灰和萤石作熔剂。与硅铁还原工艺相比，用铝作还原剂时熔池基本上不发生沸腾，也不产生烟雾状气体，减少了烟害，改善了劳动条件，同时也简化了炉气的排烟除尘设施。

12.3.2.1　用稀土氧化物冶炼稀土铝合金

金属铝还原稀土氧化物制取稀土铝合金的主要反应为：

$$\mathrm{RE_2O_3} + 6\mathrm{Al} = 2\mathrm{REAl_2} + \mathrm{Al_2O_3}$$

还原生成的 $\mathrm{Al_2O_3}$ 等与石灰相结合，进入渣中。用稀土氧化物冶炼的稀土铝合金的大致成分为：$w(\mathrm{RE}) = 50\% \sim 60\%$，$w(\mathrm{Si}) < 2.5\%$，$w(\mathrm{Fe}) < 3\%$，$w(\mathrm{C}) < 0.3\%$，余量为 Al。用250kV·A电弧炉冶炼的指标见表12 – 9，得到的稀土铝合金及炉渣的成分和性质见表12 – 10。

表 12 – 9　稀土氧化物冶炼稀土铝合金的指标

电弧炉容量 /kV·A	稀土氧化物单耗/t	铝锭单耗/t	稀土直接回收率/%	铝利用率/%	电耗/kW·h	炉渣碱度
250	1.415	0.648	51.8	65.6	2280	0.5~0.92

表 12 - 10　稀土铝合金及炉渣的成分和性质

铝用量 （理论量的倍数）	合金成分/%		炉渣成分/%			主 要 性 质			
	RE	Al	RE_xO_y	Al_2O_3	CaO	合金熔点 /℃	炉渣熔点 /℃	合金密度 /kg·m^{-3}	炉渣密度 /kg·m^{-3}
5	40.11	52.90	17.72	24.25	48.122	840	1170	3540	3270
3	49.19	42.23	16.10	18.71	48.02	800	1170	3120	3780

由表 12 - 10 可知，合金与渣的密度相差不大，难以分离完全。除了采用必要的强化分离措施外，在不影响用户对合金使用要求的前提下，可考虑加入适量的沉淀剂（如硅铁等）以增加合金密度。此外，二次渣中的稀土含量较高，应用来冶炼其他稀土合金加以回收。

12.3.2.2　用稀土氢氧化物冶炼稀土铝硅合金

在湿法提取重稀土氧化物过程中产出的轻稀土富集物，价格较便宜，适于用作冶炼稀土合金的原料。用于冶炼稀土铝硅合金的稀土氢氧化物含 RE_xO_y 68% ~ 72%、H_2O 6% ~ 8%，RE_xO_y 中 CeO_2 占 31% ~ 35%。

由于原料的稀土氧化物含量较高，熔点也较高。为便于冶炼和降低炉渣的熔点，需配入适量的石灰和萤石作熔剂，其用量对稀土回收率、合金中稀土含量的影响见图 12 - 14。

采用石灰用量：萤石用量 = 40：60 时，可以得到稀土含量较高的合金和较好的稀土回收率。当熔剂加入量为原料中稀土量的 1.6 ~ 1.8 倍时，合金的稀土品位和稀土回收率均较高。在还原温度为 1440 ~ 1460℃、还原时间为 10min、搅拌两次的条件下，还原剂配比对稀土回收率、合金性质的影响见表 12 - 11。

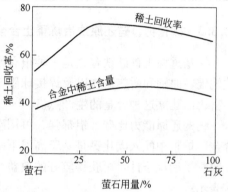

图 12 - 14　石灰、萤石用量对稀土回收率、合金中稀土含量的影响

表 12 - 11　不同还原剂配比所制取的合金的有关数据

还原剂配比/%		合金成分/%				稀土回收率/%			密度/kg·m^{-3}		熔点/℃	
铝块	硅铁	RE	Al	Si	Fe	RE	Al	Si	合金	炉渣	合金	炉渣
80	20	38.22	38.43	10.63	3.25	78.8	67.5	100	3460	3620	1150	1150
50	50	41.20	18.82	25.99	7.88	86.5	53.4	98.3	3820	3820	1200	1150
80	20	47.39	30.40	10.01	3.00	68.3	58.0	100	3840	3840	1150	1150
50	50	50.26	18.53	24.53	7.18	74.2	49.1	100.2	4340	3970	1250	1150

由于铝密度小、易烧损，所得合金的密度随冶炼进程逐渐增大，不利于还原反应和合金的沉淀。为此，在试验中加入硅铁作沉淀剂。

12.3.2.3　用稀土精矿渣冶炼稀土铝硅合金

原料采用稀土精矿经过脱铁除磷后的稀土精矿渣，其化学成分见表 12 - 12。精Ⅱ渣为高品位稀土精矿渣，精Ⅲ渣为低品位稀土精矿渣。

鉴于铝的还原能力比硅强，用纯铝还原精Ⅲ渣可得到稀土品位较高（RE 58.7%）的合金，稀土回收率达 95%。但由于渣发黏，影响了合金的凝固及回收率。

当以精Ⅱ渣为原料、还原剂铝硅与硅铁质量之比为 1 时，合金的稀土品位为 37%，稀土回收率为 93%。试验得出最好的还原条件为渣：剂 = 2：1，碱度为 3.5，还原温度为 1325～1350℃。制得的合金组成见表 12－13。

表 12－12　稀土精矿渣的化学成分　　　　（%）

种　类	RE_xO_y	CaO	SiO_2	F	P	Fe	S	Nb
精Ⅱ渣	20.87	38.40	18.69	15.37	0.06	0.167	0.12	<0.01
精Ⅲ渣	13.20	13.20	8.80	6.35	0.12	0.199	1.40	

表 12－13　合金的组成　　　　（%）

原　料	RE	Si	Al	Ca	Fe
精Ⅱ渣	50.15	33.8	8.2	1.3	4.6
精Ⅲ渣	36.97	41.6	1.92	5.5	18.2

12.3.3　碳化钙、硅还原法冶炼稀土合金

钇基重稀土钙硅铁合金是一种很有发展前途的新型球化剂，已用于生产大断面球墨铸铁轧辊、曲轴和耐热铸铁以及焊接球墨铸铁，都取得了较好的效果。我国钇组重稀土资源丰富，已建立这种合金的生产点。

钙的还原能力比硅、铝都强，可用碳化钙、硅还原法制取钇基重稀土合金及稀土硅钙合金。炉料中配入碳化钙是基于高温下碳化钙与硅可以反应，生成强还原剂硅钙合金，从而改善了冶炼条件，可获得较好的效益。碳化钙对硅热法还原反应的影响可用如下化学反应表示：

$$CaC_2 + 3Si \Longrightarrow 2SiC + CaSi$$
$$2SiC + SiO_2 \Longrightarrow 3Si + 2CO_{(g)}$$

原料采用重稀土氧化物，其化学成分见表 12－14。还原剂用工业纯碳化钙（80%）及硅 75。熔剂用石灰、硅石和萤石。

表 12－14　重稀土氧化物原料的化学成分

组　成	La_2O_3	CeO_2	Pr_6O_{11}	Nd_2O_3	Sm_2O_3	Eu_2O_3	Gd_2O_3	Tb_4O_{12}
含量/%	5.5	≤1.0	2.1	2.8	4.4	0.12	6.1	1.3
组　成	Dy_2O_3	Ho_2O_3	Er_2O_3	Tm_2O_3	Yb_2O_3	Lu_2O_3	Y_2O_3	$\sum RE_xO_y$
含量/%	6.0	1.5	4.0	0.85	5.5	0.8	45	≤87.57

还原设备为单相交流电弧炉，石墨坩埚内型为 $\phi250mm \times 350mm$，电极直径为 $\phi100mm$。将配好的炉料混匀后，待炉子加热至 1000℃ 以上开始加料还原。还原温度为 1600～1800℃，反应后转动炉体，倒出合金和渣。

在 $\dfrac{w(Si) + w(Ca)}{w(RE_xO_y)} = 1.1 \sim 2.7$、$\dfrac{w(Ca)}{w(Si)} = 0.37 \sim 0.9$ 的配料情况下，生产的钇基重稀土合金的主要组成和部分技术经济指标见表 12－15。

表 12 −15　冶炼钇基重稀土合金的有关技术经济指标

合金组成/%				稀土回收率/%	硅单耗/t	密度/kg·m⁻³	熔点/℃
RE$_x$O$_y$	Ca	Si	Fe				
22. 24 ~40	2. 35 ~7. 4	33 ~45	20 ~30	63 ~76	0. 3 ~0. 5	4400 ~5100	1400 ~1500

该还原工艺的优点有：

（1）还原过程为不可逆反应，加入少量石灰就可使炉渣的碱度达到冶炼要求；

（2）可用部分碳化钙代替硅铁，降低了硅铁用量；

（3）渣量少，稀土回收率较高，设备利用率高，从而降低了合金成本。

采用或部分采用硅钙合金作还原剂制取稀土硅钙合金，在原理上和实践上都是可行的。硅钙合金是一种强还原剂，密度小，因此在冶炼时具有还原速度快、钙易挥发和烧损、炉料中铁含量不宜过高和熔渣碱度应较高等特点。用硅钙作还原剂可冶炼出合格的合金，硅铁加入量占硅钙合金量的 10% 或 20% 时都可冶炼含钙 10% 的合金。当原料中 RE$_x$O$_y$ 量与还原剂量的比值为 0. 65 左右时，可使合金的钙含量增加。还原温度控制在 1280 ~1350℃，加还原剂温度以 1300 ~1320℃ 为宜，加入后立即搅拌 5 ~6min，待其沉入渣中后把温度降至 1220℃。碱度为 4. 3 ~4. 5 时，渣的流动性增加，有利于合金沉淀。但硅钙合金售价昂贵，用该法冶炼稀土硅钙合金的成本较高。

12.4　碳热还原法冶炼稀土铁合金

碳热还原法冶炼稀土铁合金通常在矿热炉中进行，国外稀土中间合金的很大一部分是用碳热还原法生产的。其优点是：把冶炼硅铁后再冶炼稀土合金的两个步骤在矿热炉中一步完成，缩短了流程，可连续操作，所用原料简便，成本低于二步法。

12.4.1　碳热还原法冶炼稀土硅铁合金的原理

碳热还原法冶炼稀土硅铁合金的主要依据是：在矿热炉的高温下，碳把硅石中的硅还原出来，与铁形成硅铁合金；当有大量游离硅存在时，硅又成为还原剂，使稀土氧化物还原并形成硅化稀土进入合金；碳也能直接还原稀土氧化物，还原出来的稀土与硅结合成硅化物进入合金。硅在其中起还原剂的作用，同时也起合金剂的作用。碳热还原法冶炼稀土硅铁合金的主要反应为：

$$M_xO_y + C = M_xO_{y-1} + CO_{(g)}$$
$$M_xO_y + (z+y)C = M_xC_z + yCO_{(g)}$$
$$zM_xO_y + yM_xC_z = x(z+y)M + zyCO_{(g)}$$

式中　M——稀土、硅、钙等合金元素。

低价氧化物可进一步还原，直至形成金属。中间产物碳氧化物也是存在的，它可进一步与氧化物和碳反应，最终形成金属。例如，碳从二氧化硅中还原硅的过程可以写成：

$$SiO_{2(s)} \xrightarrow[\text{低于 1600℃}]{C} SiO_{(g)} \xrightarrow[\text{低于 1800℃}]{C} SiC_{(s)} \xrightarrow[\text{1800 ~1850℃}]{SiO_2,SiO} Si_{(l)} \xrightarrow[\text{高于 1850℃}]{SiO_2} SiO_{(g)}$$

高于 1850℃ 时，生成 SiO 反应进行的可能性是有限的，因为在冶炼条件下，其动力学条件不充分。对 Si – O – C – Ce（Y）体系的热力学和动力学研究表明，下列反应是存在的：

$$Ce_2O_3 + 7C \Longrightarrow 2CeC_2 + 3CO_{(g)}$$
$$Y_2O_3 + 7C \Longrightarrow 2YC_2 + 3CO_{(g)}$$
$$SiC + SiO \Longrightarrow 2Si + CO_{(g)}$$
$$SiC + SiO_2 \Longrightarrow Si + SiO + CO_{(g)}$$
$$CeC_2 + 2SiO \Longrightarrow CeSi_2 + 2CO_{(g)}$$
$$SiC + CeO \Longrightarrow CeSi + CO_{(g)}$$

当温度高于 1600℃ 时，最初将还原出硅，同时有中间产物 SiC、SiO 和稀土碳化物等生成。而还原稀土金属则需要更高的温度（高于 1800℃）。还原硅和稀土金属的中间凝聚产物是碳化物，它们可与一氧化硅或二氧化硅相互作用而分解。在其他条件相同的情况下，生成碳化硅比生成稀土碳化物容易；随着稀土硅化物的形成，稀土碳化物比碳化硅更容易分解。碳化硅等的聚集若不及时分解，极易造成炉底堆积，形成炉瘤。当碳化硅遇到铁时很容易被破坏，反应为：

$$SiC + Fe \Longrightarrow FeSi + C$$

因此，在冶炼过程中需加入大量钢屑，以消除碳化物的生成，避免炉底上涨和电极上抬。钢屑加入量越多，这一效果越明显。

由于碳热还原时总要配入大量的硅石，一方面还原产物硅可以与稀土、钙形成稳定的硅化物，降低了这些难还原元素的起始还原温度；另一方面，不可避免地将产生稳定的硅酸盐和其他复杂氧化物，这些氧化物恶化了还原元素的热力学和动力学条件。

12.4.2　矿热炉冶炼稀土硅铁合金工艺

使用 400kV·A 和 1800kV·A 矿热炉冶炼稀土硅铁合金，或用炉外配镁法生产低稀土镁硅铁合金，试生产结果证实了这种冶炼工艺的可靠性，而且冶炼某些品种取得了较好的技术经济指标。生产的工艺流程如图 12 – 15 所示。

12.4.2.1　原料

根据矿热炉的冶炼特点，用碳热还原法冶炼稀土铁合金应以稀土氧化物、稀土氢氧化物、高品位稀土精矿等精料作为稀土原料。国内曾以稀土富渣为稀土原料冶炼稀土硅铁合金，主要原料还有硅石、焦炭和钢屑。要求稀土富渣的 RE_xO_y 含量大于 12%，自由碱度大于 1，粒度一般为 10 ~ 50mm。当使用稀土品位更高的稀土精矿渣为原料时，可配入较多的硅石和钢屑，这样可延缓碳化硅的生成，减少渣量和提高生产率。用容量为 400 ~ 1800kV·A 的电炉冶炼稀土硅铁合金时，要求硅石粒度为 20 ~ 50mm，焦炭粒度应为 1 ~ 8mm，其中 1 ~ 3mm 粒级的焦炭比例不大于 20%。

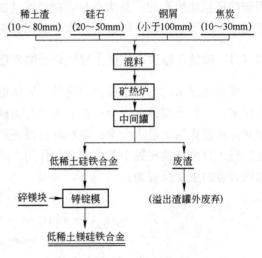

图 12 – 15　矿热炉生产低稀土镁硅
铁合金的工艺流程

12.4.2.2　冶炼操作

在矿热炉中用碳还原法冶炼稀土硅铁合金时，炉衬砌筑、烘炉和开炉方法与冶炼硅铁合金基本相同。烘炉结束后，送电起弧并加入开炉料。开炉料应少加、勤加，以压住火为准。尽量控制料面上升速度，使之不要上升太快，并在一周内保持在较低料线下操作。以稀土富渣为稀土原料冶炼时，渣量一般为合金量的 1 ~ 2 倍。投料后发现翻渣，一般在 2h 左右放渣一次，继续加料直至料面封住后 10h，即可放出合金。

加料不但要做到少加、勤加，而且要加准确。当发生刺火时，采用轻压料而不捣料的处理方法。当翻渣现象不易控制时，可放渣一次。料层不能太薄，以防塌料。当出现塌料时，可将周围熟料推至塌料区（出铁时例外），严禁将生料直接加入塌料区。要保持料面的良好透气性，发现死料区要及时用钢钎扎眼，进行适当透气，但要避免钢钎熔化到炉内。

当料批中还原剂不足时，SiO_2 不能得到充分还原，炉料发黏，料面烧结，刺火严重，甚至翻渣；同时，液态渣会提高炉内的高温导电性，电流波动大，电极不好下插，出炉温度低。此时，应在刺火处压料或放渣，并在料批中增加焦炭用量。

当料批中还原剂过多时，炉料导电性增强，电极上抬，刺火、塌料严重，铁水温度低，排渣困难。还原剂过剩严重时，炉内易生成 SiC 等碳化物，在电极下结瘤。在保证合金中稀土品位达到合格的前提下，可配入尽量多的钢屑，以防止碳化物硬块的生成。同时，在料批中可适当增加硅石量，也会促使 SiC 分解，以利于电极深插，减少黏料下沉和塌料。

当电极下的 SiC 硬块涨至操作平台口而影响合金产量与质量时，即应考虑将其清除。清除 SiC 硬块时速度要快，并注意安全。SiC 硬块清除后，要及时下放电极，然后将周围熟料推至电极周围。

为了减少热停电时间和次数，要加强电极的维护，使电极能按正常程序烧结，防止软断和硬断。要经常保持电极铜瓦下端到料面的高度为 200 ~ 350mm，以免刺火时把铜瓦烧坏，增加热停炉。

出炉前应清扫好合金模及出铁口，准备好渣包。正常情况下，每班出炉 2 ~ 3 次。出铁口要开大，以便用钢钎带渣，将渣和合金放净。渣和合金出在溢渣罐内。

合金及渣基本放尽后再堵眼，以避免喷溅。将炉眼外面的渣子清理干净，然后用耐火黏土与焦粉混合物做成的泥团堵眼。堵塞越深越好，这样可以防止金属在排出口的窄沟中淤塞和冷凝，便于下次打开。

12.4.2.3　主要技术经济指标

在 1800kV·A 矿热炉内冶炼稀土硅铁合金的指标、合金的成分分析及二次渣的成分分析，分别见表 12 - 16 ~ 表 12 - 18。

表 12 - 16　矿热炉冶炼稀土硅铁合金的指标

原　料	每批配料/kg				加料批数/批	平均班产量/kg	合金平均稀土品位/%	稀土回收率/%	电耗/kW·h·t⁻¹	单位消耗/t			
	富渣	硅石	焦炭	钢屑						钢屑	富渣	硅石	焦炭
稀土富渣	100	62	43		638	779	18.65	59.07	15760	3	1.86	1.29	
稀土精矿渣	100	80 ~ 85	50	10	991	1025	20.53	64.18	10121	2	1.7	1.0	0.2

表 12-17　矿热炉生产的稀土硅铁合金的成分分析　　　　　　（%）

原　料	稀土	硅	铁	钙	镁	钛	铝	锰	磷	钍	硫
稀土富渣	17.93	59.60	12.43	1.38	0.34	2.0	0.78	3.22	0.032	0.09	0.002
稀土精矿渣	20.86	45.20	27.26	0.82		1.48	0.83	2.20	0.336	0.12	

表 12-18　冶炼合金后所产生的二次渣的成分分析　　　　　　（%）

原　料	RE_xO_y	CaO	MgO	SiO_2	Fe	Al_2O_3	MnO	TiO_2	ThO_2	F	P_2O_5
稀土富渣	5.85	45.50	1.612	34.24	0.69	5.16	0.24	0.29	0.04	7.95	0.065
稀土精矿渣	10.82	37.22	1.63	29.53	0.66	8.22		0.017	0.061	8.43	0.813

12.4.3　矿热炉冶炼其他稀土铁合金

美国福特矿物公司在 8000kV·A 矿热炉内冶炼富铈稀土硅铁合金的炉料为氢氧化铈球团、硅石、钢屑、烟煤和木刨花，生产工艺的特点是：严格控制配碳量，保持电极深插，还原温度高（出炉温度为 1870~1980℃），少渣操作。合金的稀土总含量为 12%~15%，含铈 9%~11%、硅 36%~40%，其余为铁。

前苏联采用稀土精矿、硅石、钢屑和气煤在 1200kV·A 矿热炉中冶炼含稀土 30%左右的稀土硅铁合金，稀土在合金中的回收率为 70%~80%。将炉用变压器的功率增加到 1600kV·A 后，稀土回收率提高，合金中稀土平均含量为 28%~40%，硅含量为 50%~55%，铁含量为 3%~5%；配入钢屑后铁含量为 31%~37%，硅含量降为 30%左右。

我国包头稀土研究院曾对碳热法生产稀土硅钙合金进行了系统的研究，采用稀土富渣、硅石和石灰为原料，选用焦炭、木炭或石油焦作还原剂，冶炼出 $w(RE) > 10\%$、$w(Ca) = 12\%~15\%$、$w(Si) \approx 55\%$ 的稀土硅钙合金，在一些企业进行工业规模的生产取得了较好的经济效益。

国外用碳热法生产稀土硅钙合金，是在炉料中碳大量过剩、无渣操作条件下进行的。如美国生产 RE-Si-Ca-Ba-Sr-Fe 系合金，采用的炉料配比为：硅石 500kg，石灰石 100kg，钢屑 50kg，烟煤 390kg，木屑 400kg，氟碳铈精矿团块 480kg。所得合金的化学成分（质量分数）为：RE 25%~40%，Si 35%~50%，Ca 2%~8%，Ba 2%~4%，Sr 1%~3%，其余为铁。其中，稀土金属与碱土金属的质量比约为 3∶1。

12.5　熔配法生产稀土中间合金

熔配法是制备多种稀土中间合金的简便有效的方法，特别适用于制备多元素的复合合金。目前国内使用的稀土铜镁合金、稀土钨镁合金、稀土锌镁合金、稀土锰镁合金、稀土镁硅铁合金以及铈镁打火石合金等就是用该法生产的。

熔配法配制稀土合金的设备有中频感应电炉、燃油炉、焦炭地坑炉等。其中以中频感应电炉较好，其升温均匀且可控制，有电磁搅拌作用，合金成分均匀、偏析少。

12.5.1　坩埚式中频感应电炉

感应电炉按照输入电流的频率，可分为高频炉（10000Hz 以上）、中频炉（500Hz 以上）和工频炉（50Hz）三种。坩埚式感应电炉的炉体部分主要由炉体、炉盖及炉盖启闭机构、倾动炉架、倾动机构、固定支架等组成。炉体是坩埚式感应电炉的主要工作部分。中频感应电炉的炉体通常由坩埚、感应器、炉壳、冷却水管及馈电连接部分等组成，炉体构造如图 12 - 16 所示。

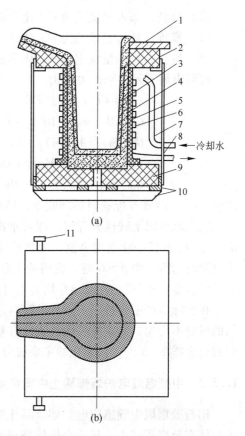

感应电炉熔炼时，炉料中的感应电动势在与磁力线轴向垂直的平面上产生涡旋电流。但炉料中的电流并不是均匀的，由于集肤效应，电流密度在炉料表面达到最大值，并沿着料柱由外向内逐渐减小。经试验分析可知，从电流降低到表面电流的 36.8% 的那一点到导体表面的距离，称为电流穿透深度。经计算可知，距离表面 5 倍穿透深度处导体横截面上的电流接近于零。炉料中的感应电流主要集中在穿透深度层内，加热炉料的热量主要由表面层供给，且依靠热传导来实现全部炉料的加热。

熔配稀土中间合金使用整体预制的石墨坩埚和由打结材料结合成的复合炉衬，感应电流使石墨坩埚加热并将热量传递给炉料，从而使炉料加热和熔化。在坩埚内部，电磁力对熔化金属的搅拌是有利因素，它有助于炉料的迅速熔化和合金化学成分及温度的均匀化，还有利于合金液脱氧、脱气、去除夹杂物。但是电磁搅拌力会使金属表面出现驼峰，过高的驼峰会把中间的熔渣顶起并推向坩埚壁。由于熔渣不能覆盖住整个液

图 12 - 16 中频感应电炉的炉体构造
1—环氧层压板；2—耐火砖框；3—石墨坩埚；
4—镁砂填充层；5—绝缘层；6—感应线圈；
7—冷却水管；8—铝制炉壳；9—耐火砖底座；
10—铝制边框；11—转轴

面，加剧了合金氧化；剧烈运动的合金液强烈地冲刷炉衬，炉衬与活性渣接触的表面积增加，这都加剧了炉衬的侵蚀。因此，必须把搅拌力限制在不妨碍正常熔炼过程的数值内。

目前，用于熔配稀土中间合金的中频感应电炉的最大容量为 1t，使用石墨坩埚后，容量可减少至 200kg 左右。

12.5.2 配料计算

在熔配法生产稀土中间合金的过程中，先确定坩埚装入量，再根据生产合金的品种、品级和主要原料的成分，由元素平衡法确定加入原料的种类和配比。现以生产稀土镁硅铁合金为例计算原料加入量。

设配制的合金成分为：$w(RE), w(Si), w(Mg), w(Fe)$，炉子容量为 G。

可供选择的原料如下：

（1）稀土硅铁合金，加入量设定为 A，化学成分为：$w(RE)_1, w(Si)_1, w(Fe)_1$；

（2）稀土镁硅铁合金，为某一种或某几种元素不符合标准的废合金，加入量设定为 B，化学成分为：$w(RE)_2, w(Si)_2, w(Mg)_2, w(Fe)_2$；

（3）硅铁，加入量设定为 C，化学成分为：$w(Si)_3$，$w(Fe)_3$；

（4）镁锭，加入量设定为 D，化学成分为：$w(Mg)_4$；

（5）废铁，加入量设定为 E，化学成分为：$w(Fe)_5$。

可列出如下元素平衡关系式：

$$A + B + C + D + E = G$$
$$Gw(RE) = Aw(RE)_1 + Bw(RE)_2$$
$$Gw(Si) = Aw(Si)_1 + Bw(Si)_2 + Cw(Si)_3$$
$$Gw(Mg) = Bw(Mg)_2 + Dw(Mg)_4 f$$
$$Gw(Fe) = Aw(Fe)_1 + Bw(Fe)_2 + Cw(Fe)_3 + Ew(Fe)_5$$

式中 f——纯镁在配镁时的回收率，经验数据为 $f = 0.9 \sim 0.95$。

联立求解以上线性方程组，即可求出所熔配合金的各种原料的加入量。计算中若 A、B、C、D、E 任一项出现负值，则将该项舍去，设定为零，再重新计算，但应注意 A、B 不可同时为零。当 $A > G$ 时，说明稀土硅铁合金的稀土品位不够，需用稀土含量较高的稀土硅铁合金。B、C、D、$E > G$ 均为不可能发生的情况，否则为计算有误。

在实际生产中，按以上计算的配料量熔配合金，其产品不一定符合要求。这是由于原料的成分不均匀，造成样品的代表性有差别。所以在改炼合金品级或改换批料时，都要及时取合金样 2~3 个，快速化验主要成分，校对原料加入量。

12.5.3   中频感应电炉熔炼稀土中间合金工艺

用石墨坩埚中频感应电炉熔炼稀土中间合金，由于炉体有效容积减小，只适合熔炼精料而不宜进行造渣过程，故称为熔配法熔炼。即根据合金成分的要求，按配比将各种金属或中间合金原料加入炉内重新熔化即可。熔炼过程不要求进行还原或氧化反应，只存在多种合金成分的互溶及化合状态的变化。用中频感应电炉熔配法生产稀土镁硅铁合金的工艺流程如图 12 - 17 所示。

熔配法所用原料的尺寸规格视炉子容量大小而定，其主要原则是：炉料应纯净，不得夹有砂石和泥土，不得潮湿或夹有积雪和冰块；粒度不宜过大且要求均匀，粉状料不得超过 5%，以保持良好的透气性。1t 中频感应电炉熔炼稀土镁硅铁合金的原料规格见表 12 - 19。

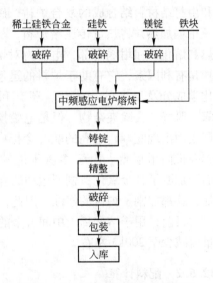

图 12 - 17   用中频感应电炉熔配法生产稀土镁硅铁合金的工艺流程

表 12 - 19   1t 中频感应电炉熔炼稀土镁硅铁合金的原料规格

原料种类	成分/%			粒度/mm
	RE	Si	Mg	
稀土硅铁合金	20 ~ 26			≤60
硅铁		≥122		≤60

原料种类	成分/%			粒度/mm
	RE	Si	Mg	
金属镁			≥93	80 ~ 100
废　铁				断面≤40，长≤600

熔炼操作分为以下五个步骤：

（1）加料。烘炉后，将称量好的炉料分层加到炉中。如果铁料的粒度较小，可先加铁料，再加稀土硅铁合金、金属镁，最后加硅铁；如果铁料较长，可后加铁，但不要一次加入。

（2）熔料。加完料后，将功率升到额定值熔料。待炉料熔化 1/2 以上时，用钢钎拉动上面料层以防止结壳。在熔料过程中要特别注意料层的透气性，应及时用钢钎扎动料层，使其保持充分透气。

（3）搅拌。当上部料基本熔化完，可用钢钎搅动 2 ~ 3 次，使熔体内的块状料加快熔化、成分均一。

（4）出炉。经搅动后，确认熔体中无块状料、合金温度达到要求时即可出炉。把合金倾倒在铺有一层石灰浆并干燥了的锭盘中，然后清理炉口部位的挂渣。合金锭厚度要求小于 100mm。

（5）合金精整。锭盘中的合金冷凝到暗红色时脱出，必须一炉一清，分级堆放。脱除的毛刺、浮皮另行存放，不得混入合金中。将合金锭按规定粒度进行破碎、筛分、装桶、称重、取样，如果化验成分合格，则填写合格证后封桶、入库。

复 习 思 考 题

12 – 1　稀土铁合金有哪几类，大致成分如何，有哪些主要用途？

12 – 2　稀土铁合金的主要冶炼方法有哪几种，各适用于冶炼何种稀土原料，用稀土精矿作原料有何优缺点？

12 – 3　进行硅还原稀土氧化物的热力学分析，总结能使反应进行的充分条件。

12 – 4　简述硅热还原法冶炼稀土硅铁合金的原理和反应各阶段的主要化学反应。

12 – 5　简述冶炼稀土硅铁合金电弧炉的设备组成、炉衬砌筑和烘炉方法。

12 – 6　简述硅热还原法冶炼稀土硅铁合金的生产工艺和操作方法。

12 – 7　碳热法冶炼稀土硅铁合金使用哪些原料，各有何要求？

12 – 8　简述碳热还原法冶炼稀土硅铁合金的原理、生产工艺和操作方法。

12 – 9　中频感应电炉熔配法能生产哪些稀土合金？简述其熔炼工艺和操作方法。

13   环境保护与综合利用

铁合金生产过程中会产生大量的废渣、废气、废水及粉尘,直接排放不仅会造成环境污染,浪费资源,还会危害人民的身体健康。因此,应该对"三废"进行处理,并回收利用。

13.1   废渣的处理及利用

铁合金生产产生的废渣在过去很长一段时间内都是作为"废物",弃于渣场。现在经过实验开发,其已作为再生资源,广泛用于冶金、建筑材料、农业等部门。

13.1.1   直接回收利用

(1)用碳素锰铁渣冶炼硅锰合金。采用熔剂法生产的碳素锰铁渣,锰含量一般为14%~20%;采用无熔剂法生产,则生成含锰25%~40%的中间渣。这些锰渣通常作为含锰的原料,用于冶炼硅锰合金。日本在这方面研究开发得较早,成功利用碳素锰铁渣生产碳酸化复合锰矿球团,用于炼制硅锰合金,取得了良好效果。

(2)从锰渣中回收锰。可用电炉再还原锰渣,如尼柯波尔铁合金厂从重熔炉渣中回收碳素锰铁180t/a、硅锰合金582t/a。该厂将碳素锰铁渣粒化后,用冶金焦作还原剂,在电炉内进行再还原,制得含 Si 17%~50%、Mn 35%~60%的硅锰合金,终渣含 Mn 0.8%~2.2%、SiO_2 25%~43%,渣比为1.8~2.4,Mn 的回收率为90%~94%,Si 的回收率为24%~50%。

(3)用硅锰渣冶炼复合铁合金。某厂用硅锰合金和中碳锰铁渣作含锰原料,配以铬矿试炼含 Cr 50%~55%、Mn 13%~18%、Si 5%~10%的 Si - Mn - Cr 复合铁合金。有人曾在实验室利用硅锰渣试验制取 Si - Ca - Mn 复合合金,也有人用硅锰合金渣与硅砂和煤粉混合后烧结成块,然后再经电炉熔炼,都取得了较好的效果。

(4)利用硅锰渣炼钢。某些钢厂利用硅锰合金碎渣代替锰铁炼钢,收到很好的经济效益。乌克兰特钢科研所和红十月冶炼厂共同研制了用硅锰破碎渣法,在冶炼各种牌号结构钢的电弧炉里利用硅锰碎渣造还原炉渣的工艺,使钢中锰含量增加0.14%,减少锰铁消耗量1.5kg/t,硅锰渣中锰的利用率约为90%;金属脱硫条件实际上并未发生变化,精炼渣流动性好,吨钢熔剂消耗量减少3kg,经济效益显著。

(5)金属锰渣的利用。

1)利用金属锰渣炼制硅锰合金。金属锰渣在电炉中与碳作用,还原并生成磷含量较低的碳素锰铁或硅锰合金。经还原后,渣中锰含量可降至2%~5%。用硅锰渣与金属锰渣按1:1混合后冶炼低磷硅锰合金时,硅锰合金(Si 17%,Mn 80%)的生产成本不高于锰矿炼制的硅锰合金,并且磷含量降低60%左右。

2)利用金属锰渣炼制复合铁合金。扎波洛什铁合金厂使用金属锰熔渣,以硅铬合金还原锰,制取 Si - Mn - Cr 复合合金。工业试验证明,锰的总回收率可达80%。Si - Mn - Cr 复合合金用于炼制不锈钢时预脱氧,可代替硅锰和硅铬合金,从而获得良好的经济效益。

3）利用金属锰渣炼钢。熔炼碳素钢和低合金钢时，在还原期加入金属锰渣；在冶炼高锰钢时（重熔法炼钢），则在装料时加入金属锰渣。在第一种情况下，氧化期放渣后，将金属锰渣与石灰一起加在用铝脱氧的钢液面上，炉渣的熔点低，很快形成大量的熔渣覆盖层。用焦炭及硅铁对渣进行扩散脱氧，可使氧化锰从渣中迅速还原，并使钢有效脱硫，这样不用锰铁就能冶炼出成分合格的钢。

13.1.2 用水淬渣作水泥原料

一些铁合金渣有较高含量的 CaO，经水淬粒化处理后可作为生产水泥的原料。我国部分铁合金厂已陆续建成水渣处理生产装置以粒化炉渣，收到明显的经济效益。

13.1.3 用炉渣生产铸石

曾有人对再还原后的硅锰渣的物化性质做过研究，认为其在 1250℃ 时具有良好的成型填充性，经过再还原的炉渣中，余下的 MnO 可改善熔体的工艺性能，使其具有较高的结晶化性能，增加炉渣铸石的热稳定性和化学稳定性。

铁合金炉渣铸石的特点是：耐火度高，耐磨性和耐腐蚀性优良，而且机械强度优良。

我国生产钼铁炉渣铸石的工艺为：将含 SiO_2 55%～65%、CaO 3%～6%、Al_2O_3 13%～19%、MgO 1%～3%、$FeO + Fe_2O_3$ 11%～14% 的钼铁渣（热液态 1600～1700℃）装入包内，并在小电炉内熔化精炼铬渣和少量铬矿，熔化后进行初混，并倒入保温炉内，在 1500℃ 下保温储存，再倒入用炉气加热的小包，浇注到耐热铸铁模中，由链板输送机运入隧道窑进行热处理（窑长 87.3m，宽 1.6m，内高 1.29m）。

钼渣铸石难结晶，易形成玻璃体，在进行热处理时必须控制好温度和时间，见表 13-1。

此种工艺生产的钼渣铸石的成分（质量分数）为：SiO_2 48%～53%，CaO 10%～11%，Al_2O_3 10%～14%，MgO 7%～12%，$FeO + Fe_2O_3$ 3%～10%，Cr_2O_3 1%～2%。该铸石成本低，耐磨性、抗腐蚀性好。

表 13-1 钼渣铸石的热处理温度与时间

预 热	750℃，0.5h
核 化	750℃，1.5h
升 温	750～950℃，0.5h
结 晶	950℃，1.5h
退 火	950～1000℃，10h
时间合计	14h

13.1.4 利用废渣作建筑和筑路材料以及农田肥料

（1）作建筑材料和筑路材料。日本鹿岛厂早在 1978 年就开始用硅合金渣经缓冷处理制得抗压强度大、致密的定型石块，用它作为土木建筑和筑路的基础石料。检测结果表明，其吸水率小于 5%，抗压强度大于 50MPa。

（2）作水磨石砖的骨料。日本中央电气工业公司利用硅锰合金渣作骨料生产水磨石砖，在渣中配加各种添加物（如高炉渣、金属氧化物、硫化物等）或改变冷却条件，便可生产出不同颜色、硬度及耐磨性的骨料。此法生产的水磨石抗弯强度可达 5MPa 以上。

（3）作农田肥料。铁合金炉渣中含有 Mn、Si、Ca、Cu、Fe 等微量元素，可作为农田补充营养元素，提高土壤生物活性，利于农作物生长，增加产量。

我国农科部门与一些铁合金厂对铁合金炉渣肥料做了一定的试验研究工作。例如，用硅锰渣在稻田里做施肥试验，证明硅锰渣中有一定可溶性的 Si、Mn、Mg、Ca 等植物生长的营养元素，对水稻生长具有良好的作用。

总之，铁合金生产的废渣综合利用前景非常广阔，还需生产、科研部门大力研究与开发，使其更具环保、资源再生、实用的优点。

13.2 废气的处理及利用

铁合金生产过程中会产生大量的高温含尘烟气。大部分铁合金产品是以焦炭作为还原剂，因此烟气中含有大量的 CO 气体，是一种可燃气体；另外，有些产品产生的烟气还含有贵重金属和有价元素。这就需要对烟气进行处理、回收和利用，同时也需要按照国家环保的法律法规对处理后的烟气进行排放。

13.2.1 敞口式电炉烟气净化

铁合金生产中对难以封闭的电炉（如高硅硅铁电炉等），由于操作条件的限制，大多采用高烟罩敞口式电炉。产生的炉气在炉口完全燃烧，混入大量的冷空气，由固定在电炉上方的烟罩收集，经冷却器冷却，再采用干法或湿法除尘，然后排入大气。

敞口式电炉冶炼采用布袋除尘器的净化效果较好。例如，前苏联设计建造总过滤面积为 $100m^2$ 的布袋除尘器，已应用于切良宾斯克电冶金公司的四台敞口式电炉上，用于高硅硅铁、硅铬合金、硅钙合金及碳素铬铁的冶炼，保证了炉子烟气的高度净化，剩余尘量仅为 $15\sim20mg/m^3$。设于捷斯塔丰铁合金厂一车间冶炼锰质合金的敞口式电炉上的布袋除尘器，工作效率也很高，除尘效率达 $99.0\%\sim99.5\%$。

由于敞口式电炉炉口有充足的空气，生产中产生的可燃气体可完全燃烧，从而获得大量的低温气体，可应用于辅助工序，如原料干燥、预热等。

13.2.2 半封闭电炉回收烟气余热

铁合金冶炼使用半封闭电炉最为普遍，它可安装成熟的能源回收系统——袋式除尘器和余热锅炉。半封闭电炉最适用于难封闭的高硅硅铁冶炼，可降低电耗，节约能源。它通过矮炉罩（有可调侧门）将炉气接入排气系统，并调节侧门间隙大小，使炉气中可燃气体完全燃烧，产生的高温气体可供余热锅炉生产蒸汽或发电等。

来自半封闭电炉的热废气（排出炉气的单位体积为 $3m^3/(kW\cdot h)$）的温度为 $700\sim900℃$。近年来，国外新建的冶炼硅 75 的大型硅铁矿热炉大多为半封闭式。

13.2.3 封闭电炉烟气净化和能源回收

用封闭电炉冶炼碳素锰铁、硅锰合金及碳素铬铁等在国外已取得成功经验，我国尚处于试验研究阶段。

封闭电炉产生的气体可燃成分含量高，主要为 CO 和 H_2，是一种优质煤气。其不仅可以在未净化状态下回收煤气的能量，也可以将净化后的煤气引入燃烧器作为燃料，与敞口式和半封闭电炉相比，操作条件好，便于烟气回收，可减少环境污染。

封闭电炉烟气净化方法有干法和湿法两种。我国东北某厂自 1968 年以来已建立三台全封闭电炉、一座烟气柜、一座污水处理站，采取湿法净化除尘方法，将烟气转化为煤气回收利用，收到较好的经济效益。

13.2.4　烟尘的综合利用

目前国外铁合金冶炼炉，特别是大型矿热炉，普遍装有高效的烟气净化、烟尘回收及综合利用系统。干法除尘（如布袋除尘、静电除尘）收集的粉末及湿法除尘产生的污泥都以不同形式加以利用，如将烟尘和粉矿、焦粉混合造块作为冶炼原料，或作为混凝土、水泥等的原料。

在冶炼硅铁、锰铁和铬铁时，烟气净化后获得的粉尘主要含有 SiO_2、MnO 和 Cr_2O_3 等氧化物，这些粉尘可以作为冶炼原料加以利用。

（1）锰质粉尘的利用。冶炼锰铁时会产生大量的锰质粉尘，可作为冶炼锰铁的原料回收利用。捷斯塔丰厂一昼夜可以从冶炼锰铁的烟气中分离出 15t 粉尘（粉尘中含 MnO_2 39%），使其在盘式造球机上成球（球团粒度为 10～15mm），再经带式输送机送至炉上作为冶炼原料；或加到烧结机的烧结料中，作为电解锰的原料。

（2）硅质粉尘的利用。在美国，有人提出将硅铁和金属硅生产的副产品 SiO_2 粉尘以球团形式用作电炉冶炼的原料。球团的配料为：硅石 453.6kg，粉尘 22.7～113.4kg。球团的最佳直径是 $\phi19～25mm$，经干燥后有足够的机械强度。

目前，回收的 SiO_2 粉体是无定形的活性二氧化硅，又称硅粉、硅灰、硅尘等，平均粒度为 $0.1\mu m$（约为水泥的 1%），可作为高强混凝土、高强砂浆等的掺和料，掺和比例为 5%～20%。

13.3　废水的处理及利用

铁合金生产采用湿法除尘（文氏洗涤器）时会产生大量的污水，污水中含有大量的悬浮物和多种有害物质。例如，采用 12500kV·A 封闭电炉生产高碳铬铁时，在回收净化煤气的过程中，每小时需净水 50～60t。净化煤气产生的废水呈黑色，pH = 9～10，悬浮物含量高达 1960～5150mg/L，粒度小，含氰、酚的化合物（氰化物 1.29～5.96mg/L，酚化物 0.1～0.2mg/L）。因此，净化煤气产生的废水若直接排放，必然造成环境污染，也会浪费水力资源。对其进行净化处理既可保护环境，又可使水循环利用，一举两得。

据美国 Ashtabula 厂测定，铁合金烟气净化污水中几种有害物质的含量见表 13-2。

表 13-2　铁合金烟气净化污水中几种有害物质的含量

成　分		试样含量/mg·L⁻¹	每24h 入池（排放）量/kg
废水池入口	固体悬浮物	4070	28850
	溶于水中的有机物	17.5	124
	吸附于固体物上的有机物	193.2	1370
	总　计	210.7	1490
	溶于水中的砒苯	0	0
	吸附于固体物上的砒苯	2.4	0.035
	总　计	2.4	0.035

成 分		试样含量/mg·L^{-1}	每24h 入池(排放)量/kg
废水池出口	固体悬浮物	0	0
	有机物总量	0	0
	苯总量	0	0

目前，世界各国一般都采用闭路循环系统，如澄清池、冷却塔、凝缩机、旋转真空过滤器、洗涤药物投放和泥浆储放坑等。

我国在处理铁合金污水时加入漂白粉，反应为：

$$2CaOCl_2 + 2H_2O =\!=\!= 2HOCl + Ca(OH)_2 + CaCl_2$$

$$2NaCN + 2HOCl + Ca(OH)_2 =\!=\!= 2NaCNO + CaCl_2 + 2H_2O$$

$$2NaCNO + 2HOCl =\!=\!= 2NaCl + 2CO_{2(g)} + N_{2(g)} + H_{2(g)}$$

加入的 $CaOCl_2$ 形成 $Ca(OH)_2$ 的大粒子吸附物下沉，并生成次氯酸，此种酸把污水中的 NaCN 氧化成 NaCNO（氰酸钠），它进一步分解，达到净化污水的目的。

这样，净化后的污水可以重新循环使用，对环境没有污染，同时还可以回收沉淀物中的有价物质。

复 习 思 考 题

13-1 铁合金生产中为什么要对"三废"进行处理利用？

13-2 铁合金生产产生的废渣采用哪些方法处理与利用？

13-3 铁合金生产产生的废气如何处理与利用？

13-4 铁合金生产的废水如何处理？

参 考 文 献

[1] 赵乃成，张启轩，等．铁合金生产实用技术手册［M］．北京：冶金工业出版社，1998．

[2] 李春德，等．铁合金冶金学［M］．北京：冶金工业出版社，1991．

[3] 王希廉，等．铁合金冶炼［M］．北京：冶金工业出版社，1996．

[4] 中国金属学会．电炉铁合金生产与节能［M］．北京：冶金工业出版社，1986．

[5] 周进华，等．铁合金［M］．北京：冶金工业出版社，1993．

[6] 雷斯 M A．铁合金冶炼［M］．周进华，于忠，译．北京：冶金工业出版社，1981．

[7] Gvolkert K，Frank D．铁合金冶金学［M］．俞辉，顾镜清，译．上海：科学技术出版社，1978．

[8] 《铁合金》编辑部．第五届国际铁合金会议文集［M］．1990．

[9] 《铁合金》编辑部．铁合金［M］．1975~2001．

[10] 黄希祜．钢铁冶金原理［M］．4版．北京：冶金工业出版社，2013．

[11] 张秦岭，金奇庭，等．冶金环保基本知识［M］．北京：冶金工业出版社，1988．

[12] 栾心汉，唐琳，等．铁合金生产节能及精炼技术［M］．西安：西北工业大学出版社，2006．

[13] 中国科学技术协会，中国金属学会．冶金工程技术学科发展报告［M］．北京：中国科学技术出版社，2007．

[14] 许传才，张天世，等．铁合金生产知识问答［M］．北京：冶金工业出版社，2007．

[15] 张承武，等．炼钢学（下）［M］．北京：冶金工业出版社，1991．

[16] 周进华，等．铁合金生产技术［M］．北京：科学出版社，1991．

[17] 《铁合金生产》编写组．铁合金生产［M］．北京：冶金工业出版社，1975．

[18] 陆友琪，等．铁合金及合金添加剂手册［M］．北京：冶金工业出版社，1990．

[19] 李洪桂，等．稀有金属冶金学［M］．北京：冶金工业出版社，1990．

[20] 许传才，等．铁合金冶炼工艺学［M］．北京：冶金工业出版社，2008．

[21] 石富，王鹏，孙振斌．矿热炉控制与操作［M］．北京：冶金工业出版社，2010．

冶金工业出版社部分图书推荐

书　名	作　者	定价(元)
物理化学（第4版）（本科国规教材）	王淑兰	45.00
冶金热工基础（本科教材）	朱光俊	49.00
冶金与材料热力学（本科教材）	李文超	65.00
钢铁冶金原理（第4版）（本科教材）	黄希祜	82.00
冶金原燃料及辅助材料（本科教材）	储满生	59.00
耐火材料（第2版）（本科教材）	薛群虎	35.00
钢铁冶金学（炼铁部分）（第4版）（本科教材）	王筱留	65.00
现代冶金工艺学（钢铁冶金卷）（第2版）（本科国规教材）	朱苗勇	75.00
炉外精炼教程（本科教材）	高泽平	39.00
连续铸钢（第2版）（本科教材）	贺道中	38.00
冶金工厂设计基础（本科教材）	姜　澜	45.00
冶金设备（第2版）（本科教材）	朱　云	56.00
冶金设备课程设计（本科教材）	朱　云	19.00
冶金设备及自动化（本科教材）	王立萍	29.00
复合矿与二次资源综合利用（本科教材）	孟繁明	36.00
冶金科技英语口译教程（本科教材）	吴小力	45.00
冶金专业英语（第3版）（高职高专国规教材）	侯向东	49.00
冶金基础知识（高职高专教材）	丁亚茹　等	36.00
冶金炉热工基础（高职高专教材）	杜效侠	37.00
冶金原理（高职高专教材）	卢宇飞	36.00
金属材料及热处理（高职高专教材）	王悦祥	35.00
烧结矿与球团矿生产（高职高专教材）	王悦祥	29.00
炼铁技术（高职高专教材）	卢宇飞	29.00
高炉炼铁设备（高职高专教材）	王宏启	36.00
高炉炼铁生产实训（高职高专教材）	高岗强　等	35.00
转炉炼钢生产仿真实训（高职高专教材）	陈炜　等	21.00
炼铁工艺及设备（高职高专教材）	郑金星	49.00
炼钢工艺及设备（高职高专教材）	郑金星	49.00
高炉冶炼操作与控制（高职高专教材）	侯向东	49.00
转炉炼钢操作与控制（高职高专教材）	李　荣	39.00
连续铸钢操作与控制（高职高专教材）	冯　捷	39.00
炉外精炼操作与控制（高职高专教材）	高泽平	38.00
矿热炉控制与操作（第2版）（高职高专教材）	石　富	39.00
稀土冶金技术（第2版）（高职高专教材）	石　富	39.00
稀土永磁材料制备技术（第2版）（高职高专教材）	石　富　等	42.00
特色冶金资源非焦冶炼技术	储满生	70.00